westermann

FiNALE
Prüfungstraining

2025
Nordrhein-Westfalen

Zentralabitur
Mathematik

Heinz Klaus Strick
Martin Brüning
Benno Burbat
Dr. Holger Reeker

Liebe Schülerin, lieber Schüler,

sobald die Original-Prüfungsaufgaben zur Veröffentlichung freigegeben sind, können sie unter **www.finaleonline.de** zusammen mit ausführlichen Lösungen kostenlos heruntergeladen werden. Gib dazu einfach diesen Code ein:

MA6C7C4

Einfach mal reinschauen: www.finaleonline.de

Druck A[1]/Jahr 2024
Alle Drucke der Serie A sind im Unterricht parallel verwendbar.

Redaktion: Ulrich Kilian
Kontakt: finale@westermanngruppe.de
Layout: LIO Design GmbH, Braunschweig
Umschlaggestaltung: Janssen Kahlert Design & Kommunikation GmbH, Hannover
Umschlagfoto: stock.adobe.com, Dublin, Surachetsh
Druck und Bindung: Westermann Druck GmbH, Georg-Westermann-Allee 66, 38104 Braunschweig

ISBN 978-3-07-172515-7

FiNALE
online.de

Wissen, was drankommt

FiNALE online.de ist die digitale Ergänzung zu deinem FiNALE- Abiturband. Hier findest du eine Vielzahl an Angeboten, die dich zusätzlich bei deiner Prüfungsvorbereitung in Mathematik unterstützen!

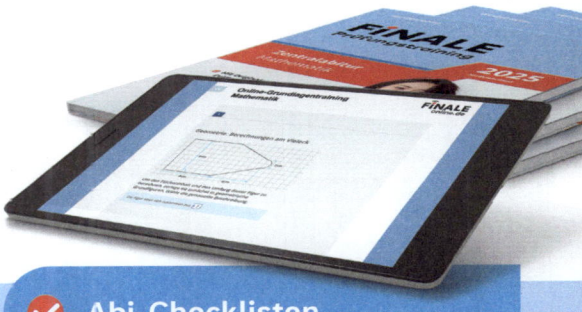

✓ Original-Prüfungsaufgaben mit Lösungen

Schalte dir mit dem Code auf Seite 4 die aktuellen Original-Prüfungsaufgaben frei.

✓ Tipps zur Prüfungsvorbereitung

Ein erfolgreiches Abitur erfordert eine gezielte Vorbereitung ohne unnötigen Lernstress. Wie du das hinbekommst, erfährst du auf finaleonline.de!

✓ Abi-Checklisten

Mit den Abi-Checklisten ist die Vorbereitung auf die Mathematik-Abiturprüfung noch einfacher. Einfach als PDF oder in beschreibbarem WORD-Format herunterladen und den eigenen idealen Zeitplan erstellen. Hake in der Checkliste ab, was du kannst und noch nicht kannst, um deinen Wissensstand zu überprüfen.

Die **Abi-Checklisten** helfen dir, den Überblick über den Prüfungsstoff zu behalten.

✓ Videos zur mündlichen Prüfung

Keine Angst vor der mündlichen Prüfung! Die Videos geben dir Einblick in den Ablauf der Prüfung und Tipps für die richtige Vorbereitung.

✓ Extra-Training Rechtschreibung

Punktabzug durch Schreibfehler? Das muss nicht sein! Mit dem Extra-Training auf finaleonline.de kriegst du die Rechtschreibung in den Griff.

Effektiv für die mündliche Prüfung lernen

Prüfungs- stoff im Griff

Angst unter Kontrolle

Stressfrei in die mündliche Prüfung

Gut organisiert

Prüfungsangst in den Griff kriegen

Sicher durch die Prüfung

Überzeugend auftreten

Der perfekte Auftritt in der mündlichen Prüfung

Beispiel für eine mündliche Abiturprüfung

www.finaleonline.de

1 Arbeiten mit FiNALE

2 Basiswissen

Analysis

Analytische Geometrie

Stochastik

3 Aufgaben zum Trainieren

Hilfsmittelfreie Aufgaben

Analysis

Analytische Geometrie

Stochastik

4 Original-Prüfungsaufgaben

Hinweis: Bei den Original-Prüfungsaufgaben wurden z.T. GK- und LK-Aufgaben zusammengefasst und entsprechende GK- und LK-Teile innerhalb der Aufgaben gekennzeichnet. Die Nummerierung von Teilaufgaben kann deshalb von den Original-Prüfungsaufgaben abweichen. Es werden aber alle Original-Prüfungsaufgaben vollständig behandelt.

1 Arbeiten mit FiNALE

Liebe Abiturientin, lieber Abiturient,

dieses Buch entstand aufgrund der Erfahrungen aus den bisher in Nordrhein-Westfalen durchgeführten Zentralabiturprüfungen unter besonderer Beachtung der Vorgaben für das Fach Mathematik.

Zur gezielten Vorbereitung auf das Abitur 2025 bietet FiNALE:
- vielfältige, umfangreiche Aufgabenbeispiele mit ausformulierten Beispiellösungen, die alle Schwerpunkte im Grund- und Leistungskurs berücksichtigen;
- umfangreiche und gut strukturierte Angebote zur systematischen Wiederholung und zeitökonomischen Vertiefung des erforderlichen Basiswissens;
- Original-Prüfungsaufgaben von 2023 mit ausformulierten Lösungen unter Berücksichtigung der unterschiedlichen Varianten in Grund- und Leistungskurs. Diese Prüfungsaufgaben entsprechen den aktuell gültigen Lehrplänen, so dass sie sich zur Vorbereitung auf die Abiturprüfung 2025 eignen. Sobald die Prüfungsaufgaben 2024 zur Veröffentlichung freigegeben sind, können sie zusammen mit ausführlichen Lösungen kostenlos im Internet unter **www.finaleonline.de** heruntergeladen werden.

FiNALE ist so konzipiert, dass bei der Arbeit mit dem Buch eine *individuelle* Vorbereitung möglich ist. Sie können sich schnell einen Überblick über Ihre persönlichen Stärken und Schwächen in den Themenbereichen Analysis, Analytische Geometrie und Stochastik verschaffen und damit die Intensität der Arbeit nach eigenen Bedürfnissen genau dosieren.

Das detaillierte Inhaltsverzeichnis, das übersichtlich zusammengestellte Verzeichnis der für die Abiturprüfung notwendigen Kompetenzen (Abi-Checkliste), die alle Kompetenzen abdeckenden Trainingsaufgaben mit den entsprechenden Querverweisen zur Kompetenzübersicht sowie ein Stichwortverzeichnis erleichtern dabei die Orientierung in FiNALE.

Beachten Sie: Die Trainingsaufgaben sind teilweise *erheblich umfangreicher* als die in der Abiturprüfung gestellten Aufgaben. Ziel der Trainingsaufgaben ist eine möglichst umfassende Vorbereitung auf mögliche Aufgabenstellungen im Zentralabitur.

Die angebotenen Trainingsaufgaben sind im Wesentlichen so konzipiert, dass sie sich ohne Einsatz eines GTR oder CAS-Systems bearbeiten lassen. Falls der Einsatz eines GTR oder CAS-Systems nötig ist, ist dies in den Aufgabenstellungen gekennzeichnet. Diese Teilaufgaben können auch zur gezielten Übung des Einsatzes der Werkzeuge GTR und CAS genutzt werden, falls sie im Unterricht verwendet wurden.

Der systematische Aufbau und die komprimierte Form fördern eine zeitökonomische und effektive Abiturvorbereitung. FiNALE empfiehlt sich von daher als sinnvolle Begleitung und Ergänzung des Fachunterrichts.

Wir wünschen Ihnen viel Erfolg!

Tipps zum Umgang mit FiNALE

Für die Vorbereitung auf die zentrale Abiturprüfung im Fach Mathematik schlagen wir folgende Arbeitsweisen vor:

Möglichkeit 1:
Um einen Überblick über die verschiedenen Themenbereiche zu erhalten, sollten Sie zunächst die Kompetenzübersicht (Abi-Checkliste) sowie die Ausführungen in Form des Basiswissens lesen und sich anhand der Beispiele verdeutlichen, welche Anforderungen mit den Kompetenzen zu erfüllen sind. Dabei können Sie gleichermaßen feststellen, welche Prüfungsinhalte Sie bereits gut beherrschen und was Ihnen noch Schwierigkeiten bereitet. Wir empfehlen Ihnen hier, sich zu notieren, welche Themen Sie noch intensiver wiederholen sollten, um damit die Vorbereitung auf die Abiturprüfung zu strukturieren. Wenn Sie hier systematisch vorgehen und sich über Ihre Stärken und Schwächen im Klaren sind, wird die Vorbereitung effizient und zielorientiert sein.

Nach der Entscheidung, in welchem Themenbereich für Sie in der persönlichen Vorbereitung auf das Zentralabitur der größte Handlungsbedarf besteht, können Sie die entsprechenden Kapitel im Basiswissen nochmals intensiv durcharbeiten. Hier werden auch die im Basiswissen von FiNALE enthaltenen einfachen Aufgabenbeispiele als Muster hilfreich sein.

Nachdem Sie die Grundlagen wiederholt haben, bieten Ihnen die zugehörigen Trainingsaufgaben mit ihren ausführlichen Lösungen (auch mit Lösungsalternativen) ein umfangreiches Übungsfeld. Sie können für Ihre Vorbereitung besonders geeignete Aufgaben anhand der bei den Aufgabenstellungen notierten Kompetenzen schnell erkennen.

Versuchen Sie zunächst, die Aufgaben selbstständig zu bearbeiten, d.h., erst dann die angebotenen Lösungen einzusehen, wenn es nicht mehr anders geht. Wenn Ihnen die Bearbeitung ohne Blick in den Lösungsteil gelungen ist, sollten Sie dennoch Ihre eigenen Lösungen kontrollieren und mit den abgedruckten Lösungen und weiteren Lösungsvarianten vergleichen.

Treten auch nach der Durchsicht der angebotenen Lösungen Verständnisprobleme auf, dann hilft Ihnen das intensive Durcharbeiten der zugehörigen Stichwörter des Basiswissens sicherlich weiter. – Überhaupt lässt sich das Basiswissen wie ein Nachschlagewerk benutzen.

An den Original-Prüfungsaufgaben können Sie dann erproben, wie weit Sie mit Ihrer Vorbereitung bereits gekommen sind.

Möglichkeit 2:
Selbstverständlich können Sie FiNALE auch in anderer Reihenfolge nutzen: Wenn Sie unmittelbar mit den Trainingsaufgaben beginnen, werden Sie automatisch durch die Querverweise zu den zugehörigen Kompetenzen und dem entsprechenden Basiswissen hingeführt. Treten Schwierigkeiten bei der Lösung der Aufgaben auf, so können Sie Ihre Lücken genau erkennen und die entsprechenden Inhalte wiederholen. Allerdings erhalten Sie bei der oben beschriebenen Vorgehensweise schneller einen Überblick über Ihre Stärken und Schwächen.

Bei diesen Vorschlägen zur Arbeitsweise mit FiNALE handelt es sich natürlich nur um Anregungen, die Sie nach eigenen Vorstellungen variieren können.

Abi-Checkliste

Analysis

Ich kann ...	Trifft zu	Trifft nicht zu	Seite
A Differenzialrechnung			
A1 ... Potenzfunktionen ableiten (ganzzahlige, rationale, reelle Exponenten).	◯	◯	14
A2 ... Exponentialfunktionen ableiten; LK zusätzlich: Logarithmusfunktionen ableiten.	◯	◯	15
A3 ... einfache Funktionen mit der Summen- und Faktorregel ableiten, zusammengesetzte Funktionen mit der Produkt- und Kettenregel ableiten.	◯	◯	15
A4 ... die Gleichung einer Tangente und einer Normalen an einen Funktionsgraphen bestimmen.	◯	◯	16
A5 ... mittlere und lokale Änderungsraten angeben und berechnen sowie im Sachzusammenhang interpretieren.	◯	◯	17
A6 ... Schnittwinkel eines Graphen mit der x-Achse bestimmen.	◯	◯	18
A7 ... bei abschnittsweise definierten Funktionen überprüfen können, ob die Übergänge stetig, differenzierbar bzw. ruckfrei sind.	◯	◯	19
B Untersuchung von Funktionsgraphen			
B1 ... Graphen auf Symmetrie untersuchen.	◯	◯	21
B2 ... den Graphen einer Funktion verschieben.	◯	◯	22
B3 ... den Graphen einer Funktion strecken.	◯	◯	24
B4 ... Nullstellen einer Funktion bestimmen.	◯	◯	25
B5 ... Schnittpunkte zweier Funktionsgraphen interpretieren.	◯	◯	27
B6 ... Graphen auf Monotonie und auf lokale und absolute Extrempunkte untersuchen.	◯	◯	28
B7 ... Graphen auf ihr Krümmungsverhalten und auf Wende- und Sattelpunkte untersuchen.	◯	◯	31
B8 ... den Globalverlauf ganzrationaler Funktionen und das asymptotische Verhalten bei Exponentialfunktionen untersuchen.	◯	◯	35
B9 ... Funktionenscharen auf besondere Punkte untersuchen sowie gemeinsame Punkte der Kurvenschar ermitteln; LK zusätzlich: Ortslinien von Funktionenscharen bestimmen.	◯	◯	36

Ich kann ...	Trifft zu	Trifft nicht zu	Seite
C Mathematische Modellierungen mithilfe der Differenzialrechnung			
C1 ... ganzrationale Funktionen mit vorgegebenen Eigenschaften bestimmen (auch in Sachzusammenhängen, z. B. Trassierungen).	◯	◯	40
C2 ... Exponentialfunktionen aus gegebenen Bedingungen bestimmen.	◯	◯	41
C3 ... in Anwendungen ein passendes Modell für das exponentielle Wachstum aufstellen, seine Tragfähigkeit untersuchen und Schlussfolgerungen im Sachzusammenhang interpretieren sowie Verdopplungs- und Halbwertszeiten berechnen; nur LK: auch beschränktes Wachstum.	◯	◯	42
D Integralrechnung			
D1 ... Stammfunktionen zu Grundtypen von Funktionen bestimmen und den Hauptsatz der Differenzial- und Integralrechnung zur Berechnung bestimmter Integrale anwenden.	◯	◯	45
D2 ... Flächeninhalte von Flächenstücken zwischen einem Funktionsgraphen und der x-Achse und Flächeninhalte von Flächenstücken zwischen Funktionsgraphen berechnen.	◯	◯	47
D3 ... Gesamtänderungen aus gegebenen Änderungsraten mithilfe von bestimmten Integralen berechnen.	◯	◯	49
D4 ... Mittelwerte von kontinuierlich veränderten Größen mithilfe der Integralrechnung berechnen.	◯	◯	51
D5 ... nur LK: Inhalte ins Unendliche reichender Flächen mit uneigentlichen Integralen und den dabei erforderlichen Grenzwertbetrachtungen ermitteln.	◯	◯	52
D6 ... nur LK: das Volumen von Rotationskörpern berechnen und die erforderlichen Berandungsfunktionen für reale rotationssymmetrische Körper modellieren.	◯	◯	53

Analytische Geometrie

Ich kann ...	Trifft zu	Trifft nicht zu	Seite
E Punkte und Vektoren im Raum			
E1 ... Punkte im Raum durch Ortsvektoren sowie Verschiebungen im Raum durch Vektoren beschreiben.	○	○	55
E2 ... Vektoren auf Kollinearität untersuchen.	○	○	55
E3 ... Vektoren addieren und subtrahieren sowie den Mittelpunkt einer Strecke berechnen.	○	○	56
E4 ... das Skalarprodukt zweier Vektoren berechnen und damit entscheiden, ob die Vektoren zueinander orthogonal sind.	○	○	58
E5 ... Längen von Strecken im Raum und den Betrag von Vektoren berechnen.	○	○	59
F Geraden und Ebenen im Raum			
F1 ... Parameterdarstellungen für Geraden ermitteln sowie überprüfen, ob und ggf. wo ein Punkt auf einer gegebenen Gerade liegt (Punktprobe).	○	○	60
F2 ... Geraden auf ihre gegenseitige Lage untersuchen.	○	○	61
F3 ... Parameterdarstellungen für Ebenen ermitteln sowie überprüfen, ob ein Punkt auf einer gegebenen Ebene liegt (Punktprobe).	○	○	64
F4 ... Spurpunkte von Geraden sowie Spurpunkte und Spurgeraden von Ebenen bestimmen.	○	○	66
F5 ... einen Normalenvektor und den Einheitsnormalenvektor einer Ebene bestimmen.	○	○	67
F6 ... nur LK: Ebenen mithilfe von Koordinatengleichungen beschreiben – auch in Normalenform oder Hesse'scher Normalenform angeben.	○	○	69
F7 ... nur LK: Darstellungsformen von Ebenen ineinander überführen.	○	○	71
F8 ... Schnittprobleme zwischen Geraden und Ebenen in Sachzusammenhängen untersuchen (teilweise nur LK).	○	○	72
F9 ... nur LK: Ebenen auf ihre gegenseitige Lage untersuchen und möglicherweise vorhandene Schnittgeraden bestimmen.	○	○	75
F10 ... nur LK: Geraden- und Ebenenscharen innermathematisch und in Sachzusammenhängen untersuchen.	○	○	77
F11 ... lineare Gleichungssysteme systematisch lösen.	○	○	79

Ich kann ...	Trifft zu	Trifft nicht zu	Seite
G Winkel und Abstände, Volumina im Raum			
G1 ... Winkel zwischen zwei Vektoren und Schnittwinkel zwischen zwei Geraden berechnen.	◯	◯	83
G2 ... nur LK: Schnittwinkel zwischen zwei Ebenen berechnen.	◯	◯	84
G3 ... nur LK: Schnittwinkel zwischen einer Gerade und einer Ebene berechnen.	◯	◯	85
G4 ... den Flächeninhalt eines Dreiecks und das Volumen einer dreiseitigen Pyramide (Tetraeder) mit elementaren Methoden bestimmen.	◯	◯	86
G5 ... nur LK: den Abstand eines Punktes von einer Ebene berechnen.	◯	◯	88
G6 ... nur LK: den Abstand eines Punktes von einer Geraden berechnen.	◯	◯	90
G7 ... nur LK: den Abstand zweier windschiefer Geraden berechnen.	◯	◯	91
G8 ... nur LK: Das Vektorprodukt zur Berechnung von Dreiecksflächen und von Spatvolumina verwenden.	◯	◯	92

Stochastik

Ich kann ...	Trifft zu	Trifft nicht zu	Seite
H Beschreibende Statistik			
H1 ... Mittelwert und Stichprobenstreuung einer Häufigkeitsverteilung bestimmen.	◯	◯	93
I Wahrscheinlichkeitsrechnung			
I1 ... mehrstufige Zufallsversuche mithilfe von Baumdiagrammen beschreiben.	◯	◯	95
I2 ... Wahrscheinlichkeiten mithilfe der Pfadregeln berechnen.	◯	◯	95
I3 ... bedingte Wahrscheinlichkeiten mithilfe von Vierfeldertafeln oder umgekehrten Baumdiagrammen bestimmen.	◯	◯	96
I4 ... bedingte Wahrscheinlichkeiten mithilfe des Satzes von Bayes bestimmen.	◯	◯	97

Ich kann ...	Trifft zu	Trifft nicht zu	Seite
J Wahrscheinlichkeitsverteilungen			
J1 ... Wahrscheinlichkeitsverteilungen einer (diskreten) Zufallsgröße bestimmen.	◯	◯	98
J2 ... Kenngrößen (Erwartungswert, Varianz und Standardabweichung) einer (diskreten) Zufallsgröße berechnen.	◯	◯	99
J3 ... wesentliche Eigenschaften von Bernoulli-Versuchen erläutern und Wahrscheinlichkeiten von Ereignissen mithilfe der Bernoulli-Formel oder der Optionen eines TR bestimmen.	◯	◯	100
J4 ... Mindestwerte von n bzw. von p zu einer vorgegebenen Mindestwahrscheinlichkeit ermitteln.	◯	◯	102
J5 ... die Kenngrößen Erwartungswert, Varianz und Standardabweichung einer binomialverteilten Zufallsgröße berechnen.	◯	◯	104
J6 ... nur LK: Wahrscheinlichkeiten normalverteilter Zufallsgrößen bestimmen.	◯	◯	105
J7 ... nur LK: Wahrscheinlichkeiten binomialverteilter Zufallsgrößen näherungsweise mithilfe normalverteilter Zufallsgrößen berechnen.	◯	◯	107
K Beurteilende Statistik			
K1 ... Prognosen im Hinblick auf zu erwartende absolute Häufigkeiten treffen und damit die Signifikanz von Abweichungen bewerten.	◯	◯	109
K2 ... mithilfe einer Entscheidungsregel von der Stichprobe auf die Gesamtheit schließen.	◯	◯	111
K3 ... mögliche Fehler bei der Anwendung einer Entscheidungsregel beschreiben und zugehörige Wahrscheinlichkeiten bestimmen können.	◯	◯	112
K4 ... nur LK: die prinzipielle Vorgehensweise bei einem zweiseitigen Hypothesentests erläutern (Annahme- und Verwerfungsbereich bestimmen, Entscheidungsregeln festlegen, Fehler 1. und 2. Art beschreiben).	◯	◯	113
K5 ... nur LK: die prinzipielle Vorgehensweise bei einem einseitigen Hypothesentests erläutern (Standpunkt klären, Annahme- und Verwerfungsbereich bestimmen, Entscheidungsregeln festlegen).	◯	◯	115
K6 ... nur LK: Die Operationscharakteristik eines Hypothesentests interpretieren.	◯	◯	117

Basiswissen

A   Differenzialrechnung

INFO Potenzregel

A1 **Potenzfunktionen ableiten (ganzzahlige, rationale, reelle Exponenten)**

(1) Potenzregel für **natürliche** Exponenten:
$$f(x) = x^n, n \in \mathbb{N}, \qquad f'(x) = n \cdot x^{n-1}.$$

> **Merkregel:**
>
> Pot-a=Ex-+Fa-da
> **Pot**enzfunktion **a**bleiten:
> **Ex**ponent um 1 verringern,
> **Fa**ktor **da**vorschreiben

(2) Potenzregel für **negative ganzzahlige** Exponenten:
$$f(x) = x^{-n} \; (x \neq 0) \quad f'(x) = -n \cdot x^{-n-1}$$

(3) Potenzregel für **rationale** Exponenten (insb. Wurzelfunktionen):
$$f(x) = x^r, \; f'(x) = r \cdot x^{r-1} \;\; (x > 0)$$

> **Definition:** Sei $r = \frac{m}{n}$.
> $$f(x) = x^r = x^{\frac{m}{n}} = \sqrt[n]{x^m}$$

(4) Potenzregel für **reelle** Exponenten:
$$f(x) = x^r \; (x > 0), \; f'(x) = r \cdot x^{r-1}$$

Beispiele

(1) *natürliche Exponenten:*

$$f(x) = x^1 \Rightarrow f'(x) = 1 \qquad f(x) = x^2 \Rightarrow f'(x) = 2x \qquad f(x) = x^5 \Rightarrow f'(x) = 5 \cdot x^4$$

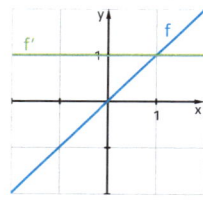 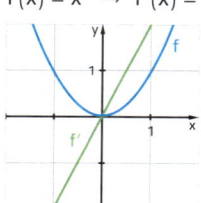 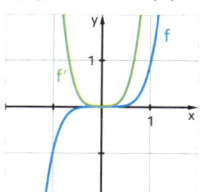

(2) *negative ganzzahlige Exponenten:*

$$f(x) = x^{-1} \Rightarrow f'(x) = (-1) \cdot x^{-2} = -\frac{1}{x^2} \qquad f(x) = \frac{1}{x^3} = x^{-3} \Rightarrow f'(x) = (-3) \cdot x^{-4} = -\frac{3}{x^4}$$

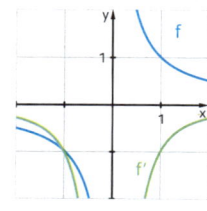 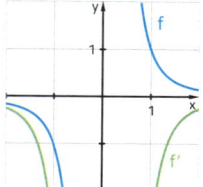

(3) *gebrochene Exponenten (Wurzelterme):*

$$f(x) = x^{\frac{1}{2}} = \sqrt{x} \;\; \Rightarrow \;\; f'(x) = \frac{1}{2} \cdot x^{-\frac{1}{2}} = \frac{1}{2\sqrt{x}} \qquad f(x) = x^{-\frac{1}{3}} = \frac{1}{\sqrt[3]{x}} \;\; \Rightarrow \;\; f'(x) = -\frac{1}{3} \cdot x^{-\frac{4}{3}} = -\frac{1}{3 \cdot \sqrt[3]{x^4}}$$

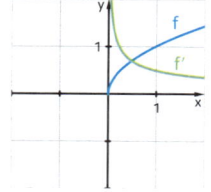 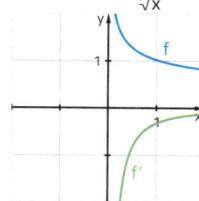

INFO Exponentialfunktionen und Logarithmusfunktionen ableiten

A2 **Exponentialfunktionen ableiten;** <u>LK zusätzlich:</u> **Logarithmusfunktionen ableiten**

(1) Die Ableitung der Exponentialfunktion zur Basis e (Euler'sche Zahl) stimmt mit der Funktion selbst überein: $f(x) = e^x \Rightarrow f'(x) = e^x$.

(2) <u>LK</u> Die Ableitung der Logarithmusfunktion zur Basis e ist gleich der Kehrwertfunktion: $f(x) = \ln(x) \Rightarrow f'(x) = \frac{1}{x}$.

(3) <u>LK</u> Ableitung der Exponentialfunktion mit beliebiger Basis:
$f(x) = b^x = e^{\ln(b) \cdot x} \Rightarrow f'(x) = e^{\ln(b) \cdot x} \cdot \ln(b) = b^x \cdot \ln(b)$ – vgl. auch **A3**, Beispiel (4).

Beispiele

vgl. **A3**

INFO Summen- und Faktorregel, Produkt- und Kettenregel

A3 **Einfache Funktionen mit der Summen- und Faktorregel ableiten, zusammengesetzte Funktionen mit der Produkt- und Kettenregel ableiten**

Für das Ableiten von Funktionen gelten folgende Regeln:

(1) **Summen- und Faktorregel** (Linearität)
$f(x) = k_1 \cdot f_1(x) + k_2 \cdot f_2(x) \Rightarrow f'(x) = k_1 \cdot f'_1(x) + k_2 \cdot f'_2(x)$
In Worten: Ein konstanter Faktor bleibt beim Ableiten erhalten. Die Ableitung einer Summe ist gleich der Summe der Ableitungen der Summanden.

(2) **Produktregel**
$f(x) = u(x) \cdot v(x) \Rightarrow f'(x) = u'(x) \cdot v(x) + u(x) \cdot v'(x)$

(3) Für geschachtelte Funktionsterme gilt die **Kettenregel**:
$f(x) = g(h(x)) \Rightarrow f'(x) = g'(h(x)) \cdot h'(x)$

Die äußere Funktion g wird abgeleitet und die innere Funktion h wie eine Variable behandelt. Dieser Term wird mit der Ableitung der inneren Funktion multipliziert.

Beispiele

(1) *Summen- und Faktorregel:*

$f(x) = 5 \cdot x^3 + 4 \cdot x^2 \quad \Rightarrow f'(x) = 15 \cdot x^2 + 8 \cdot x$

$f(x) = \frac{3}{x^2} - 6 \cdot \sqrt{x} = 3 \cdot x^{-2} - 6 \cdot x^{\frac{1}{2}} \Rightarrow f'(x) = 3 \cdot (-2) \cdot x^{-3} - 6 \cdot \frac{1}{2} \cdot x^{-\frac{1}{2}} = -\frac{6}{x^3} - \frac{3}{\sqrt{x}}$

$f(x) = \log_2 x = \frac{\ln(x)}{\ln(2)} \Rightarrow f'(x) = \frac{1}{\ln(2)} \cdot \frac{1}{x} = \frac{1}{x \cdot \ln(2)}$

$f(x) = 2 \cdot \sin(x) + \frac{1}{2} \cdot \cos(x) \Rightarrow f'(x) = 2 \cdot \cos(x) - \frac{1}{2} \cdot \sin(x)$

(2) *Ableitung ganzrationaler Funktionen:* Ist eine ganzrationale Funktion f gegeben durch
$f(x) = a_n \cdot x^n + a_{n-1} \cdot x^{n-1} + \dots + a_2 \cdot x^2 + a_1 \cdot x + a_0, n \in \mathbb{N}$,

dann gilt: $f'(x) = n \cdot a_n \cdot x^{n-1} + (n-1) \cdot a_{n-1} \cdot x^{n-2} + \dots + 2 \cdot a_2 \cdot x + a_1$.

(3) *Produktregel:*

$f(x) = (2x + 5) \cdot e^x \Rightarrow f'(x) = 2 \cdot e^x + (2x + 5) \cdot e^x = (2x + 7) \cdot e^x$

$f(x) = (x^2 + 3x - 1) \cdot e^x \Rightarrow f'(x) = (2x + 3) \cdot e^x + (x^2 + 3x - 1) \cdot e^x = (x^2 + 5x + 2) \cdot e^x$

$f(x) = x^2 \cdot \cos(x) \Rightarrow f'(x) = 2x \cdot \cos(x) - x^2 \cdot \sin(x)$

(4) *Kettenregel:*

$f(x) = e^{-x^2} \Rightarrow f'(x) = e^{-x^2} \cdot (-2x)$

$f(x) = 3^x = e^{x \cdot \ln(3)} \Rightarrow f'(x) = e^{x \cdot \ln(3)} \cdot \ln(3) = 3^x \cdot \ln(3)$

$f(x) = \sin(2x) \Rightarrow f'(x) = 2 \cdot \cos(2x)$

(5) *Produkt- und Kettenregel:*

$f(x) = x^3 \cdot e^{-x} \Rightarrow f'(x) = 3x^2 \cdot e^{-x} + x^3 \cdot e^{-x} \cdot (-1) = (3x^2 - x^3) \cdot e^{-x}$

$$f(x) = (x^2 + 1)^3 \cdot e^{-0,3x} \Rightarrow f'(x) = 3 \cdot (x^2 + 1)^2 \cdot (2x) \cdot e^{-0,3x} + (x^2 + 1)^3 \cdot e^{-0,3x} \cdot (-0,3)$$
$$= (x^2 + 1)^2 \cdot e^{-0,3x} \cdot (6x - 0,3 \cdot (x^2 + 1))$$
$$= (x^2 + 1)^2 \cdot e^{-0,3x} \cdot (-0,3 \cdot x^2 + 6x - 0,3)$$

INFO Tangente und Normale

A4 **Die Gleichung einer Tangente und einer Normalen an einen Funktionsgraphen bestimmen**

Eine **Tangente** ist eine Gerade durch den Punkt eines Graphen. Die Steigung der Geraden stimmt mit der Steigung des Graphen in diesem Punkt (dem Berührpunkt) überein.

Die Gleichung der Geraden g, von der man die Steigung m und einen Punkt (a|b) kennt, bestimmt man mithilfe der Punkt-Steigungsform: $g(x) = m \cdot (x - a) + b$.

Die Gleichung einer Tangente t an eine differenzierbare Funktion f im Punkt (a|f(a)) wird mithilfe der Ableitung f'(a) bestimmt:
$t(x) = f'(a) \cdot (x - a) + f(a)$.

Bei der Ermittlung der Tangentengleichung kann man auch so verfahren, dass man f'(a) bestimmt und dann in der allgemeinen Geradengleichung $y = m \cdot x + b$ die bekannten Größen einsetzt, um b zu bestimmen:
Bekannt sind also: $m = f'(a)$, $y = f(a)$ und $x = a$. Hieraus ergibt sich die Gleichung
$f(a) = f'(a) \cdot a + b$, d. h. $b = f(a) - f'(a) \cdot a$.

Zusatz: Die **Normale** im Punkt P ist eine Gerade, die den Graphen der Funktion f im Punkt $P(x_0|f(x_0))$ orthogonal schneidet. Dabei ist die Steigung der Normalen gleich dem negativen Kehrwert der 1. Ableitung an dieser Stelle, also $m = \frac{-1}{f'(x_0)}$.

Beispiele

(1) *Tangente und Normale des Graphen einer Potenzfunktion:*

Für $f(x) = x^2$ an der Stelle $x = 1$ gilt:

$f(1) = 1$ und $f'(x) = 2x$, also $f'(1) = 2$.

Daher ist $t(x) = 2 \cdot (x - 1) + 1 = 2x - 1$ die Gleichung der Tangente t durch den Punkt (1|1)

und $n(x) = -\frac{1}{2} \cdot (x - 1) + 1 = -\frac{1}{2}x + \frac{3}{2}$ die Gleichung der Normalen n durch den Punkt (1|1).

(2) *Tangente und Normalen einer Exponentialfunktion:*

Gesucht sind Tangente und Normale von
$f(x) = x^2 \cdot e^{-x}$ an der Stelle $a = -0{,}5$.

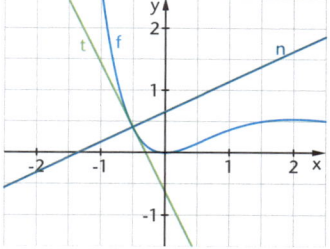

Es gilt: $f(-0{,}5) \approx 0{,}412$ und
$f'(x) = 2x \cdot e^{-x} + x^2 \cdot e^{-x} \cdot (-1) = (-x^2 + 2x) \cdot e^{-x}$, also
$f'(-0{,}5) \approx -2{,}061$.

Daher ist
$t(x) \approx -2{,}061 \cdot (x + 0{,}5) + 0{,}412 \approx -2{,}061\,x - 0{,}619$
und
$n(x) \approx 0{,}485 \cdot (x + 0{,}5) + 0{,}412 \approx 0{,}485\,x + 0{,}655$.

(3) *Berührpunkt einer Tangente:*

Gesucht ist derjenige Punkt $(a\,|\,f(a))$ des Graphen von
$f(x) = e^{0{,}5 \cdot x}$, in dem die Tangente an den Graphen durch
den Ursprung verläuft.

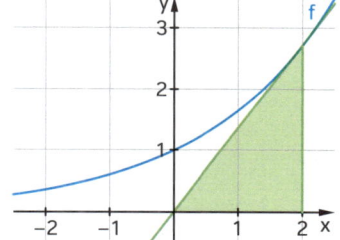

Hier gilt: $f'(x) = 0{,}5 \cdot e^{0{,}5 \cdot x}$,
also lautet die Tangentengleichung
$t(x) = 0{,}5 \cdot e^{0{,}5 \cdot a} \cdot (x - a) + e^{0{,}5 \cdot a}$.

Aus der Bedingung $t(0) = 0$ ergibt sich
$0 = 0{,}5 \cdot e^{0{,}5 \cdot a} \cdot (0 - a) + e^{0{,}5 \cdot a} \Leftrightarrow 0 = e^{0{,}5 \cdot a} \cdot (1 - 0{,}5 \cdot a)$
$\Leftrightarrow a = 2$, da $e^{0{,}5 \cdot x} > 0$ für alle x.

Anschaulich kann man die Berührstelle a der Tangente auch so ermitteln, dass das
Steigungsdreieck betrachtet wird:
waagerechte Kathete: a; senkrechte Kathete: $f(a)$; Steigung $f'(a)$.

Es muss also gelten: $f'(a) = \dfrac{f(a)}{a}$, also in diesem Beispiel:

$0{,}5 \cdot e^{0{,}5\,a} = \dfrac{e^{0{,}5\,a}}{a}$, d. h. $0{,}5 = \dfrac{1}{a}$ und somit $a = 2$.

INFO Mittlere und lokale Änderungsraten

A5 **Mittlere und lokale Änderungsraten angeben und berechnen
sowie im Sachzusammenhang interpretieren**

Zeichnet man durch zwei Punkte $A\,(a\,|\,f(a))$ und $B\,(b\,|\,f(b))$ des Graphen einer Funktion f eine
Gerade (also eine Sekante zum Graphen von f), so ist die Steigung dieser Geraden die **mittlere Änderungsrate** der Funktion f im Intervall $[a;\,b]$, also:
$\dfrac{f(b) - f(a)}{b - a}$.

Die Ableitung einer Funktion an einer Stelle x_0 ist die **lokale Änderungsrate** in x_0 und der
Grenzwert des Differenzenquotienten für $x \to x_0$:

$f'(x_0) = \lim\limits_{x \to x_0} \dfrac{f(x) - f(x_0)}{x - x_0}$.

Dies kann man auch in der Form $f'(x_0) = \lim\limits_{h \to 0} \dfrac{f(x_0 + h) - f(x_0)}{h}$ beschreiben.

Als **Ableitungsfunktion** f′ einer Funktion f bezeichnet man die Funktion, die jeder Stelle $a \in D_f$
die Ableitung f′ (a) zuordnet.

Beispiele

(1) *Mittlere Änderungsrate:* $\qquad$ $f(x) = x^3 - 2$ $\qquad\qquad$ $f(0) = 0;\ f(2) = 4.$

Die mittlere Änderungsrate der Funktion im Intervall $[0; 2]$ ist $\frac{f(2) - f(0)}{2 - 0} = \frac{4 - 0}{2} = 2.$

(2) *Bedeutung der mittleren und der lokalen Änderungsrate im Sachzusammenhang:*
In Anwendungssituationen haben Differenzenquotient und Differenzialquotient beispielsweise folgende Bedeutung:

Zuordnung durch die Funktion f	mittlere Änderungsrate in einem Intervall	lokale Änderungsrate in einem Punkt
Zeit → zurückgelegter Weg	Durchschnittsgeschwindigkeit in einem Zeitintervall	Momentangeschwindigkeit zu einem Zeitpunkt
Zeit → Geschwindigkeit	durchschnittliche Beschleunigung in einem Zeitintervall	Momentanbeschleunigung zu einem Zeitpunkt
Weg → Benzinverbrauch (Volumen)	durchschnittlicher Benzinverbrauch auf einer Wegstrecke	momentaner Benzinverbrauch
Zeit → eingefüllte Wassermenge	durchschnittliche Zuflussgeschwindigkeit in einem Zeitintervall	momentane Zuflussgeschwindigkeit zu einem Zeitpunkt
Zeit → Höhe einer Pflanze	durchschnittliche Wachstumsgeschwindigkeit in einem Zeitintervall	momentane Wachstumsgeschwindigkeit zu einem Zeitpunkt
Zeit → Temperatur	durchschnittliche Änderung der Temperatur in einem Zeitintervall	momentane Temperaturänderung zu einem Zeitpunkt
Zeit → Besucherzahl	durchschnittliche Zunahme der Besucherzahl in einem Zeitintervall	momentane Zunahme der Besucherzahl zu einem Zeitpunkt

INFO Schnittwinkel eines Graphen

A6 Schnittwinkel eines Graphen mit der x-Achse bestimmen

Als Schnittwinkel α eines Graphen mit der x-Achse bezeichnet man jeweils den spitzen Winkel der beiden Winkel, welche die Tangente in einer Nullstelle x_0 des Graphen mit der x-Achse bildet.

Aus dem Steigungsdreieck, das durch die Tangente gebildet wird, ergibt sich
$\tan(\alpha) = m = f'(x_0)$ und hieraus dann $\alpha = \tan^{-1}(m) = \tan^{-1}(f'(x_0))$.

Da m auch negativ sein kann, definiert man allgemein:
$\alpha = |\tan^{-1}(f'(x_0))|$ als **Schnittwinkel des Graphen von f mit der x-Achse**.

Beispiele

(1) *ganzrationale Funktion:*
Der Graph der Funktion f mit $f(x) = 0{,}25\,x^3 - 0{,}75\,x - 0{,}5$
hat eine Nullstelle bei $x_0 = 2$.

Die Steigung des Graphen an dieser Stelle, also die Steigung der Tangente, ist $f'(2) = 2{,}25$
(da $f'(x) = 0{,}75\,x^2 - 0{,}75$).

Daher ist $\alpha = \tan^{-1}(2{,}25) \approx 66{,}0°$.

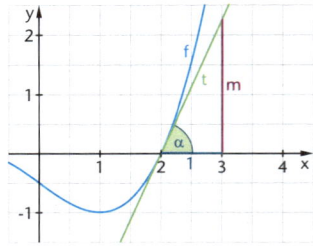

(2) *Exponentialfunktion:*

Der Graph der Funktion f mit $f(x) = 2 - e^x$
hat eine Nullstelle bei $x_0 = \ln(2) \approx 0{,}693$.

Die Steigung des Graphen an dieser Stelle, also die
Steigung der Tangente, ist $f'(\ln(2)) = -2$ (da $f'(x) = -e^x$).

Daher ist $\alpha = |\tan^{-1}(-2)| \approx 63{,}4°$

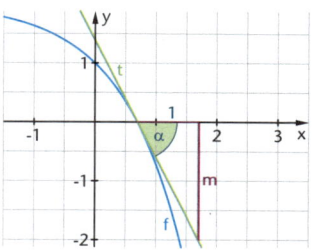

$0.25 \cdot x^3 - 0.75 \cdot x - 0.5 \to f(x)$	Fertig
$\frac{d}{dx}(f(x)) \to f1(x)$	Fertig
$f1(2)$	2.25
$\tan^{-1}(f1(2))$	66.0375
I	

$2 - e^x \to f(x)$	Fertig
$\frac{d}{dx}(f(x)) \to f1(x)$	Fertig
$f1(\ln(2))$	-2.
$\tan^{-1}(-2.)$	-63.4349
I	

INFO Abschnittsweise definierte Funktionen

A7 **Bei abschnittsweise definierten Funktionen überprüfen können, ob die Übergänge stetig, differenzierbar bzw. ruckfrei sind**

Bei abschnittsweise definierten Funktionen ist der Definitionsbereich unterteilt in aneinander anschließende Intervalle, auf denen die Funktion jeweils durch einen anderen Funktionsterm definiert ist.

Die Übergänge zwischen den verschiedenen Abschnitten können stetig, differenzierbar oder ruckfrei sein.

Eine Funktion f sei für $x < a$ definiert durch den Funktionsterm $f_1(x)$ und für $x \geq a$ durch den Funktionsterm $f_2(x)$. Gilt an dieser Übergangsstelle a zwischen den Definitionsbereichen, dass

- $\lim\limits_{x \to a} f_1(x) = \lim\limits_{x \to a} f_2(x)$, dann ist der Übergang **stetig** (nahtlos), d. h., an der

  Übergangsstelle stimmen die Funktionswerte überein;

- $\lim\limits_{x \to a} f_1(x) = \lim\limits_{x \to a} f_2(x)$ und $\lim\limits_{x \to a} f_1'(x) = \lim\limits_{x \to a} f_2'(x)$, dann ist der Übergang

  differenzierbar (glatt, knickfrei), d. h., an der Übergangsstelle stimmen die Funktionswerte sowie die (Tangenten-)Steigungen überein;

- $\lim\limits_{x \to a} f_1(x) = \lim\limits_{x \to a} f_2(x)$, $\lim\limits_{x \to a} f_1'(x) = \lim\limits_{x \to a} f_2'(x)$ und $\lim\limits_{x \to a} f_1''(x) = \lim\limits_{x \to a} f_2''(x)$, dann ist der

  Übergang (krümmungs-)**ruckfrei**: An der Übergangsstelle stimmen die Funktionswerte, die (Tangenten-)Steigungen sowie die Krümmungen der Graphen überein.

Beispiele

(1) *nicht stetig:*

$f_1(x) = -x + 1$ für $x < 1$
$f_2(x) = x^2 - 4x + 2$ für $x \geq 1$

Der Übergang an der Stelle $x = 1$ ist nicht stetig:

$\lim\limits_{x \to 1} f_1(x) = 0 \neq -1 = f_2(1)$

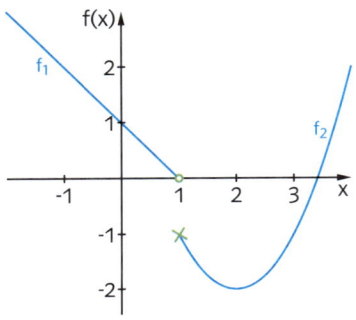

(2) *nahtlos, aber nicht knickfrei:*

$f_1(x) = -x + 2$ für $x < 1$
$f_2(x) = -x^2 + 4x - 2$ für $x \geq 1$

Der Übergang an der Stelle $x = 1$ ist nahtlos, aber nicht knickfrei:

$\lim\limits_{x \to 1} f_1(x) = 1 = f_2(1)$

$\lim\limits_{x \to 1} f_1'(x) = -1 \neq +2 = \lim\limits_{x \to 1} f_2'(x)$

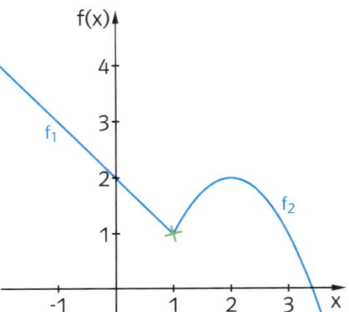

(3) *knickfrei, aber nicht ruckfrei:*

$f_1(x) = x^3$ für $x < 1$
$f_2(x) = -1{,}5x^2 + 6x - 3{,}5$ für $x \geq 1$

Der Übergang an der Stelle $x = 1$ ist knickfrei, aber nicht ruckfrei:

$\lim\limits_{x \to 1} f_1(x) = 1 = f_2(1)$

$\lim\limits_{x \to 1} f_1'(x) = 3 = \lim\limits_{x \to 1} f_2'(x)$

$\lim\limits_{x \to 1} f_1''(x) = 6 \neq -3 = \lim\limits_{x \to 1} f_2''(x)$

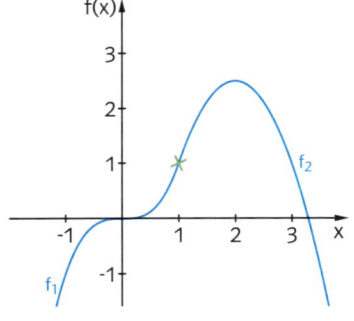

(4) *ruckfrei:*

$f_1(x) = \frac{1}{3}x^3 - x$ für $x < 1$
$f_2(x) = x^2 - 2x + \frac{1}{3}$ für $x \geq 1$

Der Übergang an der Stelle $x = 1$ ist ruckfrei:

$\lim\limits_{x \to 1} f_1(x) = -\frac{2}{3} = f_2(1)$

$\lim\limits_{x \to 1} f_1'(x) = 0 = \lim\limits_{x \to 1} f_2'(x)$

$\lim\limits_{x \to 1} f_1''(x) = 2 = \lim\limits_{x \to 1} f_2''(x)$

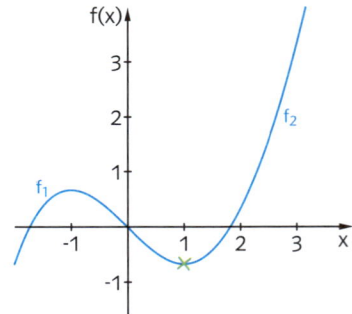

Die Grenzwerte kann man wie folgt bestimmen: Man betrachtet die Funktionsterme einzeln und beachtet dabei nicht die Einschränkung der Definitionsmengen; beispielsweise berechnet man die Ableitungen von $f_1(x) = x^3$, also $f_1'(x) = 3x^2$, $f_1''(x) = 6x$, und setzt für x den Wert 1 ein, obwohl die Funktion f an der Stelle $x = 1$ anders definiert ist.

B   Untersuchung von Funktionsgraphen

INFO Symmetrie

B1 Graphen auf Symmetrie untersuchen

(1) *Achsensymmetrie zur y-Achse:*
Der Graph der Funktion f ist achsensymmetrisch zur y-Achse, wenn für alle x aus dem Definitionsbereich von f gilt:

$f(-x) = f(x).$

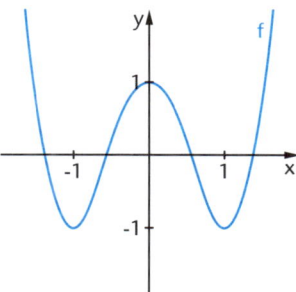

Für ganzrationale Funktionen f gilt zusätzlich:
Der Graph von f ist genau dann achsensymmetrisch zur y-Achse, wenn der Funktionsterm f(x) nur Potenzen von x mit geraden Exponenten enthält.

(2) *Punktsymmetrie zum Ursprung:*
Der Graph der Funktion f ist punktsymmetrisch zum Ursprung, wenn für alle x aus dem Definitionsbereich von f gilt:

$f(-x) = -f(x).$

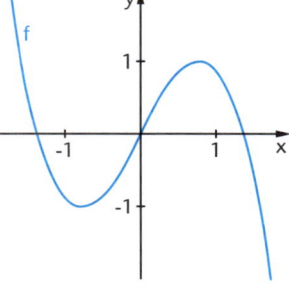

Für ganzrationale Funktionen f gilt zusätzlich:
Der Graph von f ist genau dann punktsymmetrisch zum Ursprung, wenn der Funktionsterm f(x) nur Potenzen von x mit ungeraden Exponenten enthält.

(3) *Achsensymmetrie zu der Parallelen x = a zur y-Achse:*
Der Graph einer Funktion f ist achsensymmetrisch zu der Parallelen zur y-Achse mit der Gleichung x = a, wenn der um −a in Richtung der x-Achse verschobene Graph (vgl. **B2**) achsensymmetrisch zur y-Achse ist.

(4) *Punktsymmetrie zu einem Punkt S(a|b):*
Der Graph einer Funktion f ist punktsymmetrisch zum Punkt S(a|b), wenn der um −a in Richtung der x-Achse und um −b in Richtung der y-Achse verschobene Graph (vgl. **B2**) punktsymmetrisch zum Ursprung ist.

Für ganzrationale Funktionen dritten Grades gilt immer: Der Graph ist punktsymmetrisch zum Wendepunkt.

Beispiele

(1) *Achsensymmetrisch zur y-Achse:*
Der Graph der Funktion f mit
$f(x) = x^4 - 2x^2 + 1$ ist achsensymmetrisch zur y-Achse, da im Funktionsterm
nur gerade Exponenten auftreten.
Dabei kann der letzte Summand 1
gedeutet werden als $1 \cdot x^0$ (0 ist eine
gerade Zahl!).

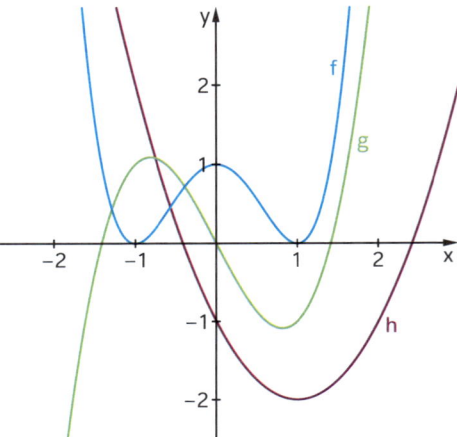

(2) *Punktsymmetrisch zum Ursprung:*
Der Graph der Funktion g mit
$g(x) = x^3 - 2x$ ist punktsymmetrisch
zum Ursprung, da im Funktionsterm nur
ungerade Exponenten auftreten.

(3) *Weder achsen- noch punktsymmetrisch:*
Der Graph der Funktion h mit $h(x) = x^2 - 2x - 1$ ist weder achsensymmetrisch zur y-
Achse noch punktsymmetrisch zum Ursprung, da im Funktionsterm sowohl gerade
als auch ungerade Exponenten auftreten.

(4) *Achsensymmetrisch zu einer beliebigen vertikalen Achse:*
Um nachzuweisen, dass der Graph einer ganzrationalen Funktion f achsensymmetrisch ist zu einer Parallelen zur y-Achse mit der Gleichung x = a, verschiebt man den
Graphen der Funktion f um – a Einheiten in Richtung der x-Achse; treten dann im Funktionsterm der neuen Funktion nur Potenzen von x mit geraden Exponenten auf, dann
ist der verschobene Graph achsensymmetrisch zur y-Achse, also der ursprüngliche
Graph achsensymmetrisch zu x = a.

(5) *Punktsymmetrisch zu einem beliebigen Punkt:*
Um nachzuweisen, dass der Graph einer ganzrationalen Funktion f punktsymmetrisch
ist zu einem Punkt S (a|b), verschiebt man den Graphen der Funktion f um –a Einhei-
ten in Richtung der x-Achse und um –b Einheiten in Richtung der y-Achse; treten dann
im Funktionsterm der neuen Funktion nur Potenzen von x mit ungeraden Exponenten
auf, dann ist der verschobene Graph punktsymmetrisch zum Ursprung, also der ursprüngliche Graph punktsymmetrisch zum Punkt S.

INFO Verschieben

B2 Den Graphen einer Funktion verschieben

(1) *Verschiebung in Richtung der y-Achse:*
Addiert man eine Zahl b zu einem Funktionsterm, dann verschiebt sich der Graph in
Richtung der y-Achse. Falls b > 0, ist dies eine Verschiebung nach oben, falls b < 0, eine
Verschiebung nach unten.

(2) *Verschiebung in Richtung der x-Achse:*
Ersetzt man im Funktionsterm f(x) einer gegebenen Funktion f die Funktionsvariable x
durch (x – c), dann verschiebt sich der Graph um c Einheiten, d. h. für c > 0 nach rechts
und für c < 0 nach links.

Beispiele

(1) *Verschieben in Richtung der y-Achse:*

Ausgehend vom Graphen der Funktion f
mit $f(x) = x^4 - 6x^2$ erhält man durch
Addition von $+3$ zum Funktionsterm
den um 3 Einheiten nach oben verschobenen Graphen der Funktion f_1 mit
$f_1(x) = x^4 - 6x^2 + 3$ und durch Addition
von -5 zum Funktionsterm den um

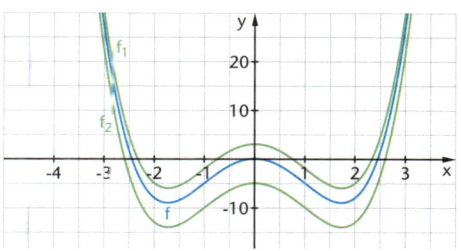

5 Einheiten nach unten verschobenen Graphen der Funktion f_2 mit $f_2(x) = x^4 - 6x^2 - 5$.

(2) *Verschieben in Richtung der x-Achse:*

Verschiebt man den Graphen der ganzrationalen Funktion f mit $f(x) = x^4 - 5x^2 + 4$ um
2 Einheiten nach links, dann erhält man den Graphen der Funktion g mit

$g(x) = (x + 2)^4 - 5 \cdot (x + 2)^2 + 4$

$\quad = (x^4 + 8x^3 + 24x^2 + 32x + 16) - 5 \cdot (x^2 + 4x + 4) + 4$

$\quad = x^4 - 8x^3 - 19x^2 + 12x.$

(3) *Verschieben des Graphen einer Exponentialfunktion in Richtung der x-Achse = Streckung
des Graphen in Richtung der y-Achse:*

Verschiebt man den Graphen der Exponentialfunktion f mit $f(x) = 0{,}6 \cdot 1{,}5^x$ um 1 Einheit
in Richtung der x-Achse, dann erhält man die Exponentialfunktion g mit

$g(x) = 0{,}6 \cdot 1{,}5^{x-1} = 0{,}6 \cdot 1{,}5^x \cdot 1{,}5^{-1} = (0{,}6 \cdot 1{,}5^{-1}) \cdot 1{,}5^x = \left(\dfrac{0{,}6}{1{,}5}\right) \cdot 1{,}5^x = 0{,}4 \cdot 1{,}5^x,$

d. h., der ursprüngliche Graph wird mit dem Faktor $\frac{2}{3}$ gestreckt.

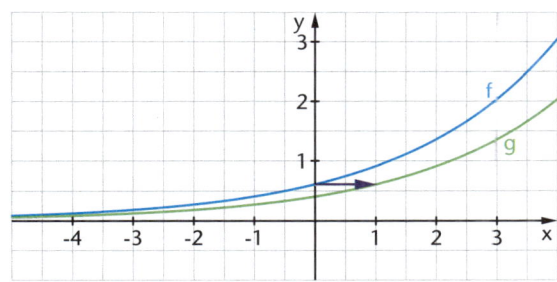

INFO Strecken

B3 **Den Graphen einer Funktion strecken**

(1) *Streckung in Richtung der y-Achse:*

Die **Vervielfachung** eines Funktionsterms mit dem Faktor k bewirkt eine **Streckung** des Graphen in Richtung der y-Achse (wobei das Wort „Streckung" in der Alltagssprache mit einer Vergrößerung verbunden ist, im mathematischen Sinne aber auch eine „Stauchung" bedeuten kann). Dabei sind sechs besondere Fälle zu unterscheiden:

k > 1: Der Graph wird (im Wortsinne) gestreckt, d. h., die y-Werte aller Punkte werden vervielfacht, d. h. die Abstände der Punkte zur x-Achse werden ver-k-facht (also, da k > 1: vergrößert).

k = 1: Der Graph wird auf sich selbst abgebildet.

0 < k < 1: Der Graph wird gestaucht, d. h., die Abstände der Punkte zur x-Achse werden ver-k-facht (also, da 0 < k < 1: verkleinert).

− 1 < k < 0: Der Graph wird an der x-Achse gespiegelt und mit dem Faktor |k| gestaucht.

k = − 1: Der Graph wird (nur) an der x-Achse gespiegelt.

k < − 1: Der Graph wird an der x-Achse gespiegelt und mit dem Faktor |k| > 1 gestreckt.
Die Verschiebung in Richtung der y-Achse hat keine Auswirkung auf die Steigung einer Funktion an einer Stelle, da die Ableitung des konstanten Glieds b gleich null ist.

Hinweis: Durch Verschiebung um b in Richtung der y-Achse vergrößert oder verkleinert sich das Flächenstück zwischen Graph und x-Achse um die Größe eines Rechtecks, das die Höhe b hat.

(2) *Streckung in Richtung der x-Achse:*

Ersetzt man die Variable x im Funktionsterm durch den Term k · x (k > 0), dann wird der Graph in Richtung der x-Achse mit dem Faktor $\frac{1}{k}$ gestreckt.

Beispiele

(1) *Streckung in Richtung der y-Achse:*

Ausgehend vom Graphen der Funktion f mit

$f(x) = x^3 + 2x^2 - 5x - 6$

erhält man die übrigen Graphen durch Streckung in Richtung der y-Achse mit den Faktoren

$k_1 = 1{,}5$; $k_2 = 0{,}5$; $k_3 = -0{,}3$;
$k_4 = -1$ bzw. $k_5 = -2$.

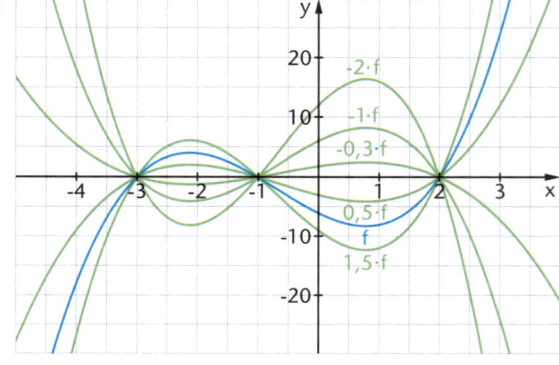

(2) *Streckung in Richtung der x-Achse:*

Ersetzt man im Funktionsterm von f(x) = x^2 die Variable x durch den Term $1{,}5\,x$, so erhält man den Funktionsterm

$g(x) = (1{,}5\,x)^2 = 2{,}25\,x^2$.

Der Graph von g ist gegenüber dem Graphen von f mit dem Faktor $\frac{1}{1{,}5} = \frac{2}{3}$ in Richtung der x-Achse gestreckt.

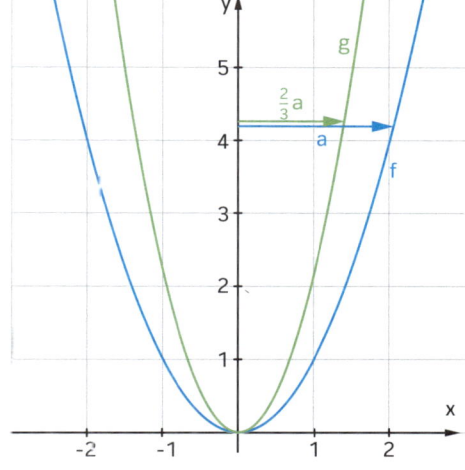

INFO Nullstellen

B4 Nullstellen einer Funktion bestimmen

Zur Bestimmung der Schnittpunkte des Graphen der Funktion f mit der x-Achse wird der Funktionsterm f(x) gleich null gesetzt und die sich ergebende Gleichung f(x) = 0 nach x aufgelöst. Als Lösungen der Gleichung erhält man die **Nullstellen** x_{N_1}, x_{N_2}, x_{N_3}, ... der Funktion. Die Schnittpunkte des Graphen mit der x-Achse sind $(x_{N_1}|0)$, $(x_{N_2}|0)$, $(x_{N_3}|0)$, ...

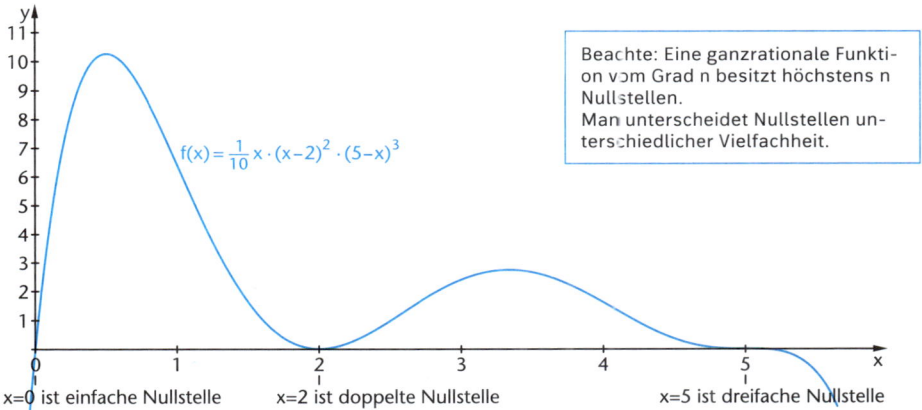

Beachte: Eine ganzrationale Funktion vom Grad n besitzt höchstens n Nullstellen.
Man unterscheidet Nullstellen unterschiedlicher Vielfachheit.

$f(x) = \frac{1}{10}\,x \cdot (x-2)^2 \cdot (5-x)^3$

x=0 ist einfache Nullstelle x=2 ist doppelte Nullstelle x=5 ist dreifache Nullstelle

Falls die Nullstellen algebraisch bestimmt werden sollen, kann eines der folgenden Verfahren bei der Lösung hilfreich sein:

- Klammere, falls möglich, x (oder sogar x^2, x^3, ...) im gesamten Funktionsterm aus.
- Löse eine quadratische Gleichung mit dem Verfahren der quadratischen Ergänzung, mit der p-q-Formel oder mit dem Satz von Vieta.
- Kennt man ganzzahlige Nullstellen, dann kann man den Funktionsterm teilweise mithilfe von Linearfaktoren darstellen und dann einen Koeffizientenvergleich vornehmen.

Beispiele

(1) *Nullstellen rechnerisch durch Ausklammern bestimmen:*

Um die Schnittpunkte des Graphen von f mit $f(x) = -x^3 + 4x^2$ und der x-Achse zu bestimmen, hilft das Ausklammern von $-x^2$:
$f(x) = 0 \Leftrightarrow -x^3 + 4x^2 = 0 \Leftrightarrow -x^2 \cdot (x - 4) = 0 \Leftrightarrow x = 0 \vee x = 4$.

Dabei ist $x = 0$ eine doppelte und $x = 4$ eine einfache Nullstelle.
Die Schnittpunkte mit der x-Achse lauten: $(0|0)$ und $(4|0)$.

(2) *Nullstellen rechnerisch durch Punktprobe und Koeffizientenvergleich bestimmen:*

Um die Schnittpunkte des Graphen von g mit $g(x) = x^3 - 4x^2 - 4x + 16$ und der x-Achse zu ermitteln, versucht man, die erste Nullstelle zu erraten: $x = 2$. Der Funktionsterm lässt sich dann darstellen in der Form $(x - 2) \cdot (x^2 + ax + b)$. Nach Ausmultiplizieren findet man durch Koeffizientenvergleich: $a = -2$ und $b = -8$.

Man erhält alle Nullstellen nach Lösen der quadratischen Gleichung:
$x^2 - 2x - 8 = 0 \Leftrightarrow x = -2 \vee x = 4$.

Also: $g(x) = 0 \Leftrightarrow x^3 - 4x^2 - 4x + 16 = 0 \Leftrightarrow (x - 2) \cdot (x^2 - 2x - 8) = 0$
$ \Leftrightarrow x = 2 \vee x^2 - 2x - 8 = 0 \Leftrightarrow x = 2 \vee x = -2 \vee x = 4$.

Alle Nullstellen sind einfache Nullstellen.
Die Schnittpunkte mit der x-Achse lauten: $(-2|0)$, $(2|0)$ und $(4|0)$.

(3) *Nullstellen numerisch bestimmen:*

Nullstellen der ganzrationalen Funktion f mit $f(x) = -x^3 + 4x^2 - 3$.
Mithilfe der Analyse-Optionen im Grafikmodus des TR findet man:
$x_1 \approx 0{,}791$; $x_2 = 1$; $x_3 = 3{,}79$.

Dass x_2 tatsächlich ganzzahlig ist und somit exakt bestimmt wurde, überprüft man durch Einsetzen von $x = 1$ in den Funktionsterm (Punktprobe).

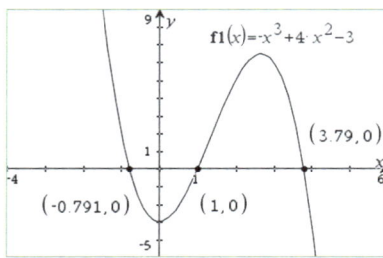

INFO Schnittpunkte

B5 **Schnittpunkte zweier Funktionsgraphen interpretieren**

Sind zwei Funktionen f und g gegeben, dann bestimmt man die Schnittpunkte der Graphen durch Lösen der Gleichung $f(x) = g(x)$.

Wenn man die Gleichung umformt, sodass auf der linken Seite ein Term steht, und auf der rechten Seite null, dann wird das Problem „Schnittstellen zweier Graphen berechnen" zum Problem „Nullstellen bestimmen", vgl. Lösungsverfahren in **B4**.

Anschließend darf man nicht vergessen, die y-Koordinaten der Schnittpunkte zu bestimmen, wenn dieses verlangt ist. Dazu setzt man die erhaltenen Schnittstellen (x-Koordinaten) in die Funktionsgleichung von f oder von g ein, oder man macht beides zur Kontrolle: In beiden Fällen muss das gleiche Ergebnis herauskommen.

Beispiele

(1) *Schnittpunkte rechnerisch durch Punktprobe und Koeffizientenvergleich bestimmen:*

Bestimmen der Schnittpunkte der Graphen von f mit $f(x) = -x^3 + 4x^2$ und g mit $g(x) = x^3 - 4x^2 - 4x + 16$:

Die Vereinfachung von $f(x) = g(x)$ führt zur Gleichung $2x^3 - 8x^2 - 4x + 16 = 0$. Diese hat die Lösung $x = 4$ (wie man durch Probieren/Einsetzen herausfindet oder ggf. auch aus der Untersuchung der Nullstellen der Funktionen f und g weiß).

Der Funktionsterm lässt sich dann darstellen in der Form $2(x - 4) \cdot (x^2 + ax + b)$. Durch Koeffizientenvergleich ergibt sich: $a = 0$ und $b = -2$.

Also: $f(x) = g(x) \Leftrightarrow -x^3 + 4x^2 = x^3 - 4x^2 - 4x + 16 \Leftrightarrow 2x^3 - 8x^2 - 4x + 16 = 0$
$\Leftrightarrow 2(x - 4)(x^2 - 2) = 0 \Leftrightarrow x = 4 \lor x = -\sqrt{2} \lor x = \sqrt{2}$.

Mit $f(-\sqrt{2}) \approx 10{,}83$, $f(\sqrt{2}) \approx 5{,}17$ und $f(4) = 0$ erhält man die Schnittpunkte der Graphen von f und g: $(-\sqrt{2}\,|\,10{,}83)$, $(\sqrt{2}\,|\,5{,}17)$ und $(4\,|\,0)$.

(2) *Schnittpunkte numerisch bestimmen:*

Schnittpunkte der Graphen der Funktionen f_1 und f_2 mit

$f_1(x) = x^3 - x^2 - 4x + 6$ und $f_2(x) = -x^3 + 2x^2 + x + 1$.

Mithilfe der Analyse-Optionen im Grafik-Modus des TR findet man:

$P_1(-1{,}44\,|\,6{,}7)$; $P_2(0{,}818\,|\,2{,}61)$ und $P_3(2{,}12\,|\,2{,}57)$.

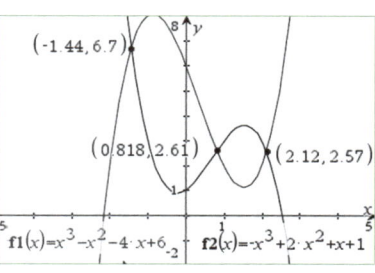

INFO Monotonie, Extrempunkte

B6 **Graphen auf Monotonie und auf lokale und absolute Extrempunkte untersuchen**

Wir betrachten eine auf dem Intervall I differenzierbare Funktion f.

– *Monotonie*:
Wenn $f'(x) > 0$ für alle $x \in I$, dann ist der Graph von f streng monoton steigend.
Wenn $f'(x) < 0$ für alle $x \in I$, dann ist der Graph von f streng monoton fallend.

Die Umkehrung dieser Aussage ist nicht richtig. Beispiel: Der Graph von $f(x) = x^3$ ist streng monton steigend auf $\mathbb{R}$, aber es gilt: $f'(0) = 0$.

– *Lokale Extrempunkte:*
Notwendige Bedingung:
Wenn f an der inneren Stelle x_0 einen Extremwert hat, so gilt $f'(x_0) = 0$.

> Die Bedingung $f'(x) = 0$ bedeutet anschaulich, dass die Tangente an der Extremstelle parallel zur x-Achse verläuft.

Hinreichende Bedingung (mit der zweiten Ableitung):
Falls $f'(x_0) = 0$ und $f''(x_0) > 0$ [$f''(x_0) < 0$],
so befindet sich an der Stelle x_0 ein lokales Minimum [Maximum].

Hinreichende Bedingung (Vorzeichenwechselkriterium):
Falls $f'(x_0) = 0$ und f' einen Vorzeichenwechsel (VZW) von − nach + [VZW von + nach −] hat, so befindet sich an der Stelle x_0 ein lokales Minimum [Maximum].

– *Absolute Extrempunkte:*
Vergleicht man alle lokalen Minima [Maxima] und die Funktionswerte an den Rändern des Intervalls I, so ist der kleinste [größte] Wert daraus das absolute Minimum [Maximum].

Bei der Untersuchung von Extremstellen in einem Sachzusammenhang, der mit einer mathematischen Funktion beschrieben wird, können diese im Kontext gedeutet werden.

Beispiel 1 *Bestimmung von Extrempunkten*
Gegeben ist die Funktion f mit $f(x) = \frac{1}{9} \cdot (2x^3 - 15x^2 + 24x + 25)$.

– *Numerische Bestimmung der Extrempunkte:*

Mithilfe der Analyse-Optionen im Grafik-Modus des TR findet man:
– den Hochpunkt $H(1|4)$
– den Tiefpunkt $T(4|1)$.

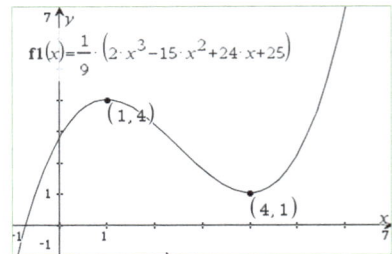

Dass die Koordinaten tatsächlich ganzzahlig sind und somit exakt bestimmt wurden, bestätigt man durch die Punktprobe.

– *Rechnerische Bestimmung der Extrempunkte:*

Die Ableitungen sind:
$f'(x) = \frac{1}{9} \cdot (6x^2 - 30x + 24) = \frac{2}{3} \cdot (x^2 - 5x + 4) = \frac{2}{3} \cdot (x - 1) \cdot (x - 4)$
und
$f''(x) = \frac{2}{3} \cdot (2x - 5)$.

– *Untersuchung auf Monotonie mit einer Vorzeichentabelle für f':*

Zuerst werden die Nullstellen der ersten Ableitung bestimmt:
$f'(x) = 0 \Leftrightarrow x^2 - 5x + 4 = 0 \Leftrightarrow (x-1)(x-4) = 0 \Leftrightarrow x = 1 \vee x = 4$.

Mit einer Vorzeichentabelle kann das Vorzeichen der ersten Ableitung auf den Teilintervallen zwischen und neben deren Nullstellen bestimmt werden. Dazu bestimmt
man jeweils das Vorzeichen aller Linearfaktoren von f' auf den Teilintervallen und erhält
daraus leicht das Vorzeichen von f'.

Intervall	$(x-1)$	$(x-4)$	$f'(x) = \frac{2}{3} \cdot (x-1) \cdot (x-4)$
x < 1	−	−	+
1 < x < 4	+	−	−
x > 4	+	+	+

Also ist f streng monoton wachsend für x < 1 und für x > 4 und streng monoton fallend
für 1 < x < 4.
Mit dem Vorzeichenwechselkriterium folgt bereits aus dieser Tabelle, dass an der Stelle
x = 1 ein lokales Maximum und an der Stelle x = 4 ein lokales Minimum vorliegt.

– *Untersuchung auf lokale Extrempunkte mit der zweiten Ableitung:*

Notwendige Bedingung: $f'(x) = 0 \Leftrightarrow x^2 - 5x + 4 = 0 \Leftrightarrow (x-1)(x-4) = 0 \Leftrightarrow x = 1 \vee x = 4$

Hinreichende Bedingung: Da $f'(1) = 0 \wedge f''(1) = -2 < 0$, liegt an der Stelle x = 1
ein lokales Maximum vor.
Da $f'(4) = 0 \wedge f''(4) = 2 > 0$, liegt an der Stelle x = 4
ein lokales Minimum vor.

Mit $f(1) = 4$ und $f(4) = 1$ erhält man den lokalen Hochpunkt H (1|4) und den lokalen Tief-
punkt T (4|1).

Beispiel 2 *Extrempunkte bei Exponentialfunktionen*
Gegeben ist die Funktion f mit $f(x) = x^2 \cdot e^{-x}$.

– *Numerische Bestimmung der Extrempunkte:*

Mithilfe der Analyse-Optionen im Grafik-Modus des TR findet man:
– den Hochpunkt H (2|0,541)
– den Tiefpunkt T(0|0).

Dass Koordinaten tatsächlich ganzzahlig sind und somit exakt bestimmt wurden, bestätigt man durch die Punktprobe.

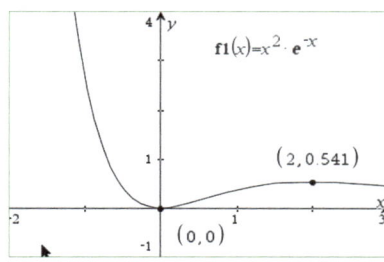

– *Rechnerische Bestimmung der Extrempunkte:*

Die Ableitungen erhält man durch die Anwendung der Produkt- und Kettenregel:

$f'(x) = 2x \cdot e^{-x} - x^2 \cdot e^{-x} = (2x - x^2) \cdot e^{-x} = x \cdot (2 - x) \cdot e^{-x}$
$f''(x) = (2 - 2x) \cdot e^{-x} - (2x - x^2) \cdot e^{-x} = (x^2 - 4x + 2) \cdot e^{-x}$

Durch die Anwendung der notwendigen Bedingung $f'(x) = 0 \Leftrightarrow x = 0 \lor x = 2$ erhält man zwei *Kandidaten* für lokale Extremstellen, die nun weiter untersucht werden.

Mit der hinreichenden Bedingung $f'(0) = 0 \land f''(0) = 2 > 0$ ist nachgewiesen, dass an der Stelle $x = 0$ ein lokales Minimum vorliegt. Mit $f'(2) = 0 \land f''(2) = -2 \cdot e^{-2} < 0$ wird gezeigt, dass an der Stelle $x = 2$ ein lokales Maximum vorliegt. Durch Einsetzen der Extremstellen in die Funktionsgleichung erhält man den lokalen Tiefpunkt $T(0|0)$ und den lokalen Hochpunkt $H(2|4 \cdot e^{-2})$.

Beispiel 3 *Randextrema*

Gegeben ist die Funktion f mit $f(x) = \frac{1}{3}x^3 - 2x^2 + 3x$.

Gesucht sind das absolute Maximum und das absolute Minimum über dem Intervall $[0; 5]$.

– *Numerische Bestimmung der (lokalen) Extrempunkte:*

Mithilfe der Analyse-Optionen im Grafik-Modus des TR findet man:
– den Hochpunkt $H(1|1,33)$
– den Tiefpunkt $T(3|0)$

– *Vergleich mit den Randwerten:*

Die Randpunkte des Funktionsgraphen sind $A(0|0)$ und $B(5|6,67)$. Die Punkte $A(0|0)$ und $T(3|0)$ sind also absolute Minima, der Randpunkt $B(5|6,67)$ ist das absolute Maximum.

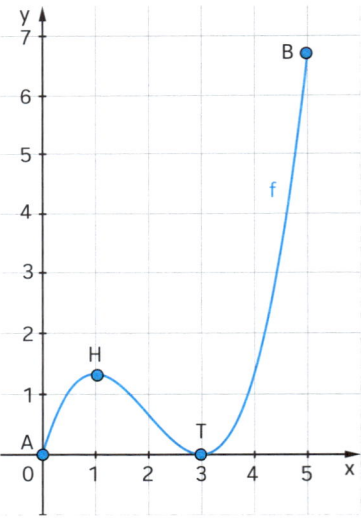

INFO Krümmung, Wende- und Sattelpunkte

B7 Graphen auf ihr Krümmungsverhalten und auf Wende- und Sattelpunkte untersuchen

Wir betrachten eine Funktion f und ihre Ableitungen.

Der Graph von f heißt auf I linksgekrümmt [rechtsgekrümmt] genau dann, wenn f' auf I streng monoton steigend [fallend] ist.

– *Kriterium für das Krümmungsverhalten:*
 Wenn $f''(x) > 0$ [$f''(x) < 0$] für alle $x \in I$ gilt, dann ist der Graph von f auf I linksgekrümmt [rechtsgekrümmt].
 Die Umkehrung des Satzes ist nicht richtig. Beispiel: Der Graph von $f(x) = x^4$ ist auf $\mathbb{R}$ linksgekrümmt, aber $f''(0) = 0$.

– *Wendepunkte:*
 Notwendige Bedingung:
 Wenn x_0 eine Wendestelle von f ist, so gilt $f''(x_0) = 0$.

> Wendestellen sind also Extremstellen der ersten Ableitung.

 Hinreichende Bedingung (mit der dritten Ableitung):
 Falls $f''(x_0) = 0$ und $f'''(x_0) \neq 0$, so liegt an der Stelle x_0 eine Wendestelle vor.

 Hinreichende Bedingung (Vorzeichenwechselkriterium):
 Falls $f''(x_0) = 0$ und f'' einen Vorzeichenwechsel (VZW) hat, so liegt an der Stelle x_0 eine Wendestelle vor.

– *Sattelpunkte:*
 Sattelpunkte sind Wendepunkte mit einer zur x-Achse parallelen Tangente.
 Daher gilt die hinreichende Bedingung:
 Falls $f'(x_0) = 0$ und $f''(x_0) = 0$ und $f'''(x_0) \neq 0$, so befindet sich an der Stelle x_0 ein Sattelpunkt.

Bei der Untersuchung von Wendestellen in einem Sachzusammenhang, der mit einer mathematischen Funktion beschrieben wird, können diese als Stellen mit maximaler oder minimaler Änderungsrate im Kontext gedeutet werden.

Beispiel 1 *Bestimmung des Krümmungsverhaltens und von Wendepunkten*

Gegeben ist die Funktion f mit $f(x) = \frac{1}{4}x^4 - x^3 + 4x$

Die Ableitungen sind:

$f'(x) = x^3 - 3x^2 + 4$

$f''(x) = 3x^2 - 6x = 3x(x - 2)$

$f'''(x) = 6x - 6 = 6(x - 1)$

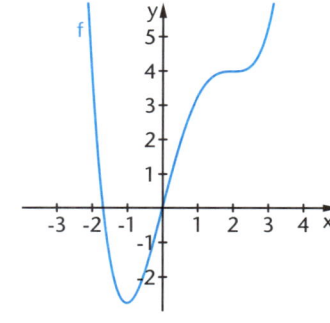

– *Numerische Bestimmung der Wendepunkte:*

Da Wendestellen Extremstellen der 1. Ableitung sind, muss die 1. Ableitungsfunktion, also $f_1(x) = x^3 - 3x^2 + 4$, auf lokale Maxima und Minima untersucht werden. Dabei kann die Ableitungsfunktion auch numerisch ermittelt werden.

Mithilfe der Analyse-Optionen im Grafik-Modus des GTR findet man:
  – das lokale Maximum von f' (Links-Rechts-Krümmungswechsel) bei x = 0;
  – das lokale Minimum von f' (Rechts-Links-Krümmungswechsel) bei x = 2;
     da es sich um eine Nullstelle der Ableitungsfunktion handelt, liegt hier ein Sattel-
     punkt des Graphen von f vor.

Dass Koordinaten tatsächlich ganzzahlig sind und somit exakt bestimmt wurden, bestätigt man durch die Punktprobe.
Die y-Koordinaten der Punkte erhält man durch Einsetzen der Wendestellen in die
Funktionsgleichung: W (0|0) und S (2|4).

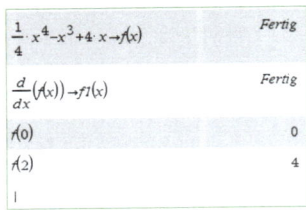 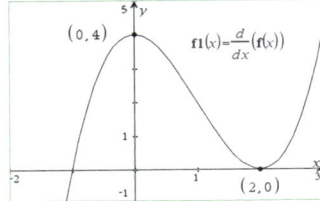

– *Rechnerische Bestimmung der Wendepunkte:*

Untersuchung des Krümmungsverhaltens mit einer Vorzeichentabelle für f″:
Zuerst werden die Nullstellen der zweiten Ableitung bestimmt:
$f''(x) = 0 \Leftrightarrow 3x^2 - 6x = 0 \Leftrightarrow 3x(x-2) = 0 \Leftrightarrow x = 0 \vee x = 2$

Mit einer Vorzeichentabelle kann das Vorzeichen der zweiten Ableitung auf den Teilintervallen
zwischen und neben deren Nullstellen bestimmt werden. Man bestimmt jeweils das Vorzeichen aller Linearfaktoren von f″ auf den Teilintervallen und erhält daraus leicht das
Vorzeichen von f″. Hier sind also die Linearfaktoren $3x$ und $(x-2)$ zu untersuchen:

Intervall	3 x	x − 2	$f''(x) = 3x \cdot (x-2)$
x < 0	−	−	+
0 < x < 2	+	−	−
x > 2	+	+	+

Also ist der Graph von f für x < 0 sowie für x > 2 linksgekrümmt und für 0 < x < 2
rechtsgekrümmt.
Mit dem Vorzeichenwechselkriterium folgt bereits aus dieser Tabelle, dass x = 0 und
x = 2 Wendestellen sind.

– *Untersuchung auf Wendepunkte mit der dritten Ableitung:*

Notwendige Bedingung: $f''(x) = 0 \Leftrightarrow 3x^2 - 6x = 0 \Leftrightarrow 3x(x-2) = 0 \Leftrightarrow x = 0 \vee x = 2$
Hinreichende Bedingung: Da $f''(0) = 0 \wedge f'''(0) = -6 < 0$, ist x = 0 eine Wendestelle.
Da $f''(2) = 0 \wedge f'''(2) = 6 > 0$, ist x = 2 eine Wendestelle;
da zusätzlich $f'(2) = 0$, liegt hier sogar ein Sattelpunkt
vor.

Mit f (0) = 0 und f (2) = 4 erhält man den Wendepunkt W (0|0) und den Sattelpunkt S (2|4).

Beispiel 2 *Untersuchung auf Wendestellen in einem Sachzusammenhang*

Der Temperaturverlauf an einem Frühlings-
tag kann näherungsweise beschrieben
werden durch die Funktion f mit $f(t) =$
$0,00067\,t^4 - 0,038\,t^3 + 0,6\,t^2 - 1,7\,t + 15,8$.
Dabei wird die Zeit t in Stunden und die
Temperatur $f(t)$ in °C angegeben.

Zu welchem Zeitpunkt ist der Temperaturanstieg am größten gewesen?

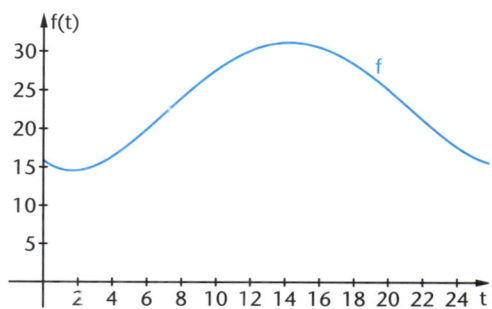

Hier ist nach einer Extremstelle der ersten Ableitung, also nach einer Wendestelle gefragt.
Zusätzlich muss die erste Ableitung dort positiv sein, da ein Temperaturanstieg vorliegen
soll.

– *Numerische Bestimmung des Wendepunkts mit positiver Steigung:*

Am Graphen der numerischen Ableitung kann man ablesen, dass an der Stelle $x \approx 6,98$
ein lokales Maximum mit positiver Steigung vorliegt.

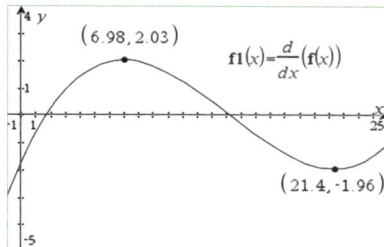

– *Rechnerische Bestimmung des Wendepunkts mit positiver Steigung:*

Ableitungen:
$$f'(t) = 0,00268\,t^3 - 0,114\,t^2 + 1,2\,t - 1,7$$
$$f''(t) = 0,00804\,t^2 - 0,228\,t + 1,2$$
$$f'''(t) = 0,01608\,t - 0,228$$

Notwendige Bedingung:
$$f''(t) = 0 \Leftrightarrow 0,00804\,t^2 - 0,228\,t + 1,2 = 0 \Leftrightarrow$$
$$t^2 - 28,358\,t + 149,254 = 0 \Leftrightarrow$$
$$t \approx 14,179 \pm \sqrt{51,79} \Leftrightarrow$$
$$t_1 \approx 6,98 \vee t_2 \approx 21,4$$

Hinreichende Bedingung:
Da $f''(t_1) = 0 \wedge f'''(t_1) = -0,116 < 0$ ist $t_1 \approx 6,98$ eine Wen-
destelle.
Da $f''(t_2) = 0 \wedge f'''(t_2) = 0,116 > 0$ ist $t_2 \approx 21,4$ eine Wendestelle.

Weiterhin ist $f'(t_1) \approx 2,03$ und $f'(t_2) \approx -1,96$.
Der Temperaturanstieg war also um 7 Uhr mit etwa $2,03\,\frac{°C}{h}$ am größten.

Beispiel 3 *Wendepunkte bei Exponentialfunktionen*

Gegeben ist die Funktion f mit
$f(x) = x^2 \cdot e^{-x}$.

Die Ableitungen erhält man durch die Anwendung der Produkt- und Kettenregel:

$f'(x) = (-x^2 + 2x) \cdot e^{-x}$,

$f''(x) = (x^2 - 4x + 2) \cdot e^{-x}$,

$f'''(x) = (2x - 4) \cdot e^{-x} - (x^2 - 4x + 2) \cdot e^{-x}$
$\quad = (-x^2 + 6x - 6) \cdot e^{-x}$.

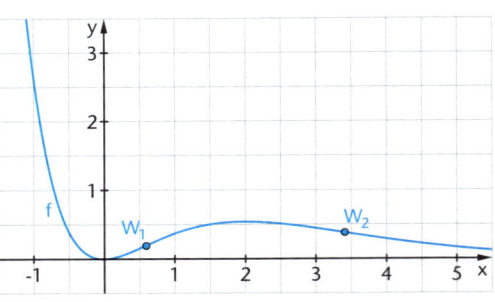

– *Numerische Bestimmung der Wendepunkte:*

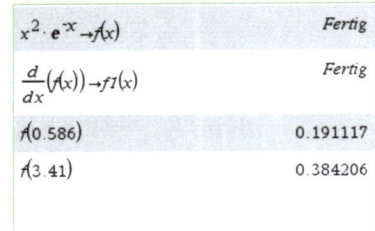

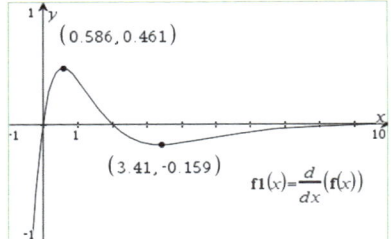

Der Graph von f besitzt einen Wendepunkt W_1 (0,586 | 0,191) mit Krümmungswechsel von links nach rechts und einen Wendepunkt W_2 (3,41 | 0,384) mit Krümmungswechsel von rechts nach links.

– *Rechnerische Bestimmung der Wendepunkte:*

Durch die Anwendung der notwendigen Bedingung

$f''(x) = 0 \Leftrightarrow (x^2 - 4x + 2) = 0 \Leftrightarrow x = 2 - \sqrt{2} \approx 0,59 \lor x = 2 + \sqrt{2} \approx 3,41$

erhält man zwei Kandidaten für Wendestellen, die nun weiter untersucht werden.

Mit den hinreichenden Bedingungen $f''(2 - \sqrt{2}) = 0 \land f'''(2 - \sqrt{2}) \approx -1,57 \neq 0$ und
$f''(2 - \sqrt{2}) = 0 \land f'''(2 - \sqrt{2}) \approx 0,09 \neq 0$ ist nachgewiesen, dass die betrachteten Stellen Wendestellen sind.

Durch Einsetzen der Wendestellen in die Funktionsgleichung erhält man die Wendepunkte W_1 (0,59 | 0,19) und W_2 (3,41 | 0,38).

INFO Globalverlauf, asymptotisches Verhalten

B8 **Den Globalverlauf ganzrationaler Funktionen und das asymptotische Verhalten bei Exponentialfunktionen untersuchen**

– Für eine **ganzrationale Funktion** f mit $f(x) = a_n x^n + \dots + a_0$ gilt, wenn $a_n > 0$:

$$\lim_{x \to \infty} f(x) = \infty$$

$$\lim_{x \to -\infty} f(x) = -\infty \text{ (falls n eine ungerade Zahl ist)}$$

$$\lim_{x \to -\infty} f(x) = \infty \text{ (falls n eine gerade Zahl ist)}$$

– Für die **Exponentialfunktion** f mit $f(x) = e^x$ gilt:

$$\lim_{x \to -\infty} e^x = 0 \text{ und } \lim_{x \to +\infty} e^x = +\infty.$$

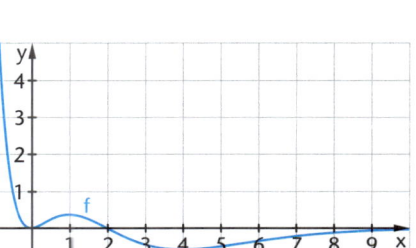

Die Annäherung des Graphen von $f(x) = e^x$ an die x-Achse für $x \to -\infty$ erfolgt so stark, dass auch die Multiplikation mit beliebigen Potenzen von x diesen Grenzwert nicht verändert:

$$\lim_{x \to -\infty} (x^n \cdot e^x) = 0 \text{ für } n \geq 1.$$

Die negative x-Achse ist eine **Asymptote***) für alle Funktionen vom Typ $x^n \cdot e^x$, $n \in \mathbb{N}$.

Analog gilt: $\lim\limits_{x \to +\infty} e^{-x} = 0$ und $\lim\limits_{x \to -\infty} e^{-x} = +\infty$

sowie $\lim\limits_{x \to +\infty} (x^n \cdot e^{-x}) = 0$

*) Eine Funktion a wird als Asymptotenfunktion einer Funktion f bezeichnet, wenn gilt
$\lim\limits_{x \to -\infty} (f(x) - a(x)) = 0$ oder $\lim\limits_{x \to +\infty} (f(x) - a(x)) = 0.$

Dies bedeutet, dass sich der Graph der Funktion f dem Graphen der Asymptotenfunktion a für $x \to +\infty$ oder für $x \to -\infty$ beliebig gut annähert.

Beispiel *Globalverlauf einer Produktfunktion*

Gegeben ist die Funktion f durch
$f(x) = (-x^3 + 2x^2) \cdot e^{-x}.$

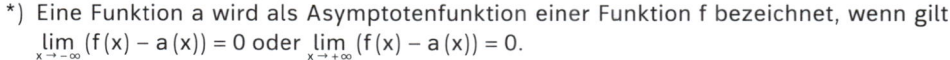

Ihr Graph nähert sich für $x \to +\infty$ der x-Achse asymptotisch an.

Es gilt: $\lim\limits_{x \to +\infty} f(x) = 0.$

Für $x \to -\infty$ wachsen die Funktionswerte über alle Grenzen.

Es gilt: $\lim\limits_{x \to -\infty} f(x) = +\infty.$

Zur Begründung des Vorzeichens reicht es aus, das Vorzeichen des Summanden mit dem höchsten Exponenten, hier $-x^3$ zu betrachten. Für $x < 0$ ist $-x^3$ positiv.

B9 **Funktionenscharen auf besondere Punkte untersuchen sowie gemeinsame Punkte der Kurvenschar ermitteln;**
LK zusätzlich: **Ortslinien von Funktionenscharen bestimmen**

Eine Funktionenschar f_k ergibt sich, wenn der Funktionsterm einen Parameter k enthält, für den man verschiedene Zahlen einsetzen kann. Man erhält dann nicht nur einen, sondern abhängig von der Einsetzung für den Parameter, verschiedene Graphen. Bei der Untersuchung der Funktionenschar wird der Parameter k so behandelt, als stehe er für eine zwar beliebige dann aber als konstant angenommene Zahl.

Untersuchung einer Funktionenschar auf besondere Punkte: Vorgehensweise analog zu den in **B6**, **B7** und **B8** beschriebenen Verfahren. Allerdings können die Ableitungen, die Bedingungen und die Koordinaten der Punkte von dem Parameter k abhängig sein. Weiterhin können auch die Eigenschaften besonderer Punkte z. B. vom Vorzeichen des Parameters abhängen. Dann wird eine Fallunterscheidung erforderlich sein.

Bestimmung aller gemeinsamen Punkte der Funktionenschar: Mit dem Ansatz $f_{k_1}(x) = f_{k_2}(x)$ und der Voraussetzung $k_1 \neq k_2$ sind alle Lösungen dieser Gleichung die x-Koordinaten der gemeinsamen Punkte.

Ortslinien: Der Graph, auf dem die Extrempunkte [Wendepunkte] aller Funktionen einer Funktionenschar liegen, heißt **Ortslinie** der Extrempunkte [Wendepunkte]. Um die Gleichung einer Ortslinie der Extrempunkte [Wendepunkte] zu ermitteln, bestimmt man zunächst die vom Parameter k abhängigen Koordinaten $E(x_e(k)|y_e(k))$ der Punkte. Dann löst man die Gleichung $x = x_e(k)$ nach k auf und setzt das Ergebnis für k in die Gleichung $y = y_e(k)$ ein.

Beispiel 1 *Parametervariation zur Anpassung an eine vorgegebene Eigenschaft*

Gegeben sind die Graphen der Funktionenschar mit $f_k(x) = x^3 - kx^2$.

– *Graphen mit Hochpunkt an der Stelle x = –2:*

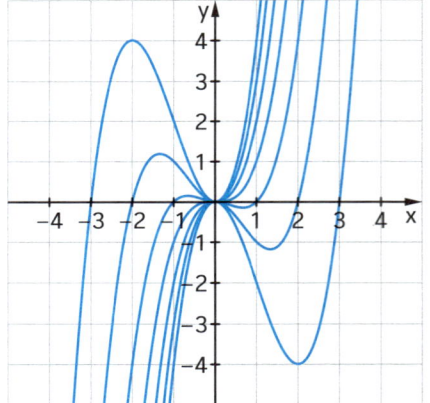

notwendige Bedingung: $f_k'(x) = 3x^2 - 2kx$:
$f_k'(-2) = 3(-2)^2 - 2k \cdot (-2) = 12 + 4k = 0 \Leftrightarrow k = -3$

hinreichende Bedingung: $f_k''(x) = 6x - 2k$;
$f_{-3}''(-2) = 6 \cdot (-2) - 2 \cdot (-3) = -12 + 6 < 0$.

Unter den Kurven der Funktionenschar hat der Graph mit $f_{-3}(x) = x^3 + 3x^2$ die gewünschte Eigenschaft.

– *Graphen mit Wendestelle bei x = 1:*

notwendige Bedingung: $f_k''(x) = 6x - 2k$:
$f_k''(1) = 6 - 2k = 0 \Leftrightarrow k = 3$

hinreichende Bedingung: $f_k'''(x) = 6 \neq 0$

Unter den Kurven der Funktionenschar hat der Graph mit $f_3(x) = x^3 - 3x^2$ die gewünschte Eigenschaft.

Beispiel 2 *Untersuchung einer Funktionenschar*

Gegeben ist die Funktionenschar f_k durch $f_k(x) = -2x^3 + kx$ mit $k \in \mathbb{R}$.

Die Ableitungen sind: $f_k'(x) = -6x^2 + k$, $f_k''(x) = -12x$ und $f_k'''(x) = -12$.

Die Graphen der Schar sind punktsymmetrisch zum Ursprung, da der Funktionsterm nur ungerade Exponenten von x enthält.

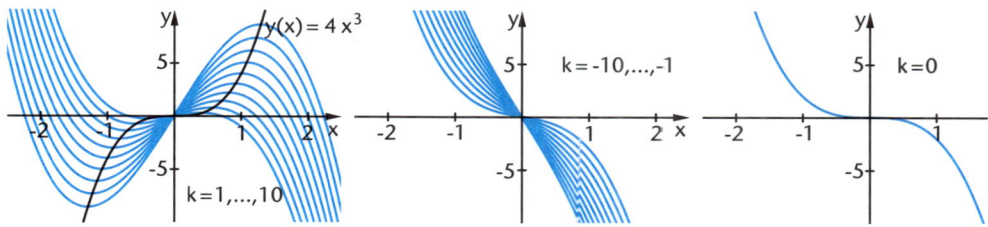

- *Schnittpunkte mit der x-Achse:*

  $f_k(x) = 0 \Leftrightarrow -2x^3 + kx = 0 \Leftrightarrow x(-2x^2 + k) = 0 \Leftrightarrow x = 0 \lor x^2 = \frac{k}{2}$.

  Falls $k > 0$ hat die Gleichung drei Lösungen: $x = 0 \lor x = -\frac{\sqrt{2k}}{2} \lor x = \frac{\sqrt{2k}}{2}$.

  Die Schnittpunkte sind dann $(0|0)$, $\left(-\frac{\sqrt{2k}}{2}\Big|0\right)$ und $\left(\frac{\sqrt{2k}}{2}\Big|0\right)$.

  Falls $k \le 0$, ist nur $(0|0)$ Schnittpunkt mit der x-Achse.

- *Extrempunkte:*

  Notwendige Bedingung: $f_k'(x) = 0 \Leftrightarrow -6x^2 + k = 0 \Leftrightarrow x^2 = \frac{k}{6}$.

  Falls $k > 0$, hat die Gleichung zwei Lösungen: $x = -\frac{\sqrt{6k}}{6} \lor x = \frac{\sqrt{6k}}{6}$.

  In diesem Fall ergibt die hinreichende Bedingung: $f_k'\left(-\frac{\sqrt{6k}}{6}\right) = 0 \land f_k''\left(-\frac{\sqrt{6k}}{6}\right) = 2\sqrt{6k} > 0$.

  Mit $f_k\left(-\frac{\sqrt{6k}}{6}\right) = -\frac{\sqrt{6k^3}}{9}$ ist daher $T\left(\left(-\frac{\sqrt{6k}}{6}\right|-\frac{\sqrt{6k^3}}{9}\right)\right)$ ein lokaler Tiefpunkt für $k > 0$.

  Aufgrund der Punktsymmetrie zum Ursprung ist $H\left(\frac{\sqrt{6k}}{6}\Big|\frac{\sqrt{6k^3}}{9}\right)$ für $k > 0$ ein lokaler Hochpunkt.
  Falls $k = 0$, hat die Gleichung $f_k'(x) = 0$ nur die Lösung $x = 0$. Da auch $f_k''(0) = 0$, ist mit der hinreichenden Bedingung hier noch keine Aussage möglich.
  Falls $k < 0$, hat die Gleichung $f_k'(x) = 0$ keine Lösung. In diesem Fall liegen also keine Extrempunkte vor.

- *Wendepunkte:*

  Notwendige Bedingung: $f_k''(x) = 0 \Leftrightarrow -12x = 0 \Leftrightarrow x = 0$.
  Hinreichende Bedingung: $f_k''(0) = 0 \land f_k'''(0) = -12 \ne 0$.
  Also ist $W(0|0)$ ein Wendepunkt für alle k. Falls $k = 0$, ist dies sogar ein Sattelpunkt.

- *Gemeinsame Punkte aller Graphen der Funktionenschar.*

  Aus dem Ansatz $f_{k_1}(x) = f_{k_2}(x)$ mit $k_1 \ne k_2$ folgt
  $-2x^3 + k_1 x = -2x^3 + k_2 x \Leftrightarrow k_1 x = k_2 x \Leftrightarrow (k_1 - k_2)x = 0$.
  Da nach Voraussetzung $k_1 \ne k_2$ ist, bedeutet dies, dass $x = 0$.
  Daher ist der Punkt $(0|0)$ der einzige gemeinsame Punkt.

– *Ortslinie der Extrempunkte:*

$$x = \frac{\sqrt{6k}}{6} \Rightarrow x^2 = \frac{k}{6} \Rightarrow k = 6x^2 \rightarrow y = \frac{\sqrt{6k^3}}{9}$$

Durch Einsetzen von k in die letzte Gleichung erhält man die Gleichung der Ortslinie der Hochpunkte:

$$y(x) = \frac{\sqrt{6(6x^2)^3}}{9} = 4x^3 \text{ für } x > 0.$$

Durch analoges Vorgehen erhält man für x < 0 dieselbe Gleichung für die Ortslinie der Tiefpunkte.

Beispiel 3 *Ortslinienbestimmung*

Gesucht ist die Gleichung der Kurve, auf der alle Tiefpunkte der Kurvenschar f_t mit $f_t(x) = x^2 + tx - t$ liegen.

Man findet die Tiefpunkte $T_t\left(-\frac{t}{2}\,\middle|\,-\frac{1}{4}t^2 - t\right)$.

Aus $x = -\frac{t}{2}$ erhält man $t = -2x$ und setzt diesen Wert in $y = -\frac{1}{4}t^2 - t$ ein:

$$y = -\frac{1}{4}(-2x)^2 - (-2x).$$

Die gesuchte Ortslinie besitzt die Gleichung $y = -x^2 + 2x$.

Kurvenscharen auf gemeinsame Punkte der Schar untersuchen:
Zeigen Sie, dass alle Kurven zu f_t mit $f_t(x) = x^2 + tx - t$ durch den Punkt S (1|1) gehen.
Der Ansatz lautet: $f_{t_1}(x) = f_{t_2}(x)$, $t_1 \neq t_2$, also

$$x^2 + t_1 x - t_1 = x^2 + t_2 x - t_2 \Leftrightarrow t_1 x - t_2 x = t_1 - t_2 \Leftrightarrow x = \frac{t_1 - t_2}{t_1 - t_2} \Leftrightarrow x = 1.$$

Es ist $f_t(1) = 1$. Also verlaufen alle Kurven durch den Punkt S (1|1).

Beispiel 4 *Kurvenschar mit Exponentialfunktionen*

– *Gemeinsame Punkte der Kurvenschar:*

Gegeben ist $f_k(x) = (e^x - k)^2$. Für welche $x \in \mathbb{R}$ gilt: $f_{k_1}(x) = f_{k_2}(x)$, sofern $k_1 \neq k_2$?

$$(e^x - k_1)^2 = (e^x - k_2)^2 \Leftrightarrow e^{2x} - 2k_1 e^x + k_1^2 = e^{2x} - 2k_2 e^x + k_2^2 \Leftrightarrow 2 \cdot (k_1 - k_2) \bullet e^x = k_1^2 - k_2^2$$

$$\Leftrightarrow e^x = \frac{1}{2} \cdot (k_1 + k_2) \Leftrightarrow x = \ln\left(\frac{1}{2} \cdot (k_1 + k_2)\right).$$

Da der gemeinsame Punkt des Graphen von f_{k_1} und f_{k_2} von den Werten von k_1 und k_2 abhängt, gibt es keinen gemeinsamen Punkt, der gleichzeitig zu allen Graphen der Schar gehört.

– *Kurven der Funktionenschar mit Wendestelle an der Stelle x = 1:*

$f_k'(x) = 2 \cdot (e^x - k) \cdot e^x = 2e^{2x} - 2k e^x$ (nach Kettenregel)

$f_k''(x) = 4e^{2x} - 2k e^x = 2e^x \cdot (2e^x - k)$

notwendige Bedingung: $f_k''(1) = 2 \cdot e \cdot (2e - k) = 0 \Leftrightarrow k = 2e$

hinreichende Bedingung: $f_k'''(x) = 8 \cdot e^{2x} - 2k e^x$;
$f_{2e}'''(1) = 8 \cdot e^2 - 2 \cdot 2e \cdot e^1 = 4e^2 \neq 0$.

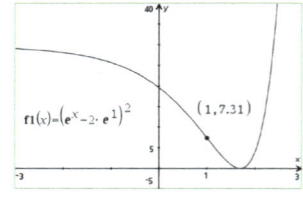

Der gesuchte Parameter ist also k = 2e.

– *Ortskurve der Wendepunkte:*

$f'_k(x) = 2 \cdot (e^x - k) \cdot e^x = 2e^{2x} - 2k\,e^x$
(nach Kettenregel),

$f''_k(x) = 4e^{2x} - 2k\,e^x = 2e^x \cdot [2e^x - k]$.

Da $e^x > 0$ für alle $x \in \mathbb{R}$ gilt: $f''_k(x) = 0 \Leftrightarrow 2e^x = k$.

Diese Gleichung hat nur für positive Werte

von k eine Lösung, nämlich: $x = \ln\left(\frac{k}{2}\right)$.

Überprüfung der hinreichenden Bedingung für
das Vorliegen eines Wendepunkts:

Es ist:
$f'''_k(x) = 8e^{2x} - 2k\,e^x = 2e^x \cdot [4e^x - k]$

und $f'''_k\left(\ln\left(\frac{k}{2}\right)\right) = k \cdot [2k - k] = k^2 > 0$.

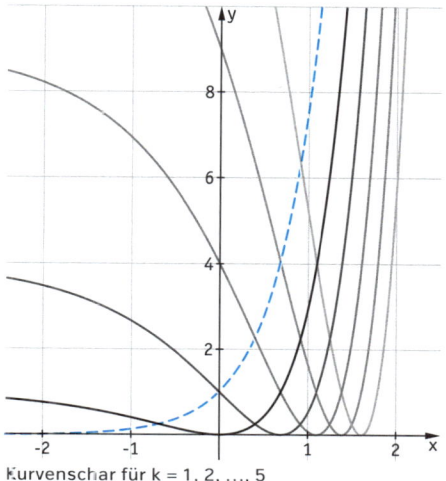

Kurvenschar für k = 1, 2, …, 5
mit Ortslinie der Wendepunkte

Die Wendepunkte haben die

y-Koordinate: $y_w = f_k\left(\ln\left(\frac{k}{2}\right)\right) = \frac{k^2}{4}$.

Wir lösen $x_w = \ln\left(\frac{k_1}{2}\right)$ nach k_1 auf: $k_1 = 2 \cdot e^{x_w}$.

Einsetzen in

$y_w = \frac{k_1^{\,2}}{4}$: $y_w = \frac{1}{4} \cdot (2 \cdot e^{x_w})^2 = (e^{x_w})^2 = e^{2x_w}$.

Die Wendepunkte liegen auf einer Kurve mit der Gleichung $y = e^{2x}$.

C Mathematische Modellierungen mithilfe der Differenzialrechnung

INFO Ganzrationale Funktionen bestimmen

C1 **Ganzrationale Funktionen mit vorgegebenen Eigenschaften bestimmen (auch in Sachzusammenhängen, z. B. bei Trassierungen)**

Zur Bestimmung einer ganzrationalen Funktion f vom Grad n sind (n + 1) Bedingungen an die gesuchte Funktion erforderlich. Diese können in einer Grafik dargestellt, in einem Text verdeutlicht oder auch schon in Form von Gleichungen formuliert sein.

Vorgehensweise:
1. Setzen Sie an mit einem Funktionsterm, der variable Koeffizienten a, b, c, … enthält. Der Grad der Funktion muss dabei um eins niedriger gewählt werden als die Anzahl der bekannten Bedingungen.
   Falls 5 Bedingungen bekannt sind, lautet der Ansatz: $f(x) = a x^4 + b x^3 + c x^2 + d x + e$
2. Stellen Sie die gegebenen Bedingungen als Gleichungen mit den Termen $f(x)$, $f'(x)$, $f''(x)$, … dar.
3. Notieren Sie daraus ein Gleichungssystem mit n + 1 Gleichungen zur Bestimmung der n + 1 unbekannten Koeffizienten a, b, c, … .
4. Lösen Sie das Gleichungssystem und setzen Sie die gefundene Lösung in den Funktionsterm $f(x)$ ein.
5. Prüfen Sie das Ergebnis auch an eventuell vorliegenden hinreichenden Bedingungen z. B. für Hoch-, Tief- oder Wendepunkte.

Falls bekannt ist, dass der Graph der gesuchten Funktion achsensymmetrisch zur y-Achse [punktsymmetrisch zum Ursprung] ist, enthält der Funktionsterm nur Summanden mit geraden [ungeraden] Potenzen von x. Dies sollte bereits beim Ansatz berücksichtigt werden, da sich dadurch das Gleichungssystem deutlich vereinfacht.

Beispiele

(1) *Ganzrationale Funktion 3. Grades (Lösung mit GTR):*

Der Graph einer ganzrationalen Funktion 3. Grades hat Nullstellen bei $x_{01} = -1$ und bei $x_{03} = 4$, außerdem den Hochpunkt $H(1|3)$.

Aus dem Ansatz $f(x) = a x^3 + b x^2 + c x + d$ mit $f'(x) = 3 a x^2 + 2 b x + c$ ergeben sich vier Bedingungen: $f(-1) = 0$, $f(4) = 0$, $f(1) = 3$, $f'(1) = 0$.

Mithilfe des GTR findet man die Koeffizienten $a = \frac{1}{12}$, $b = -\frac{5}{6}$, $c = \frac{17}{12}$, $d = \frac{7}{3}$, also

$f(x) = \frac{1}{12} x^3 - \frac{5}{6} x^2 + \frac{17}{12} x + \frac{7}{3}$ mit der 1. Ableitung $f'(x) = \frac{1}{4} x^2 - \frac{5}{3} x + \frac{17}{12}$.

Wegen $f''(1) < 0$ liegt an der Stelle $x = 1$ tatsächlich ein Hochpunkt vor.

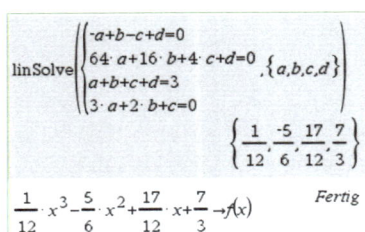
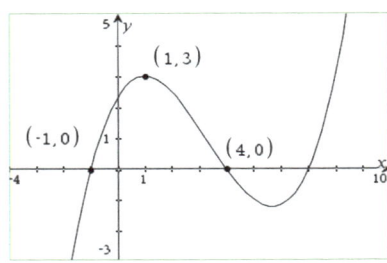

(2) *Ganzrationale Funktion 3. Grades - knickfreier Übergang:*

Die beiden dargestellten Straßenabschnitte sollen so miteinander verbunden werden, dass sich an den Anschlussstellen keine Knicke ergeben.
Zunächst wird ein geeignetes Koordinatensystem festgelegt. Dabei entspricht 1 Längeneinheit 100 m in der Natur. Da sich aus den Vorgaben vier Bedingungen ergeben, kann eine ganzrationale Funktion dritten Grades als Ansatz gewählt werden:
$f(x) = a x^3 + b x^2 + c x + d$.

Die Bedingungen $f(0) = 0 \land f(1) = 1 \land f'(0) = 0 \land f'(1) = 0$ führen mit $f'(x) = 3 a x^2 + 2 b x + c$ zum Gleichungssystem:

$$\left|\begin{array}{r} d = 0 \\ a + b + c + d = 1 \\ c = 0 \\ 3a + 2b + c = 0 \end{array}\right| \Leftrightarrow \left|\begin{array}{r} d = 0 \\ a + b = 1 \\ c = 0 \\ 3a + 2b = 0 \end{array}\right| \Leftrightarrow \left|\begin{array}{r} d = 0 \\ a + b = 1 \\ c = 0 \\ a = -2 \end{array}\right| \Leftrightarrow \left|\begin{array}{r} d = 0 \\ b = 3 \\ c = 0 \\ a = -2 \end{array}\right|$$

Lösung: $a = -2 \land b = 3 \land c = d = 0$.

Also kann der neue Straßenabschnitt für $0 \le x \le 1$ mit $f(x) = -2 x^3 + 3 x^2$ beschrieben werden.

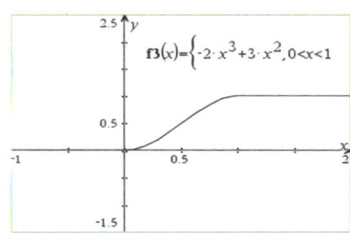

$$f3(x) = \left\{ -2 \cdot x^3 + 3 \cdot x^2, 0 < x < 1 \right.$$

INFO Exponentialfunktionen bestimmen

C2 Exponentialfunktionen aus gegebenen Bedingungen bestimmen

„Einfache" Exponentialfunktionen, mit deren Hilfe beispielsweise Wachstumsprozesse modelliert werden können, sind vom Typ $f(x) = a \cdot e^{bx}$.

Funktionen dieses Typs sind durch die Angabe von zwei Eigenschaften, z. B. von zwei Punkten, eindeutig bestimmt.

Beispiele

(1) *vorgegebene Punkte:*

Gesucht ist eine Exponentialfunktion f vom Typ $f(x) = a \cdot e^{bx}$, deren Graph durch die Punkte $(0|3)$ und $(5|2)$ verläuft.

Aus den Koordinaten der Punkte ergeben sich die Bedingungen
(I) $3 = a \cdot e^0 = a \cdot 1 = a$ und (II) $2 = a \cdot e^{5b}$.

Einsetzen von $a = 3$ aus (I) in (II) ergibt: $2 = 3 \cdot e^{5b}$,

also $\frac{2}{3} = e^{5b} \Leftrightarrow 5b = \ln\left(\frac{2}{3}\right) \Leftrightarrow b = \frac{1}{5} \cdot \ln\left(\frac{2}{3}\right) \approx -0{,}081$.

Die Funktion f mit $f(x) = 3 \cdot e^{-0{,}081x}$ erfüllt also die geforderten Bedingungen.

(2) *vorgegebene Punktkoordinaten und Steigung:*

Gesucht ist eine Exponentialfunktion f vom Typ $f(x) = a \cdot e^{bx}$, deren Graph im Punkt (2|1) die Steigung 3 hat.

Wegen $f(x) = a \cdot e^{bx}$ und $f'(x) = a \cdot b \cdot e^{bx}$ ergeben sich die Bedingungen:
(I) $1 = a \cdot e^{2b}$ und (II) $3 = a \cdot b \cdot e^{2b}$.

Einsetzen von (I) in (II) ergibt: $3 = a \cdot b \cdot e^{2b} = b \cdot (a \cdot e^{2b}) = b \cdot 1 = b$,
also aus (I): $1 = a \cdot e^6 \Leftrightarrow a = e^{-6}$.

Die Funktion f mit $f(x) = e^{-6} \cdot e^{3x} = 0{,}002479 \cdot e^{3x}$ erfüllt also die geforderten Bedingungen.

Entsprechend benötigt man für die Bestimmung von Funktionen, mit deren Hilfe beschränkte Wachstumsprozesse modelliert werden können, also Funktionen f vom Typ $f(x) = c - a \cdot e^{bx}$, die Vorgabe von drei Eigenschaften, um die Koeffizienten a, b, c zu berechnen.

INFO Wachstumsmodelle

C3 **In Anwendungen ein passendes Modell für das exponentielle Wachstum aufstellen, seine Tragfähigkeit untersuchen und Schlussfolgerungen im Sachzusammenhang interpretieren sowie Verdopplungs- und Halbwertszeiten berechnen;**
<u>nur LK:</u> **auch beschränktes Wachstum**

Wachstums- und Abnahmeprozesse lassen sich durch Exponentialfunktionen beschreiben.

Beim **exponentiellen Wachstum** ändert sich der Bestand in gleichen Zeitintervallen immer mit demselben Faktor, d. h. die Änderungsrate ist stets derselbe Anteil des vorhandenen Bestandes.

$B(t) = B(0) \cdot e^{k \cdot t}$ ($B(0)$ ist der Bestand zur Zeit t = 0).

Bei einem (positiven) exponentiellen Wachstum heißt die Zeitdauer, in der sich der Bestand verdoppelt, **Verdopplungszeit**.
Bei einem exponentiellen Zerfall heißt die Zeitdauer, in der sich der Bestand halbiert, **Halbwertszeit**.

Der Ansatz zur Berechnung lautet bei der

Verdopplungszeit   *Halbwertszeit*

$B(t) = 2 \cdot B(0)$ $B(t) = \frac{1}{2} \cdot B(0)$

In der Realität wird es immer eine Grenze für das Wachstum geben, diese wird als **Sättigungsgrenze** S bezeichnet.

<u>Nur LK:</u> Von einem **beschränkten Wachstum** spricht man, wenn die Änderungsrate stets derselbe Anteil von der Differenz von der Sättigungsgrenze S und dem augenblicklichen Bestand $B(t)$ ist

$B(t) = S + [B(0) - S] \cdot e^{-k \cdot t}$.

Beim beschränkten Wachstum ist die Parallele zur x-Achse mit y = S (Sättigungsgrenze) eine Asymptote für die Wachstumsfunktion.

Beispiele

(1) *Abnahmeprozess:*

Der Luftdruck nimmt mit größer werdendem Abstand zur Erdoberfläche ab, und zwar um 12 % je 1000 m. Zur Zeit ist der Luftdruck auf Meereshöhe 1018 mbar. Welcher Luftdruck herrscht in 6000 m Höhe?

$B(6) = B(0) \cdot 0{,}88^6 = 1018 \cdot 0{,}88^6 \approx 473$ mbar.

Man kann dies auch so notieren: $B(6) = B(0) \cdot e^{6 \cdot \ln(0{,}88)} = 1018 \cdot 0{,}4644 \approx 473$ mbar.

(2) *Wachstumsprozess:*

Ein Anfangsbestand $B(0)$ von Bakterien erhöht sich täglich um 10 %. Den Funktionsterm erhält man aus folgenden Bedingungen:

Bakterienbestand nach dem 1. Tag: $B(1) = B(0) \cdot 1{,}1$;
nach dem 2. Tag: $B(2) = B(0) \cdot 1{,}1^2$;
nach dem n-ten Tag: $B(n) = B(0) \cdot 1{,}1^n$;

also: $B(t) = B(0) \cdot 1{,}1^t$. Wegen $k = \ln(1{,}1) \approx 0{,}095$ kann man dies auch wie folgt notieren: $B(t) = B(0) \cdot e^{\ln(1{,}1) \cdot t} = B(0) \cdot e^{0{,}095\,t}$.

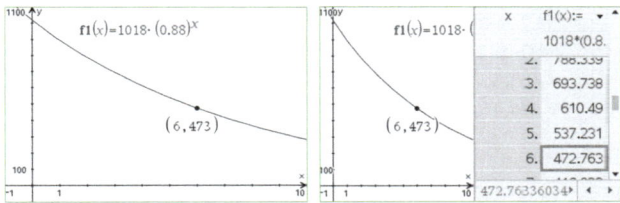

(3) *Verdopplungszeitpunkt:*

Zu Beginn des Jahres 2000 hatte Indien etwa 1 Milliarde Einwohner. Es wird angenommen, dass das jährliche Bevölkerungswachstum 1,4 % beträgt. In welchem Zeitraum verdoppelt sich die Bevölkerungszahl (sofern die Wachstumsrate gleich bleibt)?

Der Wachstumsprozess kann modelliert werden mithilfe von
$B(t) = 1{,}014^t = e^{\ln(1{,}014) \cdot t} = e^{0{,}0139 \cdot t}$,
wobei t die Zeit in Jahren ab dem Jahr 2000 angibt.
Verdopplungszeit aus $B(t) = 1 \cdot e^{\ln(1{,}014) \cdot t} = 2 \cdot B(0)$.

Lösung der Exponentialgleichung $1{,}014^t = 2$ durch Logarithmieren:

$1{,}014^t = 2 \Leftrightarrow t \cdot \ln(1{,}014) = \ln(2) \Leftrightarrow t = \dfrac{\ln(2)}{\ln(1{,}014)} \approx 49{,}9$, d. h. nach etwa 50 Jahren wird sich

die indische Bevölkerung verdoppelt haben (sofern Wachstumrate unverändert).

Hinweis:
Lösung mithilfe des GTR (Rechnung zur Kontrolle): Der GTR zeigt bei der Angabe des Funktionsterms (Screenshot links) nur zwei Dezimalstellen für die Basis an – intern

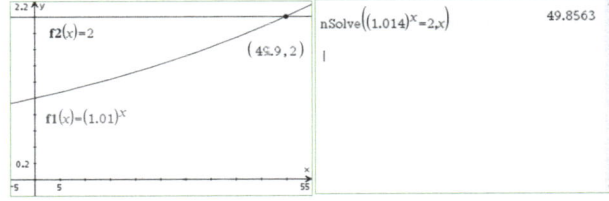

wird aber mit allen eingegebenen Stellen gearbeitet.

(4) *Halbierungszeitpunkt:* Wann ist ein Auto mit 30 000 € Neuwert bei einem jährlichen Wertverlust von 20 % nur noch die Hälfte wert?

Der Abnahmeprozess wird modelliert mithilfe von
$B(t) = 30\,000 \cdot 0{,}8^t = 30\,000 \cdot e^{\ln(0{,}8) \cdot t} = 30\,000 \cdot e^{-0{,}223 \cdot t}$
(wobei t die Zeit in Jahren nach dem Neukauf angibt).

Ansatz: $B(t) = \frac{1}{2} \cdot B(0) \Leftrightarrow 15\,000 = 30\,000 \cdot e^{\ln(0{,}8) \cdot t} \Leftrightarrow \frac{1}{2} = e^{\ln(0{,}8) \cdot t} \Leftrightarrow t = \frac{\ln\left(\frac{1}{2}\right)}{\ln(0{,}8)} = 3{,}1.$

Nach etwas mehr als 3 Jahren besitzt das Fahrzeug nur noch den halben Wert.

(5) *beschränktes Wachstum:* In einer Minute kühlt sich eine warme Flüssigkeit um etwa 20 % der Differenz zur Raumtemperatur ab. Die aktuelle Raumtemperatur beträgt 20°. Nach welcher Zeit ist ein 90 °C heißer Kaffee auf 50 °C abgekühlt?

Es ist $T(t) = 20 + [90 - 20] \cdot 0{,}8^t$, also wegen $\ln(0{,}8) \approx -0{,}223$: $T(t) = 20 + 70 \cdot e^{-0{,}223t}$.

Aus $50 = 20 + 70 \cdot e^{-0{,}223t}$ folgt: $\frac{3}{7} = e^{-0{,}223t}$, also

$\ln\left(\frac{3}{7}\right) = -0{,}223\,t$ und $t = 3{,}8$ (nach ca. 3,8 min ist der Kaffee auf 50 °C abgekühlt).

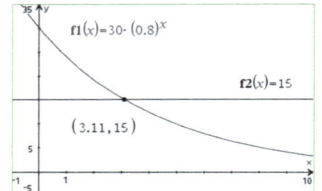 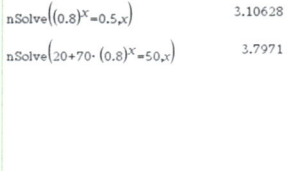 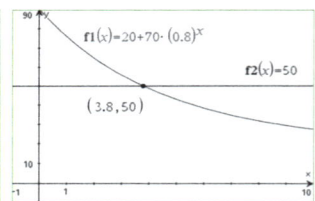

D Integralrechnung

INFO Stammfunktionen

D1 **Stammfunktionen zu Grundtypen von Funktionen bestimmen und den Hauptsatz der Differenzial- und Integralrechnung (HDI) zur Berechnung bestimmter Integrale anwenden**

Jede differenzierbare Funktion F mit $F'(x) = f(x)$ für alle $x \in D$ heißt Stammfunktion von f.

Der Nachweis hierfür erfolgt, indem man die angegebene Stammfunktion ableitet.
Das Bilden von Stammfunktionen ist nicht eindeutig, da die Konstante beim Ableiten wegfällt (vgl. Beispiel). In der folgenden Tabelle kann daher zu jeder angegebenen Stammfunktion auch eine beliebige Konstante addiert werden.

$f(x)$	c	x^n für $n \neq -1$	$\frac{1}{x}$ $D_f = \mathbb{R} \setminus \{0\}$	$\sqrt{x}$ $D_f = \mathbb{R}^+$	e^x	$\ln(x)$	$\sin(x)$	$\cos(x)$
$F(x) = \int f(x)\,dx$	$c\,x$	$\frac{1}{n+1}x^{n+1}$	$\ln(\lvert x \rvert)$	$\frac{2}{3}x^{\frac{3}{2}}$	e^x	$x \cdot \ln(x) - x$	$-\cos(x)$	$\sin(x)$

Integralfunktion:
Gegeben sei eine Funktion f in einem Intervall J und $a \in J$.

Dann heißt die Funktion I_a mit

$$I_a(x) = \int_a^x f(t)\,dt$$

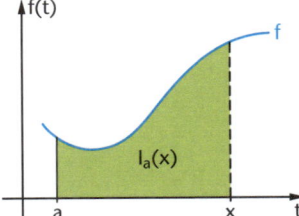

Integralfunktion von f mit unterer Grenze a. Die Funktion f wird hier auch als Integrandenfunktion bezeichnet.

Hauptsatz der Differenzial- und Integralrechnung:
Wenn die Integrandenfunktion f stetig auf dem Intervall J ist, dann ist die Integralfunktion I_a sogar differenzierbar, und es gilt: $I_a'(x) = f(x)$
In Worten: Die Ableitung der Integralfunktion ergibt die Integrandenfunktion.

Man kann also zu jeder stetigen Funktion f eine Stammfunktion angeben – ggf. in der Form als Integralfunktion.

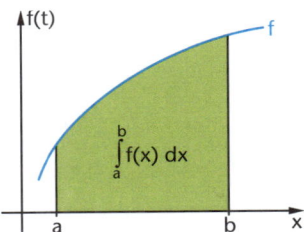

Folgerung aus dem Hauptsatz:
Ist die Funktion f auf einem Intervall J stetig und F eine beliebige Stammfunktion von f, so gilt für alle $a, b \in J$:

$$\int_a^b f(x)\,dx = F(b) - F(a)$$

Beispiele

(1) *Nachweis einer Stammfunktion:*

Zum Nachweis, dass $F(x) = (x - 1) \cdot e^x$ eine Stammfunktion für $f(x) = x \cdot e^x$ ist, wird die Ableitung von F gemäß Produktregel gebildet:

$F'(x) = 1 \cdot e^x + (x - 1) \cdot e^x = e^x + x \cdot e^x - e^x = x \cdot e^x = f(x)$.

(2) *Bestimmung von Stammfunktionen:*

– Zu $f(x) = 5x^4 - 8x^3 + 3x^2 - 6x + 3$ erhält man eine Stammfunktion mit $F(x) = x^5 - 2x^4 + x^3 - 3x^2 + 3x$. Dabei wird der Exponent von x um eins erhöht und der entsprechende Summand mit dem Kehrwert des neuen Exponenten multipliziert.

– Zu $f(x) = 4 \cdot e^{2x+1}$ erhält man eine Stammfunktion mit $F(x) = 4 \cdot \frac{1}{2} \cdot e^{2x+1} = 2 \cdot e^{2x+1}$. Da beim Ableiten von F mit der inneren Ableitung multipliziert wird, muss hier im Funktionsterm der Stammfunktion der Faktor $\frac{1}{2}$ ergänzt werden.

– Eine Stammfunktion zu $f(x) = \sin\left(\frac{1}{2}x + \pi\right)$ ist $F(x) = -2 \cdot \cos\left(\frac{1}{2}x + \pi\right)$.

Allgemeine Regel (sog. lineare Substitution): Allgemein gilt für geschachtelte Funktionen:

Ist F eine Stammfunktion für eine Funktion f, dann ist $\frac{1}{a} \cdot F(ax + b)$ eine Stammfunktion für $f(ax + b)$.

(3) *Berechnung bestimmter Integrale:*

Zur Berechnung bestimmter Integrale muss zunächst eine Stammfunktion zur Integrandenfunktion bestimmt werden. In diese wird dann zuerst die obere Integrationsgrenze und dann die untere Integrationsgrenze eingesetzt. Der Wert des bestimmten Integrals ist dann die Differenz der beiden Einsetzungen.

(3.1) $\displaystyle\int_{1}^{2} (3x^2 - 1)\,dx = \left[x^3 - x\right]_{1}^{2} = (2^3 - 2) - (1^3 - 1) = 6$

(3.2) $\displaystyle\int_{-1}^{3} (2x - 1)^2\,dx = \left[\frac{1}{6}(2x - 1)^3\right]_{-1}^{3} = 25\frac{1}{3}$

(3.3) $\displaystyle\int_{0}^{1} (2 - e^{-x})\,dx = \left[2x + e^{-x}\right]_{0}^{1} = (2 + e^{-1}) - (0 + e^{-0}) = 1 + \frac{1}{e}$

Hinweis: Die Stammfunktionen zu Beispiel (3.2) und (3.3) wurden durch Ausprobieren gefunden: Dabei überlegt man, wie der Funktionsterm entstanden sein könnte, wenn man die betreffende Ableitungsregel (hier: die Kettenregel) anwendet.

(4) *Bestimmen von Stammfunktionen durch Koeffizientenvergleich:*

$F(x) = (ax^2 + bx + c) \cdot e^{-x}$ ist eine Stammfunktion für die Funktion $f(x) = (x^2 + 2x - 3) \cdot e^{-x}$.

Bestimmen Sie die Koeffizienten a, b, c im Funktionsterm von F(x).

Ableiten von F(x) ergibt:

$F'(x) = f(x) = (2ax + b) \cdot e^{-x} + (ax^2 + bx + c) \cdot e^{-x} \cdot (-1) = (-ax^2 + 2ax - bx + b - c) \cdot e^{-x}$

Durch Vergleich mit f(x) ergibt sich das lineare Gleichungssystem

$-a = 1 \wedge 2a - b = 2 \wedge b - c = -3$.

Durch Einsetzen erhält man nacheinander $a = -1$, $b = -4$, $c = -1$, also

$F(x) = (-x^2 - 4x - 1) \cdot e^{-x} = -(x^2 + 4x + 1) \cdot e^{-x}$.

INFO Flächeninhalte

D2 **Flächeninhalte zwischen einem Funktionsgraphen und der x-Achse und Flächeninhalte zwischen mehreren Funktionsgraphen berechnen**

Ist f in [a;b] stetig und $f(x) \neq 0$ für alle $x \in {]}a; b{[}$, dann gilt für den Inhalt der Fläche zwischen dem Graphen von f und der x-Achse über dem Intervall [a; b]:

$$A = \left| \int_a^b f(x)\, dx \right|.$$

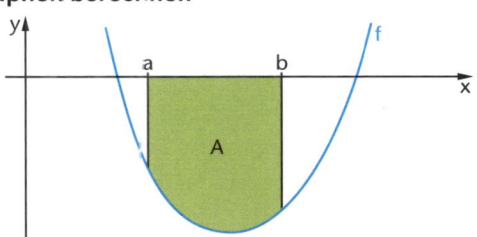

Hat f in [a; b] die Nullstellen $x_1, x_2, \ldots, x_k$ mit $x_1 < x_2 < \ldots < x_k$, dann gilt für den Inhalt der Fläche, welche der Graph von f mit der x-Achse einschließt:

$$A = \left| \int_{x_1}^{x_2} f(x)\, dx \right| + \left| \int_{x_2}^{x_3} f(x)\, dx \right| + \ldots + \left| \int_{x_{k-1}}^{x_k} f(x)\, dx \right|.$$

Haben die in [a;b] stetigen Funktionen f und g die Schnittstellen $x_1, x_2, \ldots, x_k$ mit $x_1 < x_2 < \ldots < x_k$, dann gilt für den Inhalt der von den Graphen eingeschlossenen Fläche:

$$A = \left| \int_{x_1}^{x_2} (f(x) - g(x))\, dx \right| + \left| \int_{x_2}^{x_3} (f(x) - g(x))\, dx \right|$$
$$+ \ldots + \left| \int_{x_{k-1}}^{x_k} (f(x) - g(x))\, dx \right|$$

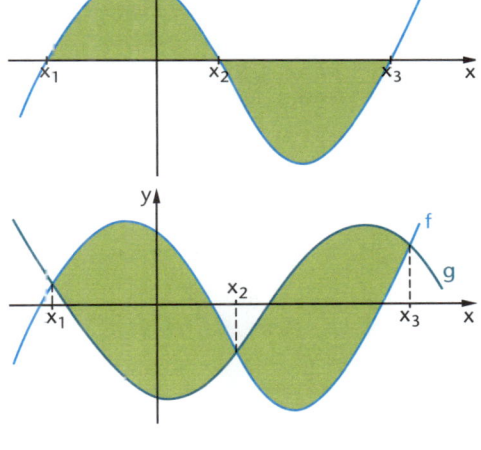

Vereinfachung bei numerischer Integration mit dem GTR:
Die Unterteilung in Teilintervalle kann bei der numerischen Berechnung entfallen: Statt der Summe der Beträge der Integrale wird das Gesamtintegral über den Betrag der Integrandenfunktion betrachtet.

Beispiele

(1) *Berechnung des Flächeninhalts im Sachzusammenhang:*
Das abgebildete Grundstück steht zum Verkauf. Es wird an einer Seite durch einen Fluss begrenzt. Zur Ermittlung des Verkaufspreises soll der Flächeninhalt des Grundstücks bestimmt werden.

In dem gemäß nebenstehender Abbildung gewählten Koordinatensystem kann das südliche Ufer des Flusses durch eine quadratische Funktion f mit $f(x) = a x^2 + 35$ beschrieben werden. Dabei ist die Konstante a durch die Bedingung $f(10) = 45$ zu $a = 0{,}1$ festgelegt.
Für den Flächeninhalt des Grundstücks in m² folgt:

$$A = 2 \cdot \int_0^{10} (0{,}1x^2 + 35)\, dx = 2 \cdot \left[\frac{1}{30} x^3 + 35x \right]_0^{10} = 766 \frac{2}{3}$$

(2) *Berechnung des Flächeninhalts eines Flächenstücks, das von einem Graphen und der x-Achse eingeschlossen ist:*

Wie groß ist der Flächeninhalt des Flächenstücks, das vom Graphen von f mit $f(x) = (x-1) \cdot (x-3) \cdot (x-6)$ und der x-Achse eingeschlossen wird?

Da der Funktionsterm von f in faktorisierter Form gegeben ist, können die Nullstellen sofort abgelesen werden:

$x_{01} = 1, \quad x_{02} = 3, \quad x_{03} = 6.$

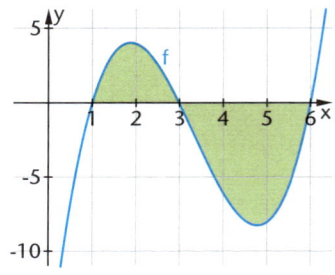

– Numerische Bestimmung des Flächeninhalts
  Bei der Ermittlung des gesamten Flächeninhalts der beiden Teilflächen mit dem GTR kann auf die Betrachtung der Nullstellen von f verzichtet werden, wenn man den Betrag der Funktion betrachtet:
  $A \approx 21{,}0833$

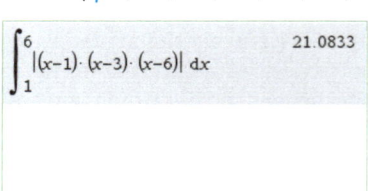

$$\int_1^6 \left| (x-1) \cdot (x-3) \cdot (x-6) \right| \, dx \qquad 21.0833$$

– Rechnerische Bestimmung des Flächeninhalts
  Um den gesuchten Flächeninhalt zu bestimmen, sind hier zwei Integrale zu berechnen. Da Flächeninhalte stets positiv sind, müssen die Beträge der berechneten Integrale addiert werden.

$$A = \left| \int_1^3 (x^3 - 10x^2 + 27x - 18)\,dx \right| + \left| \int_3^6 (x^3 - 10x^2 + 27x - 18)\,dx \right| = \left| 5\tfrac{1}{3} \right| + \left| -15\tfrac{3}{4} \right| = 21\tfrac{1}{12}$$

(3) *Berechnung des Flächeninhalts eines Flächenstücks, das von zwei Graphen eingeschlossen ist:*

Wie groß ist der Flächeninhalt des Flächenstücks, das von den Graphen von f und g mit $f(x) = -x^2 + 2x + 2$ und $g(x) = x^2 - 2$ eingeschlossen wird?

– *Rechnerische Bestimmung des Flächeninhalts*
  Man berechnet die Schnittstellen der Graphen durch Lösen der Gleichung
  $f(x) = g(x)$: $x_{S1} = -1$, $x_{S2} = 2$. Für den Flächeninhalt erhält man:

$$A = \left| \int_{-1}^2 \left((-x^2 + 2x + 2) - (x^2 - 2) \right) dx \right| = \left| \int_{-1}^2 (-2x^2 + 2x + 4)\,dx \right| = \left| \left[-\tfrac{2}{3}x^3 + x^2 + 4x \right]_{-1}^2 \right| = |9| = 9.$$

– *Numerische Bestimmung des Flächeninhalts*

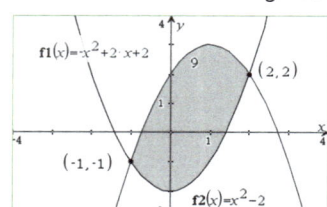

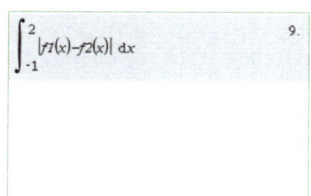

$$\int_{-1}^2 \left| f1(x) - f2(x) \right| dx \qquad 9.$$

Hinweis: Bei der numerischen Ermittlung des Flächeninhalts braucht man nicht zu beachten, welcher der beiden Graphen „oben" bzw. „unten" verläuft, wenn man den Betrag der Differenzfunktion betrachtet. Die in der Grafik links definierten Funktionsterme können für die Rechnung rechts aufgerufen werden.

(4) *Berechnung eines Flächenstücks, das vom Graphen einer Funktion und einer Tangente an den Graphen eingeschlossen ist:*
Welche Fläche wird vom Graphen der ganzrationalen Funktion mit $f(x) = x^3 - 4x^2 + x + 6$ und der Tangente an den Graphen im Punkt $(3 \,|\, f(3))$ eingeschlossen?

Aufstellen der Tangentengleichung:
$f(3) = 0$; $f'(x) = 3x^2 - 8x + 1$; $f'(3) = 27 - 24 + 1 = 4$
$t(x) = 4 \cdot (x - 3) + 0$

Bestimmen der Schnittstellen von Tangente und Graph, also den Nullstellen der Differenzfunktion $d(x) = f(x) - t(x) = (x^3 - 4x^2 + x + 6) - (4x - 12) = x^3 - 4x^2 - 3x + 18$:

Mithilfe des GTR kann man – neben der Berührstelle bei $x = 3$, also einer doppelten Schnittstelle – die Schnittstelle bei $x = -2$ finden.

Der Nachweis, dass dies tatsächlich eine Schnittstelle ist, erfolgt durch Einsetzen von $x = -2$ in die Funktionsgleichung der Differenzfunktion:

$d(-2) = -8 - 16 + 6 + 18 = 0$

Bestimmen des Flächeninhalts:

$$\int_{-2}^{3} d(x)\,dx = \left[\frac{1}{4}x^4 - \frac{4}{3}x^3 - \frac{3}{2}x^2 + 18x\right]_{-2}^{3} = \left(\frac{81}{4} - 36 - \frac{27}{2} + 54\right) - \left(4 + \frac{32}{3} - 6 - 36\right) \approx 52{,}1$$

Kontrolle der Rechnung durch numerische Integration: vgl. Screenshot links.

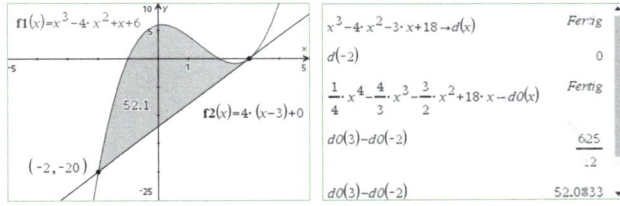

INFO Gesamtänderungen

D3 **Gesamtänderungen aus gegebenen Änderungsraten mithilfe von bestimmten Integralen berechnen**

Ist eine stetige Funktion v für die momentane Änderungsrate (z. B. Zuflussgeschwindigkeit, Bewegungsgeschwindigkeit,...) einer Größe in Abhängigkeit von der Zeit t gegeben, so wird die Gesamtänderung (z. B. Füllmenge, zurückgelegte Wegstrecke, ...) im Zeitintervall $[t_a; t_e]$

mit dem Integral $\int_{t_a}^{t_e} v(t)\,dt$ berechnet.

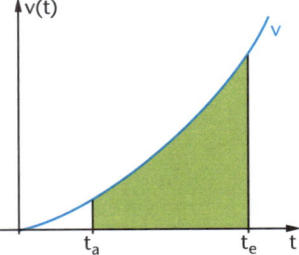

Beispiele

(1) *Bewegungsgeschwindigkeit gegeben:*

Die Geschwindigkeit v eines aus der Ruhe von einem Turm fallenden Steins ist gegeben durch $v(t) = 9{,}81 \cdot t$. Dabei wird die Zeit t in Sekunden und die Geschwindigkeit v in Meter pro Sekunde angegeben.

– Beobachtet man, dass der Stein nach einer Falldauer von 3,2 Sekunden auf dem Boden aufschlägt, kann man die Höhe des Turms berechnen, indem man die als momentane Änderungsrate gegebene Geschwindigkeit v(t) über dem Zeitintervall [0; 3,2] integriert:

$$h = \int_0^{3,2} 9{,}81 \cdot t\, dt = \left[\frac{9{,}81}{2} t^2\right]_0^{3,2} \approx 50{,}23.$$

Der Turm hat eine Höhe von etwa 50,23 m.

– Ist andererseits die Fallhöhe mit h = 100 m gegeben, so kann man auch die entsprechende Falldauer berechnen. Diesmal ist der Wert des Integrals bekannt. Zu bestimmen ist die obere Integrationsgrenze t_e.

$$\int_0^{t_e} 9{,}81 \cdot t\, dt = 100 \;\Leftrightarrow\; \left[\frac{9{,}81}{2} t^2\right]_0^{t_e} = 100 \;\Leftrightarrow\; \frac{9{,}81}{2} t_e^2 = 100 \;\Leftrightarrow\; t_e = \sqrt{\frac{200}{9{,}81}} \approx 4{,}5 \vee t_e \approx -4{,}5.$$

Hinweis: Die negative Lösung der quadratischen Gleichung entfällt hier im Sachzusammenhang.

Der Stein trifft nach etwa 4,5 Sekunden auf dem Boden auf.

(2) *Zulaufgeschwindigkeit gegeben (momentane Zuflussrate):*

Ein zunächst leeres Getreidesilo wird mit Weizen gefüllt. Die Zulaufgeschwindigkeit ist in den ersten 15 Minuten konstant und beträgt 45 Zentner/min. Dann nimmt sie entsprechend dem Graphen ab, bis nach insgesamt 30 Minuten der Zufluss stoppt.

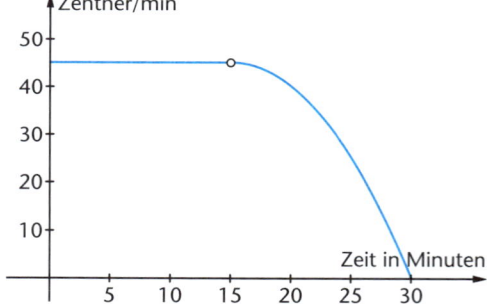

Die Funktion f mit $f(x) = -\frac{1}{5}x^2 + 6x$ beschreibt den Zulauf in der Zeit zwischen der 15. und der 30. Minute, denn der Scheitelpunkt der Parabel liegt im Punkt S(15|45) und eine Nullstelle bei x = 30.

Um die gesamte Füllmenge des Silos zu bestimmen, bestimmt man den Flächeninhalt des Flächenstücks zwischen Graph und Zeitachse im Intervall [0; 30]:

Im Zeitintervall [0; 15] ist dies ein Rechteck; für das Zeitintervall [15; 30] muss die Integralrechnung angewendet werden:

$$15 \cdot 45 + \int_{15}^{30} \left(-\frac{1}{5}x^2 + 6x\right) dx = 675 + \left[-\frac{1}{15}x^3 + 3x^2\right]_{15}^{30} = 675 + 450 = 1125.$$

Insgesamt wurden 1125 Zentner Weizen in das Silo gefüllt.

INFO Mittelwert

D4 **Mittelwerte von kontinuierlich veränderten Größen mithilfe der Integralrechnung berechnen**

Unter dem Mittelwert $\bar{f}$ der Funktionswerte einer stetigen Funktion f über dem Intervall [a;b] versteht man die reelle Zahl

$$\bar{f} = \frac{1}{b-a} \cdot \int_a^b f(x)\, dx.$$

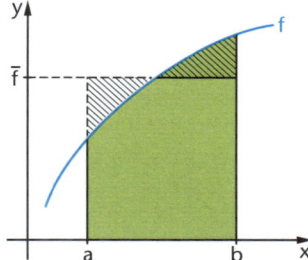

Ist F eine Stammfunktion für f, dann ist der Mittelwert der Funktionswerte gegeben durch den Quotienten

$$\bar{f} = \frac{F(b) - F(a)}{b-a}.$$

Beispiel

Die Geschwindigkeit eines ICE bei der Ausfahrt aus einem Bahnhof lässt sich in den ersten 6 Minuten mithilfe der Funktion v mit $v(t) = -0{,}0005 \cdot t^2 + 0{,}4 \cdot t$ beschreiben. Dabei wird die Zeit t in Sekunden und die Geschwindigkeit v in Meter pro Sekunde angegeben.

Wie groß ist die mittlere Geschwindigkeit des Zuges in der ersten 6 Minuten der Fahrt?

$$\bar{v} = \frac{1}{360 - 0} \cdot \int_0^{360} (-0{,}0005 \cdot t^2 + 0{,}4 \cdot t)\, dt = \frac{1}{360} \cdot \left[-\frac{1}{6000} t^3 + \frac{1}{5} t^2\right]_0^{360} = \frac{1}{360} \cdot 18144 = 50{,}4.$$

Die mittlere Geschwindigkeit des Zuges beträgt $50{,}4\ \frac{m}{s}\ \left(\approx 181{,}44\ \frac{km}{h}\right)$.

INFO Uneigentliche Integrale

D5 Nur LK: **Inhalte ins Unendliche reichender Flächen mit uneigentlichen Integralen und den dabei erforderlichen Grenzwertbetrachtungen ermitteln.**

– **Integration über unbeschränkte Intervalle:**

Falls die Funktion f auf dem Intervall [a; +∞[stetig ist

und der Grenzwert $\lim\limits_{b \to +\infty} \int\limits_a^b f(x)\,dx$ existiert, so heißt

dieser Grenzwert das **Uneigentliche Integral** von f über dem Intervall [a; +∞[.

Man notiert dann auch $\int\limits_a^{+\infty} f(x)\,dx$.

(Entsprechend wird $\int\limits_{-\infty}^b f(x)\,dx$ definiert.)

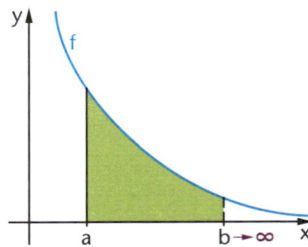

– **Integration über unbeschränkte Funktionen:**

Falls die Funktion f auf dem Intervall]a; b] stetig ist

und der Grenzwert $\lim\limits_{z \to a} \int\limits_z^b f(x)\,dx$ existiert, so heißt

dieser Grenzwert das Uneigentliche Integral von f über dem Intervall]a; b].

Man notiert dann auch $\int\limits_a^b f(x)\,dx$.

(Entsprechend wird $\lim\limits_{z \to b} \int\limits_a^z f(x)\,dx$ über dem Intervall [a; b[definiert.)

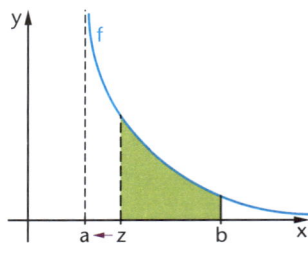

Beispiele

(1) *Hyperbelfunktion – endlicher Flächeninhalt:*

Der Graph der Funktion f mit $f(x) = \frac{4}{x^2}$ schließt über dem Intervall [1; +∞[eine Fläche mit dem Flächeninhalt 4 FE ein:

Es gilt: $\int\limits_1^b \frac{4}{x^2}\,dx = \left[-\frac{4}{x}\right]_1^b = 4 - \frac{4}{b}$.

Damit existiert der Grenzwert: $\lim\limits_{b \to +\infty} \int\limits_1^b \frac{4}{x^2}\,dx = \lim\limits_{b \to +\infty} \left(4 - \frac{4}{b}\right) = 4$.

(2) *Hyperbelfunktion – unendlich großer Flächeninhalt:*

Dagegen ist der Flächeninhalt der Fläche zwischen x-Achse und Graph der Funktion f mit $f(x) = \frac{1}{(x-2)^2}$ über dem Intervall]2; 4] nicht endlich:

Es gilt: $\int\limits_a^4 \frac{1}{(x-2)^2}\,dx = \left[-\frac{1}{(x-2)}\right]_a^4 = \frac{1}{a-2} - \frac{1}{2}$

Da der erste Summand für a → 2 über alle Grenzen wächst, existiert das uneigentliche Integral nicht, d. h., das Flächenstück ist unendlich groß.

(3) Exponentialfunktion – endlich großer Flächeninhalt:

Der Graph der Funktion f mit $f(x) = x \cdot e^{-x}$ schließt mit der positiven x-Achse einen endlichen Flächeninhalt ein:

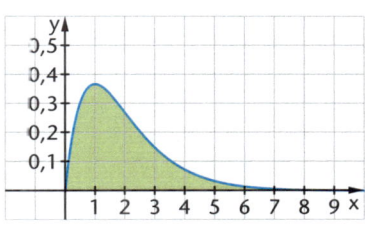

$$\int_0^a x \cdot e^{-x}\,dx = [-(x+1) \cdot e^{-x}]_0^a$$

$$= (-(a+1) \cdot e^{-a}) - (-(0+1) \cdot e^{-0})$$

$$= (-(a+1) \cdot e^{-a}) + 1$$

Da die Werte mit der Funktion $e(x) = e^{-x}$ für $x \to \infty$ schneller gegen null gehen als die Werte einer beliebigen ganzrationalen Funktion $p(x)$ wachsen, gilt allgemein: $\lim\limits_{x \to \infty} p(x) \cdot e^{-x} = 0$.

Also folgt $\int_0^\infty x \cdot e^{-x}\,dx = 1$.

(4) Bestimmung uneigentlicher Integrale mithilfe eines GTR:

Bei Einsatz eines GTR kann man die o. a. Grenzwerte für $a \to +\infty$ bzw. $b \to +\infty$ dadurch bestimmen, dass man für a bzw. b große Werte einsetzt.

Für die obigen Beispiele:

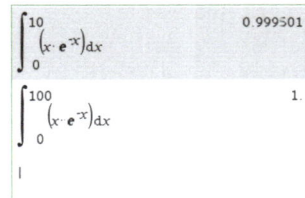
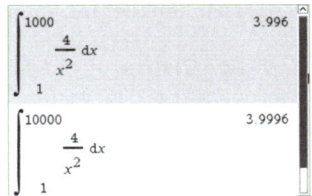

INFO Rotationskörper

D6 <u>Nur LK:</u> **Das Volumen von Rotationskörpern berechnen und die erforderlichen Berandungsfunktionen für reale rotationssymmetrische Körper modellieren.**

Rotiert der Graph einer stetigen Berandungsfunktion f mit nicht negativen Funktionswerten über dem Intervall [a;b] um die x-Achse, so entsteht ein Rotationskörper

mit dem Volumen $V = \pi \cdot \int_a^b (f(x))^2\,dx$.

Beispiele

(1) quadratische Funktion:

Das abgebildete Fass hat eine Höhe von 22 cm. Die Dicke der Fasswandung soll vernachlässigt werden. Der Radius beträgt am oberen und unteren Rand 8,1 cm, an der bauchigsten Stelle 8,8 cm. Zur Berechnung des Fassinhaltes legen wir das Fass auf die Seite. Das Koordinatensystem wird so gewählt, dass die x-Achse die Symmetrieachse des Fasses bildet, und dass der Graph der Berandungsfunktion symmetrisch zur y-Achse verläuft.

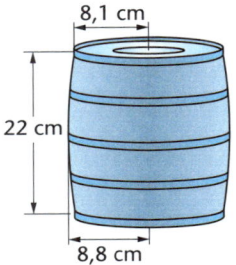

Aus dem Ansatz $f(x) = a x^2 + b$ mit $f(0) = 8,8$
und $f(11) = 8,1$ folgt $b = 8,8$ und $a \cdot 11^2 + 8,8 = 8,1$.

Die Koeffizienten werden berechnet zu

$a = -\frac{7}{1210}$ und $b = \frac{44}{5}$.

Für die Berandungsfunktion gilt damit

$f(x) = -\frac{7}{1210} x^2 + \frac{44}{5}$.

Das Volumen des Fasses kann nun unter Ausnutzung
der Symmetrie berechnet werden:

$$V = \pi \cdot \int_{-11}^{11} \left(-\frac{7}{1210} x^2 + \frac{44}{5}\right)^2 dx \approx 5075 = 2\pi \cdot \int_{0}^{11} \left(-\frac{7}{1210} x^2 + \frac{44}{5}\right)^2 dx \approx 5075.$$

Also beträgt das Volumen des Fasses $5075\,\text{ml} \approx 5\,\ell$.

(2) *kubische Funktion:* Ein Blumenkübel entsteht durch
Rotation des Graphen einer Funktion f mit
$f(x) = 0,1x^3 - x^2 + 2,5x + 2$ über dem Intervall $[0;6]$ (1
Einheit = 1 dm).
Bestimmen Sie das Volumen des Gefäßes.

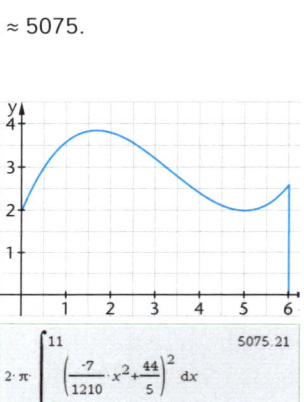

$$V = \pi \int_{0}^{6} f^2(x)\,dx$$
$$= \pi \cdot \int_{0}^{6} (0,1x^3 - x^2 + 2,5x + 2)^2 dx \approx 167\,\ell.$$

Wegen des rechnerischen Aufwands (vor der Integration
muss das Quadrat des Funktionsterms ausgerechnet werden) erfolgt die Berechnung i. A. numerisch.

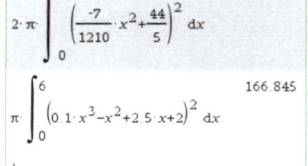

(3) *Hyperbelfunktion:* Gegeben ist die Funktion f durch $f(x) = \frac{1}{x} - \frac{1}{x^2}$; $x \neq 0$.

Die Fläche zwischen dem Graphen der Funktion f und der x-Achse über dem Intervall
$[1; \infty[$ rotiert um die x-Achse. Hat der entstehende, ins Unendliche reichende Rotationskörper einen endlichen Rauminhalt? Es gilt:

$$V_b = \pi \int_{1}^{b} \left(\frac{1}{x} - \frac{1}{x^2}\right)^2 dx$$
$$= \pi \int_{1}^{b} \left(\frac{1}{x^2} - \frac{2}{x^3} + \frac{1}{x^4}\right) dx = \pi \left[-\frac{1}{x} + \frac{1}{x^2} - \frac{1}{3x^3}\right]_{1}^{b}$$
$$= \pi \left(\left(-\frac{1}{b} + \frac{1}{b^2} - \frac{1}{3b^3}\right) - \left(-\frac{1}{3}\right)\right)$$

Da der Grenzwert

$$\lim_{b \to +\infty} V_b = \pi \cdot \lim_{b \to +\infty} \left(\left(-\frac{1}{b} + \frac{1}{b^2} - \frac{1}{3b^3}\right) - \left(-\frac{1}{3}\right)\right) = \frac{\pi}{3}$$

existiert, hat der Rotationskörper
das Volumen $\frac{\pi}{3}$.

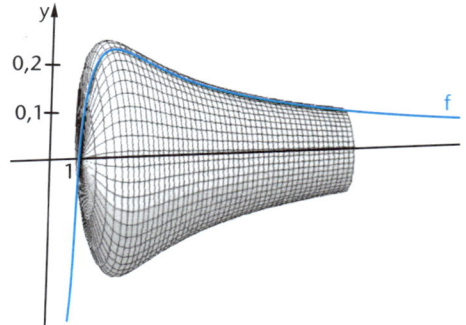

E Vektorrechnung

INFO Vektoren

E1 **Punkte im Raum durch Ortsvektoren sowie Verschiebungen im Raum durch Vektoren beschreiben**

Vektoren im Raum sind geordnete Zahlentripel, die in Spaltenform notiert werden.

Der Vektor $\vec{u} = \begin{pmatrix} u_1 \\ u_2 \\ u_3 \end{pmatrix}$ kann interpretiert werden ...

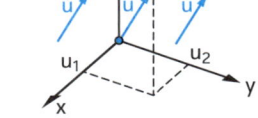

(1) ... als der **Ortsvektor** $\overrightarrow{OU}$ vom Ursprung O(0|0|0) zum Punkt U$(u_1|u_2|u_3)$. Dargestellt wird der Vektor durch einen Pfeil.

(2) ... als **Verschiebungsvektor** $\vec{u}$ parallel zum Pfeil von $\overrightarrow{OU}$.

Beispiel

Gegeben ist der Punkt P(2|3|−1).
- Der zugehörige Ortsvektor, also der Verbindungsvektor vom Ursprung zum Punkt P, lautet $\overrightarrow{OP} = \begin{pmatrix} 2 \\ 3 \\ -1 \end{pmatrix}$.

- $\vec{p} = \begin{pmatrix} 2 \\ 3 \\ -1 \end{pmatrix}$ kann auch als Verschiebungsvektor aufgefasst werden, durch den der Punkt A(4|−5|8) auf A'(6|−2|7) verschoben wird.

$$A(4|-5|8)$$
$$\big\downarrow{+2} \quad \big\downarrow{+3} \quad \big\downarrow{+(-1)}$$
$$A'(6|-2|7)$$

INFO Punkte und Verschiebungen

E2 **Vektoren auf Kollinearität untersuchen**

Zwei Vektoren $\vec{u}$, $\vec{v}$ bezeichnet man als **kollinear**, wenn sie Vielfache voneinander sind. Kollineare Vektoren sind parallel zueinander, können sich aber in ihrer Länge unterscheiden.

Um die Kollinearität zweier Vektoren $\vec{u}$ und $\vec{v}$ zu zeigen, prüft man, ob es eine Zahl $k \in \mathbb{R}$ derart gibt, dass $\vec{u} = k \cdot \vec{v}$.

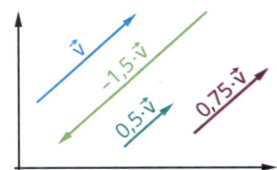

Beispiele

- Die Vektoren $\vec{u} = \begin{pmatrix} 2 \\ 3 \\ 8 \end{pmatrix}$ und $\vec{v} = \begin{pmatrix} 1 \\ 1,5 \\ 4 \end{pmatrix}$ sind offensichtlich kollinear zueinander, denn:

$$\begin{pmatrix} 2 \\ 3 \\ 8 \end{pmatrix} = 2 \cdot \begin{pmatrix} 1 \\ 1,5 \\ 4 \end{pmatrix}.$$

– Um die Kollinearität der Vektoren $\vec{a} = \begin{pmatrix} 18 \\ -6 \\ 13{,}5 \end{pmatrix}$ und $\vec{b} = \begin{pmatrix} 12 \\ -4 \\ 9 \end{pmatrix}$ zu prüfen, muss ein lineares Gleichungssystem gelöst werden:

$$\begin{pmatrix} 18 \\ -6 \\ 13{,}5 \end{pmatrix} = k \cdot \begin{pmatrix} 12 \\ -4 \\ 9 \end{pmatrix} \Leftrightarrow \begin{vmatrix} 18 = 12 \cdot k \\ -6 = -4 \cdot k \\ 13{,}5 = 9 \cdot k \end{vmatrix} \Leftrightarrow \begin{vmatrix} k = 1{,}5 \\ k = 1{,}5 \\ k = 1{,}5 \end{vmatrix} \Leftrightarrow k = 1{,}5,$$

d. h. $\vec{a}$ und $\vec{b}$ sind kollinear, denn $\begin{pmatrix} 18 \\ -6 \\ 13{,}5 \end{pmatrix} = 1{,}5 \cdot \begin{pmatrix} 12 \\ -4 \\ 9 \end{pmatrix}$.

– Die Vektoren $\vec{a} = \begin{pmatrix} 18 \\ -6 \\ 13{,}5 \end{pmatrix}$ und $\vec{c} = \begin{pmatrix} 7{,}2 \\ -2{,}4 \\ 3{,}6 \end{pmatrix}$ sind nicht kollinear, denn das lineare

Gleichungssystem hat keine Lösung (es gibt kein $k \in \mathbb{R}$, das das LGS erfüllt):

$$\begin{pmatrix} 18 \\ -6 \\ 13{,}5 \end{pmatrix} = k \cdot \begin{pmatrix} 7{,}2 \\ -2{,}4 \\ 3{,}6 \end{pmatrix} \Leftrightarrow \begin{vmatrix} 18 = 7{,}2 \cdot k \\ -6 = -2{,}4 \cdot k \\ 13{,}5 = 3{,}6 \cdot k \end{vmatrix} \Leftrightarrow \begin{vmatrix} k = 2{,}5 \\ k = 2{,}5 \\ k = 3{,}75 \end{vmatrix}$$

INFO Vektoren addieren und subtrahieren

E3 Vektoren addieren und subtrahieren sowie den Mittelpunkt einer Strecke berechnen

Bei der Addition zweier Vektoren werden zugehörige Pfeile aneinandergesetzt.

Es gilt die sogenannte **Dreiecksregel:** $\overrightarrow{XY} + \overrightarrow{YZ} = \overrightarrow{XZ}$.

Bei der Subtraktion wird der Gegenvektor addiert:

> Merkregel für Verbindungsvektoren:
> „Ende minus Anfang"

Der **Verbindungsvektor** $\overrightarrow{PQ}$ lässt sich als Differenzvektor der beiden Ortsvektoren schreiben:

$$\overrightarrow{PQ} = \overrightarrow{PO} + \overrightarrow{OQ} = -\overrightarrow{OP} + \overrightarrow{OQ} = \overrightarrow{OQ} + (-\overrightarrow{OP}) = \overrightarrow{OQ} - \overrightarrow{OP}.$$

Addiert man einen Vektor zu seinem Gegenvektor, so ergibt sich der **Nullvektor** $\vec{o} = \begin{pmatrix} 0 \\ 0 \\ 0 \end{pmatrix}$.

Der Ortsvektor $\overrightarrow{OM}$ des Mittelpunkts M einer Strecke AB wird dargestellt in der Form:

> Merkregel: Die Koordinaten des Mittelpunkts einer Strecke sind die Mittelwerte der Koordinaten der Endpunkte der Strecke.

$$\overrightarrow{OM} = \overrightarrow{OA} + \frac{1}{2} \cdot \overrightarrow{AB} = \overrightarrow{OA} + \frac{1}{2} \cdot (\overrightarrow{OB} - \overrightarrow{OA}) = \frac{1}{2} \cdot (\overrightarrow{OA} + \overrightarrow{OB}).$$

Dreiecksregel der Addition	Subtraktion der Ortsvektoren	Mittelpunkt einer Strecke

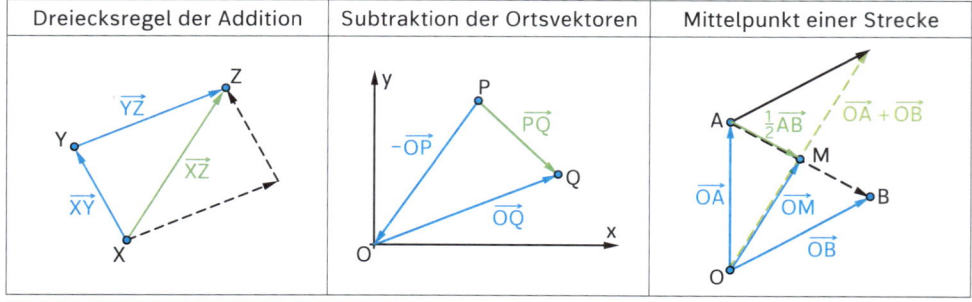

Beispiele

(1) *Bestimmung des Mittelpunkts einer Strecke:*

Der Verbindungsvektor der Punkte P$(2|-3|5)$ und Q$(4|1|-2)$ ist: $\overrightarrow{PQ} = \begin{pmatrix} 4 \\ 1 \\ -2 \end{pmatrix} - \begin{pmatrix} 2 \\ -3 \\ 5 \end{pmatrix} = \begin{pmatrix} 2 \\ 4 \\ -7 \end{pmatrix}$.

Ortsvektor zum Mittelpunkt M der Strecke PQ ist $\overrightarrow{OM} = \frac{1}{2} \cdot \left(\begin{pmatrix} 2 \\ -3 \\ 5 \end{pmatrix} + \begin{pmatrix} 4 \\ 1 \\ -2 \end{pmatrix} \right) = \begin{pmatrix} 3 \\ -1 \\ 1{,}5 \end{pmatrix}$

Der Mittelpunkt hat damit die Koordinaten M$(3|-1|1{,}5)$.

(2) *Bestimmung eines Spats:*

Ein Spat ABCDEFGH ist gegeben durch die Eckpunkte
A$(1|-2|3)$, B$(3|-1|3)$, D$(4|0|3)$ und E$(2|-3|5)$.

Beispielsweise lassen sich die Vektoren $\overrightarrow{AB}$, $\overrightarrow{AD}$ und $\overrightarrow{AE}$
direkt berechnen (siehe Markierung).

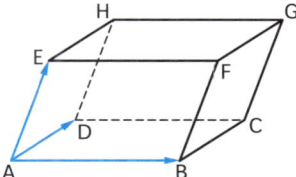

Die Koordinaten des Eckpunkts C lassen sich wie folgt ermitteln:

$\overrightarrow{OC} = \overrightarrow{OA} + \overrightarrow{AD} + \overrightarrow{DC} = \overrightarrow{OA} + \overrightarrow{AD} + \overrightarrow{AB}$,

denn $\overrightarrow{AB} = \overrightarrow{DC}$ sind parallele Pfeile.

Mit $\overrightarrow{AD} = \begin{pmatrix} 4 \\ 0 \\ 3 \end{pmatrix} - \begin{pmatrix} 1 \\ -2 \\ 3 \end{pmatrix} = \begin{pmatrix} 3 \\ 2 \\ 0 \end{pmatrix}$ und $\overrightarrow{AB} = \begin{pmatrix} 3 \\ -1 \\ 3 \end{pmatrix} - \begin{pmatrix} 1 \\ -2 \\ 3 \end{pmatrix} = \begin{pmatrix} 2 \\ 1 \\ 0 \end{pmatrix}$ ergibt sich:

$\overrightarrow{OC} = \begin{pmatrix} 1 \\ -2 \\ 3 \end{pmatrix} + \begin{pmatrix} 3 \\ 2 \\ 0 \end{pmatrix} + \begin{pmatrix} 2 \\ 1 \\ 0 \end{pmatrix} = \begin{pmatrix} 6 \\ 1 \\ 3 \end{pmatrix}$. Der Eckpunkt C hat also die Koordinaten C$(6|1|3)$.

Der Vektor $\overrightarrow{AG}$, der die Raumdiagonale von Eckpunkt A zu Eckpunkt G beschreibt,
berechnet sich folgendermaßen:

$\overrightarrow{AG} = \overrightarrow{AD} + \overrightarrow{AE} + \overrightarrow{AB}$, da $\overrightarrow{AE} = \overrightarrow{DH}$ und $\overrightarrow{AB} = \overrightarrow{HG}$ gilt (Parallelverschiebungen).

Mit $\overrightarrow{AE} = \begin{pmatrix} 2 \\ -3 \\ 5 \end{pmatrix} - \begin{pmatrix} 1 \\ -2 \\ 3 \end{pmatrix} = \begin{pmatrix} 1 \\ -1 \\ 2 \end{pmatrix}$ ergibt sich: $\overrightarrow{AG} = \begin{pmatrix} 3 \\ 2 \\ 0 \end{pmatrix} + \begin{pmatrix} 1 \\ -1 \\ 2 \end{pmatrix} + \begin{pmatrix} 2 \\ 1 \\ 0 \end{pmatrix} = \begin{pmatrix} 6 \\ 2 \\ 2 \end{pmatrix}$.

Die Koordinaten des Eckpunkts G erhält man aus:

$\overrightarrow{OG} = \overrightarrow{OA} + \overrightarrow{AG} = \begin{pmatrix} 1 \\ -2 \\ 3 \end{pmatrix} + \begin{pmatrix} 6 \\ 2 \\ 2 \end{pmatrix} = \begin{pmatrix} 7 \\ 0 \\ 5 \end{pmatrix}$, also G$(7|0|5)$.

(3) *Spiegelung eines Punktes an einem Punkt:*

Der Punkt P$(1|-2|2)$ soll an einem Punkt Q$(3|1|-1)$ gespiegelt
werden.

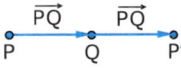

Wie aus der Zeichnung ablesbar ist, muss dazu der Vektor $\overrightarrow{PQ}$
in Q abgetragen werden, also vom Punkt P aus das Zweifache dieses Vektors:

Da $\overrightarrow{PQ} = \begin{pmatrix} 3-1 \\ 1-(-2) \\ -1-2 \end{pmatrix} = \begin{pmatrix} 2 \\ 3 \\ -3 \end{pmatrix}$, folgt $\overrightarrow{OP'} = \overrightarrow{OQ} + \overrightarrow{QP'} = \overrightarrow{OP} + 2 \cdot \overrightarrow{PQ} = \begin{pmatrix} 1 \\ -2 \\ 2 \end{pmatrix} + 2 \cdot \begin{pmatrix} 2 \\ 3 \\ -3 \end{pmatrix} = \begin{pmatrix} 5 \\ 4 \\ -4 \end{pmatrix}$.

INFO Skalarprodukt

E4 **Das Skalarprodukt zweier Vektoren berechnen und damit entscheiden, ob die Vektoren zueinander orthogonal sind**

Das **Skalarprodukt** zweier Vektoren $\vec{u} = \begin{pmatrix} u_1 \\ u_2 \\ u_3 \end{pmatrix}$ und $\vec{v} = \begin{pmatrix} v_1 \\ v_2 \\ v_3 \end{pmatrix}$ ist definiert als die Summe der Produkte der Komponenten der beiden Vektoren, also durch

$$\vec{u} * \vec{v} = \begin{pmatrix} u_1 \\ u_2 \\ u_3 \end{pmatrix} * \begin{pmatrix} v_1 \\ v_2 \\ v_3 \end{pmatrix} = u_1 \cdot v_1 + u_2 \cdot v_2 + u_3 \cdot v_3$$

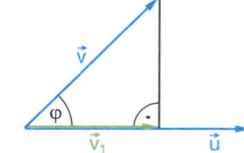

Die beiden Vektoren spannen einen Winkel φ auf.
Für diesen gilt: $\vec{u} * \vec{v} = |\vec{u}| \cdot |\vec{v}| \cdot \cos(\varphi)$.

In Worten: Das Skalarprodukt zweier Vektoren ist gleich dem Produkt aus der Länge des einen Vektors mit der Länge der orthogonalen **Projektion** des anderen Vektors auf diesen Vektor.

> Im rechtwinkligen Dreieck gilt:
> $$\cos(\varphi) = \frac{|\vec{v}_1|}{|\vec{v}|} \Leftrightarrow |\vec{v}_1| = |\vec{v}| \cdot \cos(\varphi)$$

Orthogonalität:
Das Skalarprodukt zweier Vektoren ist genau dann gleich null, wenn diese zueinander orthogonal sind.
Es gilt: $\vec{u}$ und $\vec{v}$ sind orthogonal $\Leftrightarrow$ $\vec{u} * \vec{v} = 0$

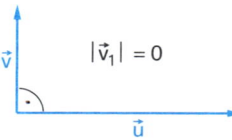

$|\vec{v}_1| = 0$

Hinweis: Das Skalarprodukt zweier Vektoren $\vec{u} * \vec{v}$ (dies ist eine reelle Zahl!) darf nicht verwechselt werden mit dem Vervielfachen eines Vektors mit einer Zahl $s \in \mathbb{R}$, also $s \cdot \vec{v}$ (dies ist ein Vektor). In diesem Buch verwenden wir konsequent die Zeichen * bzw. ·, um den Unterschied zwischen den beiden Vektor-Operationen hervorzuheben, auch wenn es oft üblich ist, für beide Operationen dasselbe Zeichen zu verwenden.

Beispiele

(1) *Nachweis der Orthogonalität:*

Die Vektoren $\vec{u} = \begin{pmatrix} 3 \\ -1 \\ 2 \end{pmatrix}$ und $\vec{v} = \begin{pmatrix} -1 \\ -1 \\ 1 \end{pmatrix}$ sind orthogonal zueinander, denn

$\begin{pmatrix} 3 \\ -1 \\ 2 \end{pmatrix} * \begin{pmatrix} -1 \\ -1 \\ 1 \end{pmatrix} = 3 \cdot (-1) + (-1) \cdot (-1) + 2 \cdot 1 = -3 + 1 + 2 = 0.$

(2) *Sonderfall: Bestimmung eines orthogonalen Vektors, wenn eine Komponente gleich null ist:*

Jeder Vektor der Form $\vec{n} = \begin{pmatrix} 2a \\ b \\ -a \end{pmatrix}$ ist orthogonal zu $\vec{u} = \begin{pmatrix} 1 \\ 0 \\ 2 \end{pmatrix}$, denn $2a + 0 \cdot b - 2a = 0.$

Manchmal kann man durch eine einfache Überlegung sogar einen Vektor angeben, der orthogonal zu zwei gegebenen Vektoren ist:

Der Vektor $\vec{u} = \begin{pmatrix} 2 \\ 6 \\ 1 \end{pmatrix}$ ist orthogonal sowohl zum Vektor $\vec{v} = \begin{pmatrix} 1 \\ 0 \\ -2 \end{pmatrix}$ als auch zum Vektor

$\vec{w} = \begin{pmatrix} 3 \\ -1 \\ 0 \end{pmatrix}$, also zu der Ebene, die von den Vektoren $\vec{v}$ und $\vec{w}$ aufgespannt wird, vgl. **F3**.

INFO Länge und Betrag von Vektoren

E5 **Längen von Strecken im Raum und den Betrag von Vektoren berechnen**

Der **Betrag eines Vektors** $\vec{u} = \begin{pmatrix} x \\ y \\ z \end{pmatrix}$ ist gleich der Länge des zugehörigen Pfeils. Der Betrag berechnet sich nach dem Satz des Pythagoras mithilfe von $|\vec{u}| = \sqrt{x^2 + y^2 + z^2}$.

Einen Vektor mit dem Betrag 1 nennt man **Einheitsvektor**. Zu einem Vektor $\vec{v}$ erhält man den zugehörigen Einheitsvektor $\vec{v}_0$, indem man den

Vektor durch seinen Betrag dividiert: $\vec{v}_0 = \dfrac{\vec{v}}{|\vec{v}|} = \dfrac{1}{|\vec{v}|} \cdot \vec{v}$.

> *Hinweis*:
> Negative Vorzeichen von Komponenten kann man bei der Berechnung des Betrags weglassen, da sie durch das Quadrieren unter der Wurzel wegfallen.

Beispiele

(1) *Betrag (Länge) eines Vektors:*

Der Betrag des Vektors $\vec{u} = \begin{pmatrix} -2 \\ 0 \\ 3 \end{pmatrix}$ ist $|\vec{u}| = \sqrt{(-2)^2 + 0^2 + 3^2} = \sqrt{4 + 0 + 9} = \sqrt{13}$.

(2) *Nachweis, dass ein Dreieck rechtwinklig-gleichschenklig ist:*

Gegeben ist das Dreieck ABC mit A(4|2|−5), B(6|−2|−1), C(3|1|−1).

$$\overrightarrow{AB} = \begin{pmatrix} 6-4 \\ -2-2 \\ -1-(-5) \end{pmatrix} = \begin{pmatrix} 2 \\ -4 \\ 4 \end{pmatrix}; \quad \overrightarrow{AC} = \begin{pmatrix} 3-4 \\ 1-2 \\ -1-(-5) \end{pmatrix} = \begin{pmatrix} -1 \\ -1 \\ 4 \end{pmatrix}; \quad \overrightarrow{BC} = \begin{pmatrix} 3-6 \\ 1-(-2) \\ -1-(-1) \end{pmatrix} = \begin{pmatrix} -3 \\ 3 \\ 0 \end{pmatrix}.$$

Es gilt: $|\overrightarrow{AB}| = \sqrt{2^2 + (-4)^2 + 4^2} = \sqrt{36} = 6$; $|\overrightarrow{AC}| = \sqrt{(-1)^2 + (-1)^2 + 4^2} = \sqrt{18}$;

$|\overrightarrow{BC}| = \sqrt{(-3)^2 + 3^2 + 0^2} = \sqrt{18}$. Die beiden Seiten AC und BC sind gleich lang.

Wenn überhaupt, können nur diese beiden Seiten einen rechten Winkel einschließen.

Tatsächlich gilt: $\overrightarrow{AC} * \overrightarrow{BC} = \begin{pmatrix} -1 \\ -1 \\ 4 \end{pmatrix} * \begin{pmatrix} -3 \\ 3 \\ 0 \end{pmatrix} = 3 - 3 + 0 = 0$, d. h.,

das Dreieck ABC ist rechtwinklig-gleichschenklig mit einem rechten Winkel bei C.

(3) *Bestimmung eines Einheitsvektors:*

Der Vektor $\vec{u} = \begin{pmatrix} 3 \\ 0 \\ -4 \end{pmatrix}$ besitzt einen Betrag von $|\vec{u}| = \sqrt{3^2 + 0^2 + (-4)^2} = \sqrt{25} = 5$.

Der zugehörige Einheitsvektor $\vec{u}_0 = \dfrac{1}{5} \cdot \begin{pmatrix} 3 \\ 0 \\ -4 \end{pmatrix} = \begin{pmatrix} \frac{3}{5} \\ 0 \\ -\frac{4}{5} \end{pmatrix}$ besitzt die Länge $|\vec{u}_0| = 1$.

Probe: $|\vec{u}_0| = \sqrt{\left(\frac{3}{5}\right)^2 + 0^2 + \left(-\frac{4}{5}\right)^2} = \sqrt{\frac{9}{25} + \frac{16}{25}} = \sqrt{\frac{25}{25}} = \sqrt{1} = 1$

F   Geraden und Ebenen im Raum

INFO Geraden im Raum

F1 **Darstellung einer Geraden in Parameterform ermitteln sowie überprüfen, ob und ggf. wo ein Punkt auf einer gegebenen Gerade liegt (Punktprobe)**

Auch im Raum ist eine Gerade g durch zwei Punkte A, B festgelegt. Zu einem **beliebigen Punkt X der Geraden** gelangt man so: Vom Ursprung O geht man zu einem der beiden Punkte der Geraden, dann trägt man ein Vielfaches des Verbindungsvektors $\overrightarrow{AB}$ ab:

$$g: \vec{x} = \overrightarrow{OX} = \overrightarrow{OA} + r \cdot \overrightarrow{AB} \quad \text{mit} \quad r \in \mathbb{R}.$$

Den Ortsvektor (hier: $\overrightarrow{OA}$), der vom Ursprung auf die Gerade führt, bezeichnet man als **Stützvektor** der Geraden.

Der Vektor, der die Richtung der Geraden beschreibt, wird als **Richtungsvektor** (hier: $\overrightarrow{AB}$) der Geraden bezeichnet. Hieraus folgt, dass man die Gerade auch durch Angabe eines Punktes und eines Vektors als Richtungsvektor festlegen kann.

Punktprobe: Zur Prüfung, ob ein Punkt P auf der Geraden g liegt, setzt man die Komponenten von $\overrightarrow{OP}$ auf der linken Seite der Geradengleichung für $\vec{x}$ ein. Nur dann, wenn jede Zeile des entstehenden linearen Gleichungssystems denselben Wert für $r \in \mathbb{R}$ liefert, liegt P auf g, ansonsten nicht.

Lage eines Punktes auf der Geraden: Ist $\overrightarrow{AB}$ Richtungsvektor der Geraden, so liegt ein Punkt P a) „links" von A, wenn r < 0; b) „rechts" von B, wenn r > 1; c) auf der Strecke AB, wenn $0 \leq r \leq 1$.

Beispiele

(1) *Gerade gegeben durch zwei Punkte:*
Die Gerade durch A$(2|3|-1)$ und B$(4|-2|2)$ wird beschrieben durch:

$$g: \vec{x} = \overrightarrow{OX} = \begin{pmatrix} 2 \\ 3 \\ -1 \end{pmatrix} + r \cdot \begin{pmatrix} 4-2 \\ -2-3 \\ 2-(-1) \end{pmatrix} = \begin{pmatrix} 2 \\ 3 \\ -1 \end{pmatrix} + r \cdot \begin{pmatrix} 2 \\ -5 \\ 3 \end{pmatrix} \quad \text{oder} \quad g: \vec{x} = \overrightarrow{OX} = \begin{pmatrix} 4 \\ -2 \\ 2 \end{pmatrix} + s \cdot \begin{pmatrix} -2 \\ 5 \\ -3 \end{pmatrix}.$$

Jeder Punkt X von g lässt sich z. B. darstellen durch $\overrightarrow{OX} = \begin{pmatrix} 2+2r \\ 3-5r \\ -1+3r \end{pmatrix}$ oder $\overrightarrow{OX} = \begin{pmatrix} 4-2s \\ -2+5s \\ 2-3s \end{pmatrix}$.

(2) *Punktprobe mit negativem Ergebnis:*
Liegt der Punkt P$(0|8|-4)$ liegt auf der Geraden g aus (1)? Einsetzen des Ortsvektors von P liefert ein lineares Gleichungssystem:

$$\begin{pmatrix} 0 \\ 8 \\ -4 \end{pmatrix} = \begin{pmatrix} 2 \\ 3 \\ -1 \end{pmatrix} + r \cdot \begin{pmatrix} 2 \\ -5 \\ 3 \end{pmatrix} \quad \Leftrightarrow \quad \begin{vmatrix} 0 = 2+2r \\ 8 = 3-5r \\ -4 = -1+3r \end{vmatrix} \quad \Leftrightarrow \quad \begin{vmatrix} r = -1 \\ r = -1 \\ r = -1 \end{vmatrix}.$$

Der Punkt P liegt auf der Geraden g, aber nicht auf der Strecke AB. Da r < 0 gilt, liegt P „links" von Punkt A.

(3) *Punktprobe mit negativem Ergebnis:*
Der Punkt Q$(4|-2|5)$ liegt nicht auf der Geraden g, weil das LGS keine Lösung besitzt:

$$\begin{vmatrix} 2+2r = 4 \\ 3-5r = -2 \\ -1+3r = 5 \end{vmatrix} \Leftrightarrow \begin{vmatrix} 2r = 2 \\ -5r = -5 \\ 3r = 6 \end{vmatrix} \Leftrightarrow \begin{vmatrix} r = 1 \\ r = 1 \\ r = 2 \end{vmatrix}.$$

Mit dem Taschenrechner-Befehl linSolve:

$$\text{linSolve}\begin{pmatrix} 2+2 \cdot r = 4 \\ 3-5 \cdot r = -2 \\ -1+3 \cdot r = 5 \end{pmatrix}, \{r\}$$

"Keine Lösung gefunden"

(4) *Spiegelung einer Geraden an einem Punkt:*

Die Gerade g mit g: $\vec{x} = \begin{pmatrix} 1 \\ 1 \\ -2 \end{pmatrix} + r \cdot \begin{pmatrix} 2 \\ -1 \\ -1 \end{pmatrix}$ soll an einem Punkt

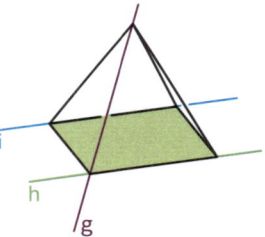

P(1|3|1) gespiegelt werden. Wie die Zeichnung zeigt, muss dazu der Auf(hänge)punkt A(1|1|−2) der Geraden g an P gespiegelt werden (vgl. **E3**).

Der Richtungsvektor $\vec{v} = \begin{pmatrix} 2 \\ -1 \\ -1 \end{pmatrix}$ der Geraden g geht bei dieser

Spiegelung in seinen Gegenvektor über.

Spiegelung des Punktes A an P: $\overrightarrow{OA'} = \overrightarrow{OP} + \overrightarrow{PA'} = \overrightarrow{OA} + 2 \cdot \overrightarrow{AP} = \begin{pmatrix} 1 \\ 1 \\ -2 \end{pmatrix} + 2 \cdot \begin{pmatrix} 0 \\ 2 \\ 3 \end{pmatrix} = \begin{pmatrix} 1 \\ 5 \\ 4 \end{pmatrix}$.

Eine mögliche Parameterform für die Spiegelgerade g' ist daher g': $x = \begin{pmatrix} 1 \\ 5 \\ 4 \end{pmatrix} + s \cdot \begin{pmatrix} -2 \\ 1 \\ 1 \end{pmatrix}$.

INFO Lagebeziehungen von Geraden

F2 Geraden auf ihre gegenseitige Lage untersuchen

Zwei Geraden g und h im Raum sind entweder (1) identisch, (2) liegen zueinander echt parallel, (3) verlaufen zueinander windschief oder (4) schneiden sich in genau einem gemeinsamen Punkt. In der Grafik rechts …
- … sind die Geraden h und i echt parallel zueinander,
- … besitzen die Geraden g und h genau einen Schnittpunkt,
- … sind die Geraden g und i windschief zueinander, d. h. sie sind weder parallel noch schneiden sie sich.

Identische Geraden liegen „übereinander" (hier nicht dargestellt).

Vorgehensweise zur Bestimmung der gegenseitigen Lagebeziehung zweier Geraden im Raum mithilfe von entsprechenden linearen Gleichungssystemen:

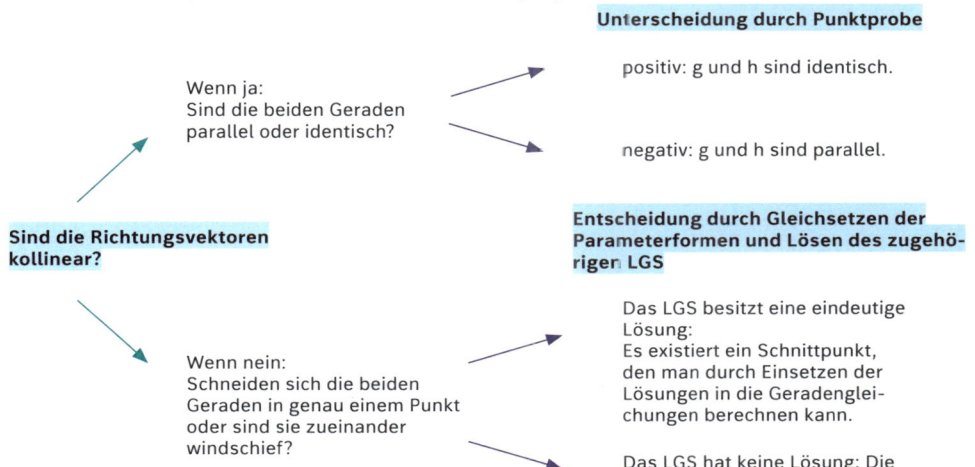

Sind die Richtungsvektoren kollinear?

Wenn ja:
Sind die beiden Geraden parallel oder identisch?

Unterscheidung durch Punktprobe

positiv: g und h sind identisch.

negativ: g und h sind parallel.

Wenn nein:
Schneiden sich die beiden Geraden in genau einem Punkt oder sind sie zueinander windschief?

Entscheidung durch Gleichsetzen der Parameterformen und Lösen des zugehörigen LGS

Das LGS besitzt eine eindeutige Lösung:
Es existiert ein Schnittpunkt, den man durch Einsetzen der Lösungen in die Geradengleichungen berechnen kann.

Das LGS hat keine Lösung: Die Geraden sind zueinander windschief.

Beispiele

Für die Geraden g_1: $\vec{x} = \begin{pmatrix} 1 \\ -2 \\ 2 \end{pmatrix} + r \cdot \begin{pmatrix} 2 \\ 1 \\ -1 \end{pmatrix}$, g_2: $\vec{x} = \begin{pmatrix} 2 \\ -1 \\ 2 \end{pmatrix} + s \cdot \begin{pmatrix} -4 \\ -2 \\ 2 \end{pmatrix}$, g_3: $\vec{x} = \begin{pmatrix} 1 \\ 3 \\ -3 \end{pmatrix} + t \cdot \begin{pmatrix} -1 \\ 2 \\ -2 \end{pmatrix}$

g_4: $\vec{x} = \begin{pmatrix} 5 \\ 0 \\ 0 \end{pmatrix} + u \cdot \begin{pmatrix} 4 \\ 2 \\ -2 \end{pmatrix}$ gelten folgende Lagebeziehungen:

– Die Geraden g_1: $\vec{x} = \begin{pmatrix} 1 \\ -2 \\ 2 \end{pmatrix} + r \cdot \begin{pmatrix} 2 \\ 1 \\ -1 \end{pmatrix}$ und g_4: $\vec{x} = \begin{pmatrix} 5 \\ 0 \\ 0 \end{pmatrix} + u \cdot \begin{pmatrix} 4 \\ 2 \\ -2 \end{pmatrix}$ sind identisch, denn die

Richtungsvektoren sind Vielfache voneinander und die Stützvektoren der Geraden lassen sich durch die jeweils andere Parameterdarstellung beschreiben:

$\begin{pmatrix} 5 \\ 0 \\ 0 \end{pmatrix} = \begin{pmatrix} 1 \\ -2 \\ 2 \end{pmatrix} + 2 \cdot \begin{pmatrix} 2 \\ 1 \\ -1 \end{pmatrix}$ bzw. $\begin{pmatrix} 1 \\ -2 \\ 2 \end{pmatrix} = \begin{pmatrix} 5 \\ 0 \\ 0 \end{pmatrix} + (-1) \cdot \begin{pmatrix} 4 \\ 2 \\ -2 \end{pmatrix}$.

– g_1 ist echt parallel zu g_2,

denn die beiden Richtungsvektoren sind Vielfache voneinander: $\begin{pmatrix} -4 \\ -2 \\ 2 \end{pmatrix} = (-2) \cdot \begin{pmatrix} 2 \\ 1 \\ -1 \end{pmatrix}$,

und der Stützvektor von g_1 führt nicht auf g_2, d. h., das Gleichungssystem

$\begin{pmatrix} 1 \\ -2 \\ 2 \end{pmatrix} = \begin{pmatrix} 2 \\ -1 \\ 2 \end{pmatrix} + s \cdot \begin{pmatrix} -4 \\ -2 \\ 2 \end{pmatrix}$ hat keine Lösung: $\begin{vmatrix} 1 = 2 - 4\,s \\ -2 = -1 - 2\,s \\ 2 = 2 + 2\,s \end{vmatrix} \Leftrightarrow \begin{vmatrix} -1 = -4\,s \\ -1 = -2\,s \\ 0 = s \end{vmatrix} \Leftrightarrow \begin{vmatrix} s = \frac{1}{4} \\ s = \frac{1}{2} \\ s = 0 \end{vmatrix}$

(umgekehrt könnte man auch prüfen, ob der Stützvektor von g_2 auf g_1 führt).

– g_2 und g_3 sind nicht parallel zueinander und haben keinen gemeinsamen Punkt, sind also windschief zueinander, denn die Richtungsvektoren sind keine Vielfachen voneinander und das lineare Gleichungssystem mit drei Gleichungen und zwei Variablen hat keine Lösung:

$\begin{pmatrix} 2 \\ -1 \\ 2 \end{pmatrix} + s \cdot \begin{pmatrix} -4 \\ -2 \\ 2 \end{pmatrix} = \begin{pmatrix} 1 \\ 3 \\ -3 \end{pmatrix} + t \cdot \begin{pmatrix} -1 \\ 2 \\ -2 \end{pmatrix} \Leftrightarrow \begin{vmatrix} 2 - 4\,s = 1 - t \\ -1 - 2\,s = 3 + 2\,t \\ 2 + 2\,s = -3 - 2\,t \end{vmatrix} \Leftrightarrow \begin{vmatrix} -4\,s + t = -1 \\ 2\,s + 2\,t = -4 \\ 2\,s + 2\,t = -5 \end{vmatrix}$.

An der zweiten und dritten Zeile des umgeformten Gleichungssystem liest man ab, dass das Gleichungssystem keine Lösung hat, denn die Summe $2\,s + 2\,t$ kann nicht gleichzeitig gleich –4 und gleich –5 sein.

– g_1 und g_3 sind nicht parallel zueinander und haben genau einen Schnittpunkt
Das Gleichungssystem mit drei Gleichungen und zwei Variablen ist eindeutig lösbar:

$\begin{pmatrix} 1 \\ -2 \\ 2 \end{pmatrix} + r \cdot \begin{pmatrix} 2 \\ 1 \\ -1 \end{pmatrix} = \begin{pmatrix} 1 \\ 3 \\ -3 \end{pmatrix} + t \cdot \begin{pmatrix} -1 \\ 2 \\ -2 \end{pmatrix} \Leftrightarrow \begin{vmatrix} 1 + 2\,r = 1 - t \\ -2 + r = 3 + 2\,t \\ 2 - r = -3 - 2\,t \end{vmatrix} \Leftrightarrow \begin{vmatrix} 2\,r + t = 0 \\ r - 2\,t = 5 \\ -r + 2\,t = -5 \end{vmatrix} \Leftrightarrow \begin{vmatrix} 2\,r + t = 0 \\ r - 2\,t = 5 \\ 0 = 0 \end{vmatrix}$

$\Leftrightarrow \begin{vmatrix} 4\,r + 2\,t = 0 \\ r - 2\,t = 5 \end{vmatrix} \Leftrightarrow \begin{vmatrix} 4\,r + 2\,t = 0 \\ 5\,r = 5 \end{vmatrix} \Leftrightarrow \begin{vmatrix} t = -2 \\ r = 1 \end{vmatrix}$.

Der Schnittpunkt $S\,(3\,|-1\,|\,1)$ wird bestimmt, indem man die erhaltenen Parameterwerte für t oder für r in die jeweilige Parameterform der Geraden g_1 und g_3 einsetzt:

$\vec{x} = \begin{pmatrix} 1 \\ -2 \\ 2 \end{pmatrix} + 1 \cdot \begin{pmatrix} 2 \\ 1 \\ -1 \end{pmatrix} = \begin{pmatrix} 3 \\ -1 \\ 1 \end{pmatrix}$ und $\vec{x} = \begin{pmatrix} 1 \\ 3 \\ -3 \end{pmatrix} + (-2) \cdot \begin{pmatrix} -1 \\ 2 \\ -2 \end{pmatrix} = \begin{pmatrix} 3 \\ -1 \\ 1 \end{pmatrix}$.

Die Gleichungssysteme kann man alternativ auch mit dem eingeführten Taschenrechner auf zwei verschiedenen Wegen lösen:

Lösung über eine erweiterte Koeffizienten-matrix am Beispiel von (1)	Lösungsbefehl für Gleichungssysteme am Beispiel von (2)
$\begin{vmatrix} 1+2r=5+4u \\ -2+1r=0+2u \\ 2-1r=0-2u \end{vmatrix} \Leftrightarrow \begin{vmatrix} 2r-4u=4 \\ 1r-2u=2 \\ -1r+2u=-2 \end{vmatrix}$ $\text{rref}\begin{pmatrix} 2 & -4 & 4 \\ 1 & -2 & 2 \\ -1 & 2 & -2 \end{pmatrix} \quad \begin{bmatrix} 1 & -2 & 2 \\ 0 & 0 & 0 \\ 0 & 0 & 0 \end{bmatrix}$	Der Vorteil des *linSolve*-Befehls ist, dass man das lineare Gleichungssystem nicht umformen muss: $\text{linSolve}\begin{pmatrix} 1+2\cdot r=2-4\cdot s \\ -2+r=-1-2\cdot s \\ 2-r=2+2\cdot s \end{pmatrix}, \{r,s\}$ $\text{"Keine Lösung gefunden"}$
Die letzten Zeilen der Diagonalmatrix zeigen wahre Aussagen; die erste Zeile liefert: $1 \cdot r - 2 \cdot s = 2$. Diese Gleichung besitzt unendlich viele Lösungen. Die Geraden sind identisch.	Das Gleichungssystem besitzt keine Lösungen. Die Geraden besitzen also keine gemeinsamen Punkte. Um Windschiefe auszuschließen, prüft man die Richtungsvektoren auf Kollinearität (siehe Bsp. (2)).
Lösung über eine erweiterte Koeffizienten-matrix am Beispiel von (3)	**Lösungsbefehl für Gleichungssysteme am Beispiel von (4)**
$\text{rref}\begin{pmatrix} -4 & 1 & -1 \\ 2 & 2 & -4 \\ 2 & 2 & -5 \end{pmatrix} \quad \begin{bmatrix} 1 & 0 & 0 \\ 0 & 1 & 0 \\ 0 & 0 & 1 \end{bmatrix}$	$\text{linSolve}\begin{pmatrix} 1+2\cdot r=1-t \\ -2+r=3+2\cdot t \\ 2-r=-3-2\cdot t \end{pmatrix}, \{r,t\} \quad \{1,-2\}$
Die letzte Zeile der Diagonalmatrix zeigt einen Widerspruch: $0 = 1$. Es gibt also keine Lösung des Gleichungssystems. Die Geraden sind windschief, da die Richtungsvektoren zusätzlich nicht kollinear sind (siehe Beispiel (3)).	Das Gleichungssystem besitzt genau eine eindeutige Lösung. Man erhält die Werte $r = 1$ und $t = -2$ (siehe (4)). Die Geraden schneiden sich in einem Punkt, den man durch Einsetzen der Parameter in die jeweilige Geradengleichung erhält.

INFO Ebenen im Raum

F3 **Darstellungen einer Ebene in Parameterform ermitteln sowie überprüfen, ob ein Punkt auf einer gegebenen Ebene liegt (Punktprobe)**

(1) Drei Punkte $A(a_1|a_2|a_3)$, $B(b_1|b_2|b_3)$, $C(c_1|c_2|c_3)$, die nicht auf einer Geraden liegen, bestimmen eindeutig eine Ebene E. Ein Punkt X der Ebene kann beispielsweise dadurch dargestellt werden, dass man irgendeinen der drei Punkte als Auf(hänge)punkt der Ebene wählt und die Verbindungsvektoren zu den beiden anderen Punkten als Richtungsvektoren der Ebene (man sagt: Diese spannen die Ebene auf).

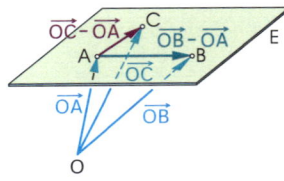

Man erhält eine **Parameterform** für die Ebene E: $\vec{x} = \overrightarrow{OA} + r \cdot \overrightarrow{AB} + s \cdot \overrightarrow{AC}$.

Eine Ebene kann auch durch folgende Angaben festgelegt werden:

(2)	(3)	(4)
eine Gerade und ein Punkt, der nicht auf der Gerade liegt	zwei zueinander parallele Geraden	zwei sich schneidende Geraden

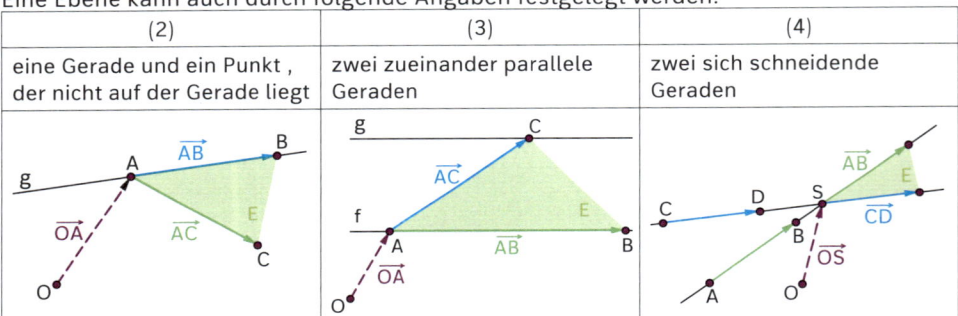

Hinweis: Zwei windschiefe Geraden spannen keine Ebene auf.
Punktprobe: Einsetzen der Koordinaten des zu prüfenden Punkts und Lösung des linearen Gleichungssystems.

Lage von Punkten innerhalb von geometrischen Figuren:
Ein Punkt P liegt genau dann **innerhalb eines Parallellogramms,** das durch die Eckpunkte A, B, C bestimmt ist, wenn für die Parameter r und s (der Parameterdarstellung E: $\vec{x} = \overrightarrow{OA} + r \cdot \overrightarrow{AB} + s \cdot \overrightarrow{AC}$) gilt: $0 \le r \le 1$ und $0 \le s \le 1$.
Ein Punkt P liegt genau dann **innerhalb eines Dreiecks** ABC, wenn für die Parameter r und s (der Parameterform E: $\vec{x} = \overrightarrow{OA} + r \cdot \overrightarrow{AB} + s \cdot \overrightarrow{AC}$) gilt:
$0 \le r \le 1$ und $0 \le s \le 1$ und zusätzlich $0 \le r + s \le 1$.

Beispiele

(1) *Ebene gegeben durch drei Punkte:*
Aus den Koordinaten der Punkte $A(2|2|4)$, $B(-1|5|2)$, $C(1|-2|-4)$ kann man beispielsweise die folgende Parameterform gewinnen:

$$E: \vec{x} = \begin{pmatrix} 2 \\ 2 \\ 4 \end{pmatrix} + r \cdot \begin{pmatrix} -1-2 \\ 5-2 \\ 2-4 \end{pmatrix} + s \cdot \begin{pmatrix} 1-2 \\ -2-2 \\ -4-4 \end{pmatrix} = \begin{pmatrix} 2 \\ 2 \\ 4 \end{pmatrix} + r \cdot \begin{pmatrix} -3 \\ 3 \\ -2 \end{pmatrix} + s \cdot \begin{pmatrix} -1 \\ -4 \\ -8 \end{pmatrix}.$$

(2) *Punktprobe mit negativem Ergebnis:*
Der Punkt $P(3|1|-2)$ liegt nicht in der Ebene E, da das Gleichungssystem keine Lösung hat:

$$\begin{pmatrix} 3 \\ 1 \\ -2 \end{pmatrix} = \begin{pmatrix} 2 \\ 2 \\ 4 \end{pmatrix} + r \cdot \begin{pmatrix} -3 \\ 3 \\ -2 \end{pmatrix} + s \cdot \begin{pmatrix} -1 \\ -4 \\ -8 \end{pmatrix} \Leftrightarrow \begin{vmatrix} 3r + s = -1 \\ 3r - 4s = -1 \\ 2r + 8s = 6 \end{vmatrix} \Leftrightarrow \begin{vmatrix} r = -\frac{1}{3} \\ s = 0 \\ r + 4s = 3 \end{vmatrix}$$

Hinweis: Aus den ersten beiden Gleichungen wurde die Lösung $r = -\frac{1}{3}$ und $s = 0$ gewonnen, die aber nicht die dritte Gleichung erfüllen.

Lösung mithilfe des TR: siehe rechts.

$$\text{linSolve}\left(\begin{cases} 3=2+r\cdot -3+s\cdot -1 \\ 1=2+r\cdot 3+s\cdot -4 \\ -2=4+r\cdot -2+s\cdot -8 \end{cases}, \{r,s\}\right)$$
"Keine Lösung gefunden"

(3) *Punktprobe mit positivem Ergebnis:*

Punktprobe für $P\left(-\frac{1}{2}\,\middle|\,2\,\middle|\,-\frac{4}{3}\right)$:

$$\begin{vmatrix} -\frac{1}{2} = 2 - 3r - s \\ 2 = 2 + 3r - 4s \\ \frac{4}{3} = 4 - 2r - 8s \end{vmatrix} \Leftrightarrow \begin{vmatrix} -3r - s = -\frac{5}{2} \\ 3r - 4s = 0 \\ 2r + 8s = \frac{8}{3} \end{vmatrix}$$

Addiert man die ersten beiden Gleichungen dieses Gleichungssystems, so ergibt sich $-5s = -\frac{5}{2}$, also $s = \frac{1}{2}$. Aus der zweiten Gleichung folgt dann $3r - 2 = 0$, also $r = \frac{2}{3}$.

Lösung mithilfe des TR: siehe rechts.

$$\text{linSolve}\left(\begin{cases} \frac{-1}{2}=2+r\cdot -3+s\cdot -1 \\ 2=2+r\cdot 3+s\cdot -4 \\ \frac{-4}{3}=4+r\cdot -2+s\cdot -8 \end{cases}, \{r,s\}\right)$$
$$\left\{\frac{2}{3}, \frac{1}{2}\right\}$$

(4) *Lage des Punktes P bzgl. der Punkte A, B, C:*

Die Richtungsvektoren $\overrightarrow{AB} = \begin{pmatrix} -3 \\ 3 \\ -2 \end{pmatrix}$ und $\overrightarrow{AC} = \begin{pmatrix} -1 \\ -4 \\ -8 \end{pmatrix}$ bestimmen ein Parallelogramm.

Der Punkt $P\left(-\frac{1}{2}\,\middle|\,2\,\middle|\,-\frac{4}{3}\right)$ liegt in dem Parallelogramm, das durch die Eckpunkte A, B, C bestimmt ist, aber nicht innerhalb des Dreiecks ABC:
Die Lösung des linearen Gleichungssystems ergibt nämlich die Parameterwerte $r = \frac{2}{3}$ und $s = \frac{1}{2}$, also $0 \leq r, s \leq 1$, aber $r + s > 1$.

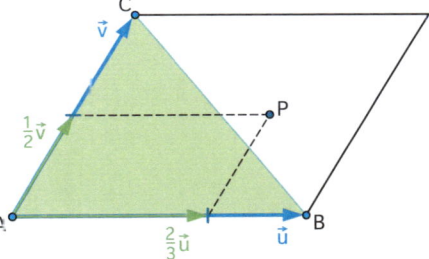

(5) *Parameterformen der Koordinatenebenen:*

Die Koordinatenebenen lassen sich mithilfe folgender Parameterformen beschreiben:

x-y-Ebene: $\vec{x} = \begin{pmatrix} 0 \\ 0 \\ 0 \end{pmatrix} + r \cdot \begin{pmatrix} 1 \\ 0 \\ 0 \end{pmatrix} + s \cdot \begin{pmatrix} 0 \\ 1 \\ 0 \end{pmatrix}$; x-z-Ebene: $\vec{x} = \begin{pmatrix} 0 \\ 0 \\ 0 \end{pmatrix} + r \cdot \begin{pmatrix} 1 \\ 0 \\ 0 \end{pmatrix} + s \cdot \begin{pmatrix} 0 \\ 0 \\ 1 \end{pmatrix}$;

y-z-Ebene: $\vec{x} = \begin{pmatrix} 0 \\ 0 \\ 0 \end{pmatrix} + r \cdot \begin{pmatrix} 0 \\ 1 \\ 0 \end{pmatrix} + s \cdot \begin{pmatrix} 0 \\ 0 \\ 1 \end{pmatrix}$.

In Anwendungssituationen ist es oft einfacher, eine Bedingung für die Koordinaten zu beachten:
Punkte in der x-y-Ebene: Die z-Koordinate ist gleich null.
Punkte in der x-z-Ebene: Die y-Koordinate ist gleich null.
Punkte in der y-z-Ebene: Die x-Koordinate ist gleich null.

INFO Spurpunkte und -geraden

F4 **Spurpunkte von Geraden sowie Spurpunkte und Spurgeraden von Ebenen bestimmen**

(1) Schnittpunkte einer Geraden g mit den Koordinatenebenen werden als **Spurpunkte der Geraden** bezeichnet. Spurpunkte in der x-y-Ebene besitzen die Koordinaten $S_{xy}(x|y|0)$, in der x-z-Ebene $S_{xz}(x|0|z)$ und in der y-z-Ebene $S_{yz}(0|y|z)$.

(2) Schnittpunkte einer Ebene E mit den Koordinatenachsen werden als **Spurpunkte der Ebene** bezeichnet. Spurpunkte auf den Koordinatenachsen besitzen die folgenden Koordinaten: auf der x-Achse $S_x(x|0|0)$, auf der y-Achse $S_y(0|y|0)$ und auf der z-Achse $S_z(0|0|z)$.

(3) Schnittgeraden einer Ebene E mit den Koordinatenebenen werden als **Spurgeraden der Ebene** bezeichnet. Spurgeraden sind daher Geraden durch jeweils zwei Spurpunkte einer Ebene.

Zur Ermittlung der Spurpunkte verwendet man die Methode der Punktprobe und löst die entstehenden linearen Gleichungssysteme.

Spurpunkte und Spurgeraden können dazu dienen, die zugehörigen Geraden und Ebenen in ein Schrägbild einzutragen.

Beispiele

(1) *Spurpunkte einer Geraden:*

Gegeben ist die GHerade g mit g: $\vec{x} = \begin{pmatrix} 1 \\ 2 \\ 2 \end{pmatrix} + r \cdot \begin{pmatrix} 1 \\ -1 \\ -2 \end{pmatrix}$.

Für eine Skizze sollen die Spurpunkte bestimmt werden.

Der Ortsvektor zu einem Spurpunkt in der x-y-Ebene ist $\overrightarrow{OS}_{xy} = \begin{pmatrix} x \\ y \\ 0 \end{pmatrix}$.

Die Punktprobe liefert ein lineares Gleichungssystem:

$\begin{pmatrix} x \\ y \\ 0 \end{pmatrix} = \begin{pmatrix} 1 \\ 2 \\ 2 \end{pmatrix} + r \cdot \begin{pmatrix} 1 \\ -1 \\ -2 \end{pmatrix} \Leftrightarrow \begin{vmatrix} x = 1 + 1\,r \\ y = 2 - 1\,r \\ 0 = 2 - 2\,r \end{vmatrix}$

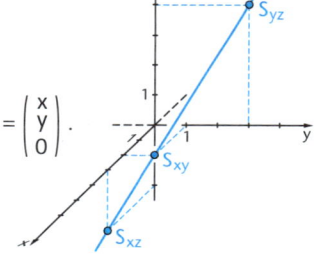

In der letzten Zeile des LGS ist nur eine Variable enthalten, d. h. diese Gleichung ist eindeutig lösbar. Hier ergibt sich r = 1. Diesen Wert r = 1 setzt man die in Gleichungen in der ersten und zweiten Zeile des Gleichungssystems ein und berechnet so die Werte von x und y. Es ergibt sich x = 1 + 1 · 1 = 2 und y = 2 – 1 · 1 = 1. Der Spurpunkt von g in der x-y-Ebene hat also die Koordinaten $S_{xy}(2|1|0)$.
Die weiteren Spurpunkte ermittelt man analog: $S_{xz}(3|0|-2)$ und $P_{yz}(0|3|4)$.

(2) *Spurpunkte einer Ebene:*

Die Ebene E ist durch E: $\vec{x} = \begin{pmatrix} 3 \\ 0 \\ 1 \end{pmatrix} + r \cdot \begin{pmatrix} 1 \\ 2 \\ 1 \end{pmatrix} + s \cdot \begin{pmatrix} -1 \\ 1 \\ 2 \end{pmatrix}$ gegeben.

Zur Bestimmung der Spurpunkte setzt man die jeweiligen Komponenten gleich null und löst das zugehörige lineare Gleichungssystem.

Spurpunkt auf der x-Achse, also y = z = 0:

$\begin{pmatrix} x \\ 0 \\ 0 \end{pmatrix} = \begin{pmatrix} 3 \\ 0 \\ 1 \end{pmatrix} + r \cdot \begin{pmatrix} 1 \\ 2 \\ 1 \end{pmatrix} + s \cdot \begin{pmatrix} -1 \\ 1 \\ 2 \end{pmatrix} \Leftrightarrow \begin{vmatrix} x = 3 + 1\,r - 1\,s \\ 0 = 0 + 2\,r + 1\,s \\ 0 = 1 + 1\,r + 2\,s \end{vmatrix}$

$\text{linSolve}\left(\begin{cases} 2 \cdot r + 1 \cdot s = 0 \\ 1 \cdot r + 2 \cdot s = -1 \end{cases}, \{r,s\}\right) \qquad \left\{\dfrac{1}{3}, \dfrac{-2}{3}\right\}$

Aus den letzten beiden Zeilen erhält man $r = \frac{1}{3}$ und $s = -\frac{2}{3}$.

Einsetzen dieser Parameterwerte ergibt für die x-Koordinate des Punkts auf der x-Achse:

$x = 3 + \frac{1}{3} \cdot 1 - \frac{2}{3} \cdot (-1) = 4$; d. h. der Spurpunkt der Ebene auf der x-Achse ist $S_x(4|0|0)$.

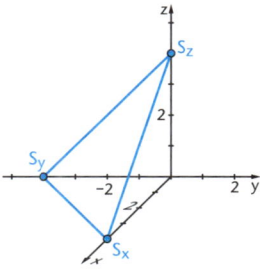

Analog bestimmt man $S_y(0|-4|0)$ und $S_z(0|0|4)$.

Die Geraden durch je zwei dieser Spurpunkte sind Spurgeraden der Koordinatenebenen; sie lassen sich mithilfe folgender Parameterformen beschreiben:

$$g_{xy}: \vec{x} = \begin{pmatrix} 4 \\ 0 \\ 0 \end{pmatrix} + r \cdot \begin{pmatrix} -4 \\ -4 \\ 0 \end{pmatrix}; \quad g_{xz}: \vec{x} = \begin{pmatrix} 4 \\ 0 \\ 0 \end{pmatrix} + r \cdot \begin{pmatrix} -4 \\ 0 \\ 4 \end{pmatrix}; \quad g_{yz}: \vec{x} = \begin{pmatrix} 0 \\ -4 \\ 0 \end{pmatrix} + r \cdot \begin{pmatrix} 0 \\ 4 \\ 4 \end{pmatrix}.$$

(3) *Sonderfälle:*

Verläuft eine Gerade parallel zu einer Koordinatenebene, dann besitzt sie i. A. zwei Spurpunkte; ist sie parallel zu einer Koordinatenachse, gibt es nur einen Spurpunkt.

Verläuft eine Ebene parallel zu einer Koordinatenebene, dann besitzt sie nur einen Spurpunkt; verläuft sie parallel zu einer Koordinatenachse, hat sie i. A. zwei Spurpunkte.

INFO Normalenvektor

F5 Einen Normalenvektor und den Einheitsnormalenvektor einer Ebene bestimmen

Ein Vektor $\vec{n}$ ist **Normalenvektor** einer Ebene E, wenn er in jedem Punkt orthogonal zur Ebene steht; er steht also auch orthogonal zu den beiden bekannten Richtungsvektoren $\vec{u}$ und $\vec{v}$ der Ebene E.

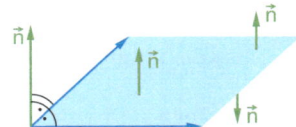

Da die einzige Bedingung an einen solchen Vektor die Orthogonalität ist, gibt es unendlich viele, zueinander kollineare Normalenvektoren unterschiedlicher Länge zu einer gegebenen Ebene E.

Man kann einen Normalenvektor einer Ebene E auf zwei Arten berechnen:

(1) über das **Orthogonalitätskriterium** (vgl. E4):

Für das Skalarprodukt aus Normalenvektor und den Richtungsvektoren der Ebene E gilt: $\vec{u} * \vec{n} = 0$ und $\vec{v} * \vec{n} = 0$. Man erhält ein unterbestimmtes LGS mit zwei Gleichungen und drei Variablen ($n_1, n_2, n_3 \in \mathbb{R}$):

$u_1 n_1 + u_2 n_2 + u_3 n_3 = 0$ und $v_1 n_1 + v_2 n_2 + v_3 n_3 = 0$.

Da die Länge des Normalenvektors für die Orthogonalität unerheblich ist, kann man für eine der Variablen eine beliebige reelle Zahl einsetzen. Die beiden anderen Variablen hängen dann von dieser gewählten Zahl ab.

(2) über das **Kreuzprodukt (Vektorprodukt):**

$$\vec{n} = \vec{u} \times \vec{v} = \begin{pmatrix} u_1 \\ u_2 \\ u_3 \end{pmatrix} \times \begin{pmatrix} v_1 \\ v_2 \\ v_3 \end{pmatrix} = \begin{pmatrix} u_2 v_3 - u_3 v_2 \\ u_3 v_1 - u_1 v_3 \\ u_1 v_2 - u_2 v_1 \end{pmatrix}.$$

(Auf den Beweis dieser allgemeinen Berechnungsformel wird hier verzichtet.)

Ein **Einheitsnormalenvektor** $\vec{n}_0$ ist ein Normalenvektor der Länge 1. Man erhält diesen, indem man den Normalenvektor $\vec{n}$ mit dem Kehrwert seiner Länge $|\vec{n}|$ multipliziert: $\vec{n}_0 = \frac{1}{|\vec{n}|} \cdot \vec{n}$.

Einheitsnormalenvektoren werden verwendet, um Abstände im Raum zu messen.

Beispiele

(1) *Normalenvektor von zwei Vektoren:*

Für $\vec{a} = \begin{pmatrix} 1 \\ -2 \\ 1 \end{pmatrix}$, $\vec{b} = \begin{pmatrix} 3 \\ 1 \\ -2 \end{pmatrix}$ ist: $\vec{a} \times \vec{b} = \begin{pmatrix} (-2) \cdot (-2) - 1 \cdot 1 \\ 1 \cdot 3 - 1 \cdot (-2) \\ 1 \cdot 1 - (-2) \cdot 3 \end{pmatrix} = \begin{pmatrix} 3 \\ 5 \\ 7 \end{pmatrix}$.

$a := \begin{bmatrix} 1 \\ -2 \\ 1 \end{bmatrix}$ $\begin{bmatrix} 1 \\ -2 \\ 1 \end{bmatrix}$

$b := \begin{bmatrix} 3 \\ 1 \\ -2 \end{bmatrix}$ $\begin{bmatrix} 3 \\ 1 \\ -2 \end{bmatrix}$

$\text{crossP}(a,b)$ $\begin{bmatrix} 3 \\ 5 \\ 7 \end{bmatrix}$

Vektorprodukt mit TR berechnen: siehe rechts.

(2) *Bestimmen eines Normalenvektors mithilfe des Vektorprodukts:*

Ein Normalenvektor für E: $\vec{x} = \begin{pmatrix} 1 \\ 1 \\ 2 \end{pmatrix} + r \cdot \begin{pmatrix} 3 \\ 1 \\ 0 \end{pmatrix} + s \cdot \begin{pmatrix} 2 \\ -1 \\ 4 \end{pmatrix}$ ist

$\vec{n} = \vec{u} \times \vec{v} = \begin{pmatrix} 3 \\ 1 \\ 0 \end{pmatrix} \times \begin{pmatrix} 2 \\ -1 \\ 4 \end{pmatrix} = \begin{pmatrix} 4 \\ -12 \\ -5 \end{pmatrix}$. Der zugehörige

$a := \begin{bmatrix} 3 \\ 1 \\ 0 \end{bmatrix}$ $\begin{bmatrix} 3 \\ 1 \\ 0 \end{bmatrix}$

$b := \begin{bmatrix} 2 \\ -1 \\ 4 \end{bmatrix}$ $\begin{bmatrix} 2 \\ -1 \\ 4 \end{bmatrix}$

$\text{crossP}(a,b)$ $\begin{bmatrix} 4 \\ -12 \\ -5 \end{bmatrix}$

Einheitsnormalenvektor lautet $\vec{n}_0 = \dfrac{\begin{pmatrix} 4 \\ -12 \\ -5 \end{pmatrix}}{\left\| \begin{pmatrix} 4 \\ -12 \\ -5 \end{pmatrix} \right\|} = \dfrac{1}{\sqrt{185}} \cdot \begin{pmatrix} 4 \\ -12 \\ -5 \end{pmatrix}$.

(3) *Bestimmen eines Normalenvektors mithilfe des Skalarprodukts:*
Einen Normalenvektor der Ebene E aus (2) kann man auch mithilfe des Orthogonalitätskriteriums bestimmen. Es gilt: $\vec{n} * \begin{pmatrix} 3 \\ 1 \\ 0 \end{pmatrix} = 0$ und $\vec{n} * \begin{pmatrix} 2 \\ -1 \\ 4 \end{pmatrix} = 0$.

Daraus ergeben sich zwei lineare Gleichungen mit drei Unbekannten,
also ein unterbestimmtes Gleichungssystem: $\begin{vmatrix} 3\,n_1 + n_2 = 0 \\ 2\,n_1 - n_2 + 4\,n_3 = 0 \end{vmatrix}$.

Aus Zeile 1 erhält man den Zusammenhang: $n_2 = -3\,n_1$, setzt diesen in Zeile 2 ein und löst nach einer Variable auf: $2\,n_1 - (-3\,n_1) + 4\,n_3 = 0 \Leftrightarrow 5\,n_1 + 4\,n_3 = 0 \Leftrightarrow n_1 = -\frac{4}{5}\,n_3$.

Da das Gleichungssystem unterbestimmt ist und die Länge des Normalenvektors unerheblich ist, wählt man einen Wert für n_3 möglichst so, dass man ganzzahlige Lösungen erhält. Wählt man z. B. $n_3 = 5$, dann ergibt sich $n_1 = -\frac{4}{5} \cdot 5 = -4$ und $n_2 = -3 \cdot (-4) = 12$.

Man erhält $\vec{n} = \begin{pmatrix} -4 \\ 12 \\ -5 \end{pmatrix}$. Dies ist der Gegenvektor zum Normalenvektor aus (2).

Das ist aber unerheblich, da auch dieser orthogonal zu E verläuft.

(4) *Bestimmen eines Normalenvektors mithilfe des Skalarprodukts - alternative Methode:*
Da eine der Komponenten des ersten Richtungsvektors gleich null ist, kann man einen Normalenvektor der Ebene auch wie folgt erhalten:
Beispielsweise ist ein Vektor $\vec{n} = \begin{pmatrix} 1 \\ -3 \\ z \end{pmatrix}$ geeignet, denn das Skalarprodukt mit dem

ersten Richtungsvektor ist gleich null. Damit auch das Skalarprodukt mit dem zweiten Richtungsvektor null wird, muss als dritte Komponente des Normalenvektors der

Wert $z = 1{,}25$ gewählt werden: $\begin{pmatrix} 1 \\ -3 \\ z \end{pmatrix} * \begin{pmatrix} 2 \\ -1 \\ 4 \end{pmatrix} = -2 - 3 + 4z = 0 \Leftrightarrow 4z = 5 \Leftrightarrow z = 1{,}25$.

Der Normalenvektor aus (2) ist gleich dem 5-Fachen des durch geschicktes Probieren

gefundenen Normalenvektors $\vec{n} = \begin{pmatrix} 1 \\ -3 \\ 1{,}25 \end{pmatrix}$.

INFO Ebenen beschreiben

F6 <u>Nur LK:</u> **Ebenen mithilfe von Koordinatengleichungen beschreiben – auch in Normalenform oder Hesse'scher Normalenform angeben**

Eine Ebene im Raum kann auch mithilfe einer **Koordinatengleichung** beschrieben werden:
E: a · x + b · y + c · z = d mit Koeffizienten a, b, c, d $\in \mathbb{R}$.
Eine **Punktprobe** für einen Punkt P erfolgt hier durch Einsetzen der Koordinaten des Punkts in die Koordinatengleichung.

Die Spurpunkte einer Ebene lassen sich bei dieser Darstellungsform unmittelbar ablesen, da je zwei der Koordinaten der Spurpunkte gleich null sind.

Aus einer Koordinatengleichung E: a · x + b · y + c · z = d kann man unmittelbar den

Normalenvektor der Ebene ablesen: $\vec{n} = \begin{pmatrix} a \\ b \\ c \end{pmatrix}$ und die **Normalenform** der Ebenengleichung entwickeln:
E: $\vec{n} * \vec{x} = \vec{n} * \vec{p}$ oder auch **E: $\vec{n} * (\vec{x} - \vec{p}) = 0$**,
wobei $\vec{p}$ der Ortsvektor eines beliebigen Punkts der Ebene ist.

Die **Hesse'sche Normalenform** ist eine besondere Form einer Koordinatengleichung der Ebene. Formt man die Gleichung a x + b y + c z = d um zu a x + b y + c z – d = 0 und dividiert beide Seiten der Gleichung durch die Länge (den Betrag) des Normalenvektors

$\vec{n} = \begin{pmatrix} a \\ b \\ c \end{pmatrix}$, dann erhält man die nach dem Mathematiker L. O. Hesse benannte Form:

$$\frac{a\,x + b\,y + c\,z - d}{\sqrt{a^2 + b^2 + c^2}} = 0.$$

Diese Form der Ebenengleichung ist nützlich bei der Bestimmung des Abstands eines Punktes von einer Ebene (vgl. Basiswissen **G5**).

Beispiele

(1) *Darstellung einer Ebene in Hesse'scher Normalenform:*

Aus der Ebenengleichung 3 x + 2 y – z = 4 kann man einen Normalenvektor $\vec{n} = \begin{pmatrix} 3 \\ 2 \\ -1 \end{pmatrix}$ direkt ablesen und erhält man nach Umformen die Hesse'sche Normalenform:

$$\frac{3x + 2y - z - 4}{\sqrt{14}} = 0$$

(2) *Punkte in einer Ebene finden:*

Man erhält Punkte, die in der Ebene E mit 3 x + 2 y – z = 4 liegen, indem man zwei Koordinaten festlegt, in die Ebenengleichung einsetzt und die dritte Koordinate berechnet.

Punkt S(1 | 2 | z): $3 \cdot 1 + 2 \cdot 2 - z = 4 \iff 7 - z = 4 \iff z = 3$
Damit ist S(1|2|3) ein Punkt der Ebene E.

Punkt T(x | 5 | –10): $3 \cdot x + 2 \cdot 5 - (-10) = 4 \iff 3 \cdot x + 20 = 4 \iff x = -\frac{16}{3}$.

Damit ist T($-\frac{16}{3}$ | 5 | –10) ein Punkt der Ebene E.

(3) *Punktprobe:*

Gegeben ist die Ebene E: $2x - 4y + 1z = 8$.
Punktprobe für den Punkt $P(-3 \mid -4 \mid -2)$ durch Einsetzen liefert:
$2 \cdot (-3) - 4 \cdot (-4) + 1 \cdot (-2) = 8$, also eine wahre Aussage: P liegt in E.

(4) *Bestimmung der Spurpunkte einer Ebene, die in Koordinatenform gegeben ist:*

Für die Ebene aus (3) ergeben sich die Spurpunkte wie folgt:

Aus $y = 0$ und $z = 0$ folgt: $2x - 4 \cdot 0 + 1 \cdot 0 = 8$ und damit $S_x(4 \mid 0 \mid 0)$.
Aus $x = 0$ und $z = 0$ folgt: $2 \cdot 0 - 4y + 1 \cdot 0 = 8$ und damit $S_y(0 \mid -2 \mid 0)$.
Aus $x = 0$ und $y = 0$ folgt: $2 \cdot 0 - 4 \cdot 0 + 1z = 8$ und damit $S_z(0 \mid 0 \mid 8)$.

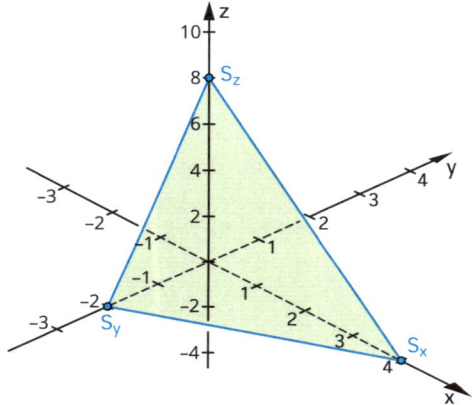

(*Hinweis*: Da die y-Koordinate des Spurpunkts S_y negativ ist, wurde das Koordinatensystem anders als sonst üblich gezeichnet.)

(5) *Von der Koordinatenform zur Normalenform:*

Um die Ebene aus (3) in Normalenform darzustellen, benötigt man irgendeinen Punkt
der Ebene, beispielsweise $S_x(4 \mid 0 \mid 0)$, und einen Normalenvektor.

Aus $\vec{n} = \begin{pmatrix} 2 \\ -4 \\ 1 \end{pmatrix}$ ergibt sich: E: $\begin{pmatrix} 2 \\ -4 \\ 1 \end{pmatrix} * \left[\vec{x} - \begin{pmatrix} 4 \\ 0 \\ 0 \end{pmatrix} \right] = 0$.

(6) *Parallel zu einer Koordinatenachse liegende Ebenen:*

Die Ebene mit der Koordinatengleichung E: $2x + 3y = 6$ verläuft parallel zur z-Achse
(hat also keinen Punkt mit dieser Achse gemeinsam). Sie hat die Spurpunkte $S_x(3 \mid 0 \mid 0)$
und $S_y(0 \mid 2 \mid 0)$.

INFO Darstellungsformen von Ebenen

F7 <u>Nur LK:</u> **Darstellungsformen von Ebenen ineinander überführen**

Eine Koordinatengleichung einer Ebene in eine Parameterform überführen:
Ist eine Ebene durch eine Koordinatengleichung gegeben, dann findet man eine Parameterform für diese Ebene, indem man drei beliebige Punkte der Ebene wählt und hieraus eine Parameterform der Ebene bestimmt (vgl. Basiswissen **F3**).

Eine Parameterform in eine Koordinatengleichung überführen:
Ist eine Ebene durch eine Parameterform gegeben, dann findet man eine Koordinatengleichung für diese Ebene, indem man einen Normalenvektor für die Ebene sucht (vgl. Basiswissen **F5**) und hiermit den Koeffizienten d der Koordinatengleichung bestimmt, wobei gilt: $d = \vec{n} * \overrightarrow{OA}$ mit $\overrightarrow{OA}$ als Stützvektor der Ebene.

Beispiele

(1) *Eine Koordinatengleichung in eine Parameterform überführen:*

Aus der Koordinatenform einer Ebene E mit $4x - 5y + 2z = 10$ ermittelt man drei Punkte der Ebene. Am einfachsten ermittelt man die Spurpunkte der Ebene (Basiswissen **F6**, Beispiel (4)): $S_x(2,5\,|\,0\,|\,0)$; $S_y(0\,|\,-2\,|\,0)$ und $S_z(0\,|\,0\,|\,5)$. Man nutzt den Ortsvektor von einem der Spurpunkte als Stützvektor und berechnet dann die beiden Richtungsvektoren. Eine Parameterform der Ebene E lautet dann:

$$E: \vec{x} = \overrightarrow{OS}_x + r \cdot (\overrightarrow{S_x S_y}) + s \cdot (\overrightarrow{S_x S_z}) = \begin{pmatrix} 2,5 \\ 0 \\ 0 \end{pmatrix} + r \cdot \begin{pmatrix} -2,5 \\ -2 \\ 0 \end{pmatrix} + s \cdot \begin{pmatrix} -2,5 \\ 0 \\ 5 \end{pmatrix}.$$

Alternative Möglichkeit:
Man wählt einen beliebigen Punkt der Ebene und zwei beliebige (nicht zueinander kollineare) Vektoren, die orthogonal zum Normalenvektor der Ebene sind.
Aus $4x - 5y + 2z = 10$ ermittelt man einen Punkt, z. B. $S_z(0\,|\,0\,|\,5)$,

und den Normalenvektor $\vec{n} = \begin{pmatrix} 4 \\ -5 \\ 2 \end{pmatrix}$. Offensichtlich sind die Vektoren $\vec{u} = \begin{pmatrix} 1 \\ 0 \\ -2 \end{pmatrix}$ und

$\vec{v} = \begin{pmatrix} 5 \\ 4 \\ 0 \end{pmatrix}$ orthogonal zu $\vec{n}$ und nicht zueinander kollinear.

Daher ist $E: \vec{x} = \begin{pmatrix} 0 \\ 0 \\ 5 \end{pmatrix} + r \cdot \begin{pmatrix} 1 \\ 0 \\ -2 \end{pmatrix} + s \cdot \begin{pmatrix} 5 \\ 4 \\ 0 \end{pmatrix}$ eine Parameterform der Ebene.

(2) *Eine Parameterform in eine Koordinatengleichung überführen:*

Aus der Parameterform $E : \vec{x} = \begin{pmatrix} 3 \\ 2 \\ -1 \end{pmatrix} + r \cdot \begin{pmatrix} 2 \\ 1 \\ 0 \end{pmatrix} + s \cdot \begin{pmatrix} 3 \\ 0 \\ 5 \end{pmatrix}$ ermittelt man mithilfe des

Vektorprodukts (vgl. Basiswissen **F5**) einen Normalenvektor der Ebene:

$\begin{pmatrix} 2 \\ 1 \\ 0 \end{pmatrix} \times \begin{pmatrix} 3 \\ 0 \\ 5 \end{pmatrix} = \begin{pmatrix} 5 \\ -10 \\ -3 \end{pmatrix}$. Nun bildet man das Skalarprodukt aus diesem Normalenvektor und

dem Stützvektor aus der Parameterform und erhält den Wert für d in der

Koordinatenform: $d = \begin{pmatrix} 5 \\ -10 \\ -3 \end{pmatrix} * \begin{pmatrix} 3 \\ 2 \\ -1 \end{pmatrix} = -2$.

Eine Ebenengleichung in Koordinatenform lautet also: $5x - 10y - 3z = -2$.

Hinweis: Da die beiden Richtungsvektoren der Ebene jeweils eine Komponente mit Wert 0 haben, kann man einen Normalenvektor durch folgende Überlegung gewinnen:

Es gilt: $\begin{pmatrix} 1 \\ -2 \\ n_3 \end{pmatrix} * \begin{pmatrix} 2 \\ 1 \\ 0 \end{pmatrix} = 0$ und $\begin{pmatrix} 5 \\ n_2 \\ -3 \end{pmatrix} * \begin{pmatrix} 3 \\ 0 \\ 5 \end{pmatrix} = 0$. Wählt man das 5-Fache des ersten Vektors,

also $\begin{pmatrix} 5 \\ -10 \\ n_3 \end{pmatrix}$, dann gilt auch $\begin{pmatrix} 5 \\ -10 \\ n_3 \end{pmatrix} * \begin{pmatrix} 2 \\ 1 \\ 0 \end{pmatrix} = 0$. Daher ist $\begin{pmatrix} 5 \\ -10 \\ -3 \end{pmatrix}$ ein möglicher Normalenvektor.

(3) *Alternative zu (2):*

Gegeben ist eine Parameterform einer Ebene E: $\vec{x} = \begin{pmatrix} 3 \\ 0 \\ 1 \end{pmatrix} + r \cdot \begin{pmatrix} 1 \\ 2 \\ 1 \end{pmatrix} + s \cdot \begin{pmatrix} -1 \\ 1 \\ 2 \end{pmatrix}$.

Um eine Koordinatenform der Ebenengleichung zu bestimmen, sucht man einen Normalenvektor der Ebene (vgl. Basiswissen **F5**). Beispielsweise ist der Vektor $\vec{n} = \begin{pmatrix} 1 \\ -1 \\ 1 \end{pmatrix}$ ein Normalenvektor der Ebene E.

Bildet man das Skalarprodukt dieses Normalenvektors mit den beiden Seiten der Darstellung der Ebene in Parameterform, dann entfallen rechts zwei Summanden:

$$E: \begin{pmatrix} 1 \\ -1 \\ 1 \end{pmatrix} * \vec{x} = \begin{pmatrix} 1 \\ -1 \\ 1 \end{pmatrix} * \begin{pmatrix} 3 \\ 0 \\ 1 \end{pmatrix} + r \cdot \underbrace{\begin{pmatrix} 1 \\ -1 \\ 1 \end{pmatrix} * \begin{pmatrix} 1 \\ 2 \\ 1 \end{pmatrix}}_{= 0} + s \cdot \underbrace{\begin{pmatrix} 1 \\ -1 \\ 1 \end{pmatrix} * \begin{pmatrix} -1 \\ 1 \\ 2 \end{pmatrix}}_{= 0}.$$

und dies führt auf eine Normalenform der Ebenengleichung:

$$E: \begin{pmatrix} 1 \\ -1 \\ 1 \end{pmatrix} * \vec{x} = \begin{pmatrix} 1 \\ -1 \\ 1 \end{pmatrix} * \begin{pmatrix} 3 \\ 0 \\ 1 \end{pmatrix} \text{ bzw. } \begin{pmatrix} 1 \\ -1 \\ 1 \end{pmatrix} * \left[\vec{x} - \begin{pmatrix} 3 \\ 0 \\ 1 \end{pmatrix} \right] = 0.$$

Aus $\begin{pmatrix} 1 \\ -1 \\ 1 \end{pmatrix} * \begin{pmatrix} 3 \\ 0 \\ 1 \end{pmatrix} = 4$ ergibt sich dann die Koordinatengleichung: $1 \cdot x - 1 \cdot y + 1 \cdot z = 4$.

INFO Lagebeziehungen von Geraden und Ebenen

F8 **Schnittprobleme zwischen Geraden und Ebenen in Sachzusammenhängen untersuchen** (teilweise nur LK)

Zwischen einer Geraden g und einer Ebene E können folgende Lagebeziehungen bestehen:
(1) die Gerade g verläuft parallel zu E oder
(2) die Gerade g verläuft innerhalb der Ebene E oder
(3) die Gerade g durchstößt die Ebene E in genau einem Punkt.

Interpretiert man diese Fragestellung als Lösen eines linearen Gleichungssystems, dann bedeuten die drei Fälle: (1) das LGS hat keine Lösung, (2) das LGS hat unendlich viele Lösungen, (3) das LGS hat genau eine Lösung.

Will man nur die Frage klären, welche Lage vorliegt, und ist an dem konkreten Schnittpunkt im Fall (3) nicht interessiert, kann man zunächst prüfen, ob der Normalenvektor der Ebene orthogonal ist zum Richtungsvektor der Geraden. Wenn dies der Fall ist, kommen nur die Fälle (1) und (2) in Frage. Um zu entscheiden, welcher dieser beiden Fälle vorliegt, prüft man noch, ob der Auf(hänge)punkt der Geraden die Koordinatengleichung der Ebene erfüllt (Punktprobe).

Beispiele

(1), (4) <u>GK und LK</u>, (2), (3) <u>nur LK</u>

(1) *Schnittpunkt einer Geraden und einer Ebene (Parameterform):*

Gegeben ist die Gerade $g: \vec{x} = \begin{pmatrix} 1 \\ 2 \\ 3 \end{pmatrix} + r \cdot \begin{pmatrix} 1 \\ -1 \\ 1 \end{pmatrix}$ und die Ebene $E: \vec{x} = \begin{pmatrix} 2 \\ 0 \\ 1 \end{pmatrix} + s \cdot \begin{pmatrix} 1 \\ 1 \\ 5 \end{pmatrix} + t \cdot \begin{pmatrix} 0 \\ 1 \\ 1 \end{pmatrix}$.

Gemeinsame Punkte müssen das lineare Gleichungssystem erfüllen, d. h. es muss gelten:

$$\begin{vmatrix} 1 + r = 2 + s \\ 2 - r = s + t \\ 3 + r = 1 + 5s + t \end{vmatrix} \Leftrightarrow \begin{vmatrix} r - s = 1 \\ r + s + t = 2 \\ r - 5s - t = -2 \end{vmatrix} \Leftrightarrow \begin{vmatrix} r - s = 1 \\ 2s + t = 1 \\ -4s - t = -3 \end{vmatrix} \Leftrightarrow \begin{vmatrix} r - s = 1 \\ 2s + t = 1 \\ -2s = -2 \end{vmatrix} \Leftrightarrow \begin{vmatrix} r = 2 \\ t = -1 \\ s = 1 \end{vmatrix}$$

Einsetzen der Parameterwerte in die beiden Parameterformen ergibt die Koordinaten des Schnittpunkts:

$$\vec{x} = \begin{pmatrix} 1 \\ 2 \\ 3 \end{pmatrix} + 2 \cdot \begin{pmatrix} 1 \\ -1 \\ 1 \end{pmatrix} = \begin{pmatrix} 3 \\ 0 \\ 5 \end{pmatrix} \text{ und (zur Kontrolle): } \vec{x} = \begin{pmatrix} 2 \\ 0 \\ 1 \end{pmatrix} + 1 \cdot \begin{pmatrix} 1 \\ 1 \\ 5 \end{pmatrix} + (-1) \cdot \begin{pmatrix} 0 \\ 1 \\ 1 \end{pmatrix} = \begin{pmatrix} 3 \\ 0 \\ 5 \end{pmatrix}.$$

$$\text{linSolve}\left(\begin{cases} 1+r=2+s \\ 2-r=s+t \\ 3+r=1+5 \cdot s+t \end{cases}, \{r,s,t\} \right) \quad \{2,1,-1\}$$

(2) *Schnittpunkt einer Geraden und einer Ebene (Koordinatenform):*

Gegeben ist die Gerade $g: \vec{x} = \begin{pmatrix} 1 \\ -1 \\ -2 \end{pmatrix} + r \cdot \begin{pmatrix} 4 \\ -1 \\ 5 \end{pmatrix}$ und die Ebene $E: 4x + y - 3z = 9$.

Einsetzen der Koordinatengleichungen aus der Parameterform der Geraden in die Koordinatengleichung der Ebene ergibt:

$$4 \cdot (1 + 4r) + (-1 - r) - 3 \cdot (-2 + 5r) = 9 \Leftrightarrow 4 + 16r - 1 - r + 6 - 15r = 9 \Leftrightarrow 9 = 9.$$

Da sich eine wahre Aussage ergibt, gibt es unendlich viele Lösungen, d. h., die Gerade verläuft innerhalb der Ebene.

Alternative Lösung mithilfe des TR: Gleichungssystem mit 4 Variablen:

$$\text{linSolve}\left(\begin{cases} 4 \cdot x+y-3 \cdot z=9 \\ x=1+4 \cdot r \\ y=-1-r \\ z=-2+5 \cdot r \end{cases}, \{x,y,z,r\} \right)$$
$$\{4 \cdot c1+1, -c1-1, 5 \cdot c1-2, c1\}$$

Der TR gib unendlich viele Lösungen an, die wir wie folgt notieren können:

$$\vec{x} = \begin{pmatrix} 4c_1 + 1 \\ -c_1 - 1 \\ 5c_1 - 2 \end{pmatrix} = \begin{pmatrix} 1 \\ -1 \\ -2 \end{pmatrix} + c_1 \cdot \begin{pmatrix} 4 \\ -1 \\ 5 \end{pmatrix}.$$

Dies ist genau die Darstellung einer Geraden in Parameterform, d. h., die gemeinsamen Punkte von Gerade und Ebene sind genau die Punkte der Geraden.

(3) *Schnittpunkt einer Geraden mit einer Ebene im Sachzusammenhang:*
Die Bodenplatte eines Hauses ist in einem lokalen Koordinatensystem bestimmt durch die Eckpunkte A (3|1|0), B (11|−1|0), C (14|11|0), D (6|13|0). Die Seitenwände sind 6 m hoch; der Dachfirst hat die Eckpunkte E (7|0|10) und F (10|12|10) – Angaben in Metern. Ein Kamin ist im Punkt K(10|2|0) auf die Bodenplatte gesetzt. An welcher Stelle durchstößt der Kamin das Dach?

Die beiden Dachflächen werden aufgespannt durch den Firstvektor $\overrightarrow{EF} = \begin{pmatrix} 3 \\ 12 \\ 0 \end{pmatrix}$ und

durch $\overrightarrow{EA_1} = \begin{pmatrix} 3 \\ 1 \\ 6 \end{pmatrix} - \begin{pmatrix} 7 \\ 0 \\ 10 \end{pmatrix} = \begin{pmatrix} -4 \\ 1 \\ -4 \end{pmatrix}$ bzw. $\overrightarrow{EB_1} = \begin{pmatrix} 11 \\ -1 \\ 6 \end{pmatrix} - \begin{pmatrix} 7 \\ 0 \\ 10 \end{pmatrix} = \begin{pmatrix} 4 \\ -1 \\ -4 \end{pmatrix}$, vgl. Abbildung zu (4).

Ein Normalenvektor der einen Dachfläche ist $\vec{x} = \begin{pmatrix} 16 \\ -4 \\ -17 \end{pmatrix}$,

ein Normalenvektor der anderen Dachfläche ist $\vec{x} = \begin{pmatrix} 16 \\ -4 \\ 17 \end{pmatrix}$.

Eine Koordinatengleichung der beiden Dachflächen ist (E lässt sich als

Auf(hänge)punkt wählen): $E_1: 16 x_1 - 4 x_2 - 17 x_3 = \begin{pmatrix} 16 \\ -4 \\ -17 \end{pmatrix} * \begin{pmatrix} 7 \\ 0 \\ 10 \end{pmatrix} = -58$

bzw. $E_2: 16 x_1 - 4 x_2 + 17 x_3 = \begin{pmatrix} 16 \\ -4 \\ 17 \end{pmatrix} * \begin{pmatrix} 7 \\ 0 \\ 10 \end{pmatrix} = 282$.

Der Kamin kann durch die Gerade $\vec{x} = \begin{pmatrix} 10 \\ 2 \\ 0 \end{pmatrix} + r \cdot \begin{pmatrix} 0 \\ 0 \\ 1 \end{pmatrix} = \begin{pmatrix} 10 \\ 2 \\ r \end{pmatrix}$ beschrieben werden.

Nach Lage im Grundriss wird der Kamin aus der „rechten" Dachhälfte heraustreten; man bestimmt also den Schnittpunkt mit der Ebene E_2: $16 \cdot 10 - 4 \cdot 2 + 17 \cdot r = 282$, d. h. $17 r = 130$, also $r = 130/17 \approx 7,65$.
Der Kamin tritt „im Punkt" K' (10|2|7,65) aus der Dachfläche heraus.

(4) *Anwendungssituation Schattenwurf:*
Das Haus aus (3) wirft bei Sonnenschein einen Schatten; zu einem bestimmten Zeitpunkt liegt der Schatten des Firstpunktes E in E' (20|−20|0). Bestimme den Schattenbereich des Hauses.
Sonnenstrahlen verlaufen parallel zum Vektor $\overrightarrow{EE'} = \begin{pmatrix} 20 \\ -20 \\ 0 \end{pmatrix} - \begin{pmatrix} 7 \\ 0 \\ 10 \end{pmatrix} = \begin{pmatrix} 13 \\ -20 \\ -10 \end{pmatrix}$.

Der Sonnenstrahl vom First-Eckpunkt F schneidet die Bodenebene in F' (10 + 13|12 − 20|10 − 10) = (23|−8|0).

Der Sonnenstrahl vom Punkt A_1 (3|1|6) erzeugt eine Gerade mit der Darstellung:

$\vec{x} = \begin{pmatrix} 3 \\ 1 \\ 6 \end{pmatrix} + r \cdot \begin{pmatrix} 13 \\ -20 \\ -10 \end{pmatrix}$.

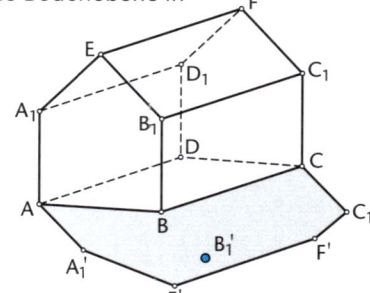

Diese schneidet die x-y-Ebene, wenn
$6 + r \cdot (-10) = 0$, also wenn $r = 0,6$.

Das Schattenbild von A_1 ist also:
$A_1' (3 + 0,6 \cdot 13|1 + 0,6 \cdot (-20)|6 + 0,6 \cdot (-10)) = (10,8|-11|0)$.

Analog ergibt sich das Schattenbild von C_1: C_1' (21,8|−1|0) bzw. von B_1: B_1' (18,8|−13|0). In der Zeichnung erkennt man, dass der Punkt B_1' im Schattenbereich des Hauses liegt.

INFO Lagebeziehungen von Ebenen

F9 <u>Nur LK:</u> **Ebenen auf ihre gegenseitige Lage untersuchen und möglicherweise vorhandene Schnittgeraden bestimmen**

Zwei Ebenen E_1 und E_2 im Raum können ...

(1) identisch sein	(2) echt parallel zueinander liegen	(3) sich in einer Gerade schneiden
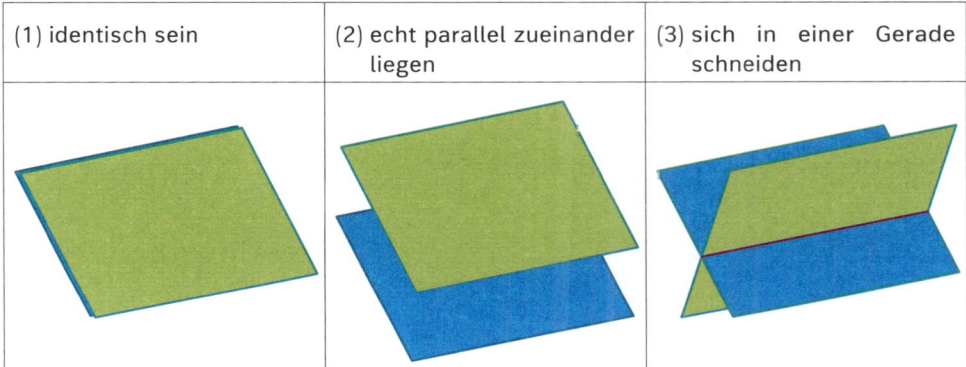		

Prüfung nur auf Parallelität oder Identität

Wenn die Normalenvektoren der beiden Ebenen Vielfache voneinander sind, liegt Fall (1) oder Fall (2) vor; dann wählt man einen beliebigen Punkt der einen Ebene aus und prüft, ob dieser in der anderen Ebene liegt. Falls dies der Fall ist, sind die Ebenen identisch, sonst zueinander parallel.

Prüfung auf Parallelität, Identität, Schnitt

Aufgabentyp 1: Die beiden Ebenen sind durch Koordinatengleichungen gegeben:

$$\left| \begin{matrix} a_1 x + b_1 x + c_1 x = d_1 \\ a_2 x + b_2 x + c_2 x = d_2 \end{matrix} \right|$$ ist ein Gleichungssystem mit zwei Gleichungen und drei

Variablen (x, y, z), das entweder keine Lösung hat (Ebenen parallel) oder nach Umformung zu zwei identischen Gleichungen führt (beide Ebenen sind identisch) oder als Lösungsmenge eine Parameterform mit einem Parameter hat, also die Darstellung einer Geraden.

Aufgabentyp 2: Die Ebene E_1 ist durch eine Koordinatengleichung gegeben und die Ebene E_2 durch eine Parameterform:

Die Parameterform von E_2 besteht aus drei Gleichungen für die Komponenten x, y und z. Die zugehörigen Terme für x, y, z setzt man in die Koordinatengleichung E_1: $ax + by + cz = d$ ein. Nach Ausmultiplizieren und Zusammenfassen ergibt sich entweder eine falsche Aussage (Parallelität) oder eine wahre Aussage (Identität) oder eine Beziehung zwischen r und s.

Ersetzt man dann in der Parameterform der Ebene E_2 beispielsweise den Parameter s durch einen Term, der die Variable r enthält, dann ist r der einzige Parameter in der Gleichung. Ausmultiplizieren und Zusammenfassen liefert dann eine Darstellung der Schnittgeraden in Parameterform.

Beispiele

(1) *Zwei Ebenen durch Koordinatengleichungen gegeben:*

Die beiden Ebenen $x + y - z = 1$ und $4x - y - z = 3$ sind offensichtlich weder identisch noch zueinander parallel:

$$\begin{vmatrix} x + y - z = 1 \\ 4x - y - z = 3 \end{vmatrix} \Leftrightarrow \begin{vmatrix} x + y - z = 1 \\ 5x - 2z = 4 \end{vmatrix} \Leftrightarrow \begin{vmatrix} -2x - 2y + 2z = -2 \\ 5x - 2z = 4 \end{vmatrix}$$

$$\Leftrightarrow \begin{vmatrix} 3x - 2y = 2 \\ 5x - 2z = 4 \end{vmatrix} \Leftrightarrow \begin{vmatrix} y = 1,5x - 1 \\ z = 2,5x - 2 \end{vmatrix}.$$

Mit $x = r$ ergibt sich die Schnittgerade: $\vec{x} = \begin{pmatrix} x \\ y \\ z \end{pmatrix} = \begin{pmatrix} r \\ 1,5r - 1 \\ 2,5r - 2 \end{pmatrix} = \begin{pmatrix} 0 \\ -1 \\ -2 \end{pmatrix} + r \cdot \begin{pmatrix} 1 \\ 1,5 \\ 2,5 \end{pmatrix}$

Lösung mit dem TR: Der Lösungsvektor $\vec{x} = \begin{pmatrix} \frac{4}{5} \\ \frac{1}{5} \\ 0 \end{pmatrix} + c_2 \cdot \begin{pmatrix} \frac{2}{5} \\ \frac{3}{5} \\ 1 \end{pmatrix}$ beschreibt dieselbe Gerade wie

oben. Der Richtungsvektor ergibt sich aus dem oben angegebenen durch Multiplikation mit 0,4; setzt man in der o. a. Parameterform den Parameterwert $r = 0,8$ ein, dann erhält man den Auf(hänge)punkt $(0 \mid -1 \mid -2)$.

```
linSolve({x+y-z=1
          4·x-y-z=3 ,{x,y,z})
                {2·c2 + 4 , 3·c2 + 1 ,c2}
                   5     5    5     5
```

(2) *Eine Ebene durch Koordinatengleichung gegeben, eine durch Parameterform:*

E_1: $x + y + z = 5$ und E_2: $\vec{x} = \begin{pmatrix} 1 \\ 3 \\ 1 \end{pmatrix} + r \cdot \begin{pmatrix} 2 \\ 1 \\ 0 \end{pmatrix} + s \cdot \begin{pmatrix} 1 \\ -1 \\ 1 \end{pmatrix} = \begin{pmatrix} 1 + 2r + s \\ 3 + r - s \\ 1 + s \end{pmatrix}$.

Der Normalenvektor von E_1 ist nicht orthogonal zu den Richtungsvektoren von E_2:

$$\begin{pmatrix} 1 \\ 1 \\ 1 \end{pmatrix} * \begin{pmatrix} 2 \\ 1 \\ 0 \end{pmatrix} = 3 \quad \wedge \quad \begin{pmatrix} 1 \\ 1 \\ 1 \end{pmatrix} * \begin{pmatrix} 1 \\ -1 \\ 1 \end{pmatrix} = 1,$$

daher muss eine Schnittgerade vorliegen.

Einsetzen der drei Komponentengleichungen für x, y, z aus der Parameterform von E_2 in die Koordinatengleichung von E_1 ergibt:

$$(1 + 2r + s) + (3 + r - s) + (1 + s) = 5 \Leftrightarrow 5 + 3r + s = 5 \Leftrightarrow s = -3r,$$

und Rückeinsetzen in die Parameterform von E_2 ergibt eine Darstellung der Schnittgeraden in Parameterform:

$$\vec{x} = \begin{pmatrix} 1 \\ 3 \\ 1 \end{pmatrix} + r \cdot \begin{pmatrix} 2 \\ 1 \\ 0 \end{pmatrix} + (-3r) \cdot \begin{pmatrix} 1 \\ -1 \\ 1 \end{pmatrix} = \begin{pmatrix} 1 + 2r - 3r \\ 3 + r + 3r \\ 1 - 3r \end{pmatrix} = \begin{pmatrix} 1 \\ 3 \\ 1 \end{pmatrix} + r \cdot \begin{pmatrix} -1 \\ 4 \\ -3 \end{pmatrix}$$

INFO Geraden- und Ebenenscharen

F10 <u>Nur LK:</u> **Geraden- und Ebenenscharen innermathematisch und in Sachzusammen-hängen untersuchen**

Unter einer Geraden- bzw. Ebenenschar versteht man eine Menge verschiedener Geraden bzw. Ebenen, deren Gleichungen sich in mindestens einem Parameter, dem sogenannten Scharparameter, unterscheiden.

Aufgabenstellungen im Zusammenhang mit Scharen bestehen meist darin, die gemeinsamen Eigenschaften der Geraden bzw. Ebenen zu untersuchen.

Die Geraden einer Schar können z. B. alle einen gemeinsamen Punkt besitzen (Geradenbündel) oder in einer gemeinsamen Ebene liegen. Bei einer Parallelenschar haben alle Geraden dieselbe Richtung.

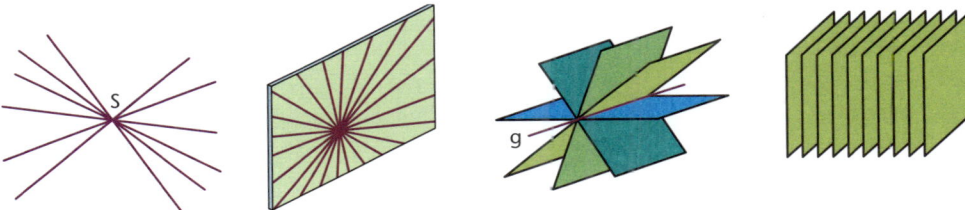

Die Ebenen einer Schar können beispielsweise alle durch einen bestimmten Punkt verlaufen (Ebenenbündel), eine gemeinsame Schnittgerade, auch Trägergerade genannt, haben (Ebenenbüschel), oder parallel zueinander liegen (Parallelenschar).

Beispiele

(1) *Geradenschar:*
Gegeben sei die Geradenschar g_a: $\vec{x} = \begin{pmatrix} 0 \\ 2 \\ 0 \end{pmatrix} + r \cdot \begin{pmatrix} -1 \\ 4-a \\ a \end{pmatrix}$ mit $a, r \in \mathbb{R}$;

alle Geraden verlaufen durch den Punkt $S\,(0\,|\,2\,|\,0)$.

Alle Geraden liegen in einer Ebene, wie man erkennt, wenn man die Parameterdarstellung umformt:

$$\vec{x} = \begin{pmatrix} 0 \\ 2 \\ 0 \end{pmatrix} + r \cdot \begin{pmatrix} -1 \\ 4 \\ 0 \end{pmatrix} + (r \cdot a) \cdot \begin{pmatrix} 0 \\ -1 \\ 1 \end{pmatrix} = \begin{pmatrix} 0 \\ 2 \\ 0 \end{pmatrix} + r \cdot \begin{pmatrix} -1 \\ 4 \\ 0 \end{pmatrix} + s \cdot \begin{pmatrix} 0 \\ -1 \\ 1 \end{pmatrix}.$$

Gesucht ist diejenige Gerade g_a aus der Schar, welche durch den Punkt $Q\,(1\,|\,3\,|-5)$ verläuft. Die Punktprobe liefert das folgende Gleichungssystem:

$$\begin{vmatrix} -r = 1 \\ 2 + (4-a) \cdot r = 3 \\ a \cdot r = -5 \end{vmatrix} \Leftrightarrow \begin{vmatrix} r = -1 \\ 2 + (4-a) \cdot r = 3 \\ a \cdot r = -5 \end{vmatrix}$$

Aus der 1. Zeile des Gleichungssystems ergibt sich $r = -1$. Setzt man dies in die 3. Zeile des Gleichungssystems ein, so erhält man $a = 5$. Durch Einsetzen überprüft man, ob auch die Gleichung in der 2. Zeile des Gleichungssystems für $r = -1$ und $a = 5$ erfüllt ist. Es ergibt sich eine wahre Aussage, d. h., die Gerade g_5 mit der Darstellung

g_5: $\vec{x} = \begin{pmatrix} 0 \\ 2 \\ 0 \end{pmatrix} + r \cdot \begin{pmatrix} -1 \\ -1 \\ 5 \end{pmatrix}$ mit $r \in \mathbb{R}$ verläuft durch den Punkt $Q\,(1\,|\,3\,|-5)$.

(2) *Ebenenschar:*

Wenn eine Ebenenschar durch eine Darstellung in Parameterform gegeben ist, dann lassen sich gemeinsame Eigenschaften leicht ablesen:

Tritt der Scharparameter nur in einem der Richtungsvektoren auf, dann liegt ein Ebenenbüschel vor, z. B. hat die Ebenenschar

$$E_a: \vec{x} = \begin{pmatrix} 2 \\ 1 \\ -1 \end{pmatrix} + r \cdot \begin{pmatrix} 1 \\ -1 \\ 2 \end{pmatrix} + s \cdot \begin{pmatrix} a \\ 1 \\ 0 \end{pmatrix} \quad \text{die Gerade} \quad g: \begin{pmatrix} 2 \\ 1 \\ -1 \end{pmatrix} + r \cdot \begin{pmatrix} 1 \\ -1 \\ 2 \end{pmatrix} \quad \text{als gemeinsame Gerade.}$$

Tritt der Scharparameter in beiden Richtungsvektoren auf, dann liegt ein Ebenenbündel vor, z. B. hat die Ebenenschar

$$E_{a,b}: \vec{x} = \begin{pmatrix} 1 \\ 3 \\ 1 \end{pmatrix} + r \cdot \begin{pmatrix} a \\ 0 \\ -1 \end{pmatrix} + s \cdot \begin{pmatrix} 2 \\ b \\ 1 \end{pmatrix} \quad \text{den Punkt P } (1\,|\,3\,|\,1) \text{ gemeinsam.}$$

INFO Lineare Gleichungssysteme

F11 Lineare Gleichungssysteme systematisch lösen

Lineare Gleichungssysteme (LGS) mit n Variablen bestehen aus zwei oder mehreren linearen Gleichungen, die gleichzeitig erfüllt sein sollen. Sofern eine Lösung existiert oder unendlich viele Lösungen existieren, lassen sich diese wie Punkte $(x_1, x_2, …, x_n)$ im n-dimensionalen Raum notieren.

Ein lineares Gleichungssystem kann man durch **elementare Zeilenumformungen (EZU)** vereinfachen (Gauß'sches Lösungsverfahren). Bei den Umformungen darf man nur dann eine Gleichung weglassen, wenn zwei identische Gleichungen auftreten, oder wenn in einer Zeile eine wahre Aussage (wie beispielsweise 0 = 0) entsteht.
Durch folgende elementare Zeilenumformungen wird die Lösungsmenge eines Gleichungssystems nicht verändert:
– Multiplikation einer Zeile mit einem Faktor (ungleich null)
– Addition des Vielfachen einer Zeile zu einer anderen Zeile
– Vertauschen von Zeilen

Am übersichtlichsten ist es, wenn man die Gleichungen des Systems in Form einer Tabelle (als **erweiterte Koeffizientenmatrix**) notiert. Ziel der elementaren Zeilenumformungen ist es, im linken Teil der erweiterten Koeffizientenmatrix
– eine **Dreiecksform** (ref = *row echelon form*) zu erzeugen, so dass man die Lösungen von unten nach oben ablesen bzw. berechnen kann, oder
– eine **Diagonalform** (rref = *reduced row echelon form*) herzustellen, aus der sich die Lösungen unmittelbar ergeben.

Beim Lösen von Gleichungssystemen können folgende Fälle auftreten:
(1) Es existiert eine eindeutige Lösung, die man schließlich aus den Zeilen des umgeformten Gleichungssystems ablesen kann; die Anzahl der Zeilen entspricht der Anzahl der Variablen.
(2) Treten im Verlauf des Lösungsverfahrens nicht erfüllbare Bedingungen auf, z. B. 0 = 1 in einer Zeile, dann besitzt das Gleichungssystem keine Lösung.
(3) Bleiben im Verlauf des Lösungsverfahrens weniger Gleichungen als Variablen übrig und liegt nicht der Fall (2) vor, dann hat das Gleichungssystem unendlich viele Lösungen; die nach Umformungen übrig bleibenden Gleichungen zeigen die Abhängigkeit der Parameter voneinander an.

Gleichungssysteme mit weniger Gleichungen als Variablen nennt man **unterbestimmt**; hier sind nur die Fälle (2) und (3) möglich. Gleichungssysteme mit mehr Gleichungen als Variablen nennt man überbestimmt; hier sind alle drei Fälle möglich.

Beispiele zu (1)

a)   Das lineare Gleichungssystem $\begin{vmatrix} 2x - 3y = 1 \\ 4x + 1y = 9 \end{vmatrix}$ kann in der Matrix-Vektor-Schreibweise

notiert werden als: $\begin{pmatrix} 2 & -3 \\ 4 & 1 \end{pmatrix} \begin{pmatrix} x \\ y \end{pmatrix} = \begin{pmatrix} 1 \\ 9 \end{pmatrix}$ oder als erweiterte Koeffizientenmatrix in der

Form $\begin{vmatrix} 2 & -3 & | & 1 \\ 4 & 1 & | & 9 \end{vmatrix}$.

EZU: Multipliziert man die 1. Zeile mit 0,5, dann entsteht in der Diagonale eine Eins (Normierung der 1. Zeile); multipliziert man die 1. Zeile mit (-2) und addiert sie zur 2. Zeile, dann entsteht in der 1. Spalte eine Null.

$$\begin{vmatrix} 2 & -3 & | & 1 \\ 4 & 1 & | & 9 \end{vmatrix} \quad \cdot\,0{,}5 \quad \cdot\,(-2) \oplus \quad \Leftrightarrow \quad \begin{vmatrix} 1 & -1{,}5 & | & 0{,}5 \\ 0 & 7 & | & 7 \end{vmatrix}$$

Da die Matrix links Dreiecksgestalt hat, kann man in der unteren Zeile ablesen $7y = 7$, also $y = 1$. Setzt man dies in die 1. Zeile ein, dann ergibt sich: $1 \cdot x - 1{,}5 \cdot 1 = 0{,}5 \Leftrightarrow x = 2$. Die Lösung ist also das Paar $(2\,|\,1)$.

Man kann aber auch die EZU fortsetzen und erhält:

$$\begin{vmatrix} 1 & -1{,}5 & | & 0{,}5 \\ 0 & 7 & | & 7 \end{vmatrix} \quad \cdot\,\tfrac{1}{7} \quad \cdot\,\tfrac{3}{14} \oplus \quad \Leftrightarrow \quad \begin{vmatrix} 1 & 0 & | & 2 \\ 0 & 1 & | & 1 \end{vmatrix}$$

Aus diesem LGS, bei dem die Matrix links Diagonalgestalt hat, kann man unmittelbar das Lösungspaar $(2\,|\,1)$ ablesen.

Hinweis (geometrische Interpretation):

Die beiden Gleichungen bestimmen zwei Geraden im 2-dimensionalen Koordinatensystem mit den Gleichungen
g_1: $y = \frac{2}{3}x - \frac{1}{3}$ und g_2: $y = -4x + 9$.

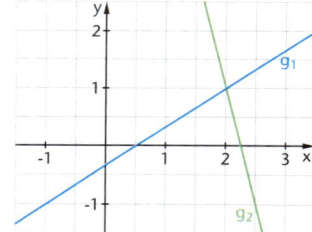

b) $\begin{vmatrix} 1x - 2y + z = 0 \\ 3x - 1y + 2z = 7 \\ 1x + 2y - z = 2 \end{vmatrix}$

Das LGS mit drei Gleichungen und drei Variablen notiert man als erweiterte Koeffizientenmatrix in der Form

$$\begin{vmatrix} 1 & -2 & 1 & | & 0 \\ 3 & -1 & 2 & | & 7 \\ 1 & 2 & -1 & | & 2 \end{vmatrix} \quad \cdot(-3) \oplus \quad \cdot(-1) \quad \Leftrightarrow \quad \begin{vmatrix} 1 & -2 & 1 & | & 0 \\ 0 & 5 & -1 & | & 7 \\ 0 & 4 & -2 & | & 2 \end{vmatrix} \quad \cdot\tfrac{1}{5} \quad \cdot\tfrac{2}{5} \oplus \quad \cdot\left(-\tfrac{4}{5}\right)$$

$$\begin{vmatrix} 1 & 0 & 0{,}6 & | & 2{,}8 \\ 0 & 1 & -0{,}2 & | & 1{,}4 \\ 0 & 0 & -1{,}2 & | & -3{,}6 \end{vmatrix} \quad \cdot\left(-\tfrac{5}{6}\right) \quad \cdot\tfrac{1}{2} \oplus \quad \cdot\left(-\tfrac{1}{6}\right) \quad \Leftrightarrow \quad \begin{vmatrix} 1 & 0 & 0 & | & 1 \\ 0 & 1 & 0 & | & 2 \\ 0 & 0 & 1 & | & 3 \end{vmatrix}$$

Aus der umgeformten erweiterten Koeffizientenmatrix in Diagonalform liest man das eindeutig bestimmte Lösungstripel ab: $(1\,|\,2\,|\,3)$.

Hinweis (geometrische Interpretation):

Die drei Gleichungen beschreiben drei Ebenen im 3-dimensionalen Raum; sie haben den Punkt $(1\,|\,2\,|\,3)$ gemeinsam.

Beispiele zu (3)

c) $\begin{vmatrix} 1\,x - 2\,y = -8 \\ 2\,x + 1\,y = -1 \\ -1\,x + 3\,y = 11 \end{vmatrix}$

Aus dem überbestimmten Gleichungssystem mit drei Gleichungen und zwei Variablen ergibt sich nach EZU

$$\left|\begin{array}{rr|r} 1 & -2 & -8 \\ 2 & 1 & -1 \\ -1 & 3 & 11 \end{array}\right| \begin{array}{l} \cdot(-2) \\ \\ \end{array} \Leftrightarrow \left|\begin{array}{rr|r} 1 & -2 & -8 \\ 0 & 5 & 15 \\ 0 & 1 & 3 \end{array}\right| \begin{array}{l} \\ \cdot\frac{2}{5} \cdot\left(-\frac{1}{5}\right) \\ \cdot\frac{1}{5} \end{array} \Leftrightarrow \left|\begin{array}{rr|r} 1 & 0 & -2 \\ 0 & 1 & 3 \\ 0 & 0 & 0 \end{array}\right|$$

Nach drei Schritten erhält man eine Matrix in Diagonalgestalt, aus der sich das Lösungspaar $(-2\,|\,3)$ ablesen lässt, sowie eine Zeile, in der die wahre Aussage $0 = 0$ steht.

Hinweis (geometrische Interpretation):
Die drei Gleichungen bestimmen drei Geraden im 2-dimensionalen Koordinatensystem, die durch denselben Punkt verlaufen:

g_1: $y = \frac{1}{2}x + 4$,

g_2: $y = -2\,x - 1$ und

g_3: $y = \frac{1}{3}x + \frac{11}{3}$.

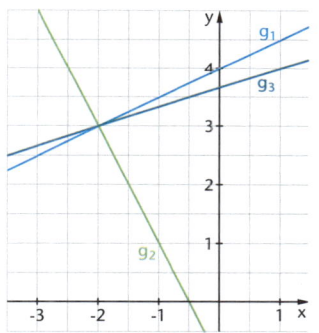

d) $\begin{vmatrix} 1\,x - 3\,y + 1\,z = 1 \\ 2\,x + 0\,y - 2\,z = 3 \end{vmatrix}$

Das LGS mit zwei Gleichungen und drei Variablen notiert man als erweiterte Koeffizientenmatrix in der Form

$$\left|\begin{array}{rrr|r} 1 & -3 & 1 & 1 \\ 2 & 0 & -2 & 3 \end{array}\right| \begin{array}{l} \cdot(-2) \\ \\ \end{array} \Leftrightarrow \left|\begin{array}{rrr|r} 1 & -3 & 1 & 1 \\ 0 & 6 & -4 & 1 \end{array}\right| \begin{array}{l} \\ \cdot\frac{1}{6} \cdot\frac{1}{2} \end{array} \Leftrightarrow \left|\begin{array}{rrr|r} 1 & 0 & -1 & 1{,}5 \\ 0 & 1 & -\frac{2}{3} & \frac{1}{6} \end{array}\right|$$

Aus der umgeformten erweiterten Koeffizientenmatrix in Diagonalform liest man eine Parameterdarstellung für die unendlich vielen Lösungstripel ab: $(x\,|\,y\,|\,z)$ mit

$x = 1{,}5 + z$ und $y = \frac{1}{6} + \frac{2}{3}z$, wobei $z \in \mathbb{R}$ beliebig gewählt werden kann.

Hinweis (geometrische Interpretation):

Die beiden Gleichungen beschreiben zwei Ebenen im 3-dimensionalen Raum; sie schneiden sich in einer Geraden, die mithilfe einer Darstellung in Parameterform beschrieben werden kann.

$$\vec{x} = \begin{pmatrix} 1{,}5 \\ \frac{1}{6} \\ 0 \end{pmatrix} + t \cdot \begin{pmatrix} 1 \\ \frac{2}{3} \\ 1 \end{pmatrix}$$

e)
$$\begin{vmatrix} 1x + 1y + 2z = 4 \\ 2x - 1y + 1z = 5 \\ 1x - 2y - z = 1 \\ 1x + 3y + 4z = 6 \end{vmatrix} \Leftrightarrow \dots \Leftrightarrow \begin{vmatrix} 1 & 0 & 1 & | & 3 \\ 0 & 1 & 1 & | & 1 \\ 0 & 0 & 0 & | & 0 \\ 0 & 0 & 0 & | & 0 \end{vmatrix}$$

Aus der erweiterten Koeffizientenmatrix in Diagonalform liest man eine Parameterdarstellung für die unendlich vielen Lösungstripel ab: $(x \mid y \mid z)$ mit $x = 3 - z$ und
$y = 1 - z$, wobei $z \in \mathbb{R}$ beliebig gewählt werden kann.

Hinweis (geometrische Interpretation):

Die vier Gleichungen beschreiben vier Ebenen im 3-dimensionalen Raum; diese
schneiden sich in einer Geraden, die mithilfe einer Dar-
stellung in Parameterform beschrieben werden kann. $\quad \vec{x} = \begin{pmatrix} 3 \\ 1 \\ 0 \end{pmatrix} + t \cdot \begin{pmatrix} -1 \\ -1 \\ 1 \end{pmatrix}$

Beispiel zu (2)

Eine Änderung bei der 3. Gleichung des LGS in (c) kann folgende Wirkung haben:
EZU beim LGS führen schließlich zu einem Gleichungssystem, bei dem in der 3. Zeile eine
falsche Aussage steht. Daher besitzt dieses LGS keine Lösung.

$$\begin{vmatrix} 1x - 2y = -8 \\ 2x + 1y = -1 \\ 1x + 2y = 5 \end{vmatrix} \Leftrightarrow \dots \Leftrightarrow \begin{vmatrix} 1 & 0 & | & -2 \\ 0 & 1 & | & 3 \\ 0 & 0 & | & 1 \end{vmatrix}.$$

Hinweis (geometrische Interpretation):

Die drei Geraden g_1: $y = \frac{1}{2}x + 4$,

g_2: $y = -2x - 1$ und g_3: $y = -\frac{1}{2}x + \frac{5}{2}$

verlaufen nicht durch einen gemeinsamen Punkt.

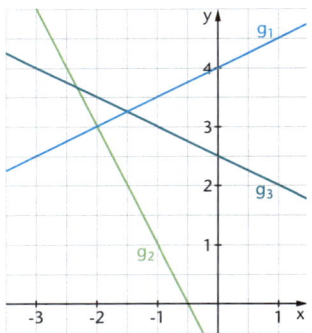

G Winkel und Abstände, Volumina im Raum

INFO Winkel

G1 **Winkel zwischen zwei Vektoren und Schnittwinkel zwischen zwei Geraden berechnen**

Für das Skalarprodukt zweier Vektoren $\vec{u}$, $\vec{v}$ gilt
(vgl. Basiswissen **E4**): $\vec{u} * \vec{v} = |\vec{u}| \cdot |\vec{v}| \cdot \cos(\varphi)$,
wobei φ der von den beiden Vektoren aufgespannte Winkel ist.

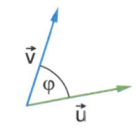

Daher lässt sich mithilfe von $\cos(\varphi) = \dfrac{\vec{u} * \vec{v}}{|\vec{u}| \cdot |\vec{v}|}$ die Größe

dieses Richtungsunterschieds φ bestimmen, wobei $0° \leq \varphi \leq 180°$.
Es können also **spitze** und **stumpfe** Winkel auftreten. Für den Winkel gilt somit:

$$\varphi = \cos^{-1}\left(\frac{\vec{u} * \vec{v}}{|\vec{u}| \cdot |\vec{v}|}\right)$$

Winkel zwischen Geraden: Da die Richtung von Geraden
durch ihre **Richtungsvektoren** $\vec{u}$, $\vec{v}$ bestimmt wird, ergibt sich
der Winkel zwischen zwei sich schneidenden Geraden durch
die Gleichung:

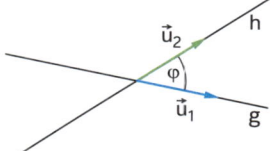

$$\cos(\varphi) = \frac{\vec{u} * \vec{v}}{|\vec{u}| \cdot |\vec{v}|} \quad \Leftrightarrow \quad \varphi = \cos^{-1}\left(\frac{\vec{u} * \vec{v}}{|\vec{u}| \cdot |\vec{v}|}\right),$$

wobei $0° \leq \varphi \leq 90°$.

Hinweis: An einer Geradenkreuzung entstehen zwei Winkel, die sich zu 180° ergänzen. Als Schnittwinkel zwischen zwei Geraden wird der kleinere (spitze) Winkel definiert.
Diese Auswahl zwischen den beiden möglichen Winkeln wird durch die Betragsbildung im Zähler sichergestellt.

Man beachte: Winkel in Vielecken, z. B. in Dreiecken werden durch die Richtungsunterschiede zwischen Verbindungsvektoren bestimmt – hier sind Winkel über 90° möglich!

Beispiel *Winkel in einem Dreieck*

Die Punkte A(1|1|– 1), B (– 3|5|1) und C(5 |– 1|– 1) bestimmen ein Dreieck.

Welche Winkel treten im Dreieck ABC auf?

Der Winkel α im Dreieck ABC wird durch die Vektoren $\overrightarrow{AB} = \begin{pmatrix} -4 \\ 4 \\ 2 \end{pmatrix}$, $\overrightarrow{AC} = \begin{pmatrix} 4 \\ -2 \\ 0 \end{pmatrix}$ bestimmt,

der Winkel β durch die Vektoren $\overrightarrow{BC} = \begin{pmatrix} 8 \\ -6 \\ -2 \end{pmatrix}$, $\overrightarrow{BA} = \begin{pmatrix} 4 \\ -4 \\ -2 \end{pmatrix}$. Hiermit ergibt sich:

$$\cos(\alpha) = \frac{-24}{6 \cdot \sqrt{20}} \quad \Leftrightarrow \quad \alpha = 153{,}43° \text{ und } \cos(\beta) = \frac{60}{\sqrt{104} \cdot 6} \Leftrightarrow \beta = 11{,}31°,$$

also $\gamma = 180° - 153{,}43° - 11{,}31° = 15{,}26°$.

INFO Winkel

G2 <u>Nur LK:</u> **Schnittwinkel zwischen zwei Ebenen berechnen**

Da die Normalenvektoren $\vec{n}_1$, $\vec{n}_2$ der Ebenen orthogonal
zu den Ebenen sind, wird der **Schnittwinkel zweier**
Ebenen durch den Winkel zwischen den Normalenvektoren
bestimmt:

$$\cos(\varphi) = \frac{|\vec{n}_1 * \vec{n}_2|}{|\vec{n}_1| \cdot |\vec{n}_2|}, \quad \text{d. h.} \quad \varphi = \cos^{-1}\left(\frac{|\vec{n}_1 * \vec{n}_2|}{|\vec{n}_1| \cdot |\vec{n}_2|}\right)$$

wobei $0° \le \varphi \le 90°$.

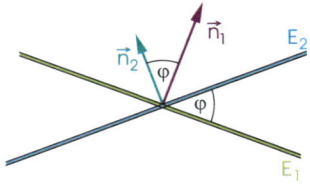

Die Skizze zeigt einen „seitlichen
Blick" auf die Ebenen E_1 und E_2.

Durch die Betragsbildung im Zähler wird der kleinere
der beiden Winkel zwischen den Ebenen ausgewählt.
Falls eine Ebene durch eine Parameterdarstellung gegeben ist, muss erst ein Normalenvektor dieser Ebene bestimmt werden.

Beispiel *Winkel zwischen den Seitenflächen eines Tetraeders*

Die Punkte A$(1|1|-1)$, B$(-3|5|1)$, C$(5|-1|-1)$ und D$(-3|1|-4)$ bestimmen ein
unregelmäßiges Tetraeder.
Welche der Flächen ABD, BCD, CAD hat gegenüber der Grundfläche ABC die größte Neigung?

Um die Winkel zwischen den Flächen zu bestimmen, benötigen wir jeweils zunächst Normalenvektoren der einzelnen Ebenen.
Normalenvektoren ergeben sich über das Kreuzprodukt oder das Orthogonalitätskriterium
(vgl. Basiswissen **E4** und **F5**).

Ebene ABC	Ebene ABD	Ebene BCD	Ebene CAD
$\overrightarrow{AB} \times \overrightarrow{AC} =$	$\overrightarrow{AB} \times \overrightarrow{AD} =$	$\overrightarrow{BC} \times \overrightarrow{BD} =$	$\overrightarrow{CA} \times \overrightarrow{CD} =$
$= \begin{pmatrix} -4 \\ 4 \\ 2 \end{pmatrix} \times \begin{pmatrix} 4 \\ -2 \\ 0 \end{pmatrix} = \begin{pmatrix} 4 \\ 8 \\ -8 \end{pmatrix}$	$= \begin{pmatrix} -4 \\ 4 \\ 2 \end{pmatrix} \times \begin{pmatrix} -4 \\ 0 \\ -3 \end{pmatrix} = \begin{pmatrix} -12 \\ -20 \\ 16 \end{pmatrix}$	$= \begin{pmatrix} 8 \\ -6 \\ -2 \end{pmatrix} \times \begin{pmatrix} 0 \\ -4 \\ -5 \end{pmatrix} = \begin{pmatrix} 22 \\ 40 \\ -32 \end{pmatrix}$	$= \begin{pmatrix} 4 \\ -2 \\ 0 \end{pmatrix} \times \begin{pmatrix} -8 \\ 2 \\ -3 \end{pmatrix} = \begin{pmatrix} -6 \\ -12 \\ 8 \end{pmatrix}$

Tipps:
Für weitere Rechnungen sollte man möglichst einfache
Vielfache der berechneten Normalenvektoren verwenden,

z. B. für die Ebene ABC den Normalenvektor $\vec{n}_{ABC} = \begin{pmatrix} 1 \\ 2 \\ -2 \end{pmatrix}$.

Mit dem Taschenrechner lassen sich die Normalenvektoren mit
dem Befehl crossP bestimmen (siehe rechts).

```
crossP([-4  4  2],[4  -2  0])      [4  8  -8]
crossP([-4  4  2],[-4  0  -3])
                              [-12  -20  16]
crossP([8  -6  -2],[0  -4  -5])
                              [22  40  -32]
crossP([4  -2  0],[-8  2  -3])  [6  12  -8]
```

Oftmals kann man einen Normalenvektor zu zwei Richtungsvektoren auch durch Kombi-
nieren herausfinden: Durch eine geschickte Wahl von zwei Komponenten und ergänzen
einer passenden dritten Komponente erhält man schnell einen Normalenvektor, vgl. auch
Basiswissen **F5**.

Nun bestimmt man die Winkel zwischen der Grundfläche und der jeweiligen Seitenfläche mit der oben angegebenen Formel:

Winkel zwischen ABC und ABD	Winkel zwischen ABC und BCD	Winkel zwischen ABC und CAD
$\varphi = \cos^{-1}\left(\dfrac{\left\|\begin{pmatrix}4\\8\\-8\end{pmatrix} * \begin{pmatrix}-12\\-20\\16\end{pmatrix}\right\|}{\left\|\begin{pmatrix}4\\8\\-8\end{pmatrix}\right\| \cdot \left\|\begin{pmatrix}-12\\-20\\16\end{pmatrix}\right\|}\right)$ $\approx 8{,}13°$	$\varphi = \cos^{-1}\left(\dfrac{\left\|\begin{pmatrix}4\\8\\-8\end{pmatrix} * \begin{pmatrix}22\\40\\-32\end{pmatrix}\right\|}{\left\|\begin{pmatrix}4\\8\\-8\end{pmatrix}\right\| \cdot \left\|\begin{pmatrix}22\\40\\-32\end{pmatrix}\right\|}\right)$ $\approx 7{,}00°$	$\varphi = \cos^{-1}\left(\dfrac{\left\|\begin{pmatrix}4\\8\\-8\end{pmatrix} * \begin{pmatrix}-6\\-12\\8\end{pmatrix}\right\|}{\left\|\begin{pmatrix}4\\8\\-8\end{pmatrix}\right\| \cdot \left\|\begin{pmatrix}-6\\-12\\8\end{pmatrix}\right\|}\right)$ $\approx 11{,}00°$

Die Fläche CAD besitzt also den größten Winkel zur Grundfläche ABC.

INFO Winkel

G3 **Nur LK:** **Schnittwinkel zwischen einer Gerade und einer Ebene berechnen**

Der Winkel φ' zwischen einem Normalenvektor der Ebene und dem Richtungsvektor der Gerade kann wie in **G1**, **G2** mithilfe des Skalarprodukts der beiden Vektoren berechnet werden. Jedoch ist φ' nur der Nebenwinkel zum gesuchten Schnittwinkel φ zwischen Ebene und Richtungsvektor (siehe Abbildung).

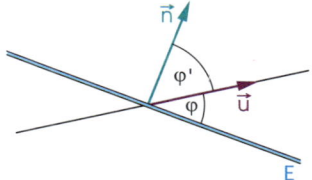

Die Skizze zeigt einen „seitlichen" Blick auf eine Ebene E.

Da $\varphi = 90° - \varphi'$ und da $\cos(\varphi') = \sin(90° - \varphi') = \sin(\varphi)$, gilt für den gesuchten Schnittwinkel φ zwischen Gerade und Ebene:

$$\sin(\varphi) = \frac{|\vec{u} * \vec{n}|}{|\vec{u}| \cdot |\vec{n}|} \Leftrightarrow \varphi = \sin^{-1}\left(\frac{|\vec{u} * \vec{n}|}{|\vec{u}| \cdot |\vec{n}|}\right).$$

Beispiel

Gegeben ist eine Ebene E durch eine Koordinatengleichung E: $3x - 4y + 2z = 1$.

Wo und unter welchem Winkel schneidet die Gerade g: $\vec{x} = \begin{pmatrix}1\\1\\-1\end{pmatrix} + r \cdot \begin{pmatrix}2\\-2\\3\end{pmatrix}$ die Ebene?

Gemeinsame Punkte von Gerade und Ebene müssen das folgende Gleichungssystem erfüllen: $3x - 4y + 2z = 1$ und $\begin{pmatrix}x\\y\\z\end{pmatrix} = \begin{pmatrix}1\\1\\-1\end{pmatrix} + r \cdot \begin{pmatrix}2\\-2\\3\end{pmatrix} = \begin{pmatrix}1+2r\\1-2r\\-1+3r\end{pmatrix}$.

Durch Einsetzen der Bedingungen für x, y, z in die Koordinatengleichung erhalten wir:
$3 \cdot (1 + 2r) - 4 \cdot (1 - 2r) + 2 \cdot (-1 + 3r) = 1$, also $20r = 4$ also $r = 0{,}2$.

Der Schnittpunkt von Gerade und Ebene hat also die Koordinaten S$(1{,}4\,|\,0{,}6\,|-0{,}4)$.

Der Schnittwinkel φ berechnet sich aus dem Richtungsvektor der Gerade g und einem Normalenvektor der Ebene E:

$$\sin(\varphi) = \frac{\left| \begin{pmatrix} 3 \\ -4 \\ 2 \end{pmatrix} * \begin{pmatrix} 2 \\ -2 \\ 3 \end{pmatrix} \right|}{\left| \begin{pmatrix} 3 \\ -4 \\ 2 \end{pmatrix} \right| \cdot \left| \begin{pmatrix} 2 \\ -2 \\ 3 \end{pmatrix} \right|}$$

$$\Leftrightarrow \sin(\varphi) = \frac{|20|}{\sqrt{29} \cdot \sqrt{27}}$$

$$\Leftrightarrow \varphi = \sin^{-1}\left(\frac{|20|}{(\sqrt{29} \cdot \sqrt{27})} \right) \approx 64{,}26°$$

Das Skalarprodukt im Zähler (Befehl: dotP) und die Beträge im Nenner (Befehl: norm) kann man auch mit Taschenrechner berechnen.

Hinweis: Der TR-Modus muss auf DEG eingestellt sein!

dotP([3 -4 2],[2 -2 3])	20
norm([3 -4 2])	5.38516
norm([2 -2 3])	4.12311
$\sin^{-1}\left(\dfrac{20}{5.3851648071345 \cdot 4.1231056256177} \right)$	64.2574

INFO Flächeninhalt und Volumen

G4 **Den Flächeninhalt eines Dreiecks und das Volumen einer dreiseitigen Pyramide (Tetraeder) mit elementaren Methoden bestimmen**

Für den **Flächeninhalt eines Dreiecks** gilt:

$A = \frac{1}{2} \cdot$ Grundseite $\cdot$ Flächenhöhe

Ein Dreieck ABC wird durch die beiden Vektoren $\overrightarrow{AB}$, $\overrightarrow{AC}$ aufgespannt. Elementargeometrisch kann die Höhe h auf AB beschrieben werden durch

$\sin(\alpha) = \frac{h}{|AC|}$, also $h = |AC| \cdot \sin(\alpha)$.

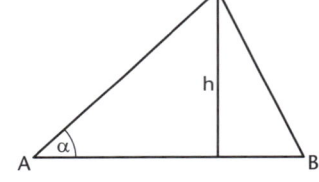

Mithilfe der Methoden der Vektorrechnung kann aber nur $\cos(\alpha)$ bestimmt werden, vgl. **G1**.

Um $\sin(\alpha)$ zu bestimmen, nutzt man den allgemeingültigen Zusammenhang (sog. trigonometrischer Pythagoras): $\sin^2(\alpha) + \cos^2(\alpha) = 1$.

Aus $\cos(\alpha) = \frac{\overrightarrow{AB} * \overrightarrow{AC}}{|AB| \cdot |AC|}$ ergibt sich dann durch Einsetzen und Umformen eine Formel für $\sin(\alpha)$:

$$\sin(\alpha) = \sqrt{1 - \cos^2(\alpha)} = \sqrt{1 - \left(\frac{\overrightarrow{AB} * \overrightarrow{AC}}{|AB| \cdot |AC|} \right)^2} \ .$$

Dieses setzt man in die Flächeninhaltsformel des Dreiecks ABC ein:

$$A = \frac{1}{2} \cdot g \cdot h = \frac{1}{2} \cdot |\overrightarrow{AB}| \cdot h = \frac{1}{2} \cdot |\overrightarrow{AB}| \cdot |\overrightarrow{AC}| \cdot \sin(\alpha) = \frac{1}{2} \cdot |\overrightarrow{AB}| \cdot |\overrightarrow{AC}| \cdot \sqrt{1 - \left(\frac{\overrightarrow{AB} * \overrightarrow{AC}}{|AB| \cdot |AC|} \right)^2} \ .$$

Zur Vereinfachung zieht man die Beträge unter die Wurzel und kürzt

$$A_{\triangle ABC} = \frac{1}{2} \cdot \sqrt{|\overrightarrow{AB}|^2 \cdot |\overrightarrow{AC}|^2 - (\overrightarrow{AB} * \overrightarrow{AC})^2} \ .$$

Für das **Volumen einer Pyramide** gilt:

$V = \frac{1}{3} \cdot$ Grundfläche $\cdot$ Raumhöhe

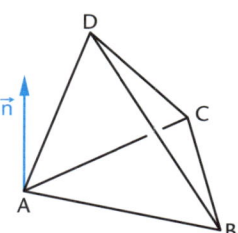

Im Falle eines allgemeinen (nicht notwendig regelmäßigen) Tetraeders kann die Grundfläche nach der o. a. Formel berechnet werden. Um die Raumhöhe zu bestimmen, nutzt man die Projektionseigenschaft des Skalarprodukts (vgl. Basiswissen **E4**):

Man bestimmt einen beliebigen Vektor $\vec{n}$, der orthogonal zu $\overrightarrow{AB}$

und $\overrightarrow{AC}$ ist; dann ist die Länge der Raumhöhe gegeben durch $\frac{|\vec{n} * \overrightarrow{AD}|}{|\vec{n}|}$. Daher gilt:

$V_{Tetraeder} = \frac{1}{6} \cdot \frac{|\vec{n} * \overrightarrow{AD}|}{|\vec{n}|} \cdot \sqrt{|AB|^2 \cdot |AC|^2 - (\overrightarrow{AB} * \overrightarrow{AC})^2}$.

Beispiele

(1) *Flächeninhalt eines Dreiecks:*

Die Punkte $A(1|1|-1)$, $B(-3|5|1)$, $C(5|-1|-1)$ bilden ein Dreieck. Bestimmen Sie dessen Flächeninhalt:

$|\overrightarrow{AB}| = \sqrt{(-4)^2 + 4^2 + 2^2} = \sqrt{36} = 6$ und $|\overrightarrow{AC}| = \sqrt{4^2 + (-2)^2 + 0^2} = \sqrt{20}$,

$\overrightarrow{AB} * \overrightarrow{AC} = -4 \cdot 4 + 4 \cdot (-2) + 2 \cdot 0 = -24$.

Für den Flächeninhalt gilt daher: $A_{\triangle ABC} = \frac{1}{2} \cdot \sqrt{6^2 \cdot (\sqrt{20})^2 - (-24)^2} = \frac{1}{2} \cdot \sqrt{144} = 6$

(2) *Volumen eines Tetraeders:*

Durch den Punkt $D(-3|1|-4)$ wird das Dreieck zu einem (unregelmäßigen) Tetraeder mit der Grundfläche ABC ergänzt. Berechnen Sie das Volumen des Tetraeders.

Da der Flächeninhalt der Grundfläche bereits bekannt ist (siehe (1)), benötigt man noch die Höhe des Tetraeders. Dazu benötigt man einen Normalenvektor zur Grundfläche ABC.

An den Komponenten des Vektors $\overrightarrow{AC}$ kann man ablesen, dass ein zu $\overrightarrow{AC}$ orthogonaler Vektor $\vec{n}$ die Komponenten $\vec{n} = \begin{pmatrix} 1 \\ 2 \\ n_3 \end{pmatrix}$ (oder Vielfache hiervon) haben muss.

Aus dem Skalarprodukt mit dem Vektor $\overrightarrow{AB}$ ergibt sich:

$\overrightarrow{AB} * \vec{n} = \begin{pmatrix} -4 \\ 4 \\ 2 \end{pmatrix} * \begin{pmatrix} 1 \\ 2 \\ n_3 \end{pmatrix} = -4 + 8 + 2\,n_3 = 0$. Das bedeutet, dass dann $n_3 = -2$ sein muss.

Für die Länge von $\vec{n}$ gilt: $|\vec{n}| = \left\| \begin{pmatrix} 1 \\ 2 \\ -2 \end{pmatrix} \right\| = \sqrt{1^2 + 2^2 + (-2)^2} = 3$.

Die Höhe der Pyramide ist daher gleich $\frac{|\vec{n} * \overrightarrow{AD}|}{|\vec{n}|} = \frac{2}{3}$.

Daher gilt: $V_{Tetraeder} = \frac{1}{3} \cdot \frac{2}{3} \cdot 6 = \frac{4}{3}$.

INFO Abstand

G5 <u>Nur LK:</u> **Den Abstand eines Punktes von einer Ebene berechnen**

Idee: **Lotfußpunktverfahren**
Um den Abstand eines Punktes P von einer Ebene E zu berechnen, benötigt man eine orthogonale Gerade (so genannte Lotgerade) von P durch E. Als Richtungsvektor dieser Lotgeraden
verwendet man einen Normalenvektor der Ebene E (vgl. **F5**).
Der Schnittpunkt der Lotgerade mit der Ebene E (vgl. **F8**) ist
der Fußpunkt F des Lotes.
Die Länge dieses Vektors $\overrightarrow{PF}$ (= Betrag des Vektors $\overrightarrow{PF}$) ist dann
der Abstand des Punktes P zur Ebene E.

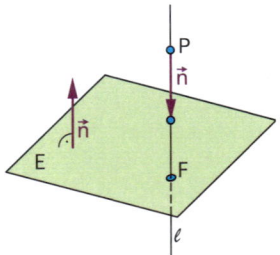

Führt man diese Schritte allgemein durch, setzt geschickt ein und fasst zusammen, erhält
man die folgende Abstandsformel, wenn die Ebenengleichung in Koordinatenform (vgl. **F6**)
gegeben ist:

Abstand $(P,E) = \frac{1}{|\vec{n}|} \cdot |\overrightarrow{OP} * \vec{n} - d|$.

Spezialfall P = O (Ursprung): Abstand $(O, E) = \frac{|d|}{|\vec{n}|}$.

Zusatz: Ist die Ebenengleichung in Hesse'scher Normalenform gegeben (vgl. Basiswissen **F6**),

d. h. in der Form E: $\frac{1}{|\vec{n}|} \cdot (\vec{x} * \vec{n} - d) = 0$, dann erhält man den Abstand eines Punktes P

unmittelbar durch Einsetzen der Koordinaten von P in die Gleichung der Ebene.

Zusatz: **Abstand einer Geraden von einer Ebene**
Aus der Untersuchung der Lage der Geraden zur Ebene (ver-
gleiche **F8**) ergibt sich, ob die Gerade in der Ebene liegt oder
die Ebene in einem Punkt geschnitten wird (Abstand null) oder
die Gerade parallel zur Ebene liegt. Im letzten Fall wählt man
einen Punkt der Geraden aus und bestimmt dessen Abstand zur
Ebene.

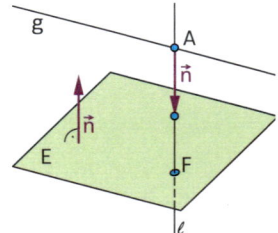

Zusatz: **Abstand zweier Ebenen**
Diese Aufgabenstellung ist nur sinnvoll, wenn es sich um zwei
Ebenen handelt, die zueinander parallel sind. Den Abstand der
beiden Ebenen bestimmt man, indem man irgendeinen Punkt
der einen Ebene auswählt und dessen Abstand zu der anderen
Ebene bestimmt.

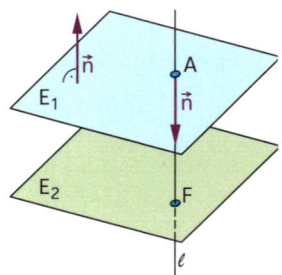

Zusatz: **Spiegelung von Punkten an Ebenen**

Das geschilderte Lotfußpunktverfahren nutzt man auch zur Ermittlung der Koordinaten von Punkten, die an einer Ebene E gespiegelt wurden. Dazu wird der Vektor $\vec{PF}$ vom Lotfußpunkt F abgetragen und der Ortsvektor des Spiegelpunkts berechnet.

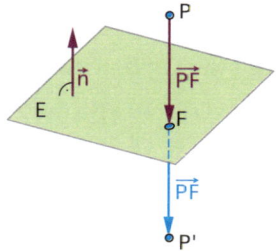

Beispiele

(1) *Abstand eines Punktes von einer Ebene:*

Gegeben ist ein Punkt P $(3|1|-2)$ und eine Ebene durch E: $x + 2y - 2z = 1$.
Die Lotgerade l durch P kann wie folgt in Parameterform dargestellt werden:

$$l: \vec{x} = \begin{pmatrix} 3 \\ 1 \\ -2 \end{pmatrix} + r \cdot \begin{pmatrix} 1 \\ 2 \\ -2 \end{pmatrix} = \begin{pmatrix} 3 + r \\ 1 + 2r \\ -2 - 2r \end{pmatrix}.$$

Um den Fußpunkt der Lotgeraden mit der Ebene zu bestimmen, werden die in der Parameterdarstellung enthaltenen Koordinatengleichungen in die Koordinatengleichung der Ebene eingesetzt:

$(3 + r) + 2 \cdot (1 + 2r) - 2 \cdot (-2 - 2r) = 1 \Leftrightarrow 9 + 9r = 1 \Leftrightarrow r = -\frac{8}{9}$.

Daher hat der Punkt F die Koordinaten F$\left(\frac{19}{9}\middle|-\frac{7}{9}\middle|-\frac{2}{9}\right)$ und die Länge des Vektors ist

$$|\vec{PF}| = \sqrt{\left(3 - \frac{19}{9}\right)^2 + \left(1 + \frac{7}{9}\right)^2 + \left(-2 + \frac{2}{9}\right)^2} = \sqrt{\frac{64}{81} + \frac{256}{81} + \frac{256}{81}} = \sqrt{\frac{576}{81}} = \frac{24}{9} = \frac{8}{3}.$$

Anwenden der o. a. Abstandsformel ergibt: Abstand $(P, E) = \frac{1}{|\vec{n}|} \cdot |\vec{p} * \vec{n} - d| = \frac{1}{3} \cdot |9 - 1| = \frac{8}{3}$

Liegt die Koordinatengleichung der Ebene in der Hesse'schen Normalenform vor, also

E: $\frac{1}{|\vec{n}|} \cdot (\vec{x} * \vec{n} - d)$, dann ist $|PF| = \frac{1}{3} \cdot \left|\begin{pmatrix} 3 \\ 1 \\ -2 \end{pmatrix} * \begin{pmatrix} 1 \\ 2 \\ -2 \end{pmatrix} - 1\right| = 0$.

(2) *Spiegelung an einer Ebene:*

Gegeben ist eine Ebene E : $x + y - z = 6$ und ein Punkt P $(3|-1|2)$.

Aufstellen der Parameterdarstellung der Lotgeraden: $l: \vec{x} = \begin{pmatrix} 3 \\ -1 \\ 2 \end{pmatrix} + r \cdot \begin{pmatrix} 1 \\ 1 \\ -1 \end{pmatrix}$.

Um den Fußpunkt zu erhalten:
Einsetzen in die Koordinatengleichung der Ebene: $(3 + r) + (-1 + r) - (2 - r) = 6$.
Auflösen nach r: $3r = 6 \Leftrightarrow r = 2$. Das bedeutet: Um vom Punkt P zur Ebene E zu gelangen, muss das 2-Fache des Richtungsvektors abgetragen werden, also muss das 4-Fache dieses Vektors genommen werden, um zum Spiegelpunkt zu gelangen.

Setzt man also statt r = 2 den Wert r = 4 in die Parameterform der Lotgeraden ein, so erhält man P' $(7|3|-2)$ als Spiegelpunkt.

INFO Abstand

G6 Nur LK: **Den Abstand eines Punktes von einer Geraden berechnen**

Idee: Die kürzeste Entfernung eines Punktes P zu einer
Geraden g ist durch das Lot vom Punkt auf die Gerade
gegeben. Man untersucht also, bei welchem Parameterwert
der Verbindungsvektor von P zu einem beliebigen Punkt X der
Geraden orthogonal ist zum Richtungsvektor $\vec{u}$ der Geraden,
und erhält so den Vektor $\overrightarrow{PF}$ zum Lotfußpunkt F. Die Länge der
Strecke PF ist dann der gesuchte Abstand.

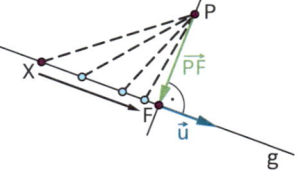

Allgemeine Darstellung des Verfahrens:

Gegeben sind P $(p_1|p_2|p_3)$ und g: $\vec{x} = \vec{a} + r \cdot \vec{u}$.

Es gilt: $(\vec{x} - \vec{p}) * \vec{u} = (\vec{a} - \vec{p} + r \cdot \vec{u}) * \vec{u} = 0 \Leftrightarrow (\vec{a} - \vec{p}) * \vec{u} + r \cdot \vec{u} * \vec{u} = 0 \Leftrightarrow r = \dfrac{(\vec{p} - \vec{a}) * \vec{u}}{|\vec{u}|^2}$.

Wenn man diesen Wert für r in die Parameterform von g einsetzt, erhält man die Koordinaten des Lotfußpunktes F. Um die Länge der Strecke PF zu bestimmen, bestimmt man den
zugehörigen Vektor $\overrightarrow{PF} = (\vec{a} - \vec{p}) + r \cdot \vec{u}$ und berechnet dessen Länge

Beispiele

(1) *Abstand eines Punktes von einer Geraden:*

$$P\,(3|1|1), \quad g: \vec{x} = \begin{pmatrix} 0 \\ -1 \\ 1 \end{pmatrix} + r \cdot \begin{pmatrix} 2 \\ 1 \\ 0 \end{pmatrix};$$

$$(\vec{p} - \vec{a}) * \vec{u} = \begin{pmatrix} 3 - 0 \\ 1 - (-1) \\ 1 - 1 \end{pmatrix} * \begin{pmatrix} 2 \\ 1 \\ 0 \end{pmatrix} = 8; \qquad |\vec{u}|^2 = 5; \qquad r = 1{,}6$$

$$\text{also } \overrightarrow{PF} = (\vec{a} - \vec{p}) + r \cdot \vec{u} = \begin{pmatrix} -3 \\ -2 \\ 0 \end{pmatrix} + 1{,}6 \cdot \begin{pmatrix} 2 \\ 1 \\ 0 \end{pmatrix} = \begin{pmatrix} 0{,}2 \\ -0{,}4 \\ 0 \end{pmatrix},$$

$$|\overrightarrow{PF}| = \sqrt{0{,}2} \approx 0{,}447.$$

(2) *Spiegelung des Punkts P an der Geraden g:*

Wie die Zeichnung zeigt, ergibt sich der Spiegelpunkt P′, indem
man im Fußpunkt F des Lotes den Vektor $\overrightarrow{PF}$ abträgt, also vom
Punkt P aus das Zweifache dieses Vektors:

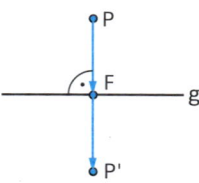

$$\overrightarrow{OP'} = \overrightarrow{OF} + \overrightarrow{FP'} = \overrightarrow{OP} + 2 \cdot \overrightarrow{PF} = \begin{pmatrix} 3 \\ 1 \\ 1 \end{pmatrix} + 2 \cdot \begin{pmatrix} 0{,}2 \\ -0{,}4 \\ 0 \end{pmatrix} = \begin{pmatrix} 3{,}4 \\ 0{,}2 \\ 1 \end{pmatrix}$$

INFO Abstand

G7 <u>Nur LK:</u> **Den Abstand zweier windschiefer Geraden berechnen**

Idee: Gesucht ist ein gemeinsames Lot der beiden Geraden. Der Abstand der beiden Geraden ist dann gleich der Entfernung der beiden Fußpunkte P und Q dieses Lotes.

Der Verbindungsvektor der beiden Punkte P und Q lässt sich mithilfe der beiden Parameterformen beschreiben:
g: $\vec{x} = \overrightarrow{OA} + r \cdot \vec{u}$ und h: $\vec{x} = \overrightarrow{OB} + s \cdot \vec{v}$.

Der Verbindungsvektor der beiden Punkte P und Q , die auf den Geraden g und h liegen, ist:

$\overrightarrow{PQ} = (\overrightarrow{OB} + s \cdot \vec{v}) - (\overrightarrow{OA} + r \cdot \vec{u}) = \overrightarrow{AB} + s \cdot \vec{v} - r \cdot \vec{u}$.

Die Bedingung an $\overrightarrow{PQ}$ ist, dass dieser sowohl orthogonal ist zu g als auch zu h:

$\overrightarrow{PQ} * \vec{u} = 0$ und $\overrightarrow{PQ} * \vec{v} = 0$, also

$(\overrightarrow{AB} + s \cdot \vec{v} - r \cdot \vec{u}) * \vec{u} = 0$ und $(\overrightarrow{AB} + s \cdot \vec{v} - r \cdot \vec{u}) * \vec{v} = 0$.

Dies ist ein lineares Gleichungssystem mit zwei Gleichungen sowie den Variablen r und s, das eindeutig lösbar ist (vgl. **F11**). Mit den so erhaltenen Werten für die Parameter r und s kann man den Vektor $\overrightarrow{PQ}$ und dann dessen Betrag berechnen.

Zusatz: **Abstand zweier paralleler Geraden**
Bei Parallelität geht man wie folgt vor: Man wählt den Stützvektor der einen Geraden und berechnet dann den Abstand dieses Punkts von der anderen Geraden (vgl. **G6**).

Beispiel   *Abstand zweier windschiefer Geraden:*

g: $\vec{x} = \begin{pmatrix} 2 \\ 1 \\ 1 \end{pmatrix} + r \cdot \begin{pmatrix} 1 \\ -1 \\ 2 \end{pmatrix}$ und h: $\vec{x} = \begin{pmatrix} 1 \\ 0 \\ 1 \end{pmatrix} + s \cdot \begin{pmatrix} -1 \\ 2 \\ 0 \end{pmatrix}$.

Für $\overrightarrow{PQ}$ gilt dann: $\overrightarrow{PQ} = \begin{pmatrix} -1 \\ -1 \\ 0 \end{pmatrix} + s \cdot \begin{pmatrix} -1 \\ 2 \\ 0 \end{pmatrix} - r \cdot \begin{pmatrix} 1 \\ -1 \\ 2 \end{pmatrix}$.

Die Orthogonalitätsbedingungen sind:

$\left(\begin{pmatrix} -1 \\ -1 \\ 0 \end{pmatrix} + s \cdot \begin{pmatrix} -1 \\ 2 \\ 0 \end{pmatrix} - r \cdot \begin{pmatrix} 1 \\ -1 \\ 2 \end{pmatrix}\right) * \begin{pmatrix} 1 \\ -1 \\ 2 \end{pmatrix} = 0 + s \cdot (-3) - r \cdot 6 = 0$,

$\left(\begin{pmatrix} -1 \\ -1 \\ 0 \end{pmatrix} + s \cdot \begin{pmatrix} -1 \\ 2 \\ 0 \end{pmatrix} - r \cdot \begin{pmatrix} 1 \\ -1 \\ 2 \end{pmatrix}\right) * \begin{pmatrix} -1 \\ 2 \\ 0 \end{pmatrix} = -1 + s \cdot 5 - r \cdot (-3) = 0$.

Das Gleichungssystem $-3\,s - 6\,r = 0 \wedge 5\,s + 3\,r = 1$ hat die Lösungen $r = -\frac{1}{7} \wedge s = \frac{2}{7}$;

$|\overrightarrow{PQ}| = \left\| \begin{pmatrix} -1 \\ -1 \\ 0 \end{pmatrix} + \frac{2}{7} \cdot \begin{pmatrix} -1 \\ 2 \\ 0 \end{pmatrix} - \left(-\frac{1}{7}\right) \cdot \begin{pmatrix} 1 \\ -1 \\ 2 \end{pmatrix} \right\| = \left\| \begin{pmatrix} -\frac{8}{7} \\ -\frac{4}{7} \\ \frac{2}{7} \end{pmatrix} \right\| = \sqrt{\frac{84}{49}} = \sqrt{\frac{12}{7}} \approx 1{,}309$.

INFO Vektorprodukt

G8 <u>Nur LK:</u> **Das Vektorprodukt zur Berechnung von Dreiecksflächen und von Spatvolumina verwenden**

Mithilfe des Vektorprodukts kann man einen zu den beiden Vektoren $\vec{a}$ und $\vec{b}$ einen orthogonalen Vektor berechnen, vgl. Basiswissen **F5**.

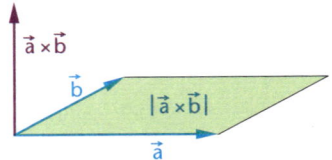

Das Vektorprodukt $\vec{a} \times \vec{b}$ hat folgende geometrische Eigenschaften:

(1) $\vec{a} \times \vec{b}$ ist orthogonal zu $\vec{a}$ und $\vec{b}$.

(2) Der Betrag des Vektorprodukts gibt den Flächeninhalt des von den Vektoren $\vec{a}$, $\vec{b}$ aufgespannten Parallelogramms an; es gilt nämlich:

$$|\vec{a} \times \vec{b}| = |\vec{a}| \cdot |\vec{b}| \cdot \sin(\varphi),$$ wobei φ der von $\vec{a}$, $\vec{b}$ aufgespannte Winkel ist.

(3) Folgerung: Für $\vec{a}$, $\vec{b} \neq \vec{o}$ gilt: $\vec{a} \cdot \vec{b} = \vec{o} \Leftrightarrow \vec{a}$, $\vec{b}$ sind Vielfache voneinander.

(4) Wegen der Eigenschaft $|\vec{a} \times \vec{b}| = |\vec{a}| \cdot |\vec{b}| \cdot \sin(\varphi)$ gibt der Betrag des Vektorprodukts den Flächeninhalt des von den Vektoren $\vec{a}$, $\vec{b}$ aufgespannten Parallelogramms an.

Für den Flächeninhalt des von den beiden Vektoren aufgespannten Dreiecks gilt daher: $A_{\text{Dreieck}} = \frac{1}{2} \cdot |\vec{a} \times \vec{b}|$.

(5) Für das Volumen eines von den Vektoren $\vec{a}$, $\vec{b}$, $\vec{c}$ aufgespannten Spats gilt:

$$V = |(\vec{a} \times \vec{b}) * \vec{c}|.$$

Der Vektor $\vec{a} \times \vec{b}$ steht orthogonal zu der von $\vec{a}$, $\vec{b}$ aufgespannten Grundfläche und sein Betrag ist gleich dem Flächeninhalt der Bodenfläche. Bildet man das Skalarprodukt von $\vec{a} \times \vec{b}$ mit dem Vektor $\vec{c}$, dann gilt:

$$(\vec{a} \times \vec{b}) * \vec{c} = |\vec{a} \times \vec{b}| \cdot |\vec{c}| \cdot \cos(\varphi),$$ wobei φ der Winkel zwischen $\vec{a} \times \vec{b}$ und $\vec{c}$ ist.

Der Betrag $|\vec{c}| \cdot \cos(\varphi)$ gibt gerade die Länge der Höhe des Spats an (orthogonale Projektion von $\vec{c}$ auf $\vec{a} \times \vec{b}$, vgl. Basiswissen **G2**).

Beispiele

(1) *Flächeninhalt eines Dreiecks:* $\vec{u} = \begin{pmatrix} 3 \\ 1 \\ 0 \end{pmatrix}$ und $\vec{v} = \begin{pmatrix} 2 \\ -1 \\ 4 \end{pmatrix}$ spannen ein Parallelogramm auf

mit dem Flächeninhalt: $|\vec{u} \times \vec{v}| = \left| \begin{pmatrix} 4 \\ -12 \\ -5 \end{pmatrix} \right| = \sqrt{16 + 144 + 25} = \sqrt{185} \approx 13{,}60 \text{ FE}$.

Das von $\vec{u}$ und $\vec{v}$ aufgespannte Dreieck hat den Flächeninhalt $A = \frac{1}{2} \cdot |\vec{u} \times \vec{v}| \approx 6{,}80 \text{ FE}$.

(2) *Volumen eines Spats:* $\vec{a} = \begin{pmatrix} 1 \\ -2 \\ 1 \end{pmatrix}$, $\vec{b} = \begin{pmatrix} 3 \\ 1 \\ -2 \end{pmatrix}$ und $\vec{c} = \begin{pmatrix} 2 \\ -1 \\ 1 \end{pmatrix}$ spannen einen Spat auf.

Für das Volumen des Spats gilt:

$$V = |(\vec{a} \times \vec{b}) * c| = \left| \left| \begin{pmatrix} 1 \\ -2 \\ 1 \end{pmatrix} \cdot \begin{pmatrix} 3 \\ 1 \\ -2 \end{pmatrix} \right| * \begin{pmatrix} 2 \\ -1 \\ 1 \end{pmatrix} \right| = \left| \begin{pmatrix} 3 \\ 5 \\ 7 \end{pmatrix} * \begin{pmatrix} 2 \\ -1 \\ 1 \end{pmatrix} \right| = |6 - 5 + 7| = 8 \text{ VE}$$

H   Beschreibende Statistik

INFO Häufigkeitsverteilung

H1 **Mittelwert und Stichprobenstreuung einer Häufigkeitsverteilung bestimmen**

(1) Häufigkeitsverteilung

Bei Erhebungen erfasst man, mit welchen **absoluten** oder **relativen Häufigkeiten** die verschiedenen möglichen **Ausprägungen** eines **Merkmals** auftreten. Eine Tabelle, in der jeder Ausprägung eines betrachteten Merkmals die relative Häufigkeit zugeordnet wird und in der die Summe der relativen Häufigkeiten 1 beträgt, wird als **Häufigkeitsverteilung** dieses Merkmals bezeichnet.

Die Häufigkeitsverteilung eines quantitativen Merkmals, also eines Merkmals, dessen Ausprägungen Zahlen sind, lässt sich durch Lage- und Streumaße charakterisieren.

(2) Arithmetisches Mittel

Das arithmetische Mittel $\bar{x}$ von m Merkmalswerten $x_1, x_2, ..., x_m$, erhält man, indem man die m Zahlen addiert und die Summe durch m teilt:

$$\bar{x} = \frac{1}{m} \cdot (x_1 + x_2 + ... + x_m) = \frac{1}{m} \sum_{i=1}^{m} x_i$$

Wenn die verschiedenen Merkmalswerte nicht nur einmal, sondern mit den absoluten Häufigkeiten $H(x_1), H(x_2), ..., H(x_m)$ auftreten, dann berechnet man zunächst die Gesamtzahl der Werte $n = H(x_1) + H(x_2) + ... + H(x_m)$ und hiermit dann das arithmetische Mittel:

$$\bar{x} = \frac{1}{n} \cdot [H(x_1) \cdot x_1 + H(x_2) \cdot x_2 + ... + H(x_m) \cdot x_m] = \frac{1}{n} \sum_{i=1}^{m} H(x_i) \; x_i$$

Sind statt der absoluten Häufigkeiten $H(x_1), H(x_2), ..., H(x_m)$ die relativen Häufigkeiten $h(x_1), h(x_2), ..., h(x_m)$ gegeben, dann berechnet sich das **arithmetische Mittel $\bar{x}$ der Häufigkeitsverteilung** nach der Formel

$$\bar{x} = h(x_1) \cdot x_1 + h(x_2) \cdot x_2 + ... + h(x_m) \cdot x_m = \sum_{i=1}^{m} h(x_i) \cdot x_i$$

Man bezeichnet $\bar{x}$ auch als **gewichtetes Mittel** der Merkmalswerte $x_1, x_2, ..., x_m$.

(3) Streuung

Die mittlere quadratische Abweichung der Daten einer Stichprobe vom Mittelwert $\bar{x}$ wird auch als **empirische Varianz** $\bar{s}^2$ bezeichnet.

Für m einzelne Daten: $\bar{s}^2 = \frac{1}{m} \cdot [(x_1 - \bar{x})^2 + (x_2 - \bar{x})^2 + ... + (x_m - \bar{x})^2] = \frac{1}{m} \sum_{i=1}^{m} (x_i - \bar{x})^2$

Für eine Häufigkeitsverteilung mit relativen Häufigkeiten $h(x_1), h(x_2), ..., h(x_m)$ gilt entsprechend:

$$\bar{s}^2 = (x_1 - \bar{x})^2 \cdot h(x_1) + (x_2 - \bar{x})^2 \cdot h(x_2) + ... + (x_m - \bar{x})^2 \cdot h(x_m) = \sum_{i=1}^{m} (x_i - \bar{x})^2 \cdot h(x_i)$$

Die Wurzel $\bar{s}$ aus der empirischen Varianz wird als **empirische Standardabweichung** oder auch als **Stichprobenstreuung** bezeichnet.

Den Term für $\bar{s}^2$ kann man umformen und erhält eine vereinfachte Berechnungsformel:

$$\bar{s}^2 = \left[x_1^2 \cdot h(x_1) + x_2^2 \cdot h(x_2) + x_3^2 \cdot h(x_3) + ... + x_m^2 \cdot h(x_m) \right] - \bar{x}^2$$

(4) **Perzentile, Quartile, Boxplots**

Man kann das Streuverhalten einer Datenmenge auch dadurch beschreiben, dass Perzentile der Datenmenge bestimmt werden: Dazu ordnet man die Werte der Datenmenge und untersucht, welche Daten kleiner oder gleich einem bestimmten Anteil P % der gesamten Datenmenge sind.

Es ist auch üblich, für eine Datenmenge den kleinsten Wert (0 %-Perzentil), das untere Quartil (25 %-Perzentil), den Median (50 %-Perzentil), das obere Quartil (75 %-Perzentil) und den größten Wert (100 %-Perzentil) anzugeben und in Form eines sogenannten Boxplots darzustellen. Dann benutzt man den Median als Lagemaß und den Quartilabstand (= oberes Quartil – unteres Quartil) als Streuungsmaß für die Häufigkeitsverteilung.

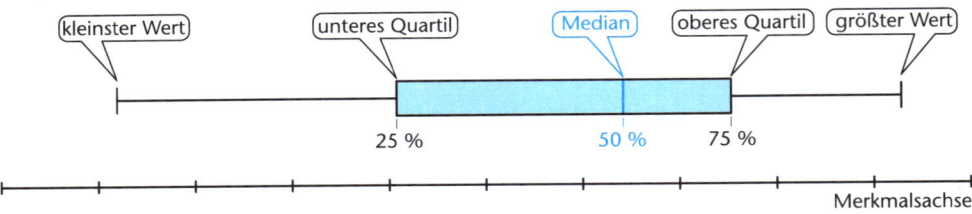

Beispiele

(1) *Arithmetisches Mittel einer Häufigkeitsverteilung mit absoluten Häufigkeiten:*

In einem Kurs wurde erfasst, wie viele Schüler/innen Geschwister haben:

Anzahl k der Geschwister	0	1	2	3
absolute Häufigkeit H (k) der Schüler/innen mit k Geschwistern	11	9	4	1

Insgesamt sind in der Häufigkeitverteilung mit absoluten Häufigkeiten n = 11 + 9 + 4 + 1 = 25 Daten erfasst; das arithmetische Mittel ist daher

$$\bar{x} = \frac{1}{25} \cdot (11 \cdot 0 + 9 \cdot 1 + 4 \cdot 2 + 1 \cdot 3) = \frac{20}{25} = 0{,}8.$$

Im Mittel haben die Schüler/innen des Kurses also 0,8 Geschwister.

(2) *Arithmetisches Mittel einer Häufigkeitsverteilung mit relativen Häufigkeiten:*

In einer großen Stichprobe wurde die Anzahl der nicht-volljährigen Kinder in Haushalten erfasst:

Anzahl k der Kinder	0	1	2	3	4	5
relative Häufigkeit h (k) der Familien mit k Kindern	48,3 %	21,1 %	21,3 %	6,9 %	1,8 %	0,6 %

Wäre dies beispielsweise eine Stichprobe vom Umfang n = 1000 gewesen, dann hätte man das arithmetische Mittel wie in (1) berechnen können:

$$\bar{x} = \frac{1}{1000} \cdot (483 \cdot 0 + 211 \cdot 1 + 213 \cdot 2 + 69 \cdot 3 + 18 \cdot 4 + 6 \cdot 5)$$
$$= \frac{946}{1000} = 0{,}946.$$

Im Mittel sind in den erfassten Haushalten etwa 0,95 Kinder. Die empirische Standardabweichung $\bar{s}$ beträgt hier ungefähr 1,1.

I Wahrscheinlichkeitsrechnung

INFO Baumdigramme

I1 Mehrstufige Zufallsversuche mithilfe von Baumdiagrammen beschreiben

Mehrstufige Zufallsversuche lassen sich mithilfe eines Baumdiagramms darstellen.
Zu jedem möglichen Ergebnis des Zufallsversuchs gehört ein Pfad im Baumdiagramm.
Je nach Fragestellung kann es sinnvoll sein, mehrere Ergebnisse zu einem Ereignis zusammenzufassen und nur ein reduziertes Baumdiagramm zu zeichnen.

Beispiel *Darstellung des 3-fachen Würfelns mithilfe eines Baumdiagramms*

Interessiert man sich beim dreifachen Würfeln nur dafür, ob Augenzahl 6 auftritt, so ist die Darstellung in einem reduzierten Baumdiagramm zweckmäßig, in dem die Ergebnisse Augenzahl 1, 2, 3, 4, 5 zum Ereignis *Keine 6* zusammengefasst werden.

Betrachtet man das Ereignis *Mindestens eine 6 in drei Würfen*, so kann man das zugehörige Baumdiagramm noch weiter reduzieren und die Pfade nur jeweils beim Ereignis keine 6 weiter fortsetzen.

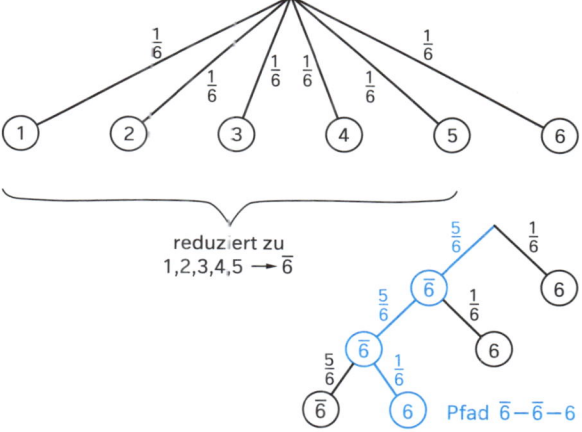

INFO Pfadregeln

I2 Wahrscheinlichkeiten mithilfe der Pfadregeln berechnen

Zur Berechnung von Pfadwahrscheinlichkeiten dienen die folgenden Regeln:

– **Pfadmultiplikationsregel:** Die Wahrscheinlichkeit eines Pfades ist gleich dem Produkt der Wahrscheinlichkeiten längs dieses Pfades.

– **Pfadsummenregel:** Gehören zu einem Ereignis mehrere Pfade, so ist die Wahrscheinlichkeit des Ereignisses gleich der Summe der Wahrscheinlichkeiten aller zum Ereignis gehörenden Pfade. Die Summe der Wahrscheinlichkeiten nach einer Verzweigung ist immer gleich 1.

– **Komplementärregel:** Kennt man die Wahrscheinlichkeit eines Ereignisses E, so kennt man auch die Wahrscheinlichkeit des Gegenereignisses $\overline{E}$:

$P(\overline{E}) + P(E) = 1$, also gilt $P(\overline{E}) = 1 - P(E)$.

Beispiel   *Anwendung der Komplementärregel beim 3-fachen Würfeln*

Das Gegenereignis zu E: *Mindestens einmal 6 in drei Würfen* ist $\overline{E}$: *Keine 6 in drei Würfen*. Aus der Komplementärregel folgt dann für die Wahrscheinlichkeit von E:

$$P(E) = 1 - P(\overline{E}) = 1 - \left(\frac{5}{6}\right)^3 = 1 - \frac{125}{216} = \frac{91}{216}.$$

Hinweis: In Aufgabenstellungen, in denen das Wort „mindestens" vorkommt, kann man oft die Komplementärregel anwenden.

INFO Bedingte Wahrscheinlichkeiten

I3 Bedingte Wahrscheinlichkeiten mithilfe von Vierfeldertafeln oder umgekehrten Baumdiagrammen bestimmen

In einer **Vierfeldertafel** wird erfasst, mit welchen absoluten oder relativen Häufigkeiten zwei Merkmalsausprägungen zweier Merkmale auftreten und in welcher Kombination dies geschieht. Besitzt ein Merkmal mehr als zwei interessierende Ausprägungen, so wird die Vierfeldertafel zu einer **Mehrfeldertafel** erweitert.
Die Daten aus der Vierfeldertafel lassen sich auf zwei Arten in einem zweistufigen Baumdiagramm wiedergeben (auf der 1. Stufe wird das eine, auf der 2. Stufe das andere Merkmal betrachtet).
Umgekehrt lassen sich mit den Daten aus einem Baumdiagramm sowohl eine Vierfeldertafel als auch das andere (**„umgekehrte"**) **Baumdiagramm** entwickeln.

Beispiel *Darstellung von statistischen Daten als Baumdiagramm bzw. Mehrfeldertafel*

Bei einer Wahl in einer Stadt treten drei Kandidaten X, Y, Z an. Es wird in zwei Bezirken, der Oberstadt (O) und der Unterstadt (U) gewählt. Die Daten werden aufgeschlüsselt in einer Mehrfeldertafel dargestellt. Anstelle der absoluten Häufigkeiten könnten auch relative Häufigkeiten (h) angegeben werden.

Wahl	X	Y	Z	gesamt
O	$H(X \cap O)$ = 1400	$H(Y \cap O)$ = 1100	$H(Z \cap O)$ = 500	$H(O)$ = 3000
U	$H(X \cap U)$ = 600	$H(Y \cap U)$ = 700	$H(Z \cap U)$ = 700	$H(U)$ = 2000
gesamt	$H(X)$ = 2000	$H(Y)$ = 1800	$H(Z)$ = 1200	$H(\Omega)$ = 5000

Da keiner der drei Kandidaten eine absolute Mehrheit der Stimmen erreichen konnte, wird in einem weiteren Wahlgang eine Stichwahl zwischen X und Y durchgeführt

Wahl nach Bezirken

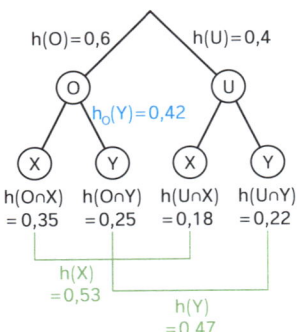

Vierfeldertafel

Wahl	X	Y	ges.
O	$h(X \cap O)$ = 35%	$h(Y \cap O)$ = 25%	$h(O)$ = 60%
U	$h(X \cap U)$ = 18%	$h(Y \cap U)$ = 22%	$h(U)$ = 40%
ges.	$h(X)$ = 53%	$h(Y)$ = 47%	$h(\Omega)$ = 1

Wahl nach Kandidaten

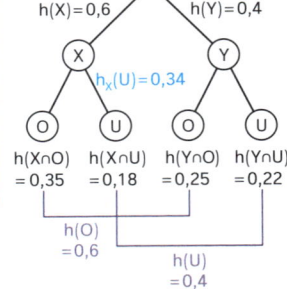

Wählt man irgendeine Person zufällig aus der betrachteten Gesamtheit aus, so lassen sich die relativen Häufigkeiten als Wahrscheinlichkeiten auffassen. Bei den Darstellungen in den Vier- oder Mehrfeldertafeln sowie den Baumdiagrammen ändert sich dann nur die Bezeichnung (P(X) statt h(X) usw.)

Hinweis: Die Wahrscheinlichkeiten auf der 2. Stufe der Baumdiagramme sind **bedingte Wahrscheinlichkeiten,** die nicht mit den Pfadwahrscheinlichkeiten verwechselt werden dürfen! Bedingte Wahrscheinlichkeiten lassen sich mithilfe der Pfadregeln aus dem Baumdiagramm ermitteln oder als Quotienten innerhalb der Zeilen oder Spalten der zugehörigen Vier- oder Mehrfeldertafeln.

Für die Wahrscheinlichkeit, dass jemand aus der Oberstadt Kandidat Y gewählt hat, gilt beispielsweise:

$P(O) \cdot P_O(Y) = P(O \cap Y)$, also $P_O(Y) = \frac{P(O \cap Y)}{P(O)} = \frac{0{,}25}{0{,}6} = 0{,}41\overline{6} \approx 42\,\%$.

Für die Wahrscheinlichkeit, dass jemand, der Kandidat X gewählt hat, in der Unterstadt lebt, gilt:

$P(X) \cdot P_X(U) = P(X \cap U)$, also $P_X(U) = \frac{P(X \cap U)}{P(X)} = \frac{0{,}18}{0{,}53} \approx 0{,}3396 \approx 34\,\%$.

INFO Satz von Bayes

I4 **Bedingte Wahrscheinlichkeiten mithilfe des Satzes von Bayes bestimmen**

Ist A ein Ereignis, das von Interesse ist, und B eine Bedingung, unter der man das Ereignis A betrachtet, dann kann man die bedingte Wahrscheinlichkeit $P_B(A)$ für das **Ereignis A unter der Bedingung B** mithilfe des Satzes von Bayes unmittelbar berechnen:

$P(B) = P(A \cap B) + P(\overline{A} \cap B) = P(A) \cdot P_A(B) + P(\overline{A}) \cdot P_{\overline{A}}(B)$, also

$P_B(A) = \frac{P(A \cap B)}{P(B)} = \frac{P(A) \cdot P_A(B)}{P(A) \cdot P_A(B) + P(\overline{A}) \cdot P_{\overline{A}}(B)}$.

Beispiel *Anwendung der Formel des Satzes von Bayes*

Hinweis: Mithilfe der Formel des Satzes von Bayes kann man bedingte Wahrscheinlichkeiten direkt berechnen, ohne auf die in **I3** verwendeten Darstellungsformen (Vierfeldertafel oder Baumdiagramm) zurückzugreifen.

Gegebene Infos: $P(O) = 0{,}6$; $P(U) = 0{,}4$; $P_O(Y) = 0{,}42$, also $P_O(X) = 0{,}58$; $P_U(X) = \frac{0{,}18}{0{,}4} = 0{,}45$, also $P_U(Y) = 0{,}55$.

Gesucht wird die bedingte Wahrscheinlichkeit, dass ein Wähler von Kandidat X aus der Unterstadt kommt.

Nach der Formel des Satzes von Bayes gilt:

$P_X(U) = \frac{P(X \cap U)}{P(X)} = \frac{P(U) \cdot P_U(X)}{P(X \cap U) + P(X \cap O)} = \frac{P(U) \cdot P_U(X)}{(P(U) \cdot P_U(X) + P(O) \cdot P_O(X)} = \frac{0{,}4 \cdot 0{,}45}{0{,}4 \cdot 0{,}45 + 0{,}6 \cdot 0{,}58} \approx 0{,}34 = 34\,\%$.

Die Wähler von Kandidat X kommen aus der Unterstadt und der Oberstadt. Fasst man diese Anteile zusammen, dann spricht man von der totalen Wahrscheinlichkeit für das Ereignis X:
$P(X) = P(X \cap U) + P(X \cap O) = P(U) \cdot P_U(X) + P(O) \cdot P_O(X) = 0{,}53$.

J Wahrscheinlichkeitsverteilungen

INFO Wahrscheinlichkeitsverteilungen

J1 **Wahrscheinlichkeitsverteilungen einer (diskreten) Zufallsgröße bestimmen**

Zufallsgrößen sind Funktionen, die jedem Ergebnis eines Zufallsversuchs eine (reelle) Zahl zuordnen. Ist die Anzahl der Funktionswerte dieser Funktion endlich, z. B. k = 0, 1, 2, …, n (oder abzählbar unendlich, z. B. k = 1, 2, 3, …), so spricht man von einer diskreten Zufallsgröße.

Wahrscheinlichkeitsverteilungen sind Funktionen, durch die den möglichen Werten einer Zufallsgröße Wahrscheinlichkeiten zugeordnet werden. Elementare Wahrscheinlichkeitsverteilungen kann man als Liste oder in Form einer Tabelle notieren.
Besondere Wahrscheinlichkeitsverteilungen (wie die Binomialverteilung in **J3**), die gewissen Gesetzmäßigkeiten genügen, lassen sich auch mithilfe eines Funktionsterms beschreiben.

Die Summe aller Wahrscheinlichkeiten einer Wahrscheinlichkeitsverteilung muss immer 1 ergeben.

Beispiele

(1) *Diskrete Wahrscheinlichkeitsverteilung mit endlich vielen Werten:*

Wenn das rechts abgebildete Glücksrad anhält, dann weist der Zeiger auf einen der Sektoren mit der Beschriftung 0, 1, 2 oder 3. Mögliche Werte („Realisierungen") der Zufallsgröße sind also die in den Sektoren aufgeführten Zahlenwerte k = 0, 1, 2, 3.
Im Sachkontext könnte dies etwa bedeuten: Ist X: *Ausgezahlter Betrag (in €)*, dann entspricht dies je nach Ergebnis einer Auszahlung von 0 €, 1 €, 2 € oder 3 €.

k	P(X = k)
0	$\frac{4}{10}$
1	$\frac{3}{10}$
2	$\frac{2}{10}$
3	$\frac{1}{10}$

Die in der Tabelle enthaltene Zuordnung Werte der Zufallsgröße → zugehörige Wahrscheinlichkeit ist eine Wahrscheinlichkeitsverteilung, denn es gilt:

$$P(X = 0) + P(X = 1) + P(X = 2) + P(X = 3) = \frac{4}{10} + \frac{3}{10} + \frac{2}{10} + \frac{1}{10} = 1.$$

(2) *Diskrete Wahrscheinlichkeitsverteilung mit abzählbar unendlich vielen Werten:*

Bei der Zufallsgröße Y: *Anzahl der Drehungen des Glücksrads bis zum ersten Anhalten beim Sektor „3"* kann die „3" zum ersten Mal bei der 1., 2., 3., … Drehung auftreten, d. h. k = 1, 2, 3, 4, …

k	1	2	3	4	…
P(Y = k)	$\frac{1}{10}$	$\frac{9}{10} \cdot \frac{1}{10}$	$\left(\frac{9}{10}\right)^2 \cdot \frac{1}{10}$	$\left(\frac{9}{10}\right)^3 \cdot \frac{1}{10}$	…

INFO · Kenngrößen einer Zufallsgröße

J2 **Kenngrößen (Erwartungswert, Varianz und Standardabweichung) einer (diskreten) Zufallsgröße berechnen**

Der **Erwartungswert E(X) einer Zufallsgröße** ist der gewichtete Mittelwert aller Werte a_1, a_2, ..., a_n, welche die Zufallsgröße annehmen kann. Statt E(X) ist auch die Bezeichnung μ üblich:

$$E(X) = μ = a_1 \cdot P(X = a_1) + a_2 \cdot P(X = a_2) + ... + a_n \cdot P(X = a_n) = \sum_{i=1}^{n} a_i \cdot P(X = a_i).$$

Die **Varianz V(X) einer Zufallsgröße** ist die mittlere quadratische Abweichung der Werte a_1, a_2, ..., a_n der Zufallsgröße vom Erwartungswert der Zufallsgröße:

$$V(X) = (a_1 - μ)^2 \cdot P(X = a_1) + (a_2 - μ)^2 \cdot P(X = a_2) - ... + (a_n - μ)^2 \cdot P(X = a_n)$$

$$= \sum_{i=1}^{n} (a_i - μ)^2 \cdot P(X = a_i).$$

Dies kann auch notiert werden in der Form $V(X) = E((X - E(X))^2)$ (= Erwartungswert der quadratischen Abweichungen vom Erwartungswert).

Die Quadratwurzel aus der Varianz heißt **Standardabweichung** σ der Zufallsgröße X:

$$σ = \sqrt{V(X)}.$$

Für besondere Wahrscheinlichkeitsverteilungen (wie beispielsweise die Binomialverteilung, vgl. **J3**) gibt es einfache Formeln zur Berechnung dieser Kenngrößen.

Beispiel *Erwartungswert und Varianz einer diskreten Zufallsgröße*

Für das Glücksrad im Beispiel zu **J1** gilt für den Erwartungswert der Zufallsgröße X:

$$E(X) = 0 \cdot P(X = 0) + 1 \cdot P(X = 1) + 2 \cdot P(X = 2) + 3 \cdot P(X = 3) = 0 \cdot \frac{4}{10} + 1 \cdot \frac{3}{10} + 2 \cdot \frac{2}{10} + 3 \cdot \frac{1}{10} = 1.$$

Der Erwartungswert der Zufallsgröße X: *Ausgezahlter Betrag (in €)* ist 1.

Ein Glücksspiel, bei dem die erwartete Auszahlung dem Spieleinsatz entspricht, wird als **fair** bezeichnet.

Ein fairer Einsatz für das Drehen des Glücksrads wäre also 1 €.

$$V(X) = \sum_{i=0}^{3} (i - 1)^2 \cdot P(X = i) = (-1)^2 \cdot \frac{4}{10} + 0^2 \cdot \frac{3}{10} + 1^2 \cdot \frac{2}{10} + 2^2 \cdot \frac{1}{10} = 1, \quad σ = \sqrt{V(X)} = \sqrt{1} = 1.$$

Varianz und Standardabweichung sind bei diesem Glücksrad ebenfalls 1.

INFO Bernoulli-Versuche

J3 **Wesentliche Eigenschaften von Bernoulli-Versuchen erläutern und Wahrscheinlichkeiten von Ereignissen mithilfe der Bernoulli-Formel oder der Optionen eines TR bestimmen**

Ein Zufallsversuch wird als **Bernoulli-Versuch** bezeichnet, wenn folgende Bedingungen erfüllt sind:
(1) Man entscheidet nur, ob ein bestimmtes Ergebnis („Erfolg") eintritt oder nicht („Misserfolg"), d.h., bei einem Bernoulli-Versuch betrachtet man immer nur zwei mögliche Ausgänge.
(2) Ob auf einer Stufe ein Erfolg oder ein Misserfolg auftritt, hängt nicht von den Ergebnissen anderer Stufen ab, so dass sich bei einer Wiederholung des Versuchs die Wahrscheinlichkeit für einen Erfolg nicht verändert.

Die **Erfolgswahrscheinlichkeit** wird üblicherweise mit p bezeichnet; die **Misserfolgswahrscheinlichkeit** mit $q = 1 - p$.

Zu einem n-stufigen Bernoulli-Versuch (**Bernoulli-Kette**) gehört die Zufallsgröße X: *Anzahl der Erfolge*. Diese gibt also an, auf wie vielen Stufen des n-stufigen Zufallsversuchs ein Erfolg aufgetreten ist. Mögliche Werte der Zufallsgröße sind 0, 1, ..., n.

Das Baumdiagramm einer n-stufigen Bernoulli-Kette enthält insgesamt 2^n Pfade, da es auf jeder der n Stufen jeweils zwei Verzweigungen gibt.

Die Wahrscheinlichkeitsverteilung der Zufallsgröße X: *Anzahl der Erfolge* wird als **Binomialverteilung** bezeichnet.

Die Wahrscheinlichkeit für genau k Erfolge in n Versuchen kann mithilfe der sog. **Bernoulli-Formel** berechnet werden:
$P(X = k) = \binom{n}{k} \cdot p^k \cdot (1 - p)^{n-k}$.

Der Binomialkoeffizient $\binom{n}{k}$ („n über k") gibt die Anzahl der Möglichkeiten an, dass in insgesamt n Versuchen k Erfolge auftreten.
Für die Berechnung des Binomialkoeffizienten gilt:
$$\binom{n}{k} = \frac{n!}{k! \cdot (n-k)!} = \frac{n \cdot (n-1) \cdot ... \cdot (n-k+1)}{k \cdot (k-1) \cdot ... \cdot 2 \cdot 1}$$

Beispiele

(1) *Bernoulli-Ketten erkennen und berechnen:*
Typische Zufallsversuche, die man als Bernoulli-Versuche modellieren kann, sind
– Münzwürfe (dabei ist es egal, welche Seite man als Erfolg ansieht und ob die Münze evtl. gezinkt ist),
– Ziehen mit Zurücklegen aus einer Urne mit Kugeln oder einem gemischten Kartenstapel – es muss gewährleistet sein, dass vor jeder Ziehung die gleichen Voraussetzungen bestehen,
– mehrfaches Drehen eines Glücksrads,
– Werfen einer bestimmten Augenzahl mit einem Würfel.

Betrachtet man beim Würfeln z.B. das Auftreten der Augenzahl 6 als Erfolg, so gilt jedes der übrigen Würfelergebnisse als Misserfolg. Da der Würfel „kein Gedächtnis hat", geht man also davon aus, dass sich während des Würfelns die Erfolgswahrscheinlichkeit $p = \frac{1}{6}$ nicht verändert, d.h., es handelt sich also um einen Bernoulli-Versuch.

Beim 5-fachen Würfeln ist die Zufallsgröße X: *Anzahl der Sechsen* binomialverteilt mit den Parametern n = 5 und p = $\frac{1}{6}$.

Die Wahrscheinlichkeit für k = 0, 1, ..., 5 Erfolge (Sechsen) ist P(X = k) = $\binom{5}{k} \cdot \left(\frac{1}{6}\right)^k \cdot \left(\frac{5}{6}\right)^{(5-k)}$.

$P(X = 0) = \binom{5}{0} \cdot \left(\frac{1}{6}\right)^0 \cdot \left(\frac{5}{6}\right)^5 - 0 = \left(\frac{5}{6}\right)^5 \approx 0{,}402$

$P(X = 1) = \binom{5}{1} \cdot \left(\frac{1}{6}\right)^1 \cdot \left(\frac{5}{6}\right)^4 = 5 \cdot \frac{1}{6} \cdot \left(\frac{5}{6}\right)^4 \approx 0{,}402$

$P(X = 2) = 10 \cdot \frac{1}{36} \cdot \left(\frac{5}{6}\right)^3 \approx 0{,}161$

$P(X = 3) = \binom{5}{3} \cdot \left(\frac{1}{6}\right)^3 \cdot \left(\frac{5}{6}\right)^2 \approx 0{,}032$

$P(X = 4) = \binom{5}{4} \cdot \left(\frac{1}{6}\right)^4 \cdot \left(\frac{5}{6}\right)^1 \approx 0{,}0032$

$P(X = 5) = \binom{5}{5} \cdot \left(\frac{1}{6}\right)^5 \cdot \left(\frac{5}{6}\right)^0 = \left(\frac{1}{6}\right)^5 \approx 0{,}00013$

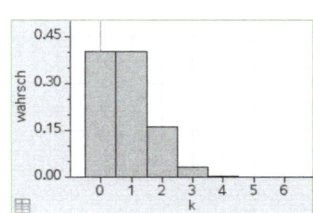

Zeichnet man ein vollständiges Baumdiagramm zu diesem 5-stufigen Bernoulli-Versuch, dann besteht es aus $2^5 = 32$ Pfaden. Davon enthalten z. B. $\binom{5}{2}$ =10 der 32 Pfade genau zwei-mal eine „6" (nämlich auf den Stufen (1 und 2) oder (1 und 3) oder (1 und 4) oder (1 und 5) oder (2 und 3) oder (2 und 4) oder (2 und 5) oder (3 und 4) oder (3 und 5) oder (4 und 5).

(2) *Wahrscheinlichkeiten bei Binomialverteilungen mit dem GTR bestimmen:*
Bei Menschen unterscheidet man die Blutgruppen 0, A, B sowie AB. In Deutschland haben etwa 41% der Menschen Blutgruppe 0 und gelten damit als „Universal-Spender".

An einem Aktionstag kommen 80 Spender in ein Blutspendezentrum, was wie folgt als 80-stufiger Bernoulli-Versuch modelliert werden kann: Die Zufallsgröße X: Anzahl der Blutspender mit Blutgruppe 0 kann als binomialverteilt angesehen werden mit den Parametern n = 80 und p = 0,41.

Die Berechnung der Wahrscheinlichkeiten verschiedener Ereignisse kann mit dem TR erfolgen:

binomPdf(80,0.41,25)	0.018917
binomCdf(80,0.41,0,20)	0.002061
binomCdf(80,0.41,30,80)	0.772405
binomCdf(80,0.41,32,38)	0.515536

- Genau 25 Spender haben Blutgruppe 0:
  P(X = 25) ≈ 1,9 %
- Höchstens 20 Spender haben Blutgruppe 0:
  P(X ≤ 20) ≈ 0,2 %
- Mindestens 30 Spender haben Blutgruppe 0:
  P(X ≥ 30) ≈ 77,2 %
- Mehr als 31, aber weniger als 39 Spender haben
  Blutgruppe 0: P(31 < X < 39) = P(32 ≤ X ≤ 38) ≈ 51,6 %

Hinweis: Eine Modellierung mithilfe einer Binomialverteilung könnte in diesem Beispiel problematisch sein, wenn man nicht ausschließen kann, dass unter den erfassten Personen auch miteinander verwandte Personen sind, die – nicht zufällig – gleiche Blutgruppen besitzen.

(3) *Modellierungen – Ziehen mit bzw. ohne Zurücklegen:*
Im Sachzusammenhang muss stets geprüft werden, ob bei einem Vorgang eventuell ein *Ziehen ohne Zurücklegen* vorliegt:

Beim Ziehen aus einer Lostrommel mit n Losen, von denen k Gewinne sind, verändert sich nach jeder Ziehung die Anzahl der Lose und der Anteil der Gewinnlose. In einem Baumdiagramm wird dies dadurch deutlich, dass sich die Wahrscheinlichkeiten auf jeder Stufe ändern. Die Modellierung muss hier mithilfe der sog. **hypergeometrischen Verteilung** erfolgen.

Wenn jedoch das Verhältnis Umfang der Grundgesamtheit zum Umfang der Stichprobe groß ist, können Wahrscheinlichkeiten näherungsweise mithilfe des Modells Ziehen mit Zurücklegen, also mit einem Binomialansatz, berechnet werden.

Man gewinnt bei einem Glücksrad mit Wahrscheinlichkeit $p = 0{,}1$. X: *Anzahl der Gewinne* (Modell: Binomialverteilung)	2 von 20 Losen sind Gewinnlose (also 10 %), $n = 3$ Lose werden gekauft X: *Anzahl der Gewinne* (Ziehen ohne Zurücklegen)	20 von 200 Losen sind Gewinnlose (also 10 %), $n = 3$ Lose werden gekauft X: *Anzahl der Gewinne* (Ziehen ohne Zurücklegen)
$P(X = 0) \approx 72{,}9\%$	$P(X = 0) \approx 71{,}6\%$	$P(X = 0) \approx 72{,}8\%$
$P(X = 1) \approx 24{,}3\%$	$P(X = 1) \approx 26{,}8\%$	$P(X = 1) \approx 24{,}5\%$
$P(X = 2) \approx 2{,}7\%$	$P(X = 2) \approx 1{,}6\%$	$P(X = 2) \approx 2{,}6\%$
$P(X = 3) \approx 0{,}1\%$	$P(X = 3) = 0{,}0\%$	$P(X = 3) \approx 0{,}09\%$

INFO Mindestwerte

J4 **Mindestwerte von n bzw. von p zu einer vorgegebenen Mindestwahrscheinlichkeit ermitteln**

Häufig interessiert man sich für Fragestellungen der folgenden Art:
(1) Wie oft muss ein Bernoulli-Versuch mindestens durchgeführt werden, damit mit einer **Mindestwahrscheinlichkeit** M mindestens ein Erfolg eintritt?
(2) Wie groß muss die Erfolgswahrscheinlichkeit p eines Bernoulli-Versuchs mindestens sein, damit in n Versuchen mit einer Mindestwahrscheinlichkeit M mindestens ein Erfolg eintritt?
(3) Wie oft muss ein Bernoulli-Versuch mindestens durchgeführt werden, damit mit einer Mindestwahrscheinlichkeit M mindestens k Erfolge eintreten?

Als Ansatz für die Lösung der Fragestellungen (1) und (2) wird die Komplementärregel **I2** angewandt:
Das Gegenereignis von *Mindestens ein Erfolg* ist das Ereignis *Kein Erfolg*, d. h., statt der Wahrscheinlichkeit $P(X \geq 1)$ wird $P(X = 0) = (1 - p)^n = q^n$ betrachtet.

Aus $P(X \geq 1) \geq M$, also $1 - P(X = 0) \geq M$ und somit $(1 - p)^n \leq 1 - M$ folgt

bei (1): $n \geq \dfrac{\log(1 - M)}{\log(1 - p)}$ und bei (2): $p \geq 1 - \sqrt[n]{1 - M}$.

Aufgaben vom Typ (3) müssen durch systematische Suche mithilfe des TR gelöst werden.

Beispiele

(1) *Mindestversuchszahl n für mindestens einen Erfolg:*

Eine ältere Maschine arbeitet nicht mehr ganz präzise, so dass 3% der Werkstücke mit Mängeln behaftet sind. Gesucht ist die Anzahl an Werkstücken, die mindestens geprüft werden muss, um mit mindestens M = 99%iger Wahrscheinlichkeit mindestens ein mangelhaftes Werkstück zu finden.

X: *Anzahl der mangelhaften Werkstücke* ist binomialverteilt mit p = 0,03 und es soll gelten $P(X \geq 1) \geq 0,99$.

Anwenden der Komplementärregel ergibt $P(X = 0) = (1 - p)^n \leq 0,01 = 1 - M$, also $n \geq \frac{\log(0,01)}{\log(0,97)} \approx 151,2$. Dabei spielt es keine Rolle, welche Logarithmusfunktion verwendet wird.

Antwort: Es müssen also mindestens 152 Werkstücke geprüft werden, um mit mindestens 99%iger Wahrscheinlichkeit mindestens ein mangelhaftes Werkstück zu finden.
Der TR bietet verschiedene Lösungsmöglichkeiten:

Rechnung, Gleichungslöser   Tabellarische Lösung   Graphische Lösung

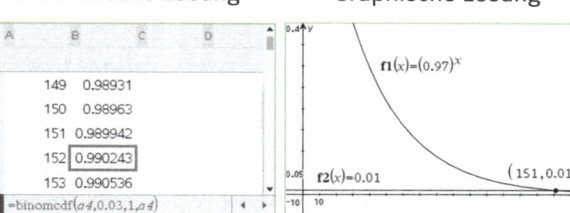

(2) *Mindesterfolgswahrscheinlichkeit p für mindestens einen Erfolg:*

Überraschungskalender mit 24 Türchen werden industriell zufällig mit Täfelchen verschiedener Schokoladensorten befüllt. Gesucht ist die Mindesterfolgswahrscheinlichkeit p, mit der eine bestimmte Sorte in dem Vorratsbehälter enthalten sein muss, damit diese Sorte mit mindestens M = 95%iger Wahrscheinlichkeit mindestens einmal im Kalender zu finden ist.
X: *Anzahl der Schokotäfelchen einer bestimmten Sorte* ist binomialverteilt mit n = 24, $P(X \geq 1) \geq 0,95$.

Mit der Komplementärregel ist $P(X=0) = (1 - p)^n \leq 0,05 = 1 - M$, also $p \geq 1 - \sqrt[24]{0,05} \approx 11,73\%$.

In dem Vorratsbehälter, aus dem die Schokotäfelchen zufällig zum Füllen der Überraschungskalender entnommen werden, muss die bestimmte Sorte also mindestens mit einem Anteil von 11,8% enthalten sein, damit mit mindestens 95%iger Wahrscheinlichkeit mindestens ein Schokotäfelchen der Sorte im 24er-Kalender zu finden ist.
Der TR bietet auch hier verschiedene Lösungsmöglichkeiten:

Rechnung, Gleichungslöser   Tabelle/Intervallschachtelung   Graphische Lösung

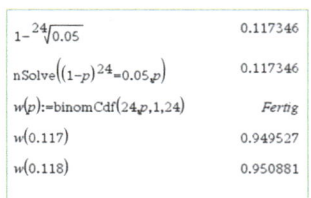 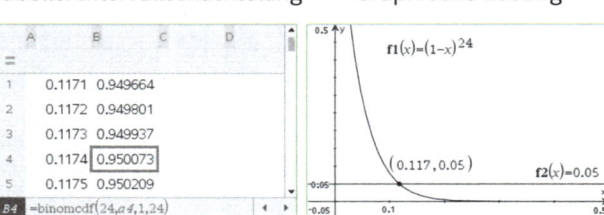 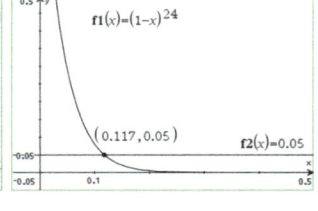

(3) *Berechnung für mindestens k Erfolge:*
Für eine Erhebung werden 500 Personen benötigt; erfahrungsgemäß sind jedoch nur 75 % der befragten Personen zu Auskünften bereit. Gesucht ist die Anzahl der Personen, die befragt werden sollte, um mit mindestens M = 95%iger Wahrscheinlichkeit mindestens 500 auskunftsbereite Personen zu finden.

binomCdf(700,0.75,0,499)	0.013929
binomCdf(690,0.75,0,499)	0.057953
binomCdf(691,0.75,0,499)	0.05097
binomCdf(692,0.75,0,499)	0.044687
binomCdf(692,0.75,500,692)	0.955313

X: *Anzahl auskunftsbereiter Personen* ist binomialverteilt mit p = 0,75; k ≥ 500; $P_n(X \geq 500) \geq 0,95 = M$.

Aus der Wertetabelle der Binomialverteilung kann man ablesen:
$P_{691}(X \geq 500) \approx 0,949 < 0,9$; $P_{692}(X \geq 500) \approx 0,955 > 0,95$.

	A	B	C	D	
=					
1		690	0.942047		
2		691	0.94903		
3		692	0.955313		
4		693	0.960945		
5		694	0.965975		
B3	=binomcdf(a3,0.75,500,a3)				◄ ►

Es müssen also mindestens 692 Personen befragt werden.

INFO Kenngrößen einer Binomialverteilung

J5 **Die Kenngrößen Erwartungswert, Varianz und Standardabweichung einer binomialverteilten Zufallsgröße berechnen**

Die Verteilung einer binomialverteilten Zufallsgröße X: *Anzahl der Erfolge* wird durch die Kenngrößen **Erwartungswert E(X), Varianz V(X)** und **Standardabweichung σ** charakterisiert. Die Berechnung dieser Kenngrößen kann mithilfe einfacher Formeln erfolgen:

$E(X) = \mu = n \cdot p$, $\quad V(X) = \sigma^2 = n \cdot p \cdot (1 - p)$, also $\sigma = \sqrt{n \cdot p \cdot (1 - p)}$.

Die Standardabweichung ist ein Maß für die Streuung der Werte um den Erwartungswert. Im Vergleich zur Versuchszahl n wächst σ weniger stark (nämlich mit $\sqrt{n}$) an, d.h., bei einer Vervierfachung der Versuchszahl wird die „Breite" der Streuung nur etwa doppelt so breit.

Beispiele

(1) *Berechnung der Kenngrößen einer binomialverteilten Zufallsgröße:*
Beim 100-fachen Münzwurf zählt die Zufallsgröße X: *Anzahl der Wappen*.
X ist also binomialverteilt mit n = 100 und p = 0,5. Es gilt also:

$E(X) = \mu = n \cdot p = 100 \cdot 0,5 = 50$; $V(X) = n \cdot p \cdot (1 - p) = 100 \cdot 0,5 \cdot 0,5 = 25$; $\sigma = \sqrt{25} = 5$.

Die Wahrscheinlichkeit, dass die Anzahl der Wappen um höchstens zwei Standardabweichungen vom Erwartungswert abweicht, beträgt:
$P(\mu - 2\sigma \leq X \leq \mu + 2\sigma) = P(40 \leq X \leq 60) \approx 0,9648$.

Hinweis: Falls σ > 3, darf nach der sog. Laplace-Faustregel auch die Normalverteilung zur Approximation der Binomialverteilung genutzt werden (vgl. **J7**).

(2) *Bestimmung der Parameter n und p einer Binomialverteilung aus gegebenen Kenngrößen μ und σ:*
Aus den Angaben über die Kenngrößen einer Binomialverteilung μ = 25,2 und $\sigma^2 = 17,64$ kann man die zugrundeliegenden Parameter n und p erschließen:

Aus $\mu = n \cdot p$ und $\sigma^2 = n \cdot p \cdot (1 - p) = \mu \cdot (1 - p)$ folgt $\frac{\sigma^2}{\mu} = \frac{17,64}{25,2} = 0,7 = 1 - p$, also p = 0,3,

und weiter $n = \frac{\mu}{p} = \frac{25,2}{0,3} = 84$.

INFO Normalverteilung

J6 Nur LK: **Wahrscheinlichkeiten normalverteilter Zufallsgrößen bestimmen**

Eine Funktion f heißt **Dichtefunktion einer stetigen Zufallsgröße X,** wenn folgende Eigenschaften erfüllt sind:

(1) Für alle $x \in \mathbb{R}$ gilt: $f(x) \geq 0$.　(2) $P(a \leq X \leq b) = \int\limits_a^b f(x)\,dx$　(3) $\int\limits_{-\infty}^{+\infty} f(x)\,dx = 1$

Eine stetige Zufallsgröße X heißt **normalverteilt** mit den Parametern μ und σ, wenn ihre zugehörige Dichtefunktion $\varphi_{\mu,\sigma}$ gegeben ist durch

$$\varphi_{\mu,\sigma}(x) = \frac{1}{\sigma \cdot \sqrt{2\pi}} \cdot \exp\left(-\frac{1}{2} \cdot \left(\frac{x-\mu}{\sigma}\right)^2\right).$$

Die Dichtefunktion für den Sonderfall $\mu = 0$ und $\sigma = 1$ wird auch als Gauss'sche Dichtefunktion φ oder Dichtefunktion der Standard-Normalverteilung bezeichnet; sie ist

definiert durch $\varphi(x) = \frac{1}{\sqrt{2\pi}} \cdot e^{-\frac{x^2}{2}}$.

Beispiele

(1) *Wahrscheinlichkeitsberechnungen:*

Die Körpergröße kann näherungsweise mithilfe einer normalverteilten Zufallsgröße modelliert werden. Im Rahmen eines Mikrozensus ergab sich für die Körpergröße von 18- bis 20-jährigen Frauen ein Mittelwert von 1,68 m bei einer Standardabweichung von 6,5 cm.

X: *Körpergröße 18- bis 20-jähriger Frauen (in cm)* ist normalverteilt mit $\mu = 168$ und $\sigma = 6,5$.

Dann gilt für die Wahrscheinlichkeit, mit der eine zufällig ausgewählte Frau dieser Altersgruppe …

… kleiner als 1,65 m ist: $P(X < 165) = \int\limits_{-\infty}^{165} \varphi_{168;6,5}(x)\,dx = \Phi_{168;6,5}(165) \approx 32,2\,\%$

… größer als 1,80 m ist: $P(X > 180) = \int\limits_{180}^{+\infty} \varphi_{168;6,5}(x)\,dx = 1 - \Phi_{168;6,5}(180) \approx 3,2\,\%$

… zwischen 1,70 m und 1,75 m ist:

$$P(170 \leq X \leq 175) = \int\limits_{170}^{175} \varphi_{168;6,5}(x)\,dx = \Phi_{168;6,5}(175) - \Phi_{168;6,5}(170) \approx 23,8\,\%$$

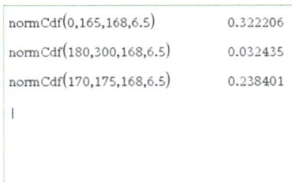

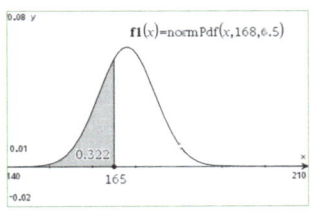

(2) *Klasseneinteilungen:*

Viele Messgrößen wie die Körpergröße in Beispiel 1 sind – mathematisch idealisiert – zwar stetig, werden in der Praxis durch Messgeräte aber nur diskret erfasst (Körpergrößen z. B. in ganzen Zentimetern oder Millimetern), so dass tatsächlich *Klassen* gebildet werden.

Die Angabe *Die Körpergröße beträgt 1,70 m* bedeutet – wenn nichts anderes angegeben wird – dass die Körpergröße der betr. Person mindestens 1,695 m, aber kleiner als 1,705 m ist.

normCdf(169.5,170.5,168,6.5)	0.058486
normCdf(169,170,168,6.5)	0.059707
normCdf(170,171,168,6.5)	0.056952

Hinweis: Eigentlich müsste diese Klassenbildung auch bei den Wahrscheinlichkeitsberechnungen in Beispiel 1 beachtet werden. Dass dies bei den o. a. Rechnungen nicht erfolgt ist, entspricht den Musterlösungen der letztjährigen Abituraufgaben.

(3) *Perzentilbestimmung mithilfe der inversen Normalverteilung:*

Mithilfe der **inversen Normalverteilung** kann man sog. **Perzentilwerte** P_z bestimmen, für die gilt, dass z % der Verteilung unterhalb dieses Schwellenwertes liegen.

invNorm(0.25,168,6.5)	163.616
invNorm(0.75,168,6.5)	172.384
normCdf(163.5,172.5,168,6.5)	0.511256

Will im Kontext von Beispiel 1 ein Textilunternehmen eine passende Kollektion für „mittelgroße" Frauen der Zielgruppe herausbringen, so kann hierzu $P_{25} \approx 163,6$ (unteres Quartil) und $P_{75} \approx 172,4$ (oberes Quartil) als Schwellenwerte bestimmt werden.

Berücksichtigt man die Klassenbildung aus Beispiel 2, dann ergibt sich aus dieser Modellierung, dass man etwa die Hälfte der Zielgruppe Frauen erfasst, deren Körpergröße 1,64 m; 1,65 m; ..., 1,72 m ist.

(4) *Standardisierung normalverteilter Zufallsgrößen:*

Geht man von der Zufallsgröße X zur standardisierten Zufallsgröße $\frac{X - \mu}{\sigma}$ über, dann werden die Grenzen a und b durch die Grenzen $\frac{a - \mu}{\sigma}$ bzw. $\frac{b - \mu}{\sigma}$ ersetzt. Der Erwartungswert einer standardisierten Zufallsgröße ist $\mu = 0$, die Standardabweichung ist $\sigma = 1$.

normCdf(170,175,168,6.5)	0.238401
$b := \dfrac{175 - 168}{6.5}$	1.07692
$a := \dfrac{170 - 168}{6.5}$	0.307692
normCdf(0.307692,1.07692)	0.2384

Im Falle einer standardisierten Zufallsgröße kann man bei der Gauss'schen Integralfunktion den Index weglassen (also Φ statt $\Phi_{0,1}$ schreiben, vgl. auch den zugehörigen Rechnerbefehl):

$$P(a \leq X \leq b) = \int_a^b \varphi_{\mu,\sigma}(x)\, dx = \Phi_{\mu,\sigma}(b) - \Phi_{\mu,\sigma}(a) = \Phi\left(\frac{b - \mu}{\sigma}\right) - \Phi\left(\frac{a - \mu}{\sigma}\right).$$

INFO Näherungsformeln

J7 Nur LK: **Wahrscheinlichkeiten binomialverteilter Zufallsgrößen näherungsweise mithilfe normalverteilter Zufallsgrößen berechnen**

Für große Anzahlen n von Versuchsdurchführungen können Wahrscheinlichkeiten einer binomialverteilten Zufallsgröße näherungsweise auch mithilfe einer Normalverteilung bestimmt werden, wenn die Standardabweichung $\sigma > 3$ ist ("Laplace-Bedingung" oder "Laplace-Faustregel")

Dann gilt für eine binomialverteilte Zufallsgröße X die **lokale Näherungsformel von Moivre und Laplace**:

$$P(X = k) \approx \varphi_{\mu,\sigma}(k).$$

Bei der Darstellung von Binomialverteilungen mithilfe von Histogrammen haben die einzelnen Rechtecke des Histogramms die Breite 1; daher betrachtet man bei der Approximation durch die Normalverteilung ebenfalls Intervalle der Breite 1, bei denen der k-Wert genau in der Mitte liegt, also das Intervall $[k - 0,5\,; k + 0,5]$.

Dies wird bei der **integralen Näherungsformel von Moivre und Laplace** berücksichtigt:

$$P(X \leq k) \approx \Phi\left(\frac{(k + 0,5) - \mu}{\sigma}\right) \text{ und } P(a \leq X \leq b) \approx \Phi\left(\frac{(b + 0,5) - \mu}{\sigma}\right) - \Phi\left(\frac{(a - 0,5) - \mu}{\sigma}\right).$$

Ist die Laplace-Bedingung erfüllt, dann ergeben sich aus der Approximation durch Normalverteilungen die **Sigma-Regeln (σ-Regeln)** auch für binomialverteilte Zufallsgrößen X mit $\mu = n \cdot p$ und $\sigma = \sqrt{n \cdot p \cdot (1 - p)}$:

$P(\mu - 1\,\sigma \leq X \leq \mu + 1\sigma) \approx 0,683$ $P(\mu - 1,64\,\sigma \leq X \leq \mu + 1,64\sigma) \approx 90\,\%$

$P(\mu - 2\,\sigma \leq X \leq \mu + 2\sigma) \approx 0,955$ $P(\mu - 1,96\,\sigma \leq X \leq \mu + 1,96\sigma) \approx 95\,\%$

$P(\mu - 3\,\sigma \leq X \leq \mu + 3\sigma) \approx 0,997$ $P(\mu - 2,58\,\sigma \leq X \leq \mu + 2,58\sigma) \approx 99\,\%$

Hinweis: Diese σ-Regeln können auch in der Beurteilenden Statistik (Abschnitt **K**) verwendet werden.

Beispiele

(1) *Anwendung der lokalen Näherungsformel:*

n = 100; p = 0,5; μ = 50; σ = 5;

$P(X = 50) \approx \varphi_{\mu,\sigma}(50) \approx 0,0798.$

(2) *Anwendung der integralen Näherungsformel:*

n = 100; p = 0,5; μ = 50; σ = 5

$$P\,(45 \leq X \leq 55) \approx \Phi\left(\frac{55,5-50}{5}\right) - \Phi\left(\frac{44,5-50}{5}\right) = \Phi\,(1,1) - \Phi\,(-1,1) \approx 0,729$$

$$P\,(X = 50) \approx \Phi\left(\frac{50,5-50}{5}\right) - \Phi\left(\frac{49,5-50}{5}\right) \approx \Phi\,(0,1) - \Phi\,(-0,1) \approx 0,0797$$

Veranschaulichung am Graphen:

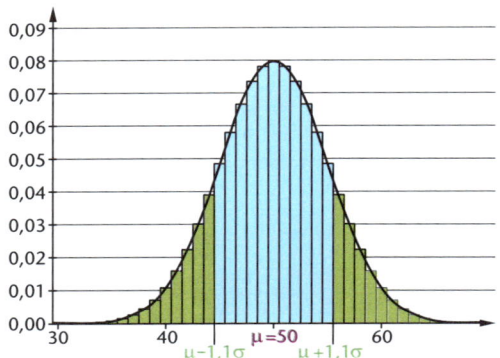

binomCdf(100,0.5,45,55)	0.728747
normCdf(44.5,55.5,50,5)	0.728668
binomCdf(100,0.5,50,50)	0.079589
normCdf(49.5,50.5,50,5)	0.079656

K   Beurteilende Statistik

K1 **Prognosen im Hinblick auf zu erwartende absolute Häufigkeiten treffen und damit die Signifikanz von Abweichungen bewerten**

Beim sogenannten **Schluss von der Gesamtheit auf die Stichprobe** ist der Anteil in der Gesamtheit (d. h. die Erfolgswahrscheinlichkeit für einen auszuführenden Bernoulli-Versuch) bekannt. Es soll eine **Schätzung (Prognose)** gemacht werden, welche Ergebnisse in der Stichprobe (d. h. bei wiederholter Durchführung des Zufallsversuchs) auftreten werden.
– **Punktschätzung:** Der Erwartungswerts $\mu = n \cdot p$ wird bestimmt; er gibt die zu erwartende Anzahl von Erfolgen an.
– **Intervallschätzung:** Eine symmetrische Umgebung um den Erwartungswert wird bestimmt, in der die zu erwartete Anzahl von Erfolgen mit großer Sicherheit liegen wird. Hierzu können der TR oder die Sigma-Regeln (siehe **J7**) genutzt werden. In der Regel wird eine Sicherheitswahrscheinlichkeit von 95 % gewählt.

Stichprobenergebnisse, die innerhalb der 95 %-Umgebung von μ liegen, bezeichnet man als **verträglich mit p**. Ergebnisse, die außerhalb der 95 %-Umgebung von μ liegen, bezeichnet man als **signifikant abweichend**. Die Komplementärwahrscheinlichkeit zur Sicherheitswahrscheinlichkeit (beispielsweise 95 %) wird als **Signifikanzniveau** (also 5 %) bezeichnet.

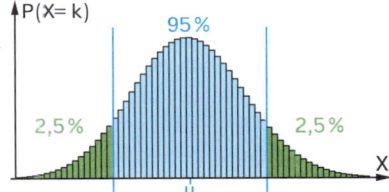

Hinweis: An späterer Stelle werden auch Stichprobenergebnisse betrachtet, die vom Erwartungswert *signifikant nach oben* bzw. *signifikant nach unten* abweichen. Damit sind Ergebnisse gemeint, die einem Bereich am oberen bzw. am unteren Ende der Binomialverteilung liegen, vgl. die beiden folgenden Grafiken.

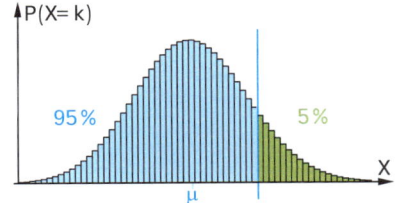 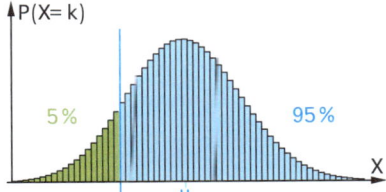

Beispiele

(1) *Schätzung absoluter Häufigkeiten:*

Für den 500-fachen Münzwurf (n = 500, p = 0,5) gilt:
Punktschätzung: $\mu = n \cdot p = 500 \cdot 0,5 = 250$. Wir erwarten, dass ca. 250-mal Wappen auftritt.
Intervallschätzung: Mithilfe der Wahrscheinlichkeitsverteilung der Zufallsgröße X: *Anzahl Wappen* ermitteln wir die 95 %-Umgebung um den Erwartungswert:
Dazu suchen wir diejenigen Schwellenwerte, bei denen in der kumulierten Binomialverteilung die Wahrscheinlichkeit von 2,5 % bzw. von 97,5 % überschritten wird.

k	$P(X \le k)$	
227	0,022032	< 2,5 %
228	0,027185	> 2,5 %
...		
271	0,972815	< 97,5 %
272	0,97796	> 97,5 %

Damit das Schätzintervall eine Wahrscheinlichkeit von *mindestens* 95 % umfasst, muss als untere Grenze $k_u = 228$ gewählt werden und als obere Grenze $k_o = 272$. Die Bereiche unterhalb von k_u ($k = 0, 1, ..., 227$) bzw. oberhalb von k_o ($k = 273, 274, ..., 500$) haben *insgesamt* eine Wahrscheinlichkeit von *höchstens* 5 %.

(2) *Signifikante Abweichung:*

Wenn in 500 Münzwürfen weniger als 228-mal Wappen oder mehr als 272-mal Wappen auftritt, dann ist dieses ein signifikant abweichendes Ergebnis.

Anwendung der Sigma-Regeln:
Wenn in 500 Münzwürfen die Anzahl der Wappen kleiner ist als 228 oder größer ist als 272, dann liegt ein von $p = 0,5$ *signifikant abweichendes* Ergebnis vor.
Um die o. a. Schwellenwerte zu bestimmen, können auch die Sigma-Regeln verwendet werden. Es gilt:

$\sigma = \sqrt{500 \cdot 0,5 \cdot 0,5} \approx 11,18; \quad 1,96\,\sigma \approx 21,91,$
also $P(\mu - 1,96\,\sigma \le X \le \mu + 1,96\,\sigma) \approx P(228,09 \le X \le 271,91) \approx 95\,\%.$

Da es sich bei den Sigma-Regeln um Faustregeln handelt, muss man die so bestimmten Schwellenwerte noch überprüfen. Dabei ist man auf der sicheren Seite, wenn man diese Intervallgrenzen nach außen rundet, sodass mindestens 95% der Stichprobenergebnisse im Schätzintervall liegen.

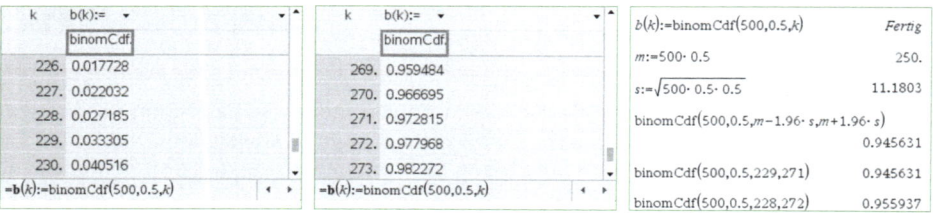

Hinweis: Verfügt der verwendete TR über einen numerischen Gleichungslöser, dann kann dieser ebenfalls zur Bestimmung des Schätzintervalls benutzt werden, indem man den notwendigen Radius der 95 %-Umgebung ermittelt.

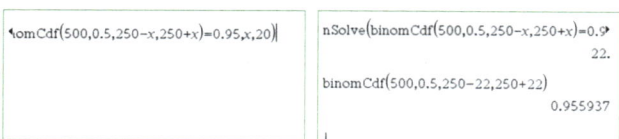

INFO Entscheidungsregel

K2 **Mithilfe einer Entscheidungsregel von der Stichprobe auf die Gesamtheit schließen**

Eine **Entscheidungsregel** ist eine Vorschrift, durch die angegeben wird, wie ein Stichprobenergebnis hinsichtlich der zugrundeliegenden Erfolgswahrscheinlichkeit zu bewerten ist.

Dabei unterscheidet man zweiseitige und einseitige Entscheidungsregeln; im ersten Fall werden zwei kritische Werte (Schwellenwerte) festgelegt, im zweiten Fall ein kritischer Wert.
– Weicht ein Stichprobenergebnis **signifikant** vom Erwartungswert ab, dann geht man zukünftig davon aus, dass der Anteil p in der Gesamtheit nicht so ist wie vermutet.
– Im anderen Fall hält man das Stichprobenergebnis für **mit p verträglich,** sieht sich also nicht veranlasst, an einer bestimmten Zusammensetzung der Grundgesamtheit zu zweifeln.

Mithilfe einer solchen Entscheidungsregel schließt man also vom Ergebnis einer Stichprobe auf die Gesamtheit, die dem Zufallsversuch zugrunde liegt.

Beispiele

(1) *Überprüfen, ob ein Anteil sich verändert hat (zweiseitige Fragestellung):*
Im vergangenen Jahr hatte ein bestimmter Autohersteller einen Marktanteil von 24 %. Um zu überprüfen, ob in diesem Jahr eine Veränderung eingetreten ist, sollen die nächsten 500 Neuzulassungen ausgewertet werden. Eine Entscheidungsregel könnte lauten:

Wenn in der Stichprobe vom Umfang n = 500 weniger als 102 oder mehr als 139 neu zugelassene Fahrzeuge des Autoherstellers sind, dann kann man davon ausgehen, dass sich der Marktanteil des Herstellers verändert hat; andernfalls sieht man keinen Anlass, den Marktanteil von 24 % in Frage zu stellen.

$a \leq X \leq b$	$P(a \leq X \leq b)$	
$0 \leq X \leq 101$	0,02473	< 0,025
$0 \leq X \leq 102$	0,03174	> 0,025
$139 \leq X \leq 500$	0,02779	> 0,025
$140 \leq X \leq 500$	0,02192	< 0,025
$102 \leq X \leq 139$	0,95335	> 0,95

binomCdf(500,0.24,0,101)	0.02473
binomCdf(500,0.24,0,102)	0.031736
binomCdf(500,0.24,139,500)	0.027792
binomCdf(500,0.24,140,500)	0.021921
binomCdf(500,0.24,102,139)	0.953349

Stichprobenergebnisse innerhalb des Intervalls [102 ; 139] werden als verträglich mit p = 0,24 angesehen, Ergebnisse außerhalb des Intervalls als signifikant abweichend vom Erwartungswert μ = 120.

(2) *Überprüfen, ob eine Maßnahme notwendig ist (einseitige Fragestellung):*
Ein Unternehmen strebt für ihre Produkte einen Bekanntheitsgrad in der Bevölkerung von mindestens 50 % an. Die Firmenleitung überlegt daher, ob eine Imagekampagne durchgeführt werden soll. Als Entscheidungsregel wird festgelegt:

Wenn von 800 zufällig ausgewählten Personen weniger als 377 das Produkt kennen, soll eine besondere Imagekampagne durchgeführt werden; andernfalls hält man diese für überflüssig.

Wenn der Bekanntheitsgrad p in der Bevölkerung (genau) gleich 50 % ist, dann erwartet man, dass ca. 400 das Produkt kennen, und das Ereignis $0 \leq X \leq 376$ tritt nur mit einer Wahrscheinlichkeit von 4,8 % ein. Stichprobenergebnisse im Intervall $[0\,;376]$ sind dann also signifikant nach unten abweichend vom Erwartungswert $\mu = 400$.

Wenn der Bekanntheitsgrad p etwas größer ist, z. B. p = 0,51, dann beträgt die Wahrscheinlichkeit für das Ereignis $0 \leq X \leq 376$ sogar nur 1,3 %.

binomCdf(800,0.5,0,376)	0.048256
binomCdf(800,0.5,0,377)	0.055777
binomCdf(800,0.51,0,376)	0.012946
binomCdf(800,0.52,0,376)	0.002602

Es gilt: Je größer der tatsächliche Bekanntheitsgrad ist, desto geringer ist diese Wahrscheinlichkeit. Ergebnisse oberhalb von 376 gelten daher als verträglich mit $p \geq 0,5$.

INFO Fehler 1. und 2. Art

K3 **Mögliche Fehler bei der Anwendung einer Entscheidungsregel beschreiben und zugehörige Wahrscheinlichkeiten bestimmen können**

Wendet man eine (vorgegebene) Entscheidungsregel an, dann können Fehler auftreten.

Fehler 1. Art: Das Stichprobenergebnis weicht zufällig signifikant vom Erwartungswert ab, obwohl dem Zufallsversuch die angegebene Erfolgswahrscheinlichkeit p zugrunde liegt. Gemäß der Entscheidungsregel geht man im Folgenden fälschlicherweise davon aus, dass dem Zufallsversuch die angegebene Erfolgswahrscheinlichkeit p *nicht* zugrunde liegt.
Die Wahrscheinlichkeit α, dass zufällig eine solche signifikante Abweichung vorliegt, obwohl die angegebene Erfolgswahrscheinlichkeit richtig ist, ist daher höchstens so groß wie das vorgegebene Signifikanzniveau.

Fehler 2. Art: Das Stichprobenergebnis weicht zufällig nicht signifikant vom Erwartungswert ab. Dann sieht man sich gemäß der Entscheidungsregel fälschlicherweise nicht veranlasst daran zu zweifeln, dass dem Zufallsversuch die angegebene Erfolgswahrscheinlichkeit p zugrunde liegt.

Die Wahrscheinlichkeit β für einen Fehler 2. Art kann man nur berechnen, wenn die tatsächliche Erfolgswahrscheinlichkeit p bekannt ist

Beispiele

(1) *Überprüfen, ob ein Anteil sich verändert hat (zweiseitige Fragestellung):*

Liegt dem o. a. Zufallsversuch tatsächlich eine Erfolgswahrscheinlichkeit von p = 0,24 zugrunde, dann hat der Bereich zwischen den kritischen Werten $k_u = 102$ und $k_o = 139$ eine Wahrscheinlichkeit von $P(102 \leq X \leq 139) \approx 0,953$.

Aufgrund der Entscheidungsregel kann es daher mit einer Wahrscheinlichkeit von $\alpha = P(X < 102) + P(X > 139) \approx 0,0247 + 0,0219 \approx 4,7\,\% \leq 5\,\%$ zu einem Fehler 1. Art kommen: Liegt das Stichprobenergebnis im Intervall $[0\,;101]$ oder im Intervall $[140\,;500]$, dann geht man fälschlicherweise davon aus, dass der Marktanteil sich verändert hat, obwohl dies nicht der Fall ist.

Beträgt der tatsächliche Marktanteil beispielsweise p = 0,2, dann ist die Wahrscheinlichkeit β für einen Fehler 2. Art, also dafür, dass das Stichprobenergebnis *nicht* signifikant abweicht, gleich $\beta = P_{p=0,2}(102 \leq X \leq 139)$ ≈ 42,9 %. Obwohl also der Marktanteil nicht 24 % beträgt, sieht man fälschlicherweise keinen Anlass, daran zu zweifeln.

binomCdf(500,0.2,102,139)	0.429138
binomCdf(500,0.3,102,139)	0.152658

Analog ergibt sich im Fall, dass der Marktanteil beispielsweise bei p = 0,3 liegt, die Wahrscheinlichkeit $\beta = P_{p=0,3}(102 \leq X \leq 139)$ ≈ 15,3 %.

(2) *Überprüfen, ob eine Maßnahme notwendig ist (einseitige Fragestellung):*

Wenn der Bekanntheitsgrad p in der Bevölkerung (genau) 50 % beträgt, dann kommt dem Bereich $0 \leq X \leq 376$ eine Wahrscheinlichkeit von α ≈ 4,8 % zu. Wenn der Bekanntheitsgrad p größer als 50 % ist, dann ist diese Wahrscheinlichkeit sogar noch kleiner (s. o.).

Aufgrund der Entscheidungsregel kommt es daher mit einer Wahrscheinlichkeit von höchstens 4,8 % (also α ≤ 0,048) zu einem Fehler 1. Art: Wenn in der Stichprobe weniger als 377 das Produkt kennen, geht man fälschlicherweise davon aus, dass der Bekanntheitsgrad kleiner ist als 50 %, und führt eine Imagekampagne durch, obwohl sie nicht notwendig ist.

Ist der tatsächliche Bekanntheitsgrad beispielsweise p = 0,45, dann ist die Wahrscheinlichkeit β für einen Fehler 2. Art, also dafür, dass das Stichprobenergebnis zufällig im Intervall [377 ; 800] liegt, immerhin noch 12,1 %. Obwohl der Bekanntheitsgrad geringer als 50 % ist, sieht man fälschlicherweise keinen Anlass für eine notwendige Imagekampagne.

binomCdf(800,0.5,0,376)	0.048256
binomCdf(800,0.45,377,800)	0.120557

INFO Zweiseitiger Hypothesentest

K4 <u>Nur LK</u>: **Die prinzipielle Vorgehensweise bei einem zweiseitigen Hypothesentests erläutern (Annahme- und Verwerfungsbereich bestimmen, Entscheidungsregeln festlegen, Fehler 1. und 2. Art beschreiben)**

Man hat eine Hypothese über den Anteil in der Gesamtheit (d. h., man glaubt, die Erfolgswahrscheinlichkeit p zu kennen); dann bestimmt man einen Bereich (eine symmetrische Umgebung um den Erwartungswert), in dem das Ergebnis der Stichprobe mit hoher Wahrscheinlichkeit liegen wird.

Dieser Bereich wird als **Annahmebereich A** der Hypothese bezeichnet. Wenn ein Stichprobenergebnis im Annahmebereich einer Hypothese liegt, dann sieht man keinen Grund, die Hypothese zu verwerfen.

Liegt das Ergebnis außerhalb der Umgebung des Erwartungswerts, dem sog. **Verwerfungsbereich V** der Hypothese, dann bezweifelt man die Richtigkeit der Hypothese und verwirft sie.

Ist der Verwerfungsbereich der Hypothese bestimmt, kann man entsprechend die Entscheidungsregel formulieren.

Beispiel *Zweiseitiger Hypothesentest*

Hypothese: Eine gegebene Münze ist eine Laplace-Münze (d. h. dem Zufallsversuch liegt p = 0,5 zugrunde).

Die zu testende Hypothese wird mit H_0 bezeichnet: H_0: p = 0,5.

Die **Gegenhypothese** lautet dann:
Die Münze ist gezinkt: H_1: p ≠ 0,5.

Zur Überprüfung der Hypothese wird die Münze 500-mal geworfen.

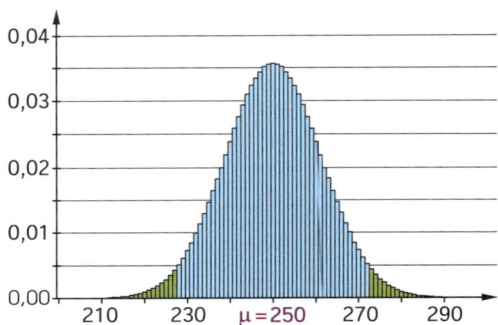

Der Annahmebereich der Hypothese p = 0,5 wird ermittelt: Mit einer Wahrscheinlichkeit von mindestens 95 % liegt die Anzahl X der Wappen im Intervall A = [228 ; 272]. Hieraus ergibt sich der Verwerfungsbereich V = [0 ; 227] ∪ [273 ; 500] und entsprechend die Entscheidungsregel:
Verwirf die Hypothese H_0: p = 0,5, wenn beim 500-fachen Münzwurf weniger als 228-mal oder mehr als 272-mal Wappen auftreten.

binomCdf(500,0.5,229,271)	0.945631
binomCdf(500,0.5,228,272)	0.955937
binomCdf(500,0.5,0,227)+binomCdf(500,0.5	
	0.044063

Fehler 1. Art: Das Stichprobenergebnis liegt zufällig im Verwerfungsbereich, obwohl es sich um eine Laplace-Münze mit p = 0,5 für Wappen handelt. Die Wahrscheinlichkeit α für einen Fehler 1. Art ergibt sich aus dem Signifikanzniveau: α ≤ 0,05.

Fehler 2. Art: Das Stichprobenergebnis liegt zufällig im Annahmebereich, obwohl es sich *nicht* um eine Laplace-Münze mit p = 0,5 für Wappen handelt.

binomCdf(500,0.45,228,272)	0.410543

Wenn die zugrunde liegende Erfolgswahrscheinlichkeit beispielsweise p = 0,45 beträgt, dann ergibt sich für die Wahrscheinlichkeit eines Fehlers 2. Art:
β = P(228 ≤ X ≤ 272) ≈ 41,05 %.

INFO Einseitiger Hypothesentest

K5 Nur LK: **Die prinzipielle Vorgehensweise bei einem einseitigen Hypothesentests erläutern (Standpunkt klären, Annahme- und Verwerfungsbereich bestimmen, Entscheidungsregeln festlegen)**

Beim einseitigen Hypothesentest wird nicht gefragt, ob ein Stichprobenergebnis vom Erwartungswert nach oben *oder* nach unten signifikant abweicht, also betrachtet man nicht die Alternativen $p = p_0$ gegen $p \neq p_0$, sondern stellt als Alternativen gegeneinander:
$p < p_0$ gegen $p \geq p_0$ oder $p > p_0$ gegen $p \leq p_0$.

Grundsätzlich können zu einem Sachverhalt zwei gegensätzliche Standpunkte eingenommen werden, die zu unterschiedlichen Hypothesen gehören und somit zu unterschiedlichen Entscheidungsregeln führen. Wenn man einen Standpunkt hat, der den eigenen Interessen entspricht, ist das Vorgehen klar. Wenn man unbedingt eine bestimmte Hypothese „statistisch beweisen" will, geht man vom logischen Gegenteil dieser Hypothese aus und testet diese.

Von einem gewählten Standpunkt geht man nur ab, wenn in der Kontrollstichprobe extreme Ergebnisse auftreten. Was *extrem* ist, wird durch die (vorgegebene) Wahrscheinlichkeit α für einen Fehler 1. Art festgelegt.

Anders als beim zweiseitigen Hypothesentest bestimmt man zunächst den Verwerfungsbereich, also diejenigen Stichprobenergebnisse, die man als *extrem abweichend* ansieht. Hieraus ergibt sich dann der Annahmebereich als Restmenge und die Entscheidungsregel.

Beispiele

(1) *Hypothesentest mit zwei möglichen Standpunkten:*
Verlernen Jugendliche die ursprünglich angeborene Linkshändigkeit? Von 6- bis 10-jährigen Kindern weiß man, dass etwa 11 % bevorzugt die linke Hand benutzen.

1. möglicher Standpunkt: $p < 0{,}11$ – man geht davon aus, dass der Anteil abgenommen hat; von diesem Standpunkt lässt man sich nur abbringen, wenn in der Kontrollstichprobe **extrem große** Anteile von Linkshändern vorkommen.

2. möglicher Standpunkt: $p \geq 0{,}11$ – man geht davon aus, dass der Anteil gleich geblieben oder sogar größer geworden ist; von diesem Standpunkt lässt man sich nur abbringen, wenn in der Kontrollstichprobe **extrem kleine** Anteile von Linkshändern vorkommen.

Test der Hypothese H_0: $p < 0{,}11$
Für eine Stichprobe vom Umfang $n = 1000$ und $p = 0{,}11$ sind bzgl. eines Signifikanzniveaus von 5 % alle Stichprobenergebnisse als extrem anzusehen, die oberhalb von $k = 126$ liegen, denn $P(X > 126) = P(127 \leq X \leq 1000) \approx 0{,}0499 \leq 0{,}05$.

binomCdf(1000,0.11,127,1000)	0.04988
binomCdf(1000,0.105,127,1000)	0.015025
binomCdf(1000,0.1,127,1000)	0.003384

Für kleinere Werte von p, beispielsweise für $p = 0{,}105$, ist die Wahrscheinlichkeit für den Verwerfungsbereich $V = [127\,;1000]$ kleiner als 5 %.

Die Entscheidungsregel lautet also:
Verwirf die Hypothese $p < 0{,}11$, falls in der Stichprobe mehr als 126 Jugendliche sind, die bevorzugt ihre linke Hand benutzen.

115

Fehler 1. Art: Das Stichprobenergebnis liegt zufällig im Verwerfungsbereich, obwohl der Anteil der Linkshänder abgenommen hat. Die Wahrscheinlichkeit α für einen Fehler 1. Art ergibt sich aus dem Signifikanzniveau: $\alpha \leq 0{,}05$.

Fehler 2. Art: Das Stichprobenergebnis liegt zufällig im Annahmebereich $A = [0\,;126]$, obwohl der Anteil der Linkshänder nicht abgenommen hat.
Wenn der tatsächliche Anteil beispielsweise $p = 0{,}12$ beträgt, dann ergibt sich für die Wahrscheinlichkeit eines Fehlers 2. Art: $\beta = P(0 \leq X \leq 126) \approx 73{,}9\,\%$.

```
binomCdf(1000,0.12,0,126)        0.738883
```

Test der Hypothese H_0: $p \geq 0{,}11$
Für eine Stichprobe vom Umfang $n = 1000$ und $p = 0{,}11$ sind bzgl. eines Signifikanzniveaus von $\alpha \leq 5\,\%$ alle Stichprobenergebnisse als extrem anzusehen, die unterhalb von $k = 94$ liegen, denn $P(X < 94) = P(0 \leq X \leq 93) \approx 0{,}0452 < 0{,}05$.

Für größere Werte von p, beispielsweise $p = 0{,}115$, ist die Wahrscheinlichkeit für den Verwerfungsbereich $V = [0\,;93]$ kleiner als $\alpha = 0{,}05$.

```
binomCdf(1000,0.11,0,93)         0.045215
binomCdf(1000,0.11,0,94)         0.056217
binomCdf(1000,0.115,0,94)        0.018954
binomCdf(1000,0.12,0,94)         0.005349
```

Die Entscheidungsregel lautet also:
Verwirf die Hypothese $p \geq 0{,}11$, falls in der Stichprobe weniger als 94 Jugendliche sind, die bevorzugt ihre linke Hand benutzen.

Fehler 1. Art: Das Stichprobenergebnis liegt zufällig im Verwerfungsbereich, obwohl der Anteil der Linkshänder gleichgeblieben oder sogar zugenommen hat. Die Wahrscheinlichkeit α für einen Fehler 1. Art ergibt sich aus dem Signifikanzniveau: $\alpha \leq 0{,}05$.

Fehler 2. Art: Das Stichprobenergebnis liegt zufällig im Annahmebereich $A = [94\,;1000]$, obwohl der Anteil der Linkshänder abgenommen hat.

Wenn der tatsächliche Anteil beispielsweise $p = 0{,}09$ beträgt, dann ergibt sich für die Wahrscheinlichkeit eines Fehlers 2. Art: $\beta = P(94 \leq X \leq 1000) \approx 34{,}5\,\%$.

```
binomCdf(1000,0.09,94,1000)      0.344752
```

(2) *Skeptischer Standpunkt beim Hypothesentest:*

Ein Arzneimittelhersteller wirbt für ein neues Medikament mit dem Hinweis, dass es eine bessere Heilungschance hat als die bisher auf dem Markt befindlichen; deren Heilungschance ist 60 %.

Zum Testen der Behauptung des Herstellers nimmt man einen *skeptischen Standpunkt* ein, d. h., man testet die Hypothese $p \leq 0{,}6$ (das neue Medikament ist *höchstens* so gut wie die bisherigen).

Von seinem skeptischen Standpunkt lässt man sich nur abbringen, wenn in einer Kontrollstichprobe signifikante Abweichungen *nach oben* eintreten.

Konkretes Rechenbeispiel: Für n = 400 und das (sinnvollerweise niedrigere) Signifikanzniveau α ≤ 0,01 ergibt sich die Entscheidungsregel:

Verwirf die Hypothese p ≤ 0,6, falls in der Stichprobe mehr als 263 Patienten geheilt werden.

binomCdf(400,0.6,264,400)	0.007813
binomCdf(400,0.59,264,400)	0.002392
binomCdf(400,0.58,264,400)	0.000634

Fehler 1. Art: Das Stichprobenergebnis liegt zufällig im Verwerfungsbereich V = [264 ; 400], obwohl das neue Medikament nicht besser ist als die bisherigen. Die Wahrscheinlichkeit α für einen Fehler 1. Art ergibt sich aus dem Signifikanzniveau: α ≤ 0,01.

Fehler 2. Art: Das Stichprobenergebnis liegt zufällig im Annahmebereich A = [0 ; 263], obwohl das neue Medikament besser ist als die bisherigen.

INFO Operationscharakteristik

K6 <u>Nur LK:</u> **Die Operationscharakteristik eines Hypothesentests interpretieren**

Die Funktion, die jeder Erfolgswahrscheinlichkeit p die Wahrscheinlichkeit β für einen Fehler 2. Art zuordnet, wird als **Operationscharakteristik des Tests** bezeichnet.

Beispiele

(1) *Zweiseitiger Hypothesentest:*

Zur Hypothese H_0: p = 0,5 beim 500-fachen Münzwurf mit dem Signifikanzniveau α ≤ 5 % gehört der Annahmebereich A = [228 ; 272].

Die Operationscharakteristik OC des Tests ist OC(p) = P(228 ≤ X ≤ 272).

Die Wahrscheinlichkeit für einen Fehler 2. Art lässt sich für jedes p ungefähr aus dem Graphen ablesen oder mit dem TR exakt bestimmen; beispielsweise ergibt sich für p = 0,45: OC(0,45) ≈ 0,411.

(2) *Einseitiger Hypothesentest:*

Zur Hypothese H_0: p ≤ 0,6 beim 400-fachen Medikamententest mit dem Signifikanzniveau α ≤ 0,01 gehört der Annahmebereich A = [0 ; 263].

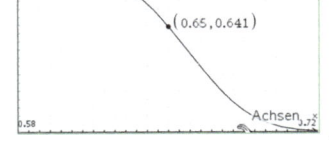

Die Operationscharakteristik OC des Tests ist OC(p) = P(0 ≤ X ≤ 263).

Die Wahrscheinlichkeit für einen Fehler 2. Art lässt sich für jedes p ungefähr aus dem Graphen ablesen oder mit dem TR exakt bestimmen; beispielsweise ergibt sich für p = 0,65: OC(0,65) ≈ 0,641.

3 Aufgaben zum Trainieren

Hilfsmittelfreie Aufgaben

Aufgabe A1

Gegeben ist die ganzrationale Funktion f mit $f(x) = x^3 - 3bx$, $b > 0$.

(1) Zeigen Sie, dass der Graph der Funktion f punktsymmetrisch ist. **B1**
(2) Durch den Tief- und den Hochpunkt des Graphen werden Geraden gezeichnet, die parallel zu den Achsen verlaufen; diese schließen dann mit den Achsen des Koordinatensystems eine rechteckige Fläche ein. Für welchen Parameterwert b ergibt sich ein Quadrat?

Aufgabe A2

(1) Skizzieren Sie den Graphen der Funktion f mit $f(x) = x^3 - 4x$.

(2) Berechnen Sie $\int_0^2 f(x)\,dx$. **D2**

(3) Begründen Sie, dass $\int_{-2}^2 f(x)\,dx = 0$ gilt.

(4) Geben Sie einen Term an, mit dem sich der Inhalt der Fläche korrekt berechnen lässt, die vom Graphen der Funktion f und der x-Achse im Intervall $[-2\,;2]$ eingeschlossen wird.

Aufgabe A3

Die Funktion f ist gegeben durch $f(x) = x^3$.

(1) Zeigen Sie, dass die Tangente t im Punkt P (1|1) an den Graphen der Funktion f durch die Gleichung $t(x) = 3x - 2$ beschrieben werden kann. **A3**
(2) Zeigen Sie, dass die Tangente t und der Graph von f auch den Punkt P $(-2|-8)$ gemeinsam haben.
(3) Fertigen Sie zu (1), (2) eine Skizze an.
(4) Bestimmen Sie den Flächeninhalt des Dreiecks, das durch die y-Achse, die x-Achse und die Tangente eingeschlossen wird.
(5) Bestimmen Sie den Flächeninhalt der Fläche, die von den Graphen von f und t eingeschlossen wird.

Aufgabe A4

(1) Zeigen Sie, dass die Gerade g mit $g(x) = -x$ den Graphen der Funktion f mit $f(x) = -x^3 + x$ im Ursprung senkrecht schneidet. **A3**
(2) Zeigen Sie, dass die Graphen von f und g auch die Punkte $P_1(-\sqrt{2}\,|\sqrt{2})$ und $P_2(\sqrt{2}\,|-\sqrt{2})$ gemeinsam haben.
(3) Fertigen Sie eine Skizze an.
(4) Begründen Sie, warum die beiden von den Graphen von f und g eingeschlossenen Flächenstücke gleich groß sind. **A2**
(5) Bestimmen Sie den Flächeninhalt der beiden Flächenstücke. **D2**

Aufgabe A5

(1) Die Abbildung zeigt den Graphen der Funktion f mit $f(x) = a \cdot (x - b)^2 \cdot e^x$, a, b > 0.

Ermitteln Sie die Parameterwerte a und b. Begründen Sie Ihre Ansätze. **A1** **A2**

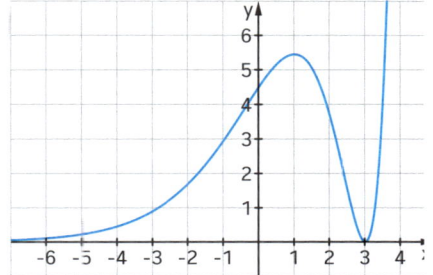

(2) Begründen Sie: Wenn man den Flächeninhalt der Fläche ermitteln will, die von dem Graphen von f mit $f(x) = 3x^2 + 2x$ und der x-Achse eingeschlossen wird, macht es wenig Sinn,

das Integral $\int_{-1}^{2}(3x^2 + 2x)\,dx$ zu berechnen. **D1**

(3) Berechnen Sie $\int_{-1}^{2}(3x^2 + 2x)\,dx$. **D2**

Aufgabe A6

Der Graph der ganzrationalen Funktion f mit $f(x) = a^2 - x^2$, a > 0, schließt mit der x-Achse eine Fläche ein.
Für welchen Parameterwert von a ergibt sich ein Flächeninhalt von 36 FE ? **B4** **D2**

Aufgabe A7

Die Abbildung rechts zeigt fünf Graphen einer Funktionenschar f_k mit $f_k(x) = x^3 - (2 - k) \cdot x^2 + 2x$. **B4**
Bei welchem Parameterwert k
(1) ist der Graph punktsymmetrisch zum Ursprung, **B1**
(2) verläuft der Graph durch den Punkt (1|1),
(3) hat der Graph eine Wendestelle bei x = 1? **B7**

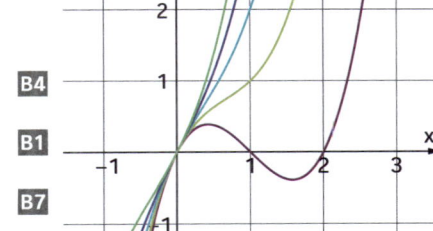

Aufgabe A8

Betrachtet wird die Funktion f mit $f(x) = (x - 0{,}5) \cdot e^{2x}$.

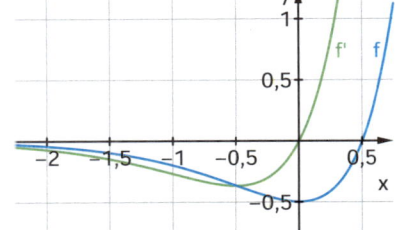

(1) Begründen Sie mithilfe des Graphen der Ableitungsfunktion, dass die Funktion f an der Stelle x = 0 ein lokales Minimum besitzt. **B6**
(2) Zeigen Sie, dass die Funktion F mit $F(x) = (0{,}5x - 0{,}5) \cdot e^{2x}$ eine Stammfunktion von f ist. **D1**
(3) Berechnen Sie den Flächeninhalt zwischen dem Graphen der Funktion f und der x-Achse

GK: im Intervall von 0,5 bis 1 **D2**   LK: im Intervall von $-\infty$ bis 0. **D5**

119

Aufgabe A9

Ein Tankwagen wird mit Heizöl
gefüllt. Der zeitliche Verlauf der Zulaufgeschwindigkeit kann im
nebenstehenden Diagramm
abgelesen werden.

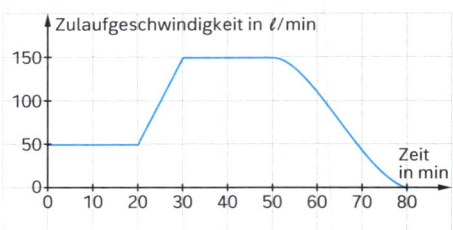

(1) Berechnen Sie, wie viel Öl in den ersten
50 Minuten näherungsweise in den Tankwagen geflossen sind. `D3`
(2) Beschreiben Sie eine Möglichkeit zur Berechnung der zugeflossenen Ölmenge
im Zeitraum von 50 bis 80 Minuten und berechnen Sie einen Näherungswert dafür.

Aufgabe A10

Der rechts abgebildete Graph F ist der Graph einer Stammfunktion
einer Funktion f.

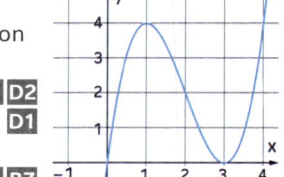

(1) Bestimmen Sie $\int_2^4 f(x)\,dx$. `D1` `D2`
(2) Bestimmen Sie den Funktionswert f(1). `D1`
(3) Welche Bedeutung hat der Wendepunkt (2|2) der
Funktion F für den Graphen von f? `B6` `B7`

Aufgabe A11 (LK)

(1) Gegeben ist die Funktion f mit $f(x) = \ln(x)$.
Bestimmen Sie die Gleichung der Tangente
an den Graphen von f im Punkt (1|f(1)) und
skizzieren sie den Graphen von f und die
Tangente in der Abbildung. `A1` `A3`

(2) Geben Sie diejenige Stammfunktion der
Funktion g mit $g(x) = \frac{1}{x}$ an, deren Graph
durch den Punkt (1|1) verläuft, und skizzie-
ren Sie deren Graphen in der Abbildung. `D1`

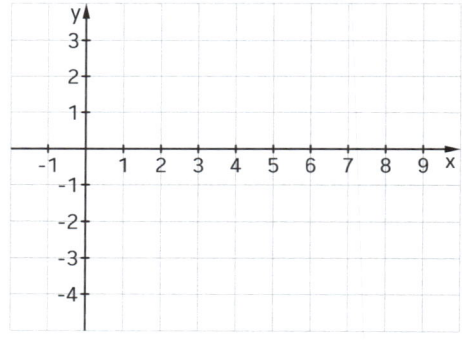

Aufgabe A12 (LK)

Gegeben ist die Funktion f mit $f(x) = -6x^2 + 12x + 18$ und
$x \in \mathbb{R}$. Die Abbildung zeigt den Graphen von f, der durch die
Punkte H(1|24) und N(3|0) verläuft.

(1) Zeigen Sie, dass $\int_0^1 f(x)\,dx = 22$ gilt. `D2`

(2) Die Fläche, die der Graph von f im ersten Quadranten mit
den Koordinatenachsen einschließt, hat den Inhalt 54.
Eine Gerade g, die durch den Punkt H verläuft, teilt diese
Fläche in zwei Teilflächen gleichen Inhalts.

Bestimmen Sie rechnerisch die Stelle, an der die Gerade g die x-Achse schneidet.

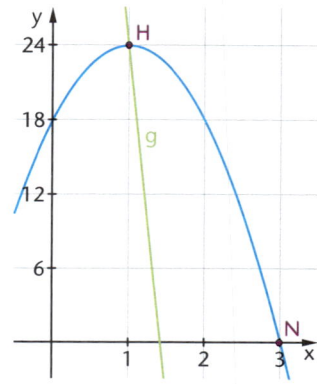

Aufgabe G1

Eine Ebene E wird aufgespannt durch die Vektoren $\vec{u} = \begin{pmatrix} 2 \\ 1 \\ 0 \end{pmatrix}$ und $\vec{v} = \begin{pmatrix} -1 \\ 0 \\ 1 \end{pmatrix}$; sie enthält

den Punkt P$(-1|2|1)$. Eine Gerade g ist gegeben durch g: $\vec{x} = \begin{pmatrix} 1 \\ -2 \\ 3 \end{pmatrix} + t \cdot \begin{pmatrix} 1 \\ -2 \\ 1 \end{pmatrix}$.

(1) Geben Sie eine Parameterdarstellung der Ebene E an.   `F3`
(2) Zeigen Sie, dass die Gerade g die Ebene E im Punkt P senkrecht schneidet.
     LK zusätzlich: Geben Sie eine Koordinatengleichung der Ebene E an.   `F1` `E4` `F6`
(3) Bestimmen Sie zwei Punkte auf der Geraden, die vom Schnittpunkt P
     die gleiche Entfernung haben.   `G6`

Aufgabe G2

Die Punkte A$(1|1|1)$, B$(4|3|-1)$, C$(5|6|-4)$ sowie der Punkt D bilden das Parallelogramm ABCD.

(1) Bestimmen Sie die Koordinaten des Punktes D.   `E1`
(2) Bestimmen Sie die Seitenlängen des Parallelogramms.   `E3`
(3) Zeigen Sie: Die Diagonalen des Parallelogramms schneiden sich nicht
     im rechten Winkel.   `E2`
(4) Bestimmen Sie die Koordinaten des Schnittpunkts der Diagonalen.

Aufgabe G3

(1) Welche besondere Lage hat die Ebene E mit der Gleichung E: $x + y + z = 1$?
     Fertigen Sie eine Skizze an.   `F4` `F6`
(2) Welche Lage hat die Gerade g mit der Parameterform g: $\vec{x} + r \cdot \begin{pmatrix} 1 \\ 1 \\ 1 \end{pmatrix}$
     in Bezug auf die Ebene E?   `E4`
(3) Bestimmen Sie den gemeinsamen Punkt von Gerade und Ebene.   `F8`

Aufgabe G4

(1) Zeigen Sie: Die beiden Geraden g: $\vec{x} = \begin{pmatrix} 1 \\ 0 \\ 3 \end{pmatrix} + r \cdot \begin{pmatrix} 2 \\ 1 \\ 1 \end{pmatrix}$ und h: $\vec{x} = \begin{pmatrix} 5 \\ 4 \\ -1 \end{pmatrix} + s \cdot \begin{pmatrix} 2 \\ -1 \\ 7 \end{pmatrix}$
     schneiden sich im Punkt S$(7|3|6)$.   `F3`
(2) Zeigen Sie: Die Punkte P$(1|0|3)$, Q$(5|4|-1)$ und S bilden ein gleichschenkliges Dreieck.   `E5`
(3) Zeigen Sie: Für den Flächeninhalt A des Dreiecks PQS gilt: $A = 6 \cdot \sqrt{14}$.   `G4`

Aufgabe G5

(1) Geben Sie eine Parameterdarstellung einer Ebene mit den geforderten Eigenschaften an:
     (i) E_1 verläuft durch den Punkt P$(3|2|1)$ und ist parallel zur x-y-Ebene.
     (ii) E_2 schneidet von den Koordinatenachsen nur die y-Achse und zwar bei $y = 6$.   `F3`

(2) GK: Der Punkt A$(4|2|4)$ wird zunächst an der Ebene E_1, dann an Ebene E_2 gespiegelt.
     Bestimmen Sie die Koordinaten des Spiegelpunkts A″ nach der zweiten Spiegelung.   `E1`
     LK: Der Punkt A$(4|2|4)$ wird an der Ebene mit der Gleichung $x - y + z = 3$ gespiegelt.
     Bestimmen Sie die Koordinaten des Spiegelpunkts A′.   `G5`

Aufgabe G6

(1) Das lineare Gleichungssystem $\begin{vmatrix} -1 + 2r = 4 - s \\ 1 = 5 - 2s - t \\ -3 + r = 2 + 2t \end{vmatrix}$ ergibt sich aus einer

Schnittpunktberechnung zweier geometrischer Objekte. Benennen Sie die beiden
Objekte und geben Sie für beide eine mögliche Parameterdarstellung an. **F11**

(2) Bestimmen Sie die Lösungsmenge des linearen Gleichungssystems.

(3) Ein lineares Gleichungssystem besteht aus zwei Gleichungen mit drei Variablen. Ein
Taschenrechner gibt als Lösungsmenge an: $\{c + 1\,;\, -c\,;\, c\}$.
Erläutern Sie diese Lösung. **F8**

Aufgabe G7

(1) Zeigen Sie: Die beiden Ebenen $E: x + y - z = 1$ und $F: x + y + 2z = 4$ sind zueinander
orthogonal. **F9**

(2) Weisen Sie nach, dass die Punkte $P(1|1|1)$ und $Q(0|2|1)$ zu beiden Ebenen gehören.

(3) Bestimmen Sie die Schnittgerade g der beiden Ebenen E und F
sowie deren Spurpunkte mit den Koordinatenebenen. **F4** **F1**

Aufgabe S1

(1) Bei einem Glücksspiel gewinnt man mit Wahrscheinlichkeit $p = 0{,}25$.
Ordnen Sie den folgenden Ereignissen den richtigen Term zur Berechnung der Wahrscheinlichkeit zu: **H2** **I2**

E_1: In 5 Spielen gewinnt man mindestens 4-mal.

E_2: In 5 Spielen hat man mehr Spiele, in denen man gewinnt, als Spiele, in denen man
verliert.

E_3: In 5 Spielen gewinnt man öfter als erwartet.

$P_1 = 10 \cdot 0{,}25^3 \cdot 0{,}75^2 + 5 \cdot 0{,}25^4 \cdot 0{,}75 + 0{,}25^5$

$P_2 = 1 - (0{,}75^5 + 5 \cdot 0{,}75^4 \cdot 0{,}25)$

$P_3 = 5 \cdot 0{,}75^4 \cdot 0{,}25 + 0{,}75^5$

$P_4 = 1 - (0{,}25^5 + 5 \cdot 0{,}25^4 \cdot 0{,}75)$

$P_5 = 10 \cdot 0{,}75^3 \cdot 0{,}25^2 + 5 \cdot 0{,}75^4 \cdot 0{,}25 + 0{,}75^5$

$P_6 = 5 \cdot 0{,}25^4 \cdot 0{,}75 + 0{,}25^5$

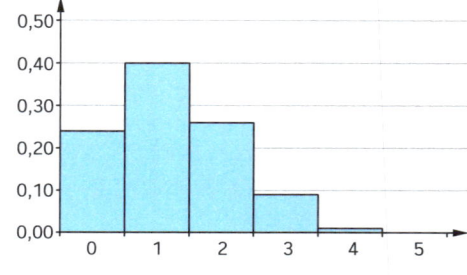

(2) Das Histogramm zeigt die
Binomialverteilung mit $n = 5$ und $p = 0{,}25$.
Ermitteln Sie mithilfe der Grafik ungefähre Werte für die Wahrscheinlichkeiten der
Ereignisse E_1, E_2, E_3.

Aufgabe S2

Bei einem Spiel wird das abgebildete Glücksrad zweimal
gedreht. Der Zeiger kann auf einem der weiß (w), blau (b) oder
grün (g) gefärbten Sektoren stehen bleiben.

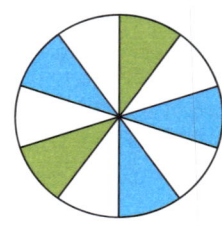

(1) Stellen Sie die möglichen Abläufe des Zufallsversuchs
mithilfe eines Baumdiagramms dar. **I1**

(2) Bestimmen Sie die Wahrscheinlichkeit für das Ereignis E:
Das Rad bleibt zweimal hintereinander auf einem Sektor mitgleicher Färbung stehen. **I1**

(3) GK: Der Spielveranstalter plant für das Spiel einen Einsatz von 1 € und es sollen 2 € ausgezahlt werden, wenn das Ereignis E eintritt. Bewerten Sie diese Spielregel.
LK: Der Spielveranstalter plant für das Spiel einen Einsatz von a € und es soll 2 € ausgezahlt werden, wenn das Ereignis E eintritt. Bestimmen Sie den Wert von a,
bei dem das angebotene Spiel fair ist. **J2**

(4) Als das Interesse an dem Spiel nachlässt, verändert der Spielveranstalter die Regeln. Es bleibt bei der Regel, dass 2 € ausgezahlt werden, wenn der Zeiger zweimal auf einem Sektor gleicher Farbe stehen bleibt. Wenn dies nicht der Fall ist, darf der Spielteilnehmer das Rad noch einmal drehen, und er erhält seinen Einsatz zurück, wenn dann der Zeiger hintereinander auf drei verschieden gefärbten Sektoren stehen geblieben ist.
Überprüfen Sie, ob diese Spielregel für die Teilnehmer interessanter ist. **J2**

Aufgabe S3

(1) Die Zufallsvariable X ist binomialverteilt mit n = 12 und p = 0,3. Entscheiden Sie begründet, welches der folgenden drei Histogramme zu der Verteilung gehört. **I2** **I3**

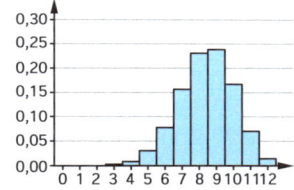 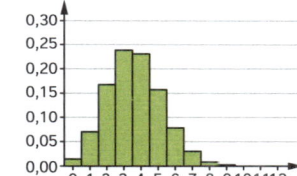 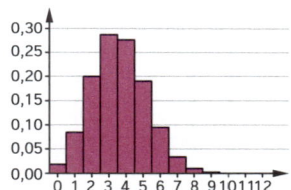

(2) Von einer Binomialverteilung sind die Parameter $\mu = 20$ und $\sigma = 2$ bekannt. Welche Stufenzahl n und welche Erfolgswahrscheinlichkeit p liegen dem Versuch zugrunde? **I2**

Aufgabe S4

Bei einem Spiel mit zwei Würfeln (Hexaeder) wird der Unterschied zwischen den Augenzahlen der beiden Würfel ermittelt; diese Zahl wird in Euro ausgezahlt. Der Spieleinsatz beträgt 2 €.

(1) Bestimmen Sie die Wahrscheinlichkeitsverteilung der Zufallsgröße X: Auszahlung in €. **J1**

(2) Beurteilen Sie, ob dies eine faire Spielregel ist. **J2**

Aufgabe S5

Bei einem Glücksspiel darf man aus einer Urne mit 6 blauen und 10 roten Kugeln zwei Kugeln ziehen.
Man gewinnt einen Euro, wenn das Ereignis *Beide Kugeln haben die gleiche Farbe* eintritt; andernfalls muss man einen Euro bezahlen.

(1) Zeigen Sie, dass dies eine faire Spielregel ist **I2**

(2) Beurteilen Sie, für wen die Spielregel günstig ist, wenn die Anzahl der roten Kugeln
– um 1 verringert und die Anzahl der blauen Kugeln um 1 vergrößert wird?
– um 1 vergrößert und die Anzahl der blauen Kugeln um 1 verringert wird? **I2**

Aufgabe S6 (LK)

Die Abbildung rechts zeigt den Graphen der Dichtefunktion einer normalverteilten Zufallsvariablen X.

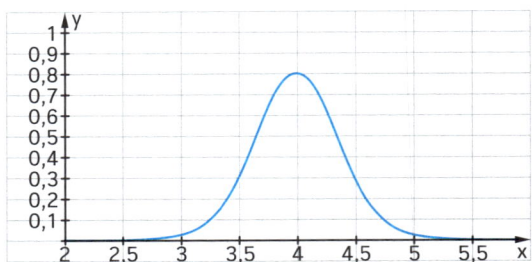

(1) Entnehmen Sie der Grafik die (ungefähren) Werte von μ und σ. `J6`

(2) Welche Wahrscheinlichkeit hat das Ereignis `J6`

    (i) $P(X = 4)$ (ii) $P(X \leq 4{,}5)$ (iii) $P(X > 3)$?

(3) Für welche Werte k von X gilt

    (i) $P(X \leq k) \approx 0{,}9$ (ii) $P(X > k) \approx 0{,}16$? `J6`

Aufgabe S7 (LK)

(1) Für eine binomialverteilte Zufallsgröße X eines Bernoulli-Versuchs mit n = 9 gilt:
$P(X = 3) = P(X = 4)$. Bestimmen Sie die Erfolgswahrscheinlichkeit p. `J3`

(2) Zeigen Sie: Für eine binomialverteilte Zufallsgröße X eines Bernoulli-Versuchs mit n = 8
und $p = \frac{1}{3}$ gilt:
$P(X = 4) = 10 \cdot P(X = 6)$ `J3`

Lösungen zu hilfsmittelfreien Aufgaben

Lösung A1

(1) $f(-x) = (-x)^3 - 3b(-x) = -x^3 + 3bx = -(x^3 - 3bx) = -f(x)$

(2) Notwendige Bedingung für Hoch-/Tiefpunkt:
$f'(x) = 0 \Leftrightarrow 3x^2 - 3b = 0 \Leftrightarrow x^2 = b \Leftrightarrow x = \pm\sqrt{b}$

Funktionswerte:
$f(\pm\sqrt{b}) = \pm b \cdot \sqrt{b} \mp 3b \cdot \sqrt{b} = \mp 2b \cdot \sqrt{b}$
Bedingung für ein Quadrat: $2b \cdot \sqrt{b} = \sqrt{b} \Leftrightarrow 2b = 1 \Leftrightarrow b = \frac{1}{2}$

Lösung A2

(1) Der Funktionsterm kann in der Form
$f(x) = x \cdot (x - 2) \cdot (x + 2)$ notiert werden. Mithilfe der drei
Nullstellen -2, 0, $+2$ lässt sich eine Skizze des Graphen
anfertigen.

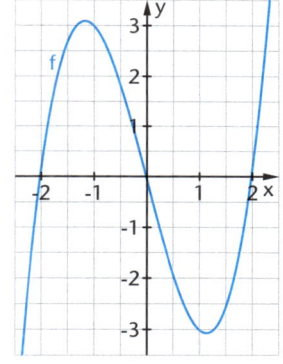

(2) $\int_{-2}^{2} (x^3 - 4x)\,dx = \left[\frac{1}{4}x^4 - 2x^2\right]_0^2 = (4 - 8) - (0 - 0) = -4.$

(3) Wenn das Integral einer Funktion über einem Intervall den Wert null ergibt, muss der Flächeninhalt des
Flächenstücks oder der Flächenstücke oberhalb der
x-Achse genauso groß sein wie der Flächeninhalt des
Flächenstücks oder der Flächenstücke unterhalb der x-
Achse. Da der Term der Integrandfunktion nur Potenzen
mit ungeraden Exponenten enthält, ist der Graph punktsymmetrisch zum Ursprung.
Und da das Integrationsintervall symmetrisch zum Ursprung liegt, werden zwei gleich
große, aber auf verschiedenen Seiten der x-Achse liegende Flächenstücke von Graph
und x-Achse eingeschlossen.

(4) Da das Integral über eine Funktion negativ ist, wenn der Graph im Integrationsbereich
unterhalb der x-Achse verläuft, müssen Betragsstriche verwendet werden:

$$\int_{-2}^{2} |(x^3 - 4x)|\,dx = 8 \quad \text{oder} \quad \int_{-2}^{0} (x^3 - 4x)\,dx + \left|\int_{0}^{2} (x^3 - 4x)\,dx\right| = 4 + |-4| = 8$$

Lösung A3

(1) Die Steigung der Tangente im Punkt $(1\,|\,1)$
ist gegeben durch $f'(1) = 3 \cdot 1^2 = 3$.
Die Tangentengleichung ist daher
$t(x) = 3 \cdot (x - 1) + 1 = 3x - 3 + 1 = 3x - 2$.

(2) Die Punktproben ergeben:
$t(-2) = 3 \cdot (-2) - 2 = -8$ und
$f(-2) = (-2)^3 = -8$.

(4) Schnittstelle der Tangente mit der x-Achse:
$3x - 2 = 0 \Leftrightarrow 3x = 2 \Leftrightarrow x = \frac{2}{3} =$ Breite des Dreiecks.

Schnittpunkt der Tangente mit der y-Achse:
Aus $t(0) = -2$ ergibt sich $h = 2$ für die Höhe des
Dreiecks.
Hieraus ergibt sich ein Flächeninhalt von
$A_\Delta = \frac{1}{2} \cdot \frac{2}{3} \cdot 2 = \frac{2}{3}$.

(3)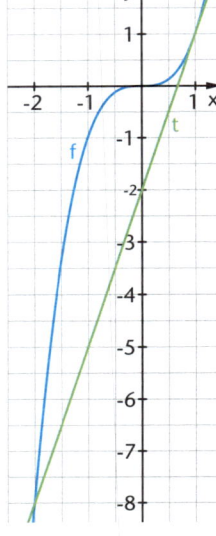

(5) Um den Flächeninhalt des Flächenstücks zu
bestimmen, berechnet man das Integral über die
Differenzfunktion $d(x) = f(x) - t(x)$. Da
der Graph von f im Intervall $[-2;\,1]$ oberhalb der
Tangente verläuft, ergibt sich ein positiver Wert für das Integral:

$$\int_{-2}^{1} (x^3 - (3x - 2))\, dx = \left[\frac{x^4}{4} - \frac{3x^2}{2} + 2x\right]_{-2}^{1} = \left(\frac{1}{4} - \frac{3}{2} + 2\right) - (4 - 6 - 4) = 6{,}75.$$

Lösung A4

(1) Steigung m_1 des Graphen der Funktion f im Ursprung: $f'(x) = -3x^2 + 1$, also $m_1 = f'(0) = 1$.
Die Steigung der Geraden g ist $m_2 = -1$,
das Produkt der beiden Steigungen ist also
$m_1 \cdot m_2 = -1$, d. h., die Gerade g schneidet
den Graphen von f im rechten Winkel.

(2) Punktproben ergeben:

(3)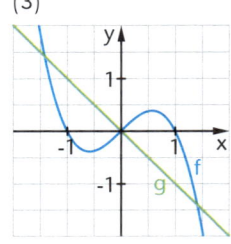

$f(-\sqrt{2}) = -(-\sqrt{2})^3 + (-\sqrt{2}) = 2\sqrt{2} - \sqrt{2} = \sqrt{2}$
$\quad = g(-\sqrt{2})$,

$f(\sqrt{2}) = -\sqrt{2}^3 + \sqrt{2} = -2\sqrt{2} + \sqrt{2} = -\sqrt{2} = g(\sqrt{2})$.

(4) Beide Graphen sind punktsymmetrisch zum Ursprung, da in den Funktionstermen nur
Potenzen mit ungeraden Exponenten auftreten; daher kann man auch die beiden Flächenstücke durch Punktspiegelung am Ursprung jeweils ineinander überführen.

(5) Um den Flächeninhalt eines Flächenstücks zu bestimmen, berechnet man das Integral
über die Differenzfunktion $d(x) = f(x) - g(x)$ für das Intervall $[0;\,\sqrt{2}]$:

$$\int_{0}^{\sqrt{2}} ((-x^3 + x) - (-x))\, dx = \int_{0}^{\sqrt{2}} (-x^3 + 2x)\, dx = \left[-\frac{x^4}{4} + x^2\right]_{0}^{\sqrt{2}} = -1 + 2 = 1.$$

Lösung A5

(1) Aus der einzigen Nullstelle mit $f(3) = 0$ ergibt sich $a \cdot (3 - b) \cdot e^3 = 0 \Leftrightarrow b = 3$ (wegen $a > 0$), und aus $f(0) = 4,5$ folgt $f(0) = 4,5 = a \cdot (0 - 3)^2 \cdot 1 = 9a \Leftrightarrow a = 0,5$.

(2) Der Graph der quadratischen Funktion ist eine nach oben geöffnete Parabel, welche die x-Achse an den Stellen $x = 0$ und $x = \frac{2}{3}$ schneidet:
$3x^2 + 2x = 0 \Leftrightarrow x \cdot (3x + 2) = 0 \Leftrightarrow x = 0 \vee x = -\frac{2}{3}$, d. h. ein Teil der zwischen Graph und x-Achse eingeschlossenen Fläche liegt unterhalb der x-Achse und geht negativ bei der Berechnung des Integrals ein.

(3) $\int\limits_{-1}^{2} (3x^2 + 2x)\, dx = [x^3 + x^2]_{-1}^{2} = (8 + 4) - (-1 + 1) = 12$

Lösung A6

Nullstellen der Funktion: $\quad f(x) = 0 \Leftrightarrow x^2 = a^2 \Leftrightarrow x = \pm a$

Fläche zwischen Graph und x-Achse zwischen den Nullstellen:
$\int_{-a}^{a} f(x)\, dx = 2 \cdot \int_{0}^{a} f(x)\, dx = 2 \cdot \left[a^2 x - \frac{1}{3}x^3 \right]_{0}^{a} = 2 \cdot \left(a^3 - \frac{1}{3}a^3 \right) = \frac{4}{3}a^3$
Bestimmung des Parameterwerts: $\quad \frac{4}{3}a^3 = 36 \Leftrightarrow a^3 = 27 \Leftrightarrow a = 3$

Lösung A7

(1) Der Graph einer ganzrationalen Funktion ist punktsymmetrisch zum Ursprung, wenn im Funktionsterm nur Potenzen von x mit ungeradem Exponenten auftreten. Dies ist der Fall, wenn $k = 2$.

(2) $f_k(1) = 1 - (2 - k) \cdot 1 + 2 = 1 \Leftrightarrow 1 + 2 - k = 3 \Leftrightarrow k = 0$

(3) $f_k'(x) = 3x^2 - 2 \cdot (2 - k) \cdot x + 2$
$f_k''(x) = 6x - 2 \cdot (2 - k)$
$f_k''(1) = 0 \Leftrightarrow 6 - 2 \cdot (2 - k) = 0 \Leftrightarrow k = -1$

Lösung A8

(1) An der Stelle $x = 0$ hat die Ableitungsfunktion f eine Nullstelle mit Vorzeichenwechsel von – nach +, d. h. an der Stelle $x = 0$ liegt ein lokales Minimum.

(2) Nachweis der Stammfunktion durch Ableiten von F(x) gemäß Produkt- und Kettenregel:

$F(x) = (0,5x - 0,5)\, e^{2x}, \quad F'(x) \quad = (0,5x - 0,5) \cdot 2 \cdot e^{2x} + 0,5 \cdot e^{2x} = (1x - 1)\, e^{2x} + 0,5 \cdot e^{2x}$
$\qquad\qquad\qquad\qquad\qquad = (1x - 1 + 0,5)\, e^{2x} = (x - 0,5)\, e^{2x}$
$\qquad\qquad\qquad\qquad\qquad = f(x)$

(3) GK: $\quad \int\limits_{0,5}^{1} (x - 0,5)\, e^{2x}\, dx = \left[(0,5x - 0,5)\, e^{2x} \right]_{0,5}^{1} = 0 - (0,25 - 0,5)\, e^1 = 0,25\, e.$

Der Flächeninhalt im Intervall von 0,5 bis 1 beträgt folglich $A = 0,25\, e$ FE.

LK: $\quad \int\limits_{a}^{0} (x - 0,5)\, e^{2x}\, dx = \left[(0,5x - 0,5)\, e^{2x} \right]_{a}^{0} = -0,5 - (0,5a - 0,5) \cdot e^{2a}$

Bildung des Grenzwert für $a \to -\infty$:
$\lim\limits_{a \to -\infty} \left(-0,5 - (0,5a - 0,5) \cdot e^{2a} \right) = -0,5$, da $\lim\limits_{a \to -\infty} \left((0,5a - 0,5) \cdot e^{2a} \right) = 0.$

Der lineare Term strebt gegen $-\infty$ und der exponentielle Term besitzt den Grenzwert 0. Da der exponentielle Term stärker gegen 0 geht als der Betrag des linearen Terms wächst, ergibt sich für das Produkt der Grenzwert 0.
Da Flächeninhalte nicht negativ sein können, gilt: $A = |-0{,}5| = 0{,}5$ FE.

Lösung A9

(1) Der dargestellte zeitliche Verlauf der Zulaufgeschwindigkeit wird abschnittweise untersucht. In den ersten 20 Minuten fließen konstant $50 \frac{\ell}{\min}$ zu, also $20 \min \cdot 50 \frac{\ell}{\min} = 1000\,\ell$. Im zweiten Zeitabschnitt fließen 10 Minuten lang im Mittel $100 \frac{\ell}{\min}$ in den Tank, insgesamt also $10 \min \cdot 100 \frac{\ell}{\min} = 1000\,\ell$. (Hier kann auch der Flächeninhalt des Trapezes berechnet werden.) Im dritten Zeitabschnitt kommen noch $20 \min \cdot 150 \frac{\ell}{\min} = 3000\,\ell$ hinzu. Insgesamt enthält der Tank nach 50 Minuten $1000\,\ell + 1000\,\ell + 3000\,\ell = 5000\,\ell$.

(2) Zur Berechnung eines Wertes für die im letzten Zeitintervall zugeflossene Ölmenge kann die Bestimmung eines Funktionsterms $f(x)$ für eine ganzrationale Funktion 3. Grades dienen. Anschließend ist dann das Integral $\int_{50}^{80} f(x)\, dx$ zu berechnen.

Aufgrund der naheliegenden Symmetrie kann aber auch ein näherungsweise linearer Verlauf der Zulaufgeschwindigkeit angenommen werden. Den Flächeninhalt des sich dann ergebenden Dreiecks ist ein Maß für die zugeflossene Ölmenge:

$\frac{1}{2} \cdot 30 \min \cdot 150 \frac{\ell}{\min} = 2250\,\ell$.

Lösung A10

(1) Gemäß Hauptsatz der Differenzial- und Integralrechnung ist $\int_{2}^{4} f(x)\, dx = F(4) - F(1) = 4 - 2 = 2$
(2) $f(1) = F'(1) = 0$, d. h., f hat an der Stelle $x = 1$ eine Nullstelle.
(3) Die Wendestelle von F ist eine Extremstelle von f.

Lösung A11 (LK)

(1) Mit $f'(x) = \frac{1}{x}$ erhält man die Steigung der Tangente:
$m = f'(1) = 1$.

Die Tangente verläuft durch den Punkt $(1\,|\,0)$. Sie hat daher die Gleichung
$t(x) = m \cdot x + b = x - 1$.

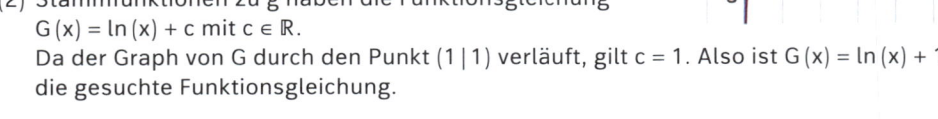

(2) Stammfunktionen zu g haben die Funktionsgleichung
$G(x) = \ln(x) + c$ mit $c \in \mathbb{R}$.
Da der Graph von G durch den Punkt $(1\,|\,1)$ verläuft, gilt $c = 1$. Also ist $G(x) = \ln(x) + 1$ die gesuchte Funktionsgleichung.

Lösung A12 (LK)

(1) $\int_{0}^{1} (-6x^2 + 12x + 18)\, dx = \left[-2x^3 + 6x^2 + 18x\right]_{0}^{1} = (-2 + 6 + 18) - (0 + 0 + 0) = 22$

Zusatz: Nachweis, dass der Flächeninhalt der eingeschlossenen Fläche 54 FE beträgt:

$\int_{0}^{3} (-6x^2 + 12x + 18)\, dx = \left[-2x^3 + 6x^2 + 18x\right]_{0}^{3} = (-54 + 54 + 54) - (0 + 0 + 0) = 54$.

(2) Das Dreieck, das gebildet wird durch den Punkt H$(1\,|\,24)$, den Punkt $(1\,|\,0)$ und den Schnittpunkt der Geraden g mit der x-Achse, muss den Flächeninhalt $A = \left(\frac{1}{2} \cdot 54\right) - 22 = 5$ haben.

Aus dem Flächeninhalt $A = 5$ und der Höhe $h = 24$ folgt für die Breite a des Dreiecks:

$a = \frac{5}{12}$, d. h., die Gerade g schneidet die x-Achse an der Stelle $x = \frac{17}{12}$.

Lösung G1

(1) E: $\vec{x} = \begin{pmatrix} -1 \\ 2 \\ 1 \end{pmatrix} + r \cdot \begin{pmatrix} 2 \\ 1 \\ 0 \end{pmatrix} + s \cdot \begin{pmatrix} -1 \\ 0 \\ 1 \end{pmatrix}$

(2) Mithilfe einer Punktprobe zeigt man, dass $P \in g$. Zu lösen ist das lineare Gleichungssystem

$\begin{pmatrix} 1 \\ -2 \\ 3 \end{pmatrix} + t \cdot \begin{pmatrix} 1 \\ -2 \\ 1 \end{pmatrix} = \begin{pmatrix} -1 \\ 2 \\ 1 \end{pmatrix} \Leftrightarrow t \cdot \begin{pmatrix} 1 \\ -2 \\ 1 \end{pmatrix} = \begin{pmatrix} -2 \\ 4 \\ -2 \end{pmatrix} \Leftrightarrow \begin{vmatrix} t = -2 \\ -2t = 4 \\ t = -2 \end{vmatrix} \Leftrightarrow \begin{vmatrix} t = -2 \\ t = -2 \\ t = -2 \end{vmatrix} \Leftrightarrow t = -2.$

Dann muss noch gezeigt werden, dass der Richtungsvektor von g und die Richtungsvektoren von E zueinander orthogonal sind, d. h. dass die Skalarprodukte jeweils gleich null sind:

$\begin{pmatrix} 1 \\ -2 \\ 1 \end{pmatrix} * \begin{pmatrix} 2 \\ 1 \\ 0 \end{pmatrix} = 1 \cdot 2 + (-2) \cdot 1 + 1 \cdot 0 = 0; \quad \begin{pmatrix} 1 \\ -2 \\ 1 \end{pmatrix} * \begin{pmatrix} -1 \\ 0 \\ 1 \end{pmatrix} = 1 \cdot (-1) + (-2) \cdot 0 + 1 \cdot 1 = 0.$

LK zusätzlich:
Da die Gerade g die Ebene senkrecht schneidet, ist der Richtungsvektor von g ein Normalenvektor für die Ebene. Daher gilt:

E: $\vec{x} * \begin{pmatrix} 1 \\ -2 \\ 1 \end{pmatrix} = \begin{pmatrix} -1 \\ 2 \\ 1 \end{pmatrix} * \begin{pmatrix} 1 \\ -2 \\ 1 \end{pmatrix} = -1 - 4 + 1 = -4$, also $x - 2y + z = -4$.

(3) Da $P \in g$ gemäß (2), kann g auch durch die Parameterdarstellung

g: $\vec{x} = \begin{pmatrix} -1 \\ 2 \\ 1 \end{pmatrix} + t \cdot \begin{pmatrix} 1 \\ -2 \\ 1 \end{pmatrix}$ beschrieben werden.

Setzt man irgendeine reelle Zahl t ein und auch die Gegenzahl $-t$, dann erhält man zwei Punkte der Geraden, die zueinander Spiegelpunkte sind (Punktspiegelung an P), die also gleich weit von P entfernt sind.

Lösung G2

(1) $\overrightarrow{BC} = \begin{pmatrix} 5 - 4 \\ 6 - 3 \\ -4 - (-1) \end{pmatrix} = \begin{pmatrix} 1 \\ 3 \\ -3 \end{pmatrix}$, d. h. $\overrightarrow{OD} = \overrightarrow{OA} + \overrightarrow{AD} = \overrightarrow{OA} + \overrightarrow{BC} = \begin{pmatrix} 1 \\ 1 \\ 1 \end{pmatrix} + \begin{pmatrix} 1 \\ 3 \\ -3 \end{pmatrix} = \begin{pmatrix} 2 \\ 4 \\ -2 \end{pmatrix}$,

also $D\,(2\,|\,4\,|\,-2)$.

(2) $\overrightarrow{AB} = \begin{pmatrix} 4 - 1 \\ 3 - 1 \\ -1 - 1 \end{pmatrix} = \begin{pmatrix} 3 \\ 2 \\ -2 \end{pmatrix}$, also $|\overrightarrow{AB}| = |\overrightarrow{DC}| = \left\| \begin{pmatrix} 3 \\ 2 \\ -2 \end{pmatrix} \right\| = \sqrt{9 + 4 + 4} = \sqrt{17}$ und

$|\overrightarrow{AD}| = |\overrightarrow{BC}| = \left\| \begin{pmatrix} 1 \\ 3 \\ -3 \end{pmatrix} \right\| = \sqrt{1 + 9 + 9} = \sqrt{19}.$

(3) $\overrightarrow{AC} = \begin{pmatrix} 5-1 \\ 6-1 \\ -4-1 \end{pmatrix} = \begin{pmatrix} 4 \\ 5 \\ -5 \end{pmatrix}$; $\overrightarrow{DB} = \begin{pmatrix} 4-2 \\ 3-4 \\ -1-(-2) \end{pmatrix} = \begin{pmatrix} 2 \\ -1 \\ 1 \end{pmatrix}$; $\begin{pmatrix} 4 \\ 5 \\ -5 \end{pmatrix} * \begin{pmatrix} 2 \\ -1 \\ 1 \end{pmatrix} = 8 - 5 - 5 = -2 \neq 0.$

Da das Skalarprodukt der beiden Diagonalenvektoren ungleich null ist, gilt, dass sich die Diagonalen nicht im rechten Winkel schneiden.

(4) Wegen der Punktsymmetrie von Parallelogrammen ist der Schnittpunkt der Diagonalen gleich dem Mittelpunkt der beiden Diagonalen, also gleich dem Mittelpunkt M der Strecken AC und BD. Aus den Koordinaten der Punkte A und C ergibt sich
$M\left(\frac{1}{2} \cdot (1+5) \mid \frac{1}{2} \cdot (1+6) \mid \frac{1}{2} \cdot (1+(-4))\right) = (3 \mid 3,5 \mid -1,5).$

Lösung G3

(1) Die Ebene schneidet die drei Achsen im gleichen Abstand vom Ursprung: $(1\mid0\mid0)$, $(0\mid1\mid0)$, $(0\mid0\mid1)$.
(2) Die Gerade g schneidet die Ebene im rechten Winkel, denn der Richtungsvektor der Geraden ist Normalenvektor der Ebene.
(3) Der Schnittpunkt von E und g ist $\left(\frac{1}{3} \mid \frac{1}{3} \mid \frac{1}{3}\right)$.

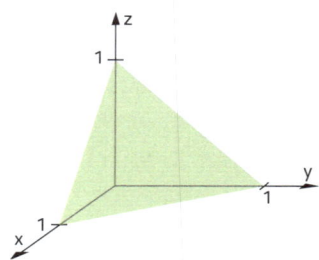

Lösung G4

(1) Nachweis durch Punktproben: $\begin{pmatrix} 1 \\ 0 \\ 3 \end{pmatrix} + r \cdot \begin{pmatrix} 2 \\ 1 \\ 1 \end{pmatrix} = \begin{pmatrix} 7 \\ 3 \\ 6 \end{pmatrix} \Leftrightarrow \begin{vmatrix} 1+2r=7 \\ r=3 \\ 3+r=6 \end{vmatrix} \Leftrightarrow r = 3$, d. h. S liegt auf g.

$\begin{pmatrix} 5 \\ 4 \\ -1 \end{pmatrix} + s \cdot \begin{pmatrix} 2 \\ -1 \\ 7 \end{pmatrix} = \begin{pmatrix} 7 \\ 3 \\ 6 \end{pmatrix} \Leftrightarrow \begin{vmatrix} 5+2s=7 \\ 4-s=3 \\ -1+7s=6 \end{vmatrix} \Leftrightarrow s = 1$, d. h. S liegt auf h.

(2) Bestimmung der Streckenlängen:
$|\overrightarrow{PS}| = \left\| \begin{pmatrix} 1-7 \\ 0-3 \\ 3-6 \end{pmatrix} \right\| = \sqrt{36+9+9} = \sqrt{54}$, $|\overrightarrow{QS}| = \left\| \begin{pmatrix} 5-7 \\ 4-3 \\ -1-6 \end{pmatrix} \right\| = \sqrt{4+1+49} = \sqrt{54}$

(3) Flächeninhaltsbestimmung:
Mittelpunkt der Strecke PQ: $M(3\mid2\mid1)$
Basis: $|\overrightarrow{PQ}| = \left\| \begin{pmatrix} 1-5 \\ 0-4 \\ 3-(-1) \end{pmatrix} \right\| = \sqrt{16+16+16} = \sqrt{48}$
Höhe: $|\overrightarrow{MS}| = \begin{pmatrix} 3-7 \\ 2-3 \\ 1-6 \end{pmatrix} = \sqrt{16+1+25} = \sqrt{42}$

Flächeninhalt: $A = \frac{1}{2} \cdot \sqrt{48} \cdot \sqrt{42} = \frac{1}{2} \cdot \sqrt{48 \cdot 42} = \frac{1}{2} \cdot \sqrt{3 \cdot 16 \cdot 2 \cdot 3 \cdot 7} = \frac{1}{2} \cdot 4 \cdot 3 \cdot \sqrt{2 \cdot 7} = 6 \cdot \sqrt{14}$

Lösung G5

(1) (i) E_1 kann beispielsweise aufgespannt werden durch die Richtungsvektoren, die parallel zu der x-Achse bzw. y-Achse liegen:
$E_1: \vec{x} = \begin{pmatrix} 3 \\ 2 \\ 1 \end{pmatrix} + r \cdot \begin{pmatrix} 1 \\ 0 \\ 0 \end{pmatrix} + s \cdot \begin{pmatrix} 0 \\ 1 \\ 0 \end{pmatrix}$

(ii) E_2 liegt parallel zur x-z-Ebene; als Richtungsvektoren kommen daher die Vektoren in Frage, welche x-Achse bzw. die z-Achse bestimmen.
$E_2: \vec{x} = \begin{pmatrix} 0 \\ 6 \\ 0 \end{pmatrix} + r \cdot \begin{pmatrix} 1 \\ 0 \\ 0 \end{pmatrix} + s \cdot \begin{pmatrix} 0 \\ 0 \\ 1 \end{pmatrix}$

(2) GK: Da E_1 parallel zur x-y-Ebene liegt, verändert sich durch Spiegelung nur die x_3-Koordinate. Der Abstand von A zu E_1 beträgt 3 LE und E_1 liegt in z-Richtung auf der Höhe 1, damit besitzt der Spiegelpunkt A' die Koordinaten (4|2|1 – 3), also A'(4|2|–2).

E_2 liegt parallel zur x-z-Ebene, wodurch die x- und die z-Koordinate von A' unverändert bleiben. Da für die Punkte auf E_2 gilt, dass y = 6, beträgt der Abstand von A' zur Ebene E_2 in y-Richtung 6 – 2 = 4 LE. Durch die Spiegelung an E_2 beträgt die y-Koordinate von A" also 6+4 = 10. Somit ergibt sich A"(4|10|–2).

LK: $\vec{n} = \begin{pmatrix} 1 \\ -1 \\ 1 \end{pmatrix}$ ist ein Normalenvektor der Ebene.

Die Gerade mit g: $\vec{x} = \begin{pmatrix} 4 \\ 2 \\ 4 \end{pmatrix} + r \cdot \begin{pmatrix} 1 \\ -1 \\ 1 \end{pmatrix}$ verläuft durch A und trifft senkrecht auf die Spiegelebene. Man benötigt nun den Vektor von A auf die Ebene. Den zugehörigen Parameterwert erhält man aus dem Schnittansatz.

Zeilenweises Ablesen und Einsetzen ergibt:

$(4 + 1r) - (2 - 1r) + (4 + 1r) = 3 \quad \Leftrightarrow \quad 6 + 3r = 3 \quad \Leftrightarrow \quad r = -1.$

Den Spiegelpunkt A' hat den gleichen Abstand zur Ebene wie Punkt A, d. h., die Strecke von A zu A' ist doppelt so lang. Daher errechnet man den Ortsvektor des Spiegelpunkts durch folgende Gleichung:

$$\overrightarrow{OA'} = \begin{pmatrix} 4 \\ 2 \\ 4 \end{pmatrix} + 2 \cdot (-1) \cdot \begin{pmatrix} 1 \\ -1 \\ 1 \end{pmatrix} = \begin{pmatrix} 2 \\ 4 \\ 2 \end{pmatrix}.$$

Der Spiegelpunkt ist also A'(2|4|2).

Lösung G6

(1) Das lineare Gleichungssystem kann aus der Schnittpunktberechnung einer Gerade mit einer Ebene entstanden sein – die Gerade hat dabei die Parameterdarstellung

$\vec{x} = \begin{pmatrix} -1 \\ 1 \\ -3 \end{pmatrix} + r \cdot \begin{pmatrix} 2 \\ 0 \\ 1 \end{pmatrix}$, die Ebene die Parameterdarstellung $\vec{x} = \begin{pmatrix} 4 \\ 5 \\ 2 \end{pmatrix} + s \cdot \begin{pmatrix} -1 \\ -2 \\ 0 \end{pmatrix} + t \cdot \begin{pmatrix} 0 \\ -1 \\ 2 \end{pmatrix}$.

(2) Durch elementare Umformungen ergibt sich

$$\begin{vmatrix} -1 + 2r = 4 - s \\ 1 = 5 - 2s - t \\ -3 + r = 2 + 2t \end{vmatrix} \Leftrightarrow \begin{vmatrix} 2r + s = 5 \\ 2s + t = 4 \\ r - 2t = 5 \end{vmatrix} \Leftrightarrow \begin{vmatrix} 2r + s = 5 \\ -4r + t = -6 \\ r - 2t = 5 \end{vmatrix} \Leftrightarrow \begin{vmatrix} 2r + s = 5 \\ -4r + t = -6 \\ -7r = -7 \end{vmatrix} \Leftrightarrow \begin{vmatrix} s = 3 \\ t = -2 \\ r = 1 \end{vmatrix}$$

1. Schritt: umordnen, 2. Schritt: 2-Faches der 1. Zeile zur 2. Zeile addieren,
3. Schritt: 2-Faches der 2. Zeile zur 3. Zeile addieren, 4. Schritt: Einsetzen der Lösung für r

(3) Das lineare Gleichungssystem besitzt unendlich viele Lösungen, die sich in der Form

$\vec{x} = \begin{pmatrix} c + 1 \\ -c \\ c \end{pmatrix} = \begin{pmatrix} 1 \\ 0 \\ 0 \end{pmatrix} + c \cdot \begin{pmatrix} 1 \\ -1 \\ 1 \end{pmatrix}$, $c \in \mathbb{R}$, darstellen lassen.

(Geometrische Veranschaulichung: Die beiden Gleichungen können als Koordinatengleichungen von zwei Ebenen interpretiert werden; die Lösung ist eine Parameterdarstellung der Schnittgerade.)

Lösung G7

(1) Die Ebenen sind zueinander orthogonal, da das Skalarprodukt der beiden Normalenvektoren gleich null ist:

$$\vec{n}_E * \vec{n}_F = \begin{pmatrix} 1 \\ 1 \\ -1 \end{pmatrix} * \begin{pmatrix} 1 \\ 1 \\ 2 \end{pmatrix} = 1 + 1 - 2 = 0$$

(2) Durch Einsetzen der Koordinaten bestätigt man die Aussage bzgl. P und Q (jeweils durch Punktprobe).

(3) Mit den Punkten P und Q liegt auch die Gerade g durch P, Q in beiden Ebenen:

$$g: \vec{x} = \begin{pmatrix} 1 \\ 1 \\ 1 \end{pmatrix} + r \cdot \begin{pmatrix} 0 - 1 \\ 2 - 1 \\ 1 - 1 \end{pmatrix} = \begin{pmatrix} 1 \\ 1 \\ 1 \end{pmatrix} + r \cdot \begin{pmatrix} -1 \\ 1 \\ 0 \end{pmatrix}$$

Die Gerade g verläuft parallel zur x-y-Ebene, hat dort also keine Spurpunkte.
Der Punkt Q liegt in der y-z-Ebene, ist also dort Spurpunkt der Geraden g.
Spurpunkt mit der x-z-Ebene: Setze die y-Koordinate gleich null, also $1 + r = 0$. Dies ist der Fall für $r = -1$. Der zugehörige Spurpunkt ist also R(2|0|1).

Lösung S1

(1) Mithilfe der Zufallsgröße X: Anzahl der Erfolge ergibt sich

$P(E_1) = P(X \geq 4) = P(X = 4) + P(X = 5) = 5 \cdot 0{,}25^4 \cdot 0{,}75 + 0{,}25^5 = P_6$

$P(E_2) = P(X \geq 3) = P(X = 3) + P(X = 4) + P(X = 5)$
$= 10 \cdot 0{,}25^3 \cdot 0{,}75^2 + 5 \cdot 0{,}25^4 \cdot 0{,}75 + 0{,}25^5 = P_1$

$\mu = 5 \cdot 0{,}25 = 1{,}25$, also

$P(E_3) = P(X \geq 2) = 1 - P(X \leq 1) = 1 - (P(X = 0) + P(X = 1))$
$= 1 - (0{,}75^5 + 5 \cdot 0{,}75^4 \cdot 0{,}25) = P_2$

(2) Im Histogramm kann man ablesen: $P(X = 0) \approx 0{,}24$; $P(X = 1) \approx 0{,}40$;
$P(X = 2) \approx 0{,}26$; $P(X = 3) \approx 0{,}09$; $P(X = 4) \approx 0{,}01$; $P(X = 5) \approx 0$.

Hieraus ergibt sich:
$P(E_1) = P(X = 4) + P(X = 5) \approx 0{,}01$,
$P(E_2) = P(X = 3) + P(X = 4) + P(X = 5) \approx 0{,}10$,
$P(E_3) = 1 - (P(X = 0) + P(X = 1)) \approx 1 - 0{,}64 = 0{,}36$.

Lösung S2

(1)

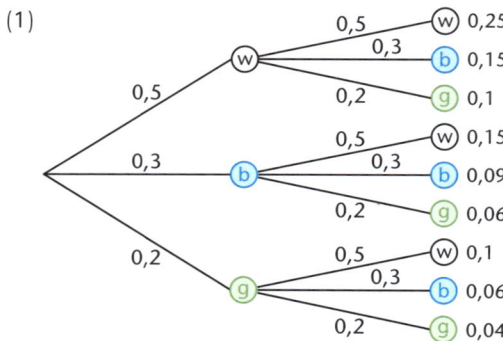

(2) $P(E) = 0{,}5^2 + 0{,}3^2 + 0{,}2^2 = 0{,}38$

(3) GK: Zufallsgröße X: Auszahlung in €

$E(X) = 0{,}38 \cdot 2 \text{€} + 0{,}62 \cdot 0 \text{€} = 0{,}76 \text{€}$

Im Mittel werden pro Spiel 0,76 € ausgezahlt, d. h. der Spielbetreiber hat im Mittel einen Gewinn von 0,24 € pro Spiel.

LK: $E(X) = 0{,}38 \cdot 2 + 0{,}62 \cdot 0 = 0{,}76 = a$. Das Spiel ist fair, wenn der Einsatz pro Spiel 0,76 € beträgt.

(4) Die Wahrscheinlichkeit für das Ereignis „drei verschieden gefärbte Sektoren" ist
$6 \cdot (0,5 \cdot 0,3 \cdot 0,2) = 0,18$.

Im Mittel wird dann ausgezahlt: $E(X) = 0,38 \cdot 2\ € + 0,18 \cdot 1\ € + 0,44 \cdot 0\ € = 0,94\ €$

Im Mittel werden pro Spiel 0,94 € ausgezahlt, d.h. der Spielbetreiber hat im Mittel nur noch einen Gewinn von 0,06 € pro Spiel.

Da der mittlere Gewinn des Spielbetreibers deutlich geringer geworden ist, wird das Spiel für die Teilnehmer interessanter sein.

Lösung S3

(1) Infrage kommt nur das mittlere Histogramm.

Die Grafik links passt nicht zu $n = 12$ und $p = 0,3$, denn das Maximum der Verteilung muss bei $\mu = 12 \cdot 3 = 3,6$ liegen (also bei $k = 3$ oder bei $k = 4$).

Die Grafik rechts passt nicht, weil die Summe aller Wahrscheinlichkeiten gleich 1 sein muss, was hier deutlich übertroffen wird.

(2) Wegen $\mu = n \cdot p$ und $\sigma^2 = n \cdot p \cdot (1 - p)$ gilt $\frac{\sigma^2}{\mu} = 1 - p$, also hier $1 - p = \frac{2^2}{20} = 0,2$,

also $p = 0,8$. Hieraus folgt dann $n = \frac{\mu}{p} = \frac{20}{0,8} = 25$.

Lösung S4

(1) Kombinationstabelle: siehe rechts

Δ	1	2	3	4	5	6
1	0	1	2	3	4	5
2	1	0	1	2	3	4
3	2	1	0	1	2	3
4	3	2	1	0	1	2
5	4	3	2	1	0	1
6	5	4	3	2	1	0

Aus der Kombinationstabelle ergibt sich die Wahrscheinlichkeitsverteilung der Zufallsgröße X.

Auszahlung in €	0	1	2	3	4	5	Summe
Anzahl	6	10	8	6	4	2	36
Wahrsch.	$\frac{6}{36}$	$\frac{10}{36}$	$\frac{8}{36}$	$\frac{6}{36}$	$\frac{4}{36}$	$\frac{2}{36}$	1

(2) Berechnung des Erwartungswerts von X:

Auszahlung in €	0	1	2	3	4	5	Summe
Anzahl	6	10	8	6	4	2	36
Wahrsch.	$\frac{6}{36}$	$\frac{10}{36}$	$\frac{8}{36}$	$\frac{6}{36}$	$\frac{4}{36}$	$\frac{2}{36}$	1
Produkt in €	0	$\frac{10}{36}$	$\frac{16}{36}$	$\frac{18}{36}$	$\frac{16}{36}$	$\frac{10}{36}$	$\frac{70}{36}$

Der Erwartungswert der Zufallsgröße, also der Auszahlung, beträgt $\frac{35}{18}$ €, d.h., die erwartete Auszahlung ist geringer als der Spieleinsatz von 2 €. Daher ist die Spielregel nicht fair.

Lösung S5

(1) Es spielt keine Rolle, ob die beiden Kugeln nacheinander oder mit einem Griff gezogen werden.

$r = 6$; $b = 10$: $P(rr, bb) = \frac{6}{15} \cdot \frac{5}{15} + \frac{10}{16} \cdot \frac{9}{15} = \frac{30 + 90}{240} = \frac{1}{2}$

Da die Wahrscheinlichkeit für einen Gewinn genauso groß ist wie für einen Verlust, ist dies eine faire Spielregel.

(2) $r = 5$; $b = 11$: $P(rr, bb) = \frac{5}{16} \cdot \frac{4}{15} + \frac{11}{16} \cdot \frac{10}{15} = \frac{20 + 110}{240} = \frac{13}{24} > \frac{1}{2}$

Diese Spielregel wäre für den Spielteilnehmer günstig.

$r = 7$; $b = 9$: $P(rr, bb) = \frac{7}{15} \cdot \frac{6}{14} + \frac{9}{15} \cdot \frac{8}{14} = \frac{42 + 72}{240} = \frac{114}{240} = \frac{19}{40} < \frac{1}{2}$

Diese Spielregel wäre für den Spielteilnehmer ungünstig.

Lösung S6

(1) $\mu = 4$ (Lage der Symmetrieachse), $\sigma \approx 0{,}5$ (Lage der Wendepunkte des Graphen)

(2) (i) $P(X = 4) = 0$ (ii) $P(X \leq 4{,}5) = P(X \leq \mu + \sigma) \approx 0{,}84$
(iii) $P(X > 3) = P(X > \mu - 2\,\sigma) \approx 0{,}977$

(3) (i) $P(X \leq \mu + 1{,}28\,\sigma) \approx 0{,}9$; also $k \approx 4 + 1{,}28 \cdot 0{,}5 \approx 4{,}64$
(ii) $P(X > \mu + \sigma) \approx 0{,}16$; also $k \approx 4{,}5$

Lösung S7

(1) $P(X = 3) = \binom{9}{3} \cdot p^3 \cdot (1 - p)^6 = \binom{9}{4} \cdot p^4 \cdot (1 - p)^5 = P(X = 4)$

$\Leftrightarrow \frac{9 \cdot 8 \cdot 7}{3 \cdot 2} \cdot p^3 \cdot (1 - p)^6 = \frac{9 \cdot 8 \cdot 7 \cdot 6}{4 \cdot 3 \cdot 2} \cdot p^4 \cdot (1 - p)^5 \Leftrightarrow 1 - p = \frac{3}{2} p \Leftrightarrow \frac{5}{2} p = 1 \Leftrightarrow p = \frac{2}{5} = 0{,}4$

(2) $P(X = 4) = \binom{8}{4} \cdot \left(\frac{1}{3}\right)^4 \cdot \left(\frac{2}{3}\right)^4$; $P(X = 6) = \binom{8}{6} \cdot \left(\frac{1}{3}\right)^6 \cdot \left(\frac{2}{3}\right)^2 = \binom{8}{2} \cdot \left(\frac{1}{3}\right)^6 \cdot \left(\frac{2}{3}\right)^2$

$P(X = 4) = 10 \cdot P(X = 6) \Leftrightarrow \frac{8 \cdot 7 \cdot 6 \cdot 5}{4 \cdot 3 \cdot 2} \cdot \left(\frac{1}{3}\right)^4 \cdot \left(\frac{2}{3}\right)^4 = 10 \cdot \frac{8 \cdot 7}{2} \cdot \left(\frac{1}{3}\right)^6 \cdot \left(\frac{2}{3}\right)^2 \Leftrightarrow \frac{6 \cdot 5}{4 \cdot 3} \cdot \left(\frac{2}{3}\right)^2 = 10 \cdot \left(\frac{1}{3}\right)^2$

$\Leftrightarrow \frac{2 \cdot 5}{4} \cdot 4 = 10 \Leftrightarrow 10 = 10$

Komplexere Trainingsaufgaben

Aufgabe 1   Ein Parcours auf dem Abenteuerspielplatz

Auf einem Abenteuerspielplatz soll ein Kletter- und Action-Parcours angelegt werden. In der bisherigen Planung ist links ein 1 m breiter und 2 m hoher Spielturm vorgesehen, dann folgt ein modelliertes Parcours-Element mit abschließender Rampe (bzw. Rutsche). Zwischen dem Spielturm und dem höchsten Punkt des Parcours-Elements ist auf 3 m Höhe ein Kletterelement mit Sprossen vorgesehen, so dass die Sportler und Sportlerinnen vom Spielturm zum Gipfel des Parcours-Elements hangeln können. Das seitliche Profil des Parcours-Elements (Querschnitt) wird durch die Funktion f mit

$$f(x) = -\frac{1}{36} x^3 + \frac{1}{2} x^2 - \frac{89}{36} x + 4$$

modelliert (dabei sind x und f(x) in der Einheit m gegeben).

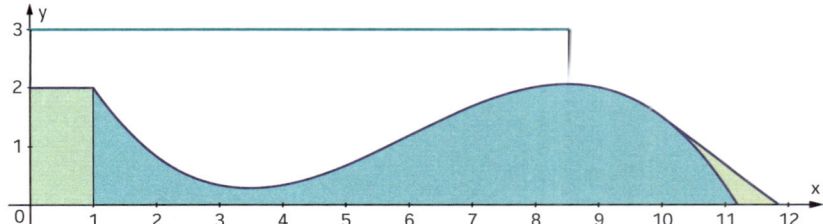

a) Geben Sie an, wie hoch das Parcours-Element bei 2m und bei 8m ist. Geben Sie auch an, an welcher Stelle das Parcours-Element den Boden berührt.   **A5**

b) Berechnen Sie die lokalen Extrempunkte des Parcours-Elements.   **A2 A3**

c) Vergleichen Sie die ermittelten Extrema mit den Randpunkten und geben Sie den größten und kleinsten Abstand zum Kletterelement in 3 m Höhe an.   **A3**

d) Ermitteln Sie, an welchen Stellen der Parcours die größte Steigung bzw. das größte Gefälle hat.   **B7**

e) Das Parcours-Element ist im Querschnitt zu sehen und soll eine (räumliche) Tiefe von 2 m haben. Berechnen Sie das Volumen.   **D2**

f) Da das Parcours-Element sehr steil abschließt und möglicherweise eine Verletzungs-gefahr für Kinder vorliegt, soll an der Stelle x = 10 eine Rutsche tangential angebaut werden. Bestimmen Sie die zugehörige Geradengleichung.   **A4**

   (zur Kontrolle: $t(x) = -\frac{29}{36} x + \frac{86}{9}$)

g) Der Graph von f, die x-Achse und die Tangente t schließen eine Fläche ein. Stellen Sie einen Term für den zugehörigen Flächeninhalt auf.   **D2**

h) LK: Bei der endgültigen Gefahrenprüfung wird angemerkt, dass das angebaute Rut-schenteil nicht geradlinig bis auf den Boden geführt werden darf; außerdem muss die Rutsche 20 cm oberhalb des Bodenniveaus enden.
   Angeregt wird ein knickfreier Übergang von der geradlinigen Rutsche zu einem waage-rechten Rutschenauslauf g (also mit g(x) = 0,2 für 13 ≤ x ≤ 14).
   Beurteilen Sie, ob es einen parabelförmigen Übergang zwischen Rutschenteil und waagerechtem Rutschenauslauf geben kann.   **A7**

Lösung

a) *Berechnung der Funktionswerte*:

$$f(2) = -\frac{1}{36} \cdot 2^3 + \frac{1}{2} \cdot 2^2 - \frac{89}{36} \cdot 2 + 4 = \frac{5}{6} \approx 0{,}833 \ [m]$$

$$f(8) = -\frac{1}{36} \cdot 8^3 + \frac{1}{2} \cdot 8^2 - \frac{89}{36} \cdot 8 + 4 = 2 \ [m]$$

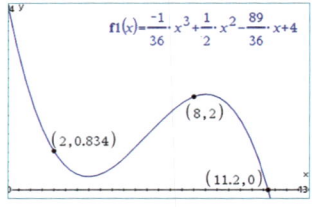

Das Parcours-Element hat bei 2 m die Höhe 0,833 m.
Bei 8 m hat es die Höhe 2 m.
Die Berechnung kann auch mithilfe der Trace-Funktion erfolgen.

Ermittlung der Nullstelle von f:
Mithilfe des TR ergibt sich f(x) = 0 ⇔ x = 11,203.
Bei 11,203 m berührt das Parcours-Element den Boden.

b) *Berechnung der lokalen Extrempunkte*:

Notwendige Bedingung: f'(x) = 0

$$f'(x) = -\frac{1}{12}x^2 + x - \frac{89}{36} = 0 \quad \Leftrightarrow \quad x^2 - 12x + \frac{89}{3} = 0$$

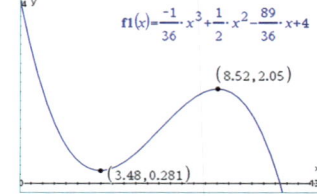

$$\Leftrightarrow \quad x_{1/2} = 6 \pm \sqrt{6^2 - \frac{89}{3}} = 6 \pm \sqrt{\frac{19}{3}}$$

$$\Leftrightarrow \quad x_1 = 3{,}483 \lor x_2 = 8{,}517$$

Hinreichende Bedingung: f'/f''-Kriterium
$$f''(x) = -\frac{1}{6}x + 1$$

Da $f''(x_1) = f''(3{,}483) > 0$, liegt an der Stelle x_1 ein Tiefpunkt vor:
TP(3,483 | f(3,483)) = (3,483 | 0,281).

Da $f''(x_2) = f''(8{,}517) < 0$, liegt an der Stelle x_2 ein Hochpunkt vor:
HP(8,517 | f(8,517)) = (8,517 | 2,052).

c) Der Abstand zum 3 m hohen Kletterelement am linken
Rand beträgt 3 – f(1) = 1 [m].

Beim lokalen Minimum beträgt der Abstand 3 – f(3,483)
= 2,719 [m], beim lokalen Maximum beträgt der Abstand
3 – f(8,517) = 0,948 [m].

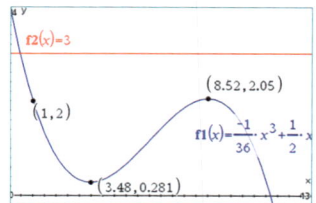

Da das Kletterelement nur vom Kletterturm auf der
linken Seite bis zum lokalen Maximum reicht, beträgt der größte Abstand 2,719 m. Der
kleinste Abstand beträgt 0,948 m.

d) Um die Stelle des größten Anstiegs bzw. des größten
Gefälles zu bestimmen, muss die Steigung im Wendepunkt ermittelt werden sowie die Werte der Ableitungsfunktion

$$f'(x) = -\frac{1}{12}x^2 + x - \frac{89}{36} \text{ am Rand des Definitionsbereichs.}$$

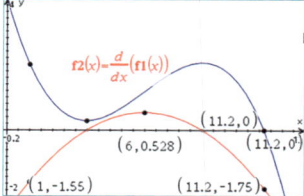

Der größte Anstieg befindet sich an der Wendestelle
x = 6 und beträgt f'(6) = 0,528.

Das größte Gefälle befindet sich am rechten Rand bei x = 11,2 und beträgt
f'(11,2) = –1,75, vgl. den TR-Screenshot.

e) *Berechnung der Querschnittsfläche* mithilfe des TR:

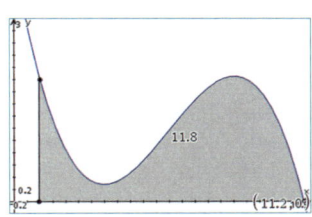

$$A = \int_{1}^{11{,}203} f(x)\,dx = 11{,}8\ [m^2]$$

Das Volumen beträgt $V = 11{,}8\ m^2 \cdot 2\ m = 33{,}6\ m^3$.

f) *Ermittlung der Tangentengleichung*:

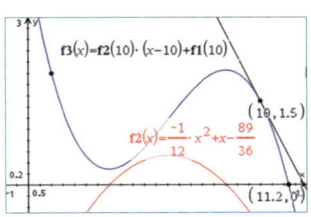

Die Steigung der Tangente an der Stelle $x = 10$ beträgt

$$m = f'(10) = -\frac{29}{36}.$$

Gesucht ist die Gleichung $t(x) = m \cdot x + b$. Der Punkt $(10\,|\,f(10))$ ist der Berührpunkt und liegt folglich auf der Geraden: $b = f(10) - m \cdot 10 = f(10) - f'(10) \cdot 10 = \frac{86}{9}$.

Tangentengleichung: $t(x) = -\frac{29}{36}x + \frac{86}{9}$.

Die Tangentengleichung kann auch direkt aufgestellt werden:
$t(x) = f'(10) \cdot (x - 10) + f(10)$, vgl. Screenshot.

g) Ermittlung der Schnittstelle der Tangente mit der x-Achse:

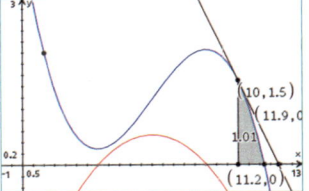

$$t(x) = 0 \Leftrightarrow -\frac{29}{36}x + \frac{86}{9} = 0 \Leftrightarrow x = \frac{36}{29} \cdot \frac{86}{9} = 11{,}862.$$

Die gesuchte Fläche ergibt sich aus der Größe des rechtwinkligen Dreiecks (unter dem Graphen der Tangente) vermindert um den Flächeninhalt des Flächenstücks unter dem Graphen von f:

Dreieck: Breite $= 11{,}862 - 10 = 1{,}862\ [m]$ und Höhe $= f(10) = 1{,}5$

Integral: $\int_{10}^{11{,}203} f(x)\,dx$.

Restfläche: $A = A_\Delta - \int_{10}^{11{,}203} f(x)\,dx = \frac{1{,}862 \cdot 1{,}5}{2} - 1{,}0136 = 0{,}3829\ [m^2]$.

h) Gesucht ist eine quadratische Funktion q mit $q(x) = a\,x^2 + b\,x + c$, die folgenden Bedingungen genügt:
An der Stelle $x = 13$ soll der Funktionswert $q(13) = 0{,}2$ sein und die Steigung $q'(13) = 0$ betragen. Also hat q die Scheitelpunktsform $q(x) = a\,(x - 13)^2 + 0{,}2$.

Ob die Parabel 0, 1 oder 2 Schnittpunkte mit dem Graphen von t hat, hängt vom Parameter a ab $(a > 0)$.

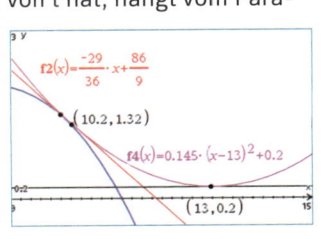

Die folgenden Gleichungen müssen erfüllt sein:
$t(x) = q(x)$ und $t'(x) = q'(x)$, also

$$-\frac{29}{36}x + \frac{86}{9} = a\,(x - 13)^2 + 0{,}2 \quad \text{und} \quad -\frac{29}{36} = 2\,a\,(x - 13).$$

Mit dem Rechner erhält man die Berührstelle

$$x = \frac{1483}{145} \approx 10{,}23 \text{ und den Streckfaktor } a = 0{,}14528.$$

Damit ist der verlangte parabelförmige, knickfreie Übergang zwischen Rutschenteil und Rutschenauslauf möglich.

Aufgabe 2   Besucheransturm im Stadion

Ein Fan des VfL Bochum möchte mit einem mathematischen Modell den Besucheransturm beim nächsten Heimspiel beschreiben. Der Ansturm der Besucher wird (in Tausend Zuschauern pro Stunde) näherungsweise beschrieben durch die Funktion f mit $f(x) = 120x \cdot e^{-2x}$. Dabei stellt x = 0 den Zeitpunkt der Öffnung des Stadions um 14.00 Uhr dar. Das Spiel wird anderthalb Stunden später angepfiffen, also bei x = 1,5.

a) Geben Sie an, wie groß der Besucheransturm um 14.15 Uhr und um 15.00 Uhr ist. Rechnen Sie das Ergebnis auch in Besucher pro Minute um. `A5`

b) Berechnen Sie, zu welchem Zeitpunkt der Besucheransturm am größten ist.
   (zur Kontrolle: $f'(x) = 120 \cdot (1 - 2x) \cdot e^{-2x}$) `A2` `A3`

c) Der Funktionsterm der Ableitungsfunktion lässt sich auch schreiben als

$$f'(x) = -\frac{2}{e} \cdot 120 \cdot \left(x - \frac{1}{2}\right) \cdot e^{-2 \cdot \left(x - \frac{1}{2}\right)} = -\frac{2}{e} \cdot f\left(x - \frac{1}{2}\right).$$

Erläutern Sie die Darstellung der Ableitungsfunktion, indem Sie die Termumformungen begründen. `A3`

d) Beschreiben Sie, mit welchen Transformationen der Graph der Ableitungsfunktion f' aus dem Graphen der Funktion f entsteht. `B2` `B3`

e) Begründen Sie, dass für die zweite Ableitungsfunktion $f''(x) = \frac{2^2}{e^2} \cdot f(x - 1)$ gilt. `B7`

f) Für die Sicherheit im Stadion ist von großer Bedeutung, wie viele Besucher zu Spielbeginn um 15.30 Uhr im Stadion sind (es kann angenommen werden, dass das Stadion bei der Öffnung um 14.00 Uhr leer war). Begründen Sie, dass
$F(x) = -\frac{e}{2} \cdot f\left(x + \frac{1}{2}\right)$ eine Stammfunktion von f ist und $\int_0^{1,5} f(x)\,dx = \frac{e}{2} \cdot [f(0,5) - f(2)]$ gilt.

Berechnen Sie dann die Besucheranzahl bei Anpfiff des Fußballspiels. `D4`

g) nur LK: Die vorangehende Teilaufgabe f) stellt eine Verbindung zwischen der Integralrechnung und der Bestimmung von Extremstellen her. Dieser Zusammenhang kann verallgemeinert werden.
Begründen Sie die folgende Aussage: Die Funktion g mit $g(x) = c \cdot x \cdot e^{-ax}$ mit a > 0 hat die Extremstelle $x_E = \frac{1}{a}$ und es gilt: `D5`
$$\int_0^\infty g(x)\,dx = \frac{e}{a} \cdot g(x_E).$$

Lösung

a)

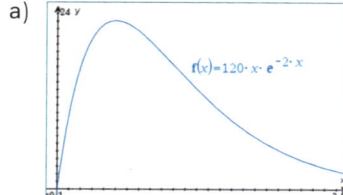 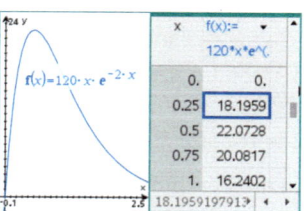

Der Besucheransturm um 14.15 Uhr beträgt f(0,25) = 18,1959 [1000 Besucher/h], das entspricht $18{,}1959 \cdot \frac{1000}{60} = 303$ Besucher pro Minute, die das Stadion betreten.

Um 15.00 Uhr beträgt der Besucheransturm f(1) = 16,2402 [1000 Besucher/h] = 271 Besucher pro Minute.

b) Lösung mithilfe des Rechners:

Der größte Besucheransturm wird zum Zeitpunkt x = 0,5, also um 14.30 Uhr, erreicht. Der Besucheransturm beträgt f(0,5) = 22,1 [1000 Besucher/h], also 368 Besucher pro Minute.

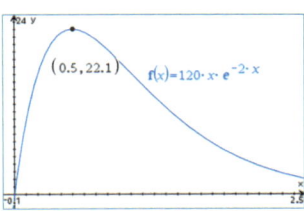

Rechnerische Lösung:

$f'(x) = 120 \cdot e^{-2x} + 120\,x \cdot e^{-2x} \cdot (-2) = 120 \cdot (1 - 2x) \cdot e^{-2x}$

Notwendige Bedingung: $f'(x) = 0$
$\Leftrightarrow 120 \cdot (1 - 2x) \cdot e^{-2x} = 0$ (Satz vom Nullprodukt: Ein Produkt ist null genau dann, wenn ein Faktor null ist)
$\Leftrightarrow \quad 1 - 2x = 0$
$\Leftrightarrow \quad x = 0,5$

Hinreichende Bedingung: $f''(0,5) < 0$:

$f''(x) = 120 \cdot (-2) \cdot e^{-2x} - 2 \cdot 120 \cdot (1 - 2x) \cdot e^{-2x} = 480 \cdot (x-1) \cdot e^{-2x}$
$f''(0,5) = 480 \cdot (-0,5) \cdot e^{-2x} < 0$

c) Anhand der obigen Rechnung bzw. Kontrolllösung formen wir um:

$f'(x) = 120 \cdot (1 - 2x) \cdot e^{-2x} = -2 \cdot 120 \cdot \left(x - \frac{1}{2}\right) \cdot e^{-2x + 1 - 1}$ (Ausklammern des Faktors −2)

$f'(x) = -\frac{2}{e} \cdot 120 \cdot \left(x - \frac{1}{2}\right) \cdot e^{-2\left(x - \frac{1}{2}\right)}$ (Umschreiben des Exponenten)

$f'(x) = -\frac{2}{e} \cdot f\left(x - \frac{1}{2}\right)$ (Deutung als Funktionswert an der Stelle $x - \frac{1}{2}$)

d) Die folgenden Transformationen werden auf den Graphen von f angewendet:
   • Verschiebung des Graphen um eine halbe Einheit in Richtung der x-Achse
   • Streckung mit dem Faktor $\frac{2}{e} \approx 0,736$ in Richtung der y-Achse
   • Spiegelung an der x-Achse

   Bemerkung: Die obigen Transformationen sind in jeder beliebigen Reihenfolge möglich.

e) Mit der Beschreibung der Ableitungsfunktion $f'(x) = -\frac{2}{e} \cdot f\left(x - \frac{1}{2}\right)$ erhalten wir für die zweite Ableitungsfunktion

   $f''(x) = -\frac{2}{e} \cdot f'\left(x - \frac{1}{2}\right) = -\frac{2}{e} \cdot \left(-\frac{2}{e}\right) \cdot f(x - 1) = \frac{2^2}{e^2} \cdot f(x - 1)$

   Die Funktionsgleichung kann zweimal angewandt werden, um im ersten Schritt auf die Ableitungsfunktion und im zweiten Schritt auf die Funktion zurückzugehen. Beachten Sie, dass bei der obigen Rechnung auch die Kettenregel verwendet wird: $\left(x - \frac{1}{2}\right)' = 1$.

f) Nachweis der Stammfunktion:

   $F'(x) = -\frac{e}{2} \cdot f'\left(x + \frac{1}{2}\right) = -\frac{e}{2} \cdot \left(-\frac{2}{e}\right) \cdot f\left(x + \frac{1}{2} - \frac{1}{2}\right) = f(x)$

   Berechnung des Integrals:

   $\int_0^{1,5} f(x)\,dx = [F(x)]_0^{1,5} = F(1,5) - F(0) = -\frac{e}{2} \cdot (f(2) - f(0,5)) = \frac{3}{2} \cdot (f(0,5) - f(2))$

   $\qquad = \frac{e}{2} \cdot (22,1 - 4,4) \approx 24 \text{ [Tausend Besucher]}$

139

Numerische Lösung: siehe rechts.
Im Stadion sind zu Spielbeginn ca. 24000 Besucher.

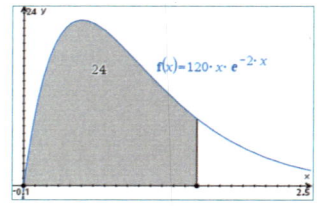

g) Berechnung der Ableitungsfunktion:

$$g'(x) = -a \cdot c \cdot x \cdot e^{-a \cdot x} + c \cdot e^{-a \cdot x} = -a \cdot c \cdot \left(x - \tfrac{1}{a}\right) \cdot e^{-a \cdot x}$$

Mögliche Extremstelle: $x_E = \tfrac{1}{a}$

Da an der Stelle x_E ein Vorzeichenwechsel im Linearfaktor auftritt, liegt bei x_E ein Extremum vor (Vorzeichenwechselkriterium).
Wir schreiben die Ableitungsfunktion und eine Stammfunktion mithilfe des Funktionsterms:

$$g'(x) = -a \cdot c \cdot \left(x - \tfrac{1}{a}\right) \cdot e^{-a \cdot \left(x - \tfrac{1}{a}\right) - 1} = -\tfrac{a}{e} \cdot g\left(x - \tfrac{1}{a}\right)$$

$$G(x) = -\tfrac{e}{a} \cdot g\left(x + \tfrac{1}{a}\right)$$

Kontrolle: $G'(x) = -\tfrac{e}{a} \cdot g'\left(x + \tfrac{1}{a}\right) = -\tfrac{e}{a} \cdot \left(-\tfrac{a}{e}\right) \cdot g\left(x + \tfrac{1}{a} - \tfrac{1}{a}\right) = g(x)$

Berechnung des uneigentlichen Integrals:

$$\int_0^\infty g(x)\,dx = \lim_{t \to \infty}(G(t) - G(0)) = \tfrac{e}{a} \cdot g\left(\tfrac{1}{a}\right) - \tfrac{e}{a} \cdot \lim_{t \to \infty} g\left(t + \tfrac{1}{a}\right) = \tfrac{e}{a} \cdot g(x_E)$$

Aufgabe 3   Warteschlange vor dem Kino

Das Kino *Cinestar* ist sehr beliebt – abends bildet sich vor der Kinokasse eine lange Schlange. Das wiederholt sich an jedem Abend in ähnlicher Weise. Zwei befreundete Personen überlegen sich, wann der günstigste Zeitpunkt ist, sich vor dem Kino zu verabreden und in die Schlange einzureihen. Dazu haben sie einmal gezählt, wie viele Kinobesucher bis zu einem bestimmten Zeitpunkt vor dem Kino ankommen.

Zeitintervall	angekommene Kinobesucher	Zeitintervall	angekommene Kinobesucher
bis 19.30 Uhr	0	bis 19.38 Uhr	83
bis 19.31 Uhr	2	bis 19.39 Uhr	100
bis 19.32 Uhr	5	bis 19.40 Uhr	116
bis 19.33 Uhr	12	bis 19.41 Uhr	132
bis 19.34 Uhr	21	bis 19.42 Uhr	147
bis 19.35 Uhr	34	bis 19.43 Uhr	161
bis 19.36 Uhr	49	bis 19.44 Uhr	173
bis 19.37 Uhr	65	bis 19.45 Uhr	184

Anzahl der angekommenen Kinobesucher

a) Berechnen Sie, wie viele Kinobesucher sich in der Zeit zwischen 19.35 und 19.40 Uhr in der Warteschlange anstellen.

b) Auf Basis der Beobachtungen wird der Besucheransturm (in Besuchern pro Minute) durch die Funktion f mit $f(t) = 2t^2 \cdot e^{-0,25t}$ modelliert. Dabei bezeichnet t die Anzahl der Minuten seit Beobachtungsbeginn um 19.30 Uhr (t = 5 steht also für den Zeitpunkt 19.35 Uhr). **A2** **A3**

   (i) Berechnen Sie auf Basis der Modellfunktion, wie groß der Besucheransturm um 19.40 Uhr ist.

   (ii) Bestimmen Sie, wann bei der Modellfunktion der größte Ansturm vorliegt.

c) Mithilfe der Modellfunktion soll eine Vorhersage erstellt werden, wie viele Besucher

sich von 19.45–20.00 Uhr sich an der Kasse anstellen. Bestimmen Sie dazu $\int_{15}^{30} f(t)\, dt$.

Zusatzaufgabe (LK): Ermitteln Sie eine Stammfunktion für f mithilfe eines Koeffizientenvergleichs mit dem Ansatz $F(t) = (A\,t^2 + B\,t + C) \cdot e^{-0,25\,t}$. `D3` `D1`

d) Der Film wird um 20.00 Uhr im großen Saal mit 300 Plätzen gestartet. Beurteilen Sie mithilfe der Modellfunktion, ob alle Personen, die sich an der Kasse angestellt haben, auch tatsächlich Einlass erhalten. `D3`

e) Ab 19.50 Uhr wird der Kinosaal geöffnet (nach der Reinigung im Anschluss an die vorherige Vorstellung). Pro Minute können 30 Gäste eintreten (inkl. Kartenkontrolle).

Es sei $F_0(t) = \int_0^t f(x)\, dx$ die Integralfunktion von f zur unteren Grenze 0.

  (i) Weisen Sie nach, dass die Anzahl der wartenden Kinogäste nach 19.50 Uhr durch die Funktion g mit $g(t) = F_0(t) - 30\,(t - 20)$ beschrieben wird. `C3`
  (ii) Berechnen Sie, wann alle Personen mit Eintrittskarte eingelassen sind. `B4`
  (iii) Begründen Sie, warum die Funktion g den Sachkontext für t < 20 nicht sinnvoll beschreiben kann.

Lösung:

a) Die Anzahl der zwischen 19.35 Uhr und 19.40 Uhr eintreffenden Besucher ergibt sich aus der dokumentierten Liste als Differenz der kumulierten Häufigkeiten bis zum Zeitpunkt 19.40 Uhr und bis zum Zeitpunkt 19.35 Uhr: 116 − 34 = 82.

b) (i) Um 19.40 Uhr (d. h. t = 10) beträgt der Besucheransturm
$f(10) = 2 \cdot 10^2 \cdot e^{-0,25 \cdot 10} = 200 \cdot e^{-2,5} = 16,42$
≈ 16 Besucher pro Minute.

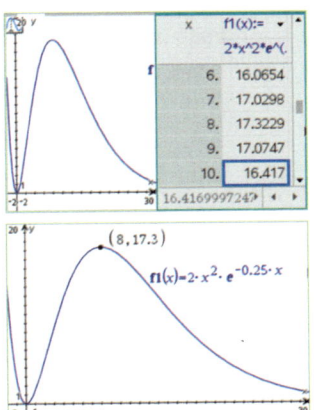

  (ii) Zur Ermittlung des Maximums des Besucherandrangs wird die Ableitungsfunktion bestimmt:
$f'(t) = 4t \cdot e^{-0,25t} - 0,5t^2 \cdot e^{-0,25t} = (4t - 0,5t^2) \cdot e^{-0,25t}$
$= 0,5 \cdot t \cdot (8 - t) \cdot e^{-0,25t}$

$f''(t) = (4 - t) \cdot e^{-0,25t} + (4t - 0,5t^2) \cdot e^{-0,25t} \cdot (-0,25)$
$= (4 - 2t + 0,125t^2) \cdot e^{-0,25t}$

Notwendige Bedingung: $f'(t) = 0 \Leftrightarrow t = 0 \lor t = 8$

Hinreichende Bedingung: $f''(0) = 4 > 0$ (Minimum),
$f''(8) = -4 \cdot e^{-2} < 0$ (Maximum).

Der größte Ansturm liegt um 19.38 Uhr vor und beträgt
$f(8) = 2 \cdot 8^2 \cdot e^{-0,25 \cdot 8} = 17,32 \approx 17$ Besucher pro Minute.

c) Die numerische Bestimmung der Besucherzahl

mithilfe der Modellfunktion ergibt: $\int_{15}^{30} f(t)\, dt = 65,7 \approx 66$.

Zwischen 19.45 und 20.00 Uhr reihen sich 66 Personen in die Warteschlange ein.

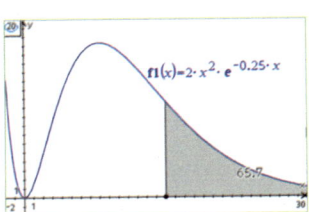

LK: Bestimmung einer Stammfunktion mithilfe des Ansatzes
$F(t) = (A\,t^2 + B\,t + C) \cdot e^{-0,25\,t}$.

Ableitungsfunktion: $F'(t) = (2\,A\,t + B) \cdot e^{-0,25\,t} + (A\,t^2 + B\,t + C) \cdot e^{-0,25\,t} \cdot (-0,25)$.

Ein Koeffizientenvergleich ergibt

$$A \cdot (-0,25) = 2 \quad \Leftrightarrow \quad A = -8$$
$$2\,A - 0,25\,B = 0 \quad \Leftrightarrow \quad B = -64$$
$$B - 0,25\,C = 0 \quad \Leftrightarrow \quad C = -256$$

Eine Stammfunktion von f ist folglich $F(t) = (-8\,t^2 - 64\,t - 256) \cdot e^{-0,25\,t}$

Berechnung des Integrals: $\int\limits_{15}^{30} f(t)\,dt = [F(t)]_{15}^{30} = F(30) - F(15) = 65,7.$

d) Die Anzahl der Personen, die sich bis 20.00 Uhr an der Kasse angestellt haben, ergibt sich im Rahmen der Modellfunktion als Integral $\int\limits_{0}^{30} f(t) = 251.$

Alternativ: Bestimmung des Integrals mithilfe der Stammfunktion:

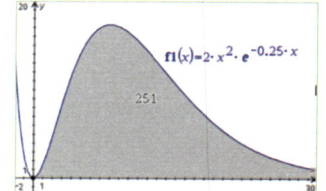

$$\int\limits_{0}^{30} f(t)\,dt = [F(t)]_0^{30} = F(30) - F(0)$$
$$= (-8 \cdot 30^2 - 64 \cdot 30 - 256) \cdot e^{-7,5} + 256 \approx 251.$$

e) (i) Die Integralfunktion $F_0(t)$ beschreibt, wie viele Kinobesucher sich zum Zeitpunkt t in die Warteschlange eingereiht haben. Dabei gilt $F_0(0) = 0$. Ab 19.50 Uhr (also t = 20) betreten 30 Gäste pro Minute den Kinosaal. Also betreten für $t \geq 20$ insgesamt $30 \cdot (t - 20)$ Gäste bis zum Zeitpunkt t den Kinosaal, diese werden von der Anzahl der wartenden Gäste subtrahiert.

(ii) Es gilt $F_0(t) = F(t) - F(0)$, da die Ableitungsfunktion jeweils f(t) ist und $F_0(0) = F(0) - F(0) = 0$ gilt.
D. h., es gilt

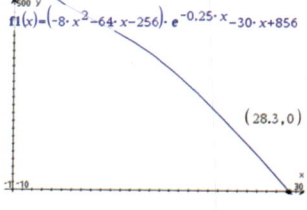

$$F_0(t) = (-8\,t^2 - 64\,t - 256) \cdot e^{-0,25\,t} + 256 \quad \text{und}$$
$$g(t) = (-8\,t^2 - 64\,t - 256) \cdot e^{-0,25\,t} + 256 - 30\,(t - 20).$$

Zum Zeitpunkt t = 28,3, also etwa um 19.58 Uhr, sind alle Gäste im Kinosaal.

(iii) Die Funktion g ergibt im Kontext für t < 20 keinen Sinn, da der Summand $30\,(t - 20)$ hier einen „negativen Einfluss" beschreiben würde, d. h., es würde von der Anzahl der wartenden Kinobesucher noch eine negative Größe subtrahiert und damit die Anzahl der wartenden Gäste noch vergrößert werden.

Aufgabe 4   Verkehrszählungen und Stauprognosen auf der A40

Zur Beobachtung des Verkehrsaufkommens auf den Autobahnen gibt es sogenannte Dauerzählstellen - das sind fest installierte Geräte, die zählen, wie viele Pkw bzw. Lkw in die jeweilige Richtung vorbeifahren. Auf Basis dieser Daten wird die Verkehrsdichte in Pkw pro Stunde ermittelt.

Die untenstehende Tabelle gibt das Verkehrsaufkommen an einem Werktag von der 6. Stunde (5–6 Uhr) bis zur 19. Stunde (18–19 Uhr) an.

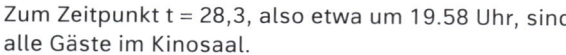

Stunde	6	7	8	9	10	11	12	13	14	15	16	17	18	19
Pkw	742	2153	4011	4347	3788	3540	3553	3957	4668	5259	5364	5476	5412	3999

a) (1) Bestimmen Sie, wie viele Autos im morgendlichen Berufsverkehr von 7–9 Uhr gezählt wurden.

   (2) Berechnen Sie die durchschnittliche Verkehrsdichte (in Pkw/h) in der Zeit von 14–17 Uhr. **H1**

Im Folgenden soll das Verkehrsaufkommen in der Zeit zwischen 12 Uhr und 20 Uhr näherungsweise durch die Verkehrsdichtefunktion f mit $f(t) = -120\,t^2 + 3840\,t - 25240$ beschrieben werden. Dabei bezeichnet t die Zeit und $f(t)$ die Verkehrsdichte in Pkw/h.)

Hinweis: Die Verkehrszählung ist ein diskreter Prozess, der einerseits statistischen Schwankungen unterliegt, aber an vergleichbaren Wochentagen ein sehr stabiles Verhalten zeigt. Die Modellierung durch eine stetige Funktion stellt in dieser Hinsicht eine Vereinfachung dar.

b) Berechnen Sie auf Basis des Modells die Verkehrsdichte um 15 Uhr und um 18 Uhr.

c) Ermitteln Sie, zu welchem Zeitpunkt im Modell die größte Verkehrsdichte vorliegt. **A1 A3 B6**

Mittags kann die Strecke noch frei befahren werden, doch nachmittags entsteht auf Höhe des Zählpunkts ein Stau, wenn auf den drei Fahrspuren mehr als 4000 Pkw pro Stunde fahren (und keine Geschwindigkeitsbegrenzungen vorgenommen werden).

d) (1) Bestimmen Sie die Zeitpunkte t_1 und t_2, an denen die Verkehrsdichte größer ist als $4000\,\frac{Pkw}{h}$. **B5**

   (2) Vom Zeitpunkt t_1 an wächst also der Stau. Berechnen Sie auf Basis des o. a. Modells die maximale Staulänge (= Anzahl der Pkw). **D1 D2 D3**

   (3) Interpretieren Sie Ihr Ergebnis und geben Sie die Staulänge in km an (Modellannahmen: Länge eines Pkw: 5 m, Abstand zwischen zwei aufeinander folgender Pkw: 5 m).

Bei erhöhtem Verkehrsaufkommen (also über $4000\,\frac{Pkw}{h}$) wird die Höchstgeschwindigkeit auf $80\,\frac{km}{h}$ reduziert, dann können sogar 5000 Pkw pro Stunde fahren. Diese Verkehrsdichte wird im Modell um 13 Uhr erreicht.

e) (1) Weisen Sie nach, dass sich die Anzahl der Pkws im Stau durch die Funktion
$A(t) = -40\,t^3 + 1920\,t^2 - 30240\,t + 156800$
beschreiben lässt ($t \geq 13$). **D1**

   (2) Skizzieren Sie den Graphen von A(t). Ermitteln Sie den Zeitpunkt, zu dem sich der Stau vollständig aufgelöst hat. Welche Bedeutung hat das lokale Maximum des Graphen? **D2**

Lösung

a) (1) Die Stunde 8 beginnt um 7 Uhr und endet um 8 Uhr, die Stunde 9 reicht von 8 bis 9 Uhr. In der 8. Stunde wurden von der Dauerzählstelle 4011 Pkw gezählt, in der 9. Stunde waren es 4387 Pkw. Folglich wurden am ausgewählten Werktag zwischen 7 und 9 Uhr insgesamt 4011 + 4347 = 8358 Pkw gezählt.

   (2) Die durchschnittliche Verkehrsdichte im Zeitraum von 14 bis 17 Uhr ergibt sich über das (arithmetische) Mittel der Verkehrszählungen: $\frac{5259 + 5364 + 5476}{3} = \frac{16099}{3} \approx 5366\ [\frac{Pkw}{h}]$

   Durchschnittlich sind also 5366 Pkw pro Stunde an der Zählstelle in Essen-Kray vorbeigefahren.

b) Berechnung der Funktionswerte: $g(15) = 5360$ und $g(18) = 5000$.

Um 15.00 Uhr liegt folglich eine sehr hohe Verkehrsdichte mit $5360 \frac{Pkw}{h}$ vor, um 18.00 Uhr liegt immer noch eine hohe Verkehrsdichte mit $5000 \frac{Pkw}{h}$ vor.

c) Zur Bestimmung der höchsten Verkehrsdichte wird das Maximum der gegebenen Funktion berechnet. Dazu wird die Ableitungsfunktion gebildet und auf kritische Werte untersucht (d. h. Werte t_0 mit $f'(t_0) = 0$):
$f'(t) = -240\,t + 3840$
$f'(t) = 0 \;\Leftrightarrow\; -240\,t + 3840 = 0 \;\Leftrightarrow\; t = 16$

An der Stelle $t = 16$ findet ein Vorzeichenwechsel der Funktion f' von $+$ nach $-$ statt, also liegt an der Stelle ein lokales Maximum vor.

Alternativ: $f''(t) = -240$, also $f''(16) < 0$, an der Stelle $t = 16$ liegt also ein lokales Maximum vor. Die Verkehrsdichte beträgt um 16 Uhr: $f(16) = 5480 \frac{Pkw}{h}$.

d) (1) Um die Zeitpunkte zu berechnen, an denen die Verkehrsdichte $4000 \frac{Pkw}{h}$ beträgt, werden die Schnittpunkte des Funktionsgraphen von f mit dem Graphen der konstanten Funktion g mit $g(t) = 4000$ berechnet:
$f(t) = g(t) \;\Leftrightarrow\; -120\,t^2 + 3840\,t - 25240 = 4000$
$ \Leftrightarrow\; -120\,t^2 + 3840\,t - 29240 = 0$
$ \Leftrightarrow\; t_1 \approx 12{,}49 \;\vee\; t_2 \approx 19{,}51$

Die ermittelten Werte müssen nun noch in Uhrzeiten umgerechnet werden. Der Wert t_1 kennzeichnet eine Uhrzeit zwischen 12 und 13 Uhr, der verbleibende Anteil von 0,49 Stunden wird in Minuten umgerechnet: $0{,}49 \cdot 60 = 29{,}4 \approx 29$ [Minuten]. Entsprechend wird $t_2 = 19{,}51$ umgerechnet: der Nachkommateil bezeichnet $0{,}51 \cdot 60 = 30{,}6 \approx 31$ [Minuten]. Also überschreitet zwischen 12.29 Uhr und 19.31 Uhr die Verkehrsdichte die untersuchte Grenze von $4000 \frac{Pkw}{h}$.

Bestimmung der Schnittstellen mithilfe des numerischen Gleichungslösers des TR bzw. mithilfe der graphischen Darstellung:

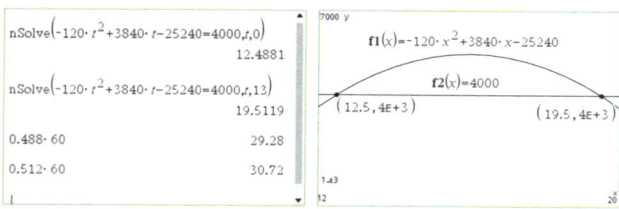

(2) Der Stau entsteht durch den sehr hohen Verkehrsfluss, der über die Autobahn nicht (ab-)fließen kann, es handelt sich also um die Differenz der Verkehrsdichte $f(t)$ zur konstanten Abflussdichte $g(t)$. Dieser Effekt kumuliert sich von 12.29 Uhr bis 19.31 Uhr, so dass unter den Modellannahmen um 19.31 Uhr der maximale Stau erreicht wird. Die maximale Staulänge berechnet sich folglich als Integral über die Differenz der Funktionen f und g mit $g(t) = 4000$:

$$\int_{t_1}^{t_2} (f(t) - g(t))\, dt = \int_{12,49}^{19,51} (-120\,t^2 + 3840\,t - 29240)\, dt$$

$$= [\,-40\,t^3 + 1920\,t^2 - 29240\,t\,]_{12,49}^{19,51}$$

$$= 6930 \;[\text{Pkw}]$$

(3) Ein Pkw benötigt mit seiner Länge und dem Abstand zum vorausfahrenden Fahrzeug etwa 10 m Platz, d.h., 6930 Pkw bilden eine Strecke von 69,3 km. Verteilt man diese auf 3 Fahrbahnen (und berücksichtigt in der Rechnung die Lkw nicht), so ergibt sich eine Staulänge von 23,1 km.

e) (1) Die Staulänge ergibt sich (wie in Teilaufgabe d)) über das Integral über die Differenzfunktion f – h mit h(t) = 5000.

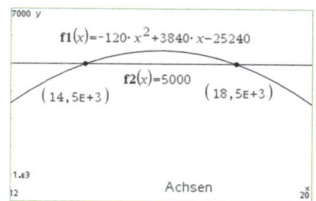

Analog zu Teilaufgabe d) werden die Schnittstellen der Funktionsgraphen von f und h bestimmt: Mithilfe des TR ergeben sich $t_1 = 14$ und $t_2 = 18$. In diesem Zeitintervall wächst also der Stau an.

Um die gesuchte Integralfunktion zu bestimmen, muss gemäß Hauptsatz der Differential- und Integralrechnung eine Stammfunktion ermittelt werden. Da eine solche hier angegeben ist, muss nur durch Ableiten nachgewiesen werden, dass die Funktion A eine Stammfunktion von f – h ist.

Es gilt: $A'(t) = -120\,t^2 + 3840\,t - 30240$. Dies ist genau der Funktionsterm der Differenzfunktion f(t) – h(t).

Die Staulänge L(t) zum Zeitpunkt t ist dann gleich dem Integral über die Funktion f – h im Intervall zwischen 14 Uhr und dem beliebigen Zeitpunkt t, d.h. L(t) = A(t) – A(14).

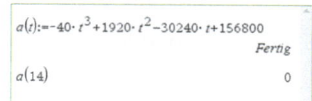

Da $A(14) = -40 \cdot 14^3 + 1920 \cdot 14^2 - 30240 \cdot 14 + 156800 = 0$, vereinfacht sich die Differenz L(t) = A(t) – A(14) zu A(t).

(2) Die Funktion A beschreibt die Staulänge. Der Stau beginnt um 14 Uhr (Nullstelle der Funktion A(t)); er ist aufgelöst, wenn die Funktion die nächste Nullstelle hat.

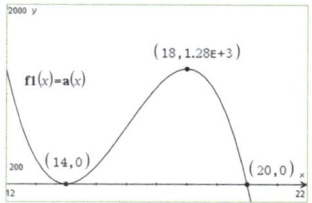

Mithilfe des TR ermittelt man außer t = 14 dann t = 20. Um 20 Uhr hat sich also der Stau vollständig aufgelöst.

Das lokale Maximum von A(t) liegt beim Zeitpunkt t = 18, da die Verkehrsdichte bis zu diesem Zeitpunkt über dem Wert 5000 $\frac{Pkw}{h}$ liegt.

Aufgabe 5   Staubecken

Vor einigen Jahrzehnten wurde zur Wasserversorgung eines Dorfs ein kleiner See angelegt, in den ein Bach mündet. Wenn der See bis zum Rand gefüllt ist, läuft das Wasser in dem alten Bachbett weiter.

Allerdings kam es immer wieder vor, dass der See gefüllt war und der Bach nach starken Regenfällen über seine Ufer trat. Um zukünftig in solchen Situationen Schäden zu vermeiden, wird überlegt, ob ein Staubecken oberhalb des Dorfes gebaut werden soll, in das das Wasser bei Bedarf umgeleitet werden kann.

Aus Messungen während eines Zeitraums von zehn Stunden nach einem wolkenbruchartigen Regen ergab sich folgende Modellierungsfunktion für die momentane Durchflussrate an der Übergangsstelle vom See zum Bach:

$$f(t) = \frac{1}{50} \cdot (t^4 - 20t^3 + 100t^2 + 200),\ 0 \le t \le 10$$

(Angaben von t in Stunden, von f(t) in $100\,m^3/h$).

Während sonst durchschnittlich eine momentane Durchflussrate von $400\,m^3/h$ vorliegt, wuchs diese nach dem Wolkenbruch auf über $1600\,m^3/h$ an.

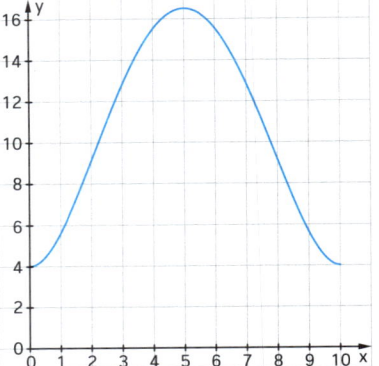

a) Der Graph der Modellierungsfunktion ist symmetrisch zu einer Parallelen zur y-Achse. Erläutern Sie, wie man dies nachweisen könnte. **B1**

b) Bestimmen Sie rechnerisch den Zeitpunkt, zu dem die Durchflussrate ihr Maximum annimmt und ermitteln Sie diesen maximalen Wert. **B6**

c) Welche Bedeutung haben die beiden Wendepunkte des Graphen im Sachzusammenhang? Bestimmen Sie deren Koordinaten. **B7**

d) (1) Zeigen Sie, dass $F(t) = \frac{1}{250} \cdot t^5 - \frac{1}{10}t^4 + \frac{2}{3}t^3 + 4t$ eine Stammfunktion für f ist. **D1**

(2) Welche zusätzliche Regenmenge müsste das geplante Staubecken in Folge des o. a. Starkregens auffangen können? **D3**

(3) Skizzieren Sie den Graphen von F(t) im Intervall $0 \le t \le 10$.

(4) Welche Bedeutung hat die Wendestelle des Graphen von F? **D1 B6**

(5) Welche Bedeutung hat der Quotient $\frac{F(5) - F(0)}{5}$ im Sachzusammenhang? **D4**

e) Man plant, dass das Staubecken im Extremfall eine doppelt so große Menge Wasser aufnehmen soll wie nach dem oben modellierten Wolkenbruch. Entwickeln Sie einen Funktionsterm g(t), durch den dann die zugehörige momentane Durchflussrate modelliert werden kann.

Lösung

a) Verschiebt man den Graphen um 5 Einheiten nach links, dann ergibt sich ein Graph, der achsensysmmetrisch zur y-Achse ist. Der zugehörige Funktionsterm

$$f^*(t) = f(t + 5) = \frac{1}{50} \cdot ((t + 5)^4 - 20(t + 5)^3 + 100(t + 5)^2 + 200)$$

enthält dann nur noch Potenzen von x mit geraden Exponenten.

Hinweis: Die Berechnung des Terms wird nicht verlangt; es ergibt sich
$$f^*(t) = \frac{1}{50} \cdot (t^4 - 50t^2 + 825).$$

b) $f'(t) = \frac{1}{50} \cdot (4t^3 - 60t^2 + 200t) = \frac{4}{50} \cdot t \cdot (t^2 - 15t + 50)$

$f''(t) = \frac{1}{50} \cdot (12t^2 - 120t + 200) = \frac{6}{25} \cdot \left(t^2 - 10t + \frac{50}{3}\right)$

notwendige Bedingung: $f'(t) = 0 \Leftrightarrow t = 0 \vee t^2 - 15t + 50 = 0$
$\Leftrightarrow t = 0 \vee (t - 7{,}5)^2 = 6{,}25$
$\Leftrightarrow t = 0 \vee t = 5 \vee t = 10$

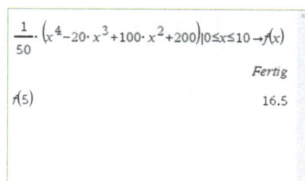

hinreichende Bedingung: $f''(0) = 4 > 0$, $f''(5) = -2 < 0$,
$f''(10) = 4 > 0$.

An der Stelle $t = 5$ liegt ein lokales (und absolutes)
Maximum vor mit $f(5) = 16{,}5$, das ist eine momentane
Zuflussrate von $1650\ m^3/h$.

c) *notwendige Bedingung*: $f''(t) = 0 \Leftrightarrow t^2 - 10t + \frac{50}{3} = 0 \Leftrightarrow (t - 5)^2 = \frac{25}{3} \Leftrightarrow t = 5 \pm \sqrt{\frac{25}{3}} \approx 5 \pm 2{,}89$

hinreichende Bedingung: Da der Graph von $f''(t)$ eine nach oben geöffnete quadratische
Parabel ist, liegt an den beiden Nullstellen der 2. Ableitung ein VZW von + nach – bzw.
von – nach + vor.

Die Wendepunkte von f haben die Koordinaten $(2{,}11\,|\,9{,}56)$ und $(7{,}89\,|\,9{,}56)$.

Zum Zeitpunkt $t_1 \approx 2{,}11 \approx 2$ Std. 7 Min. nimmt der Zufluss der Regenmenge am stärksten zu, zum Zeitpunkt $t_2 \approx 7{,}89 \approx 7$ Std. 53 Min. nimmt der Zufluss der Regenmenge am
stärksten ab.

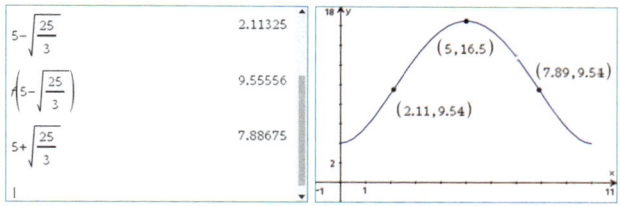

d) (1) Nachweis der Stammfunktion beispielsweise durch Ableiten von

$F(t) = \frac{1}{250} \cdot t^5 - \frac{1}{10}t^4 + \frac{2}{3}t^3 + 4t$:

$F'(t) = \frac{5}{250} \cdot t^4 - \frac{4}{10}t^3 + 2t^2 + 4 = \frac{1}{50} \cdot (t^4 - 20t^3 + 100t^2 + 200) = f(t)$

(2) Die zusätzliche Regenmenge ergibt sich aus dem Integral der Modellierungsfunktion über dem gesamten Intervall, vermindert um die üblicherweise durchlaufende
Wassermenge, also durch Integration der Differenz-
funktion $f(t) - 4$:

$\int_0^{10} (f(t) - 4)\,dt = \left[\frac{1}{250} \cdot t^5 - \frac{1}{10}t^4 + \frac{2}{3}t^3\right]_0^{10} = \frac{200}{3} \approx 66{,}7$

Im betrachteten Zeitraum fließt eine zusätzliche
Regenmenge von ca. $6700\ m^3$ in den Bach.

147

(3)

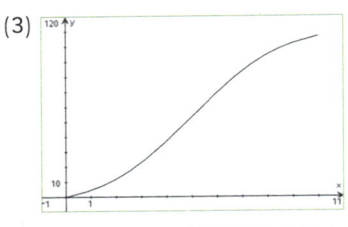

t	0	1	2	3	4	5	6	7	8	9	10
F(t)	0	4,6	11,9	22,9	37,2	53,3	69,5	83,8	94,8	102,1	106,7

(4) Die Wendestelle des Graphen von F entspricht dem lokalen Maximum des Graphen von f, d. h. dem Zeitpunkt, zu dem die Intensität des Wasserzuflusses wieder zurückgeht.

(5) Die Differenz F(5) – F(0) gibt an, welche Wassermenge insgesamt im Zeitraum der ersten fünf Stunden vom See in den Bach fließt, der Quotient $\frac{F(5) - F(0)}{5} = \frac{32}{3} \approx 10{,}7$ beschreibt daher die mittlere Zuflussmenge pro Stunde; das sind ca. $1070\,\frac{m^3}{h}$.

e) Die Verdopplung der Regenmenge bezieht sich auf die über die üblichen $400\,\frac{m^3}{h}$ hinausgehende Menge. Verdoppelt wird also die Differenz f(t) – 4, d. h.
g(t) = 2 · (f (t) – 4) + 4 = 2 · f(t) – 4 ,

also $g(t) = \frac{1}{25} \cdot (t^4 - 20\,t^3 + 100\,t^2 + 200) - 4 = \frac{1}{25} \cdot (t^4 - 20\,t^3 + 100\,t^2 + 100)$.

Kontrollen mit dem GTR:

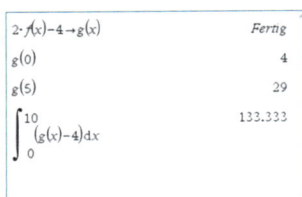
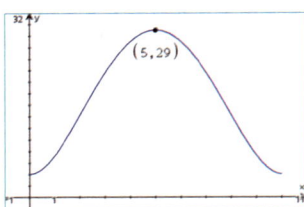

Aufgabe 6   Funktionsuntersuchung

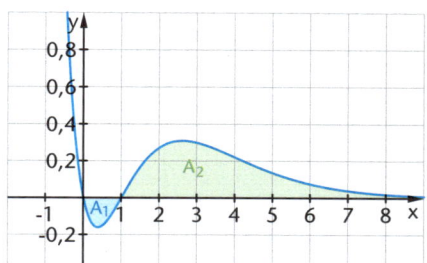 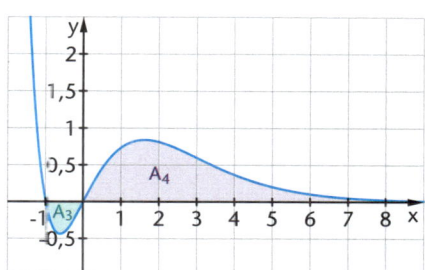

a) Die beiden Abbildungen zeigen die Graphen der Funktionen f und g mit
$f(x) = x \cdot (x - 1) \cdot e^{-x}$ und $g(x) = x \cdot (x + 1) \cdot e^{-x}$

(1) Ordnen Sie die beiden Funktionsgleichungen den Abbildungen begründet zu. Beschreiben Sie – ohne Rechnung – den Verlauf der Graphen;
geben Sie Gemeinsamkeiten und Unterschiede an.   `B4`

(2) nur LK: Jemand behauptet: Man erhält den Graphen der einen Funktion aus dem Graphen der anderen Funktion durch eine Verschiebung in Richtung der x-Achse und gleichzeitiger Streckung in Richtung der y-Achse.

Beweisen Sie die Behauptung mithilfe geeigneter algebraischer Umformungsschritte.   `B2`

b) (1) Die beiden Funktionen gehören zu einer Funktionenschar f_a mit
$f_a(x) = x \cdot (x - a) \cdot e^{-x}$.

Zeigen Sie, dass die Graphen der Funktionen dieser Schar an den Stellen

$x = \frac{1}{2} \cdot (a + 2) \pm \frac{1}{2} \cdot \sqrt{a^2 + 4}$ eine waagerechte Tangente besitzen.   `A3` `B6`

(2) Begründen Sie mithilfe des Terms $\frac{1}{2} \cdot (a + 2) \pm \frac{1}{2} \cdot \sqrt{a^2 + 4}$ aus Teilaufgabe (1),

dass alle Funktionen dieser Schar einen Hoch- und einen Tiefpunkt besitzen.   `B6`

(3) Ermitteln Sie konkret für $a = 1$ und für $a = -1$ die Lage der Hoch- und Tiefpunkte
(vergleichen Sie zur Kontrolle Ihre Rechenergebnisse mit den o. a. Graphen).   `B6`

c) (1) Weisen Sie nach, dass die Funktion F mit $F(x) = - (x^2 + x + 1) \cdot e^{-x}$
eine Stammfunktion für die Funktion f ist.   `A3` `D1`

(2) Um eine Stammfunktion G der Funktion g mit $g(x) = x \cdot (x + 1) \cdot e^{-x}$ zu finden,
kann man den Ansatz $G(x) = - (x^2 + bx + c) \cdot e^{-x}$ machen.
Bestimmen Sie geeignete Koeffizienten b und c.   `D1` `C2` `A3`

(3) nur LK: Stammfunktionen für die Funktion f_a sind alle vom Typ
$F_a(x) = - (x^2 + bx + c) \cdot e^{-x}$.
Bestimmen Sie geeignete Koeffizienten b und c, sodass gilt $F_a' = f_a$.   `C2`

d) (1) Bestimmen Sie den Flächeninhalt des Flächenstücks, das der Graph von f
im Intervall $[0 ; 1]$ mit der x-Achse einschließt.   `D2`

(2) nur LK: Bestimmen Sie den Flächeninhalt des Flächenstücks, das der Graph
von f mit $f(x) = f_1(x) = x \cdot (x - 1) \cdot e^{-x}$ im Intervall $[1 ; +\infty[$ mit der x-Achse
einschließt.   `B8` `D5`

(3) nur LK: Betrachten Sie allgemein für a > 0 die Funktionenschar $f_a(x) = x \cdot (x - a) \cdot e^{-x}$.
In Teilaufgabe b) (3) wurde gezeigt, dass $F_a(x) = -(x^2 + (2 - a)x + (2 - a)) \cdot e^{-x}$ eine Stammfunktion für f_a ist.
Für welchen Parameterwert a ist das Flächenstück oberhalb der x-Achse genau so groß wie das Flächenstück unterhalb der x-Achse?
Führen Sie eine Kontrollrechnung mithilfe der numerischen Integration durch. **B9**

Lösung

a) (1) An den Nullstellen kann man ablesen: Die Nullstellen von $f(x) = x \cdot (x - 1) \cdot e^{-x}$ liegen bei x = 0 und bei x = 1; die Nullstellen von $g(x) = x \cdot (x + 1) \cdot e^{-x}$ liegen bei x = 0 und x = -1. Daher ist links der Graph von f und rechts der Graph von g abgebildet. Beide Graphen verlaufen nur zwischen den beiden Nullstellen im negativen Bereich, ansonsten oberhalb der x-Achse. Sie sind zunächst streng monoton fallend bis zu einem Tiefpunkt, der zwischen den beiden Nullstellen liegt, dann streng monoton steigend bis zu einem Hochpunkt; danach verlaufen beide Graphen streng monoton fallend mit der x-Achse als Asymptote. Beide Graphen sind zunächst linksgekrümmt bis zu einem Wendepunkt, der zwischen Tief- und Hochpunkt liegt, dann rechtsgekrümmt bis zu einem weiteren Wendepunkt, danach wieder linksgekrümmt. Bei beiden Graphen haben die Nullstellen den Abstand 1 Einheit; allerdings sind die Funktionswerte der beiden Extrempunkte bei g weiter von der x-Achse entfernt als bei f.

(2) Verschiebt man den Graphen von f um 1 Einheit nach links, dann muss im Funktionsterm die Variable x durch (x + 1) ersetzt werden:
$f(x + 1) = (x + 1) \cdot ((x + 1) - 1) \cdot e^{-(x+1)} = (x + 1) \cdot x \cdot e^{-x-1} = (x + 1) \cdot x \cdot e^{-x} \cdot e^{-1} = e^{-1} \cdot g(x)$
d. h. $g(x) = e \cdot f(x + 1)$.
Damit ist gezeigt, dass der Graph von g aus dem Graphen von f durch Verschiebung um eine Einheit nach links und Streckung mit dem Faktor e ≈ 2,718 in Richtung der y-Achse hervorgeht.

b) (1) $f_a(x) = x \cdot (x - a) \cdot e^{-x} = (x^2 - ax) \cdot e^{-x}$,

$f_a'(x) = (2x - a) \cdot e^{-x} + (x^2 - ax) \cdot e^{-x} \cdot (-1) = (2x - a - x^2 + ax) \cdot e^{-x}$
$= -(x^2 - (a + 2) \cdot x + a) \cdot e^{-x}$

$f_a'(x) = 0 \Leftrightarrow x^2 - (a + 2) \cdot x + a = 0$

$\Leftrightarrow x^2 - (a + 2) \cdot x + \frac{1}{4} \cdot (a + 2)^2 = \frac{1}{4} \cdot a^2 + a + 1 - a$

$\Leftrightarrow (x - \frac{1}{2} \cdot (a + 2))^2 = \frac{1}{4} \cdot (a^2 + 4)$,

also $x = \frac{1}{2} \cdot (a + 2) \pm \frac{1}{2} \cdot \sqrt{a^2 + 4}$.

(2) Da der Term $a^2 + 4$ nicht null werden kann, hat die quadratische Gleichung in (2) stets zwei Lösungen. Das Vorzeichen der Ableitungsfunktion $f_a'(x) = -(x^2 - (a + 2) \cdot x + a) \cdot e^{-x}$ hängt nur von dem quadratischen Faktor ab, da $e^{-x} > 0$ für beliebige $x \in \mathbb{R}$. Da der Graph von $y = -(x^2 - (a + 2) \cdot x + a)$ eine nach unten geöffnete quadratische Parabel ist, liegt an der kleineren Nullstelle der Ableitungsfunktion [also bei $x = \frac{1}{2} \cdot (a + 2) - \frac{1}{2} \cdot \sqrt{a^2 + 4}$] ein VZW von - nach + statt vor, d. h. dort befindet sich ein lokales Minimum, und an der größeren Nullstelle [also bei $x = \frac{1}{2} \cdot (a + 2) + \frac{1}{2} \cdot \sqrt{a^2 + 4}$] ein VZW von + nach - statt, d. h. dort befindet sich ein lokales Maximum der Funktion.

(3) Beim Einsetzen von a = +1 ergeben sich der Tiefpunkt T (0,38 | –0,16) und der Hochpunkt H (2,62 | 0,31),

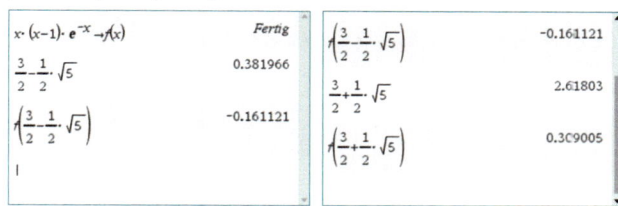

beim Einsetzen von a = –1 entsprechend der Tiefpunkt T (– 0,62 | – 0,44) und der Hochpunkt H (1,62 | 0,84),

c) (1) Nachweis durch Ableiten gemäß Produkt- und Kettenregel:

$$F'(x) = -(2x + 1) \cdot e^{-x} - (x^2 + x + 1) \cdot e^{-x} \cdot (-1) = (-2x - 1 + x^2 + x + 1) \cdot e^{-x}$$
$$= (x^2 - x) \cdot e^{-x} = x \cdot (x - 1) \cdot e^{-x} = f(x)$$

(2) Bestimmen der Ableitung der Funktion $G(x) = -(x^2 + bx + c) \cdot e^{-x}$ mit Produkt– und Kettenregel:

$$G'(x) = -(2x + b) \cdot e^{-x} - (x^2 + bx + c) \cdot e^{-x} \cdot (-1) = (-2x - b + x^2 + bx + c) \cdot e^{-x}$$

$$= (x^2 + (b - 2) \cdot x + (c - b)) \cdot e^{-x}.$$

Koeffzientenvergleich mit $g(x) = (x^2 + x) \cdot e^{-x}$ ergibt $b - 2 = 1$ und $c - b = 0$, also $b = c = 3$. $G(x) = -(x^2 + 3x + 3) \cdot e^{-x}$ ist also eine Stammfunktion für g.

(3) Koeffizientenvergleich von $F_a'(x) = (x^2 + (b - 2) \cdot x + (c - b)) \cdot e^{-x}$ mit $f_k(x) = x \cdot (x - a) \cdot e^{-x} = (x^2 - ax) \cdot e^{-x}$ ergibt allgemein die Bedingungen $-a = b - 2$ und $c - b = 0$, also $b = 2 - a$ und $c = b = 2 - a$.

Folglich ist $F_a(x) = -(x^2 + (2 - a)x + (2 - a)) \cdot e^{-x}$ eine Stammfunktion für f_a.

d) (1) $\int_0^1 f(x)\,dx = [-(x^2 + x + 1)\cdot e^{-x}]_0^1 = -3e^{-1} - (-1) = 1 - \frac{3}{e} \approx -0{,}104$

Das Flächenstück hat ungefähr einen Flächeninhalt von 0,104 FE (wie auch durch numerische Integration bestätigt wird).

	Fertig
$-(x^2+x+1)\cdot e^{-x} \to f0(x)$	
$f0(1)-f0(0)$	-0.103638
$\int_0^1 (x\cdot(x-1)\cdot e^{-x})\,dx$	-0.103638
$\mathbf{I}$	

(2) $\int_1^{+\infty} f(x)\,dx = [-(x^2 + x + 1)\cdot e^{-x}]_1^{+\infty} = 0 - (-3e^{-1}) = \frac{3}{e} \approx 1{,}104$

$F(+\infty) = 0$ ergibt sich aus dem asymptotischen Verhalten von Funktionen vom Typ (ganzrationale Funktion) $\cdot$ (Exponentialfunktion).

Für die numerische Kontrollrechnung wurde als obere Grenze der Wert 100 eingesetzt.

	Fertig
$-(x^2+x+1)\cdot e^{-x} \to f0(x)$	
$3\cdot e^{-1}$	1.10364
$f0(100)-f0(1)$	1.10364
$\int_1^{100} (x\cdot(x-1)\cdot e^{-x})\,dx$	1.10364
$\mathbf{I}$	

(3) Betrachtet werden die beiden Intervalle $[0\,;a]$ und $[a\,;+\infty[$.

Für die Integrale soll gelten: $\left| \int_0^a f_a(x)\,dx \right| = -\int_0^a f_a(x)\,dx = \int_a^{+\infty} f_a(x)\,dx$.

Im Einzelnen ist

$\int_0^a f_a(x)\,dx = -[-(x^2 + (2-a)x + (2-a))\cdot e^{-x}]_0^a$

$\qquad = (a^2 + 2a - a^2 + 2 - a)\cdot e^{-a} - (2-a) = (a+2)\cdot e^{-a} - (2-a),$

$\int_a^{\infty} f_a(x)\,dx = [-(x^2 + (2-a)\cdot x + (2-a))\cdot e^{-x}]_a^{\infty}$

$\qquad = 0 - (-(a^2 + (2-a)\cdot a + (2-a))\cdot e^{-a}) = (a+2)\cdot e^{-a}.$

Die beiden Integrale unterscheiden sich nur um den Summanden $(2-a)$. Damit beide Integrale gleich sind, muss also $a = 2$ sein.

Kontrollrechnung: Für $a = 2$ ist $F_2(x) = -x^2 \cdot e^{-x}$ eine Stammfunktion für $f_2(x) = x\cdot(x-2)\cdot e^{-x} = (x^2 - 2x)\cdot e^{-x}$.

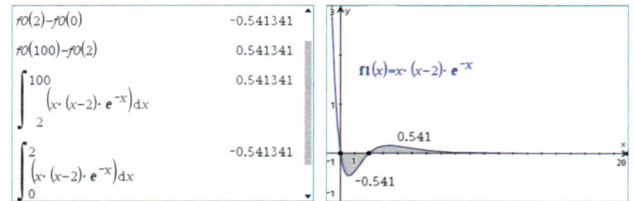

Aufgabe 7   Marienkirche in Dortmund

Die Turmspitze der Marienkirche in Dortmund hat eine quadratische Grundfläche ABCD (die Seitenlänge werde mit 8 m angenommen), auf der vier senkrecht gemauerte gleichseitige Dreiecke stehen; die vierteiligen Dachflächen der Turmspitze sind rautenförmig.

Ein lokales Koordinatensystem ist so festgelegt, dass die Straßenebene durch $z = 0$ bestimmt ist und die Ecken A, B, C, D folgende Koordinaten haben:
$A(-4\,|-4\,|z)$, $B(+4\,|-4\,|z)$, $C(+4\,|+4\,|z)$ und $D(-4\,|+4\,|z)$, mit $z > 0$.

Die Turmspitze liegt 42,50 m über dem Straßenniveau.

a) Bestimmen Sie die Koordinaten der oberen Eckpunkte P_{AB}, P_{BC}, P_{CD}, P_{DA} der gleichseitigen Dreiecke zunächst in Abhängigkeit von z sowie die Koordinaten der Turmspitze S (auf der das Kreuz steht). Geben Sie die Koordinaten der Eckpunkte der Grundfläche auch numerisch an. (Angaben mit 2 Dezimalstellen). [Kontrollergebnis: z = 28,64] **E1**

Aus der Formelsammlung:
Für die Höhe h im gleichseitigen Dreieck mit Seitenlänge a gilt: $h = \frac{a}{2} \cdot \sqrt{3}$.

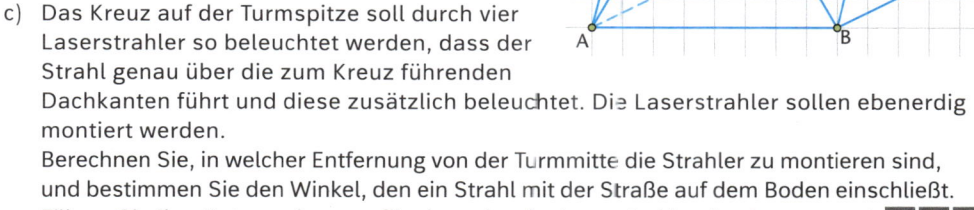

b) Bestimmen Sie die Ebenengleichung für die Dachfläche, die den Punkt A enthält, in Parameterform. **F3**

c) Das Kreuz auf der Turmspitze soll durch vier Laserstrahler so beleuchtet werden, dass der Strahl genau über die zum Kreuz führenden Dachkanten führt und diese zusätzlich beleuchtet. Die Laserstrahler sollen ebenerdig montiert werden.
Berechnen Sie, in welcher Entfernung von der Turmmitte die Strahler zu montieren sind, und bestimmen Sie den Winkel, den ein Strahl mit der Straße auf dem Boden einschließt. Führen Sie Ihre Untersuchungen für einen der vier Laserstrahler durch. **F1 F4 G1**

d) (1) Berechnen Sie die Innenwinkel β und γ der Rauten.
   (2) nur LK: Bestimmen Sie die Neigung δ der rautenförmigen Dachflächen gegenüber dem Grundniveau. **G2**

e) Bestimmen Sie das Volumen des Dachraums der Turmspitze oberhalb des Quadrats ABCD (die Dicke der Mauern und des Dachs werden vernachlässigt). **G4**

f) Die Statik der Dachkonstruktion soll durch Stützbalken verstärkt werden. Diese verbinden die Mitten der Rauten mit dem jeweils gegenüberliegenden Eckpunkt des Grundquadrats ABCD. Bestimmen Sie die Länge dieser Balken (die sich im Innern der Kirchturmspitze gegenseitig durchdringen) sowie deren Neigungswinkel ε mithilfe der Methoden der Vektorgeometrie. **E5 G1**

Lösung

a) Koordinaten der oberen Eckpunkte der gleichseitigen Dreiecke: Für die Höhe h im gleichseitigen Dreieck gilt: $h = \frac{a}{2} \cdot \sqrt{3}$, also hier $h = \frac{8}{2} \cdot \sqrt{3} = 4 \cdot \sqrt{3} \approx 6{,}93$ m.

Die oberen Eckpunkte der Dreiecke haben daher die Koordinaten $P_{AB}(0\,|-4\,|\,z+6{,}93)$, $P_{BC}(4\,|\,0\,|\,z+6{,}93)$, $P_{CD}(0\,|\,4\,|\,z+6{,}93)$, $P_{DA}(-4\,|\,0\,|\,z+6{,}93)$.

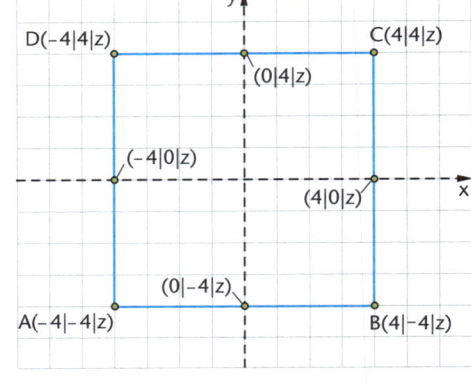

Die Turmspitze S liegt dann noch einmal 6,93 m höher, wie sich aus der Rautenform der Dachflächen ergibt.
Da die Turmspitze über der Mitte des Quadrats ABCD liegt, gilt für deren Koordinaten: $S(0\,|\,0\,|\,42{,}50)$.

Da sich für die eigentliche Turmspitze eine Höhe von $2 \cdot 6{,}93$ m $= 13{,}86$ m ergibt, muss gelten:
$z = 42{,}50 - 13{,}86 = 28{,}64$.

Es gilt also: $A(-4\,|-4\,|\,28{,}64)$, $B(+4\,|-4\,|\,28{,}64)$, $C(+4\,|+4\,|\,28{,}64)$ und $D(-4\,|+4\,|\,28{,}64)$ sowie $P_{AB}(0\,|-4\,|\,35{,}57)$, $P_{BC}(4\,|\,0\,|\,35{,}57)$, $P_{CD}(0\,|\,4\,|\,35{,}57)$, $P_{DA}(-4\,|\,0\,|\,35{,}57)$.

b) Die Dachflächen-Ebene wird aufgespannt durch die beiden Vektoren, die vom Eckpunkt A ausgehen und zu je zwei benachbarten Punkten P_{AB} und P_{DA} führen.
Für die Ebene, die den Punkt A enthält, gilt also:

$$E_A: \vec{x} = \overrightarrow{OA} + r \cdot \overrightarrow{AP_{DA}} + s \cdot \overrightarrow{AP_{AB}} = \begin{pmatrix} -4 \\ -4 \\ 28{,}64 \end{pmatrix} + r \cdot \begin{pmatrix} -4-(-4) \\ 0-(-4) \\ 35{,}57-28{,}64 \end{pmatrix} + s \cdot \begin{pmatrix} 0-(-4) \\ -4-(-4) \\ 35{,}57-28{,}64 \end{pmatrix} =$$

$$= \begin{pmatrix} -4 \\ -4 \\ 28{,}68 \end{pmatrix} + r \cdot \begin{pmatrix} 0 \\ 4 \\ 6{,}93 \end{pmatrix} + s \cdot \begin{pmatrix} 4 \\ 0 \\ 6{,}93 \end{pmatrix}.$$

c) Gesucht wird die Gerade, die sich aus der Verlängerung z. B. der Strecke zwischen P_{AB} und S ergibt, also:

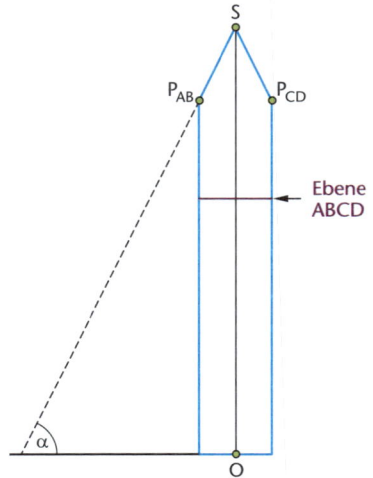

$$g_{AB}: \vec{x} = \overrightarrow{OP_{AB}} + r \cdot \overrightarrow{P_{AB}S} = \begin{pmatrix} 0 \\ -4 \\ 35{,}57 \end{pmatrix} + r \cdot \begin{pmatrix} 0-0 \\ 0-(-4) \\ 42{,}50-35{,}57 \end{pmatrix}$$

$$= \begin{pmatrix} 0 \\ -4 \\ 35{,}57 \end{pmatrix} + r \cdot \begin{pmatrix} 0 \\ 4 \\ 6{,}93 \end{pmatrix}.$$

Diese Gerade schneidet die x_1-x_2-Ebene genau dann, wenn $x_3 = 0$, also wenn $35{,}57 + 6{,}93 \cdot r = 0$, d. h. für $r \approx -5{,}133$.
Einsetzen dieses Parameterwerts in der Geradengleichung ergibt die Koordinaten des Montagepunkts des Laserstrahlers:

$$\vec{x} = \begin{pmatrix} 0 \\ -4 \\ 35{,}57 \end{pmatrix} + (-5{,}133) \cdot \begin{pmatrix} 0 \\ 4 \\ 6{,}93 \end{pmatrix} = \begin{pmatrix} 0 \\ -24{,}532 \\ 0 \end{pmatrix}.$$

Der Laserstrahler müsste ca. 24,53 m von der Turmmitte entfernt montiert werden.

Der zu bestimmende Winkel α wird bestimmt durch den Richtungsvektor der Geraden und einen Vektor, der vom Montagepunkt des Laserstrahlers auf den Ursprung des Koordinatensystems weist:

$$\cos(\alpha) = \frac{\left\| \begin{pmatrix} 0 \\ 24,53 \\ 0 \end{pmatrix} * \begin{pmatrix} 0 \\ 4 \\ 6,93 \end{pmatrix} \right\|}{24,53 \cdot \sqrt{4^2 + 6,93^2}} \approx \frac{98,12}{196,28} \approx 0,500 \;\Rightarrow\; \alpha \approx 60,0°.$$

Alternativ ist auch eine Argumentation möglich, dass das Dreieck $P_{AB}P_{CD}S$ gleichseitig ist und daher in diesem Dreieck, also auch am Montagepunkt, ein Winkel von 60° auftritt.

d) (1) Innenwinkel β der Rauten = Winkel zwischen den Richtungsvektoren der Ebene E_A:

$$\cos(\beta) = \frac{\left\| \begin{pmatrix} 0 \\ 4 \\ 6,93 \end{pmatrix} * \begin{pmatrix} 4 \\ 0 \\ 6,93 \end{pmatrix} \right\|}{\sqrt{4^2 + 6,93^2} \cdot \sqrt{4^2 + 6,93^2}} \approx \frac{48,0249}{64,0249} \approx 0,7501 \;\Rightarrow\; \beta \approx 41,4°.$$

Der Komplementärwinkel der Raute ist $\gamma = 180° - \beta = 180° - 41,4° = 138,6°$.

(2) (nur LK): Neigungswinkel δ der Dachfläche = Winkel zwischen einem Normalenvektor der Ebene, die durch ABCD geht (parallel zur x_1-x_2-Ebene) und zu einem Normalenvektor der Ebene E_A:

$$\cos(\delta) = \frac{\left\| \begin{pmatrix} 0 \\ 0 \\ 1 \end{pmatrix} * \begin{pmatrix} 6,93 \\ 6,93 \\ -4 \end{pmatrix} \right\|}{\sqrt{1^2} \cdot \sqrt{6,93^2 + 6,93^2 + (-4)^2}} \approx \frac{4}{10,5854} \approx 0,3779 \;\Rightarrow\; \delta \approx 67,8°,$$

denn offensichtlich ist der Vektor $\vec{n_1} = \begin{pmatrix} 6,93 \\ 6,93 \\ -4 \end{pmatrix}$ ein Normalenvektor zu den beiden

Richtungsvektoren der Ebene, da gilt $\begin{pmatrix} 0 \\ 4 \\ 6,93 \end{pmatrix} * \begin{pmatrix} 6,93 \\ 6,93 \\ -4 \end{pmatrix} = 0$ und $\begin{pmatrix} 4 \\ 0 \\ 6,93 \end{pmatrix} * \begin{pmatrix} 6,93 \\ 6,93 \\ -4 \end{pmatrix} = 0.$

e) Man betrachtet getrennt das Volumen des Körpers bis zu den Punkten P_{AB}, P_{BC}, P_{CD}, P_{DA} und der darauf sitzenden quadratischen Pyramide mit Seitenlänge $4\sqrt{2}$ und der Höhe 6,93 m. Der untere Teilkörper ergibt sich, wenn man vom Volumen eines Quader mit quadratischer Grundfläche (Seitenlänge 8 m) und Höhe 6,93 m die Volumina von vier Pyramiden subtrahiert, deren Grundfläche rechtwinklig ist (Kathetenlänge 4 m) und deren Höhe 6,93 m.

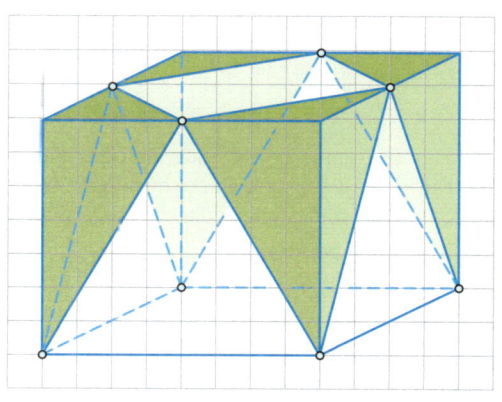

Insgesamt ergibt sich:

$$V = 8^2 \cdot 6,93 - 4 \cdot \left(\frac{1}{3} \cdot \frac{1}{2} \cdot 4^2 \cdot 6,93 \right) + \frac{1}{3} \cdot (4\sqrt{2})^2 \cdot 6,93 \approx 443,5 \text{ m}^3.$$

f) Einer der Balken verbindet den Mittelpunkt $M_A(-2|-2|35,57)$ der Strecke $P_{DA}P_{AB}$ mit dem gegenüber liegenden Punkt $C(+4|+4|28,64)$. Die Länge dieses Balkens, also die

Länge des Vektors $\overrightarrow{CM_A} = \begin{pmatrix} -6 \\ -6 \\ 6,93 \end{pmatrix}$, ist $\sqrt{(-6)^2 + (-6)^2 + 6,93^2} \approx 10,96$ m.

Der Neigungswinkel ε des Balkens ergibt sich aus dem Winkel zwischen dem Vektor $\overrightarrow{CM_A} = \begin{pmatrix} -6 \\ -6 \\ 6,93 \end{pmatrix}$ und dem Verbindungsvektor $\overrightarrow{CA} = \begin{pmatrix} -8 \\ -8 \\ 0 \end{pmatrix}$ von C nach A:

$$\cos(\varepsilon) = \frac{\begin{pmatrix} -6 \\ -6 \\ 6,93 \end{pmatrix} * \begin{pmatrix} -8 \\ -8 \\ 0 \end{pmatrix}}{\sqrt{(-6)^2 + (-6)^2 + 6,93^2} \cdot \sqrt{(-8)^2 + (-8)^2 + 0^2}} \approx \frac{96}{123,948} \approx 0,7745 \;\Rightarrow\; \varepsilon \approx 39,2°.$$

Aufgabe 8   Tower Bridge in London

Die 1894 eröffnete Tower Bridge ist eine Klappbrücke über die Themse in London. Die beiden beweglichen und gleichlangen Brückenteile sind hochklappbar, so dass auch große Schiffe die Themse befahren können. Die beiden Türme bilden Gegengewichte zu den klappbaren Brückenteilen. Oberhalb der Fahrbahn befinden sich zwischen den Türmen Fußgängerstege, die dauerhaften Fußgängerverkehr erlauben.

Alle Angaben in Längeneinheiten (LE). Eine Längeneinheit entspricht ca. 2 Metern in der Realität.

Die Punkte A(10|1|2), B(15|−3|3) und C(20|8|−1) liegen in der Ebene E_1, in der die Fahrbahn der Brücke verläuft.

a) Geben Sie die Gleichung der Ebene in Parameterform an.   `F3`

b) Nur LK: Zeigen Sie, dass die Ebene x + 5 y + 15 z = 45 zur Beschreibung der Fahrbahn geeignet ist.   `F7` (`F5` `F6`)

c) Bestimmen Sie die Spurpunkte der Ebene E_1.   `F4`

d) Zeigen Sie, dass die Punkte T_1(30|0|1) und T_2(0|6|1) in der Ebene E_1 liegen.   `F3`

e) T_1 und T_2 stellen die Punkte auf der Fahrbahn dar, in denen die beiden Türme stehen. Untersuchen Sie, in welcher Höhe die Fußgängerstege mindestens verlaufen, damit diese bei einer vollständig senkrecht geklappten Fahrbahn nicht beschädigt werden.   `E5`

f) Das im Punkt T_1 einmündende Fahrbahnteil wird hochgeklappt und durch die Gerade g beschrieben, die durch den Punkt P(15|3|20) verläuft.
Bestimmen Sie die Größe des Winkels, um den die Fahrbahn hochgeklappt wurde.   `G1`

g) Der Vektor $\vec{v} = \begin{pmatrix} 4 \\ 20 \\ 60 \end{pmatrix}$ steht im Punkt T_1 senkrecht zur Ebene E_1.
Berechnen Sie die Koordinaten der Spitze des Brückenturms, wenn diese sich in 28 LE Höhe genau über T_1 befindet.   `E5` `F1`

h) Nur LK: Zeigen Sie, dass die Fußgängerstege in der Ebene E_2: 0,2 x + y + 3 z = 63 liegen und in einer Höhe von etwa 17 LE über der Fahrbahn verlaufen.   `F10` `G5`

i) Nur LK: Bestimmen Sie eine Gleichung der Ebene E_0, die die Oberfläche der Themse beschreibt, die 4,5 LE unterhalb der Fahrbahn fließt.   `F10` `G5`

j) Nur LK: Die Gerade g beschreibt die hochgeklappte Brücke bei einem bestimmten Winkel und verläuft durch die Punkte T_1 und $Q(10\,|\,4\,|\,12)$. Bestimmen Sie, wie breit ein Schiff auf der Themse höchstens sein darf, das bei einer solchen Brückenposition die Brücke passiert.　E5 F1 G6

Lösung

a) Parameterform durch die 3 Punkte mit A als Aufpunkt:

$$\overrightarrow{AB} = \begin{pmatrix} 5 \\ -4 \\ 1 \end{pmatrix};\ \overrightarrow{AC} = \begin{pmatrix} 10 \\ 7 \\ -3 \end{pmatrix};\ E_1:\ \vec{x} = \begin{pmatrix} 10 \\ 1 \\ 2 \end{pmatrix} + r \cdot \begin{pmatrix} 5 \\ -4 \\ 1 \end{pmatrix} + s \cdot \begin{pmatrix} 10 \\ 7 \\ -3 \end{pmatrix}$$

b) Ermittlung eines Normalenvektors:

$$\vec{n} = \overrightarrow{AB} \times \overrightarrow{AC} = \begin{pmatrix} 5 \\ -4 \\ 1 \end{pmatrix} \times \begin{pmatrix} 10 \\ 7 \\ -3 \end{pmatrix} = \begin{pmatrix} 5 \\ 25 \\ 75 \end{pmatrix} = 5 \cdot \begin{pmatrix} 1 \\ 5 \\ 15 \end{pmatrix} = 5 \cdot \vec{n}_1$$

Rechnet man mit $\vec{n}_1$ weiter, ergibt sich E: $\begin{pmatrix} 1 \\ 5 \\ 15 \end{pmatrix} * \vec{x} = \begin{pmatrix} 1 \\ 5 \\ 15 \end{pmatrix} * \begin{pmatrix} 10 \\ 1 \\ 2 \end{pmatrix}$

⇒ E: $x + 5y + 15z = 10 + 5 + 30 = 45$.

Alternative: Punktprobe von A, B, C mit der angegebenen Koordinatengleichung, da eine Ebene durch 3 Punkte eindeutig festgelegt ist.

c) Spurpunkte:

Bestimmen der Parameterform mithilfe der Ebenengleichung:

$$\begin{pmatrix} x \\ 0 \\ 0 \end{pmatrix} = \begin{pmatrix} 10 \\ 1 \\ 2 \end{pmatrix} + r \cdot \begin{pmatrix} 5 \\ -4 \\ 1 \end{pmatrix} + s \cdot \begin{pmatrix} 10 \\ 7 \\ -3 \end{pmatrix}.$$

Die beiden unteren Zeilen beschreiben ein LGS für die Parameter r und s:

$$\left| \begin{matrix} -4r + 7s = -1 \\ r - 3s = -2 \end{matrix} \right| \Leftrightarrow \left| \begin{matrix} -5s = -9 \\ r - 3s = -2 \end{matrix} \right| \Leftrightarrow \left| \begin{matrix} s = \frac{9}{5} \\ r = \frac{17}{5} \end{matrix} \right|.$$

Einsetzen in die obere Zeile ergibt: $x = 45$.

Für $\begin{pmatrix} 0 \\ y \\ 0 \end{pmatrix}$ erhält man analog: $r = -2;\ s = 0;\ y = 9$. Für $\begin{pmatrix} 0 \\ 0 \\ z \end{pmatrix}$: $r = -\frac{4}{3};\ s = -\frac{3}{5},\ z = 3$.

Die Spurpunkte lauten also: $S_x(45\,|\,0\,|\,0);\ S_y(0\,|\,9\,|\,0);\ S_z(0\,|\,0\,|\,3)$.

Bestimmen der Spurpunkte mithilfe der Koordinatenform:
$S_x(x\,|\,0\,|\,0)$:　$x + 5 \cdot 0 + 15 \cdot 0 = 45 \Leftrightarrow x = 45,$ also $S_x(45\,|\,0\,|\,0)$
$S_y(0\,|\,y\,|\,0)$:　$0 + 5y + 15 \cdot 0 = 45 \Leftrightarrow y = 9,$ also $S_y(0\,|\,9\,|\,0)$
$S_z(0\,|\,0\,|\,z)$:　$0 + 5 \cdot 0 + 15 \cdot z = 45 \Leftrightarrow z = 3 \Rightarrow S_z(0\,|\,0\,|\,3)$

d) Punktprobe:
Parameterform: Einsetzen der Ortsvektoren von T_1 und T_2 in die Parameterform von E_1 ergibt ein LGS mit drei Gleichungen und zwei Variablen:

$$T_1: \begin{pmatrix} 30 \\ 0 \\ 1 \end{pmatrix} = \begin{pmatrix} 10 \\ 1 \\ 2 \end{pmatrix} + r \cdot \begin{pmatrix} 5 \\ -4 \\ 1 \end{pmatrix} + s \cdot \begin{pmatrix} 10 \\ 7 \\ -3 \end{pmatrix} \Leftrightarrow \begin{vmatrix} 30 = 10 + 5r + 10s \\ 0 = 1 - 4r + 7s \\ 1 = 2 + 1r - 3s \end{vmatrix} \Leftrightarrow \begin{vmatrix} r = 2 \\ s = 1 \end{vmatrix}$$

T_1 liegt also in E_1. Für T_2 erhält man auf gleichem Weg: $r = -\frac{8}{5}$; $s = -\frac{1}{5}$; T_2 liegt also in E_1.

Koordinatenform: Einsetzen der Punktkoordinaten in die Koordinatenform vou E_1;
• $T_1(30|0|1)$: $30 + 5 \cdot 0 + 15 \cdot 1 = 45$ (wahre Aussage); T_1 liegt in E_1.
• $T_2(0|6|1)$: $30 \cdot 0 + 5 \cdot 6 + 15 \cdot 1 = 45$ (wahre Aussage); T_2 liegt in E_1.

e) Gemäß Aufgabentext sind beide Brückenteile gleich lang. Ein Brückenteil ist also halb so lang wie die Strecke $\overline{T_1T_2}$.

$$\overrightarrow{T_1T_2} = \overrightarrow{OT_2} - \overrightarrow{OT_1} = \begin{pmatrix} 0 \\ 6 \\ 1 \end{pmatrix} - \begin{pmatrix} 30 \\ 0 \\ 1 \end{pmatrix} = \begin{pmatrix} -30 \\ 6 \\ 0 \end{pmatrix}; \quad \frac{1}{2} \cdot \left| \begin{pmatrix} -30 \\ 6 \\ 0 \end{pmatrix} \right| = \frac{1}{2} \cdot \sqrt{30^2 + 6^2 + 0^2} = \frac{1}{2} \cdot 6 \cdot \sqrt{26} \approx 15{,}3$$

(nach oben gerundet). Die Fußgängerbrücke muss mindestens in einer Höhe von $2 \cdot 15{,}3 = 30{,}6$ m verlaufen (1 LE $\triangleq$ 2 m).

f) Berechnung des Winkels zwischen den Vektoren $\overrightarrow{T_1T_2}$ und $\overrightarrow{T_1P} = \begin{pmatrix} 15 \\ 3 \\ 20 \end{pmatrix} - \begin{pmatrix} 30 \\ 0 \\ 1 \end{pmatrix} = \begin{pmatrix} -15 \\ 3 \\ 19 \end{pmatrix}$:

$$\cos(\alpha) = \frac{\left| \overrightarrow{T_1T_2} * \overrightarrow{T_1P} \right|}{\left| \overrightarrow{T_1T_2} \right| \cdot \left| \overrightarrow{T_1P} \right|} = \frac{\left| \begin{pmatrix} -30 \\ 6 \\ 0 \end{pmatrix} * \begin{pmatrix} -15 \\ 3 \\ 19 \end{pmatrix} \right|}{6 \cdot \sqrt{26} \cdot \sqrt{15^2 + 3^2 + 19^2}} = \frac{468}{6 \cdot \sqrt{26} \cdot \sqrt{595}} \Rightarrow \alpha \approx 51{,}2°.$$

Das Brückenteil wurde um 51,2° (zur Fahrbahn) hochgeklappt.

g) $\overrightarrow{OS} = \overrightarrow{OT_1} + t \cdot \vec{v}$ mit $|t \cdot \vec{v}| = 28$; $|\vec{v}| = \sqrt{4^2 + 20^2 + 60^2} = 4 \cdot \sqrt{251}$.

Zu lösen ist also: $t \cdot 4\sqrt{251} = 28 \Leftrightarrow t \approx 0{,}44$, also $\overrightarrow{OS} \approx \overrightarrow{OT_1} + 0{,}44 \cdot \vec{v} \approx \begin{pmatrix} 31{,}8 \\ 8{,}8 \\ 27{,}4 \end{pmatrix}$.

Die Spitze des Turms liegt im Punkt $S(31{,}8|8{,}8|27{,}4)$.

h) Die Fußgängerstege müssen parallel zur Fahrbahnebene verlaufen und einen Abstand von 17 LE zur Fahrbahn besitzen.
• Parallelität von E_1 und E_2: $\overrightarrow{n_1} \parallel \overrightarrow{n_2}$.

Es gilt $\overrightarrow{n_1} = 5 \cdot \overrightarrow{n_2}$, da $\begin{pmatrix} 1 \\ 5 \\ 15 \end{pmatrix} = 5 \cdot \begin{pmatrix} 0{,}2 \\ 1 \\ 3 \end{pmatrix}$. Damit sind E_1 und E_2 parallel.

• Die Höhe über der Fahrbahn ergibt sich aus dem Abstand der parallelen Ebenen E_1 und E_2:

E_2: $0{,}2x + y + 3z = 63 \quad \Leftrightarrow \quad x + 5y + 15z = 315$.

$d = \frac{|315 - 45|}{\left| \begin{pmatrix} 1 \\ 5 \\ 15 \end{pmatrix} \right|} = \frac{270}{\sqrt{251}} \approx 17$ (LE); der Abstand von E_1 und E_2 beträgt 17 LE (ca. 34 m).

i) E_0 besitzt den gleichen Normalenvektor wie E_1: $\vec{n}_1 = \begin{pmatrix} 1 \\ 5 \\ 15 \end{pmatrix}$. Die Koordinatenform lautet also: $x + 5y + 15z = c_0$.

Es gilt: $d = \dfrac{|c_1 - c_0|}{|\vec{n}_1|}$, also $4{,}5 = \dfrac{|45 - c_0|}{\sqrt{251}}$; da $c_0 < c_1$, gilt $|45 - c_0| > 0$ und man erhält $c_0 \approx 26{,}3$.

Die Themse fließt also in der Ebene E_0: $x + 5y + 15z \approx 26{,}3$.

j) Lösungsskizze: siehe rechts.

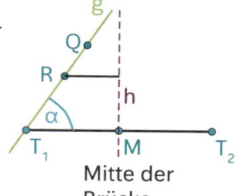

(1) Zuerst bestimmt man, in welchem Punkt R auf g das Brücken-teil endet.

$$\overrightarrow{OM} = \tfrac{1}{2}(\overrightarrow{OT_1} + \overrightarrow{OT_2}) = \tfrac{1}{2}\left(\begin{pmatrix} 30 \\ 0 \\ 1 \end{pmatrix} + \begin{pmatrix} 0 \\ 6 \\ 1 \end{pmatrix}\right) = \begin{pmatrix} 15 \\ 3 \\ 1 \end{pmatrix},$$

$$|\overrightarrow{OM}| = \sqrt{15^2 + 9^2 + 1^2} = \sqrt{307}.$$

Das Brückenteil ist also $\sqrt{307}$ LE lang.

(2) $\overrightarrow{OR} = \overrightarrow{OT_1} + t \cdot \overrightarrow{T_1Q}$ mit $t \cdot |\overrightarrow{T_1Q}| = \sqrt{307}$.

$$|\overrightarrow{T_1Q}| = \left\|\begin{pmatrix} -20 \\ 4 \\ 11 \end{pmatrix}\right\| = \sqrt{537} \;\Rightarrow\; t = \frac{\sqrt{307}}{\sqrt{537}} \approx 0{,}76.$$

$$\overrightarrow{OR} = \begin{pmatrix} 30 \\ 0 \\ 1 \end{pmatrix} + 0{,}76 \cdot \begin{pmatrix} -20 \\ 4 \\ 11 \end{pmatrix} = \begin{pmatrix} 14{,}8 \\ 3{,}04 \\ 9{,}36 \end{pmatrix}.$$

(3) Gesucht ist der Abstand des Punkts R zur Geraden h (durch M).

• Aufstellen der Ebenengleichung einer Ebene E_R, die zu h orthogonal verläuft und den Punkt R enthält. Der Richtungsvektor von h ist der Normalenvektor der ge-suchten Ebene E_R.

$$h: \vec{x} = \overrightarrow{OM} + t \cdot \vec{n}_1 = \begin{pmatrix} 15 \\ 3 \\ 1 \end{pmatrix} + t \cdot \begin{pmatrix} 1 \\ 5 \\ 15 \end{pmatrix},$$

$$E_R: \begin{pmatrix} 1 \\ 5 \\ 15 \end{pmatrix} * \vec{x} = \begin{pmatrix} 1 \\ 5 \\ 15 \end{pmatrix} * \begin{pmatrix} 14{,}8 \\ 3{,}04 \\ 9{,}36 \end{pmatrix} = 170{,}4 \Leftrightarrow x + 5y + 15z = 170{,}4.$$

• Bestimmung des Schnittpunkts S von E_R und h durch Einsetzen des Terms für h in die Ebenengleichung $1 \cdot (15 + t) + 5 \cdot (3 + 5t) + 15 \cdot (1 + 15t) = 170{,}4$

$$\Leftrightarrow 45 + 251t = 170{,}4 \Leftrightarrow t \approx 0{,}5 \text{ und damit } \overrightarrow{OS} = \begin{pmatrix} 15 \\ 3 \\ 1 \end{pmatrix} + 0{,}5 \cdot \begin{pmatrix} 1 \\ 5 \\ 15 \end{pmatrix} = \begin{pmatrix} 15{,}5 \\ 5{,}5 \\ 8{,}5 \end{pmatrix}.$$

(4) Abstand von R zu S:

$$|\overrightarrow{RS}| = \left\|\begin{pmatrix} 15{,}5 \\ 5{,}5 \\ 8{,}5 \end{pmatrix} - \begin{pmatrix} 14{,}8 \\ 3{,}04 \\ 9{,}36 \end{pmatrix}\right\| = \left\|\begin{pmatrix} 0{,}7 \\ 2{,}46 \\ -0{,}86 \end{pmatrix}\right\| = \sqrt{7{,}2812} \approx 2{,}7 \text{ LE}.$$

Die Öffnung der Brücke ist doppelt so weit, d. h. 5,4 LE. Dies entspricht ca. 10,8 m.

Ein die Brücke passierendes Schiff muss schmaler als 10,8 Meter sein.

Aufgabe 9   Atomium

In der belgischen Hauptstadt Brüssel steht das als Wahrzeichen für die Weltausstellung 1958 gebaute Atomium. Es stellt eine Vergrößerung der Elementarzelle eines Eisenkristalls dar und zeigt somit die Anordnung von neun Eisenatomen zueinander. Die Eisenatome werden durch Kugeln symbolisiert, die Verbindungsstreben stellen das sogenannte Gitter dar, das die geometrische Anordnung der Atome zueinander verdeutlicht. Hier handelt es sich um einen Würfel, in dessen Zentrum ein Eisenatom sitzt. Im Inneren einiger der Kugeln befinden sich ein Restaurant und mehrere Ausstellungsräume. Das Atomium ist eine der bekanntesten Sehenswürdigkeiten der Stadt.

Von den Eckpunkten des Atomiums sind die Koordinaten der Kugeln A(4|0|3), C(0|5|0), F(–3|0|4) und H(1|5|7) bekannt. Die Kugel B liegt im Ursprung eines dreidimensionalen Koordinatensystems, dessen x-y-Ebene nicht dem Erdboden entspricht. Die mit H bezeichnete Kugel befindet sich – bezogen auf den Erdboden – senkrecht über B.

a) Bestimmen Sie die Koordinaten der Eckpunkte D, E und G.   `E1`

b) Geben Sie die Koordinaten der Kugel im Zentrum des Atomiums an.   `E3`

c) Berechnen Sie den Winkel, den eine Außenkante des Atomiums und eine diese Außenkante schneidende Diagonale des Atomiums einschließen.   `G1`

d) Die Kugeln und Verbindungsrohre des Atomiums sollen mit einem neuen Schutzanstrich versehen werden. Die Rohre haben einen Durchmesser von 3 Längeneinheiten (LE). Die Kugeln an den Eckpunkten werden zur Vereinfachung als punktförmig angenommen, dafür werden 15 % mehr Farbe als für die Rohre benötigt bestellt.

   Bestimmen Sie die benötigte Menge an Farbe, wenn man für 5 Flächeneinheiten (FE) einen Liter Farbe benötigt.   `E5`

e) Nur GK: Wie oben angegeben, befindet sich die Kugel H – bezogen auf den Erdboden – senkrecht über der Kugel B.
   Eine Parameterdarstellung der Fläche, die den Erdboden bestimmt, kann daher dadurch ermittelt werden, dass man irgendwelche zwei (nicht kollineare) Vektoren als Richtungsvektoren für die Bodenebene sucht, die senkrecht zu BH sind.

   Geben Sie zwei solcher Vektoren an und stellen Sie damit eine mögliche Parameterdarstellung der Bodenebene auf.   `E4` `F3` `F11`

f) Nur LK: Erläutern Sie, dass der Erdboden im gewählten Koordinatensystem durch die Ebene mit der Gleichung $E_{Erdboden}: x + 5y + 7z = 0$ beschrieben werden kann.   `F6`

g) Nur LK: Geben Sie eine Parameterdarstellung der Ebene $E_{Erdboden}$ an.   `F3` `F7`

h) Über die Kugel im Punkt H fällt paralleles Sonnenlicht mit der Richtung $\vec{u} = \begin{pmatrix} 10 \\ 7 \\ -15 \end{pmatrix}$ ein.

   Berechnen Sie die Koordinaten des Schattenpunkts auf dem Erdboden und (nur LK) in welchem Winkel der Lichtstrahl auf den Erdboden trifft. Bestimmen Sie zudem die Länge des Schattens auf dem Erdboden.   `F1` `F8` `E5`

Anlässlich des 65. Geburtstags des Atomiums im Jahre 2023 wird eine Lasershow geplant. Als Projektionsfläche sollen die Außenflächen des Atomiums dienen, die für diesen Zweck mit Planen abgehängt werden. Einer der Laserstrahlen soll im Mittelpunkt der Außenfläche ABCD unter einem Winkel von 90° auftreffen; der zugehörige Projektor soll auf dem Erdboden montiert werden.

i) Nur LK: Berechnen Sie, welchen Abstand dieser Projektor zum Mittelpunkt der Außenfläche ABCD besitzt und in welchem Winkel zum Erdboden der Projektor eingestellt werden muss. F5 F8 G3 G5

Lösung

a) Da B im Ursprung liegt, sind alle von B ausgehenden Vektoren gleich den Ortvektoren der Endpunkte, d. h. $\overrightarrow{BA} = \overrightarrow{OA}$ usw.

Berechnung der Ortsvektoren der Punkte D, E, G:

$$\overrightarrow{OD} = \overrightarrow{BD} = \overrightarrow{BA} + \overrightarrow{AD} = \overrightarrow{BA} + \overrightarrow{BC} = \begin{pmatrix} 4 \\ 0 \\ 3 \end{pmatrix} + \begin{pmatrix} 0 \\ 5 \\ 0 \end{pmatrix} = \begin{pmatrix} 4 \\ 5 \\ 3 \end{pmatrix}, \text{ also } D(4\,|\,5\,|\,3).$$

$$\overrightarrow{OE} = \overrightarrow{BE} = \overrightarrow{BA} + \overrightarrow{AE} = \overrightarrow{BA} + \overrightarrow{BF} = \begin{pmatrix} 4 \\ 0 \\ 3 \end{pmatrix} + \begin{pmatrix} -3 \\ 0 \\ 4 \end{pmatrix} = \begin{pmatrix} 1 \\ 0 \\ 7 \end{pmatrix}, \text{ also } E(1\,|\,0\,|\,7).$$

$$\overrightarrow{OG} = \overrightarrow{BG} = \overrightarrow{BC} + \overrightarrow{CG} = \overrightarrow{BC} + \overrightarrow{BF} = \begin{pmatrix} 0 \\ 5 \\ 0 \end{pmatrix} + \begin{pmatrix} -3 \\ 0 \\ 4 \end{pmatrix} = \begin{pmatrix} -3 \\ 5 \\ 4 \end{pmatrix}, \text{ also } G(-3\,|\,5\,|\,4).$$

b) Die Mittelkugel liegt im Mittelpunkt der Strecke BH:

$$\overrightarrow{OM} = \frac{1}{2} \cdot \left(\overrightarrow{OB} + \overrightarrow{OH} \right) = \frac{1}{2} \cdot \begin{pmatrix} 1 \\ 5 \\ 7 \end{pmatrix} = \begin{pmatrix} 0,5 \\ 2,5 \\ 3,5 \end{pmatrix}, \text{ also } M(0,5\,|\,2,5\,|\,3,5).$$

c) Es stehen eine Vielzahl an Kanten und Diagonalen zur Auswahl, da durch den symmetrischen Körper an jeder Ecke der gleiche Winkel zur Diagonale entsteht. Exemplarisch wird hier der Winkel ∢HBC berechnet:

$$\cos(\alpha) = \frac{|\overrightarrow{BH} * \overrightarrow{BC}|}{|\overrightarrow{BH}| \cdot |\overrightarrow{BC}|} = \frac{\left| \begin{pmatrix} 1 \\ 5 \\ 7 \end{pmatrix} * \begin{pmatrix} 0 \\ 5 \\ 0 \end{pmatrix} \right|}{\left| \begin{pmatrix} 1 \\ 5 \\ 7 \end{pmatrix} \right| \cdot \left| \begin{pmatrix} 0 \\ 5 \\ 0 \end{pmatrix} \right|} = \frac{25}{\sqrt{75} \cdot 5} = \frac{5}{\sqrt{75}} \quad \Rightarrow \quad \alpha = \cos^{-1}\left(\frac{5}{\sqrt{75}} \right) \approx 54,74°.$$

Der Winkel zwischen der Raumdiagonalen und einer Seitenkante beträgt ca. 54,74°.

d) Alle Verbindungsrohre können als Zylinder modelliert werden, deren Mantelfläche gesucht ist. Es gilt: $M_{Zylinder} = 2\pi r \cdot h = \pi d \cdot h$.

Für die Seitenkanten ergibt sich: Die Länge h einer Seitenkante beträgt 5 LE, da $\left| \overrightarrow{BC} \right| = \left\| \begin{pmatrix} 0 \\ 5 \\ 0 \end{pmatrix} \right\| = \sqrt{25} = 5$, und der Durchmesser ist 3 LE. Für die Oberfläche aller zwölf

Verbindungsrohre, die die Außenkanten des Atomiums bilden, erhält man:

$O_{Seitenkanten} = 12 \cdot M_{Zylinder} = 12 \cdot (\pi \cdot 3 \cdot 5) = 180\pi$.

Für die Länge einer der vier Raumdiagonalen berechnet man: $\left| \overrightarrow{BH} \right| = \left\| \begin{pmatrix} 1 \\ 5 \\ 7 \end{pmatrix} \right\| = \sqrt{75}$.

Für deren Oberfläche erhält man: $O_{Raumdiagonalen} = 4 \cdot (\pi \cdot 3 \cdot \sqrt{75} = 12 \cdot \sqrt{75} \cdot \pi$.

Daraus ergibt sich: $O_{gesamt} = 180\,\pi + 12 \cdot \sqrt{75} \cdot \pi \approx 891{,}97$.

Die zu streichende Oberfläche beträgt also ca. 892 FE, das entspricht also

$5\,\frac{L}{FE} \cdot 892\,FE = 4460\,L$ Farbe zuzüglich 15 % für die Kugeln.

Insgesamt müssen also $4460\,L \cdot 1{,}15 = 5129\,L$ Farbe bestellt werden.

e) Da der Vektor $\overrightarrow{BH}$ senkrecht auf dem Erdboden steht, gilt für jeden Ortsvektor $\begin{pmatrix} a \\ b \\ c \end{pmatrix}$

in der Ebene des Erdbodens das Orthogonalitätskriterium: $\begin{pmatrix} 1 \\ 5 \\ 7 \end{pmatrix} * \begin{pmatrix} a \\ b \\ c \end{pmatrix} = 0$.

Es gibt unendlich viele solcher zu $\overrightarrow{BH}$ orthogonalen Vektoren – die Gleichung $1\,a + 5\,b + 7\,c = 0$ ist unterbestimmt. Setzt man für zwei der drei Variablen eine (möglichst geschickt gewählte) Zahl ein, so kann man die dritte Variable berechnen und erhält einen orthogonalen Vektor.

Wählt man zum Beispiel für den ersten Vektor $a = -5$ und $c = 0$, so ergibt sich $b = 1$, damit die Gleichung erfüllt ist. Der orthogonale Vektor lautet dann: $\vec{v} = \begin{pmatrix} -5 \\ 1 \\ 0 \end{pmatrix}$.

Wählt man z. B. $b = 0$ und $c = 1$, dann ist $a = -7$. Man erhält einen zweiten Vektor: $\vec{w} = \begin{pmatrix} -7 \\ 0 \\ 1 \end{pmatrix}$.

Die beiden Vektoren sind nicht kollinear zueinander und daher kann man eine Parametergleichung für den Erdboden erstellen: $E_{Erdboden}: \vec{x} = \overrightarrow{OB} + r \cdot \vec{v} + s \cdot \vec{w} = r \cdot \begin{pmatrix} -5 \\ 1 \\ 0 \end{pmatrix} + s \cdot \begin{pmatrix} -7 \\ 0 \\ 1 \end{pmatrix}$.

f) Die Ebenengleichung ist in der Normalenform $n_1 \cdot x + n_2 \cdot y + n_3 \cdot z = d$ gegeben. Die Komponenten eines Normalenvektors der Ebene können also direkt abgelesen werden.

Es gilt: $\vec{n} = \begin{pmatrix} 1 \\ 5 \\ 7 \end{pmatrix}$. Man erkennt sofort, dass dieses gleich dem Vektor $\overrightarrow{BH}$ ist, welcher nach Konstruktion senkrecht auf dem Erdboden (nicht der x-y-Ebene) steht. Aus der Lage des Eckpunkts B (auf dem Erdboden und außerdem im Ursprung) ergibt sich für die Koordinatengleichung $\vec{x} * \vec{n} = \overrightarrow{OB} * \vec{n} = 0 = d$.
Damit ist $x + 5\,y + 7\,z = 0$ eine gültige Ebenengleichung für den Erdboden, auf dem das Atomium steht.

g) Eine Parameterdarstellung der Ebene kann man beispielsweise dadurch finden, indem man die Spurpunkte der Ebene ermittelt
- $S_x(0 \,|\, 7 \,|\, -5)$, da $0 \cdot 1 + 5 \cdot 7 + 7 \cdot (-5) = 0$
- $S_y(7 \,|\, 0 \,|\, -1)$, da $7 \cdot 1 + 5 \cdot 0 + 7 \cdot (-1) = 0$
- $S_z(5 \,|\, -1 \,|\, 0)$, da $5 \cdot 1 + 5 \cdot (-1) + 7 \cdot 0 = 0$

Hieraus folgt $E_{Erdboden}: \vec{x} = \overrightarrow{OS_y} + r \cdot \overrightarrow{S_y S_z} + s \cdot \overrightarrow{S_y S_x} = \begin{pmatrix} 7 \\ 0 \\ -1 \end{pmatrix} + r \cdot \begin{pmatrix} 5 - 7 \\ -1 - 0 \\ 0 - (-1) \end{pmatrix} + s \cdot \begin{pmatrix} 0 - 7 \\ 7 - 0 \\ -5 - (-1) \end{pmatrix}$

$= \begin{pmatrix} 7 \\ 0 \\ -1 \end{pmatrix} + r \cdot \begin{pmatrix} -2 \\ -1 \\ 1 \end{pmatrix} + s \cdot \begin{pmatrix} -7 \\ 7 \\ -4 \end{pmatrix}$

Alternativ kann man irgendwelche nicht kollineare Vektoren wählen, die orthogonal zu $\overrightarrow{BH}$ sind und somit als Richtungsvektoren der Bodenflächenebene geeignet sind,

beispielsweise $\vec{x} = \begin{pmatrix} 0 \\ 0 \\ 0 \end{pmatrix} + r \cdot \begin{pmatrix} 5 \\ -1 \\ 0 \end{pmatrix} + s \cdot \begin{pmatrix} 7 \\ 0 \\ -1 \end{pmatrix}$.

h) Der Lichtstrahl über die Spitze H des Atomiums zum Erdboden kann durch eine Gerade mit $\overrightarrow{BH}$ als Stützvektor und $\vec{u}$ als Richtungsvektor modelliert werden:

$$g: \vec{x} = \begin{pmatrix} 1 \\ 5 \\ 7 \end{pmatrix} + t \cdot \begin{pmatrix} 10 \\ 7 \\ -15 \end{pmatrix}$$

Den Schattenpunkt erhält man als Schnittpunkt dieser Geraden und der Bodenfläche-nebene.

GK: $E_{Erdboden}: \vec{x} = r \cdot \begin{pmatrix} 5 \\ -1 \\ 0 \end{pmatrix} + s \cdot \begin{pmatrix} 7 \\ 0 \\ -1 \end{pmatrix}$

Der Schnittansatz $\begin{pmatrix} 1 \\ 5 \\ 7 \end{pmatrix} + t \cdot \begin{pmatrix} 10 \\ 7 \\ -15 \end{pmatrix} = r \cdot \begin{pmatrix} 5 \\ -1 \\ 0 \end{pmatrix} + s \cdot \begin{pmatrix} 7 \\ 0 \\ -1 \end{pmatrix}$ führt auf das lineare

Gleichungssystem $\begin{vmatrix} 5r + 7s = & 10t + 1 \\ -r & = & 7t + 5 \\ & -s = & -15t + 7 \end{vmatrix}$. Die Variablen r und s kann man in der oberen

Gleichung ersetzen und erhält die Lösung

$r = -\dfrac{55}{4}; \quad s = \dfrac{47}{4}; \quad t = \dfrac{5}{4}.$

Alternativ ist auch eine Lösung des Gleichungssystems mithilfe des TR möglich.

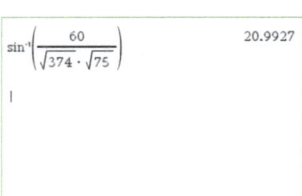

LK: $E_{Erdboden}: x + 5y + 7z = 0$

Aus der Parameterdarstellung von g erhält man komponentenweise:
$x = 1 + 10t$, $y = 5 + 7t$ und $z = 7 - 15t$. Einsetzen in die Koordinatengleichung ergibt
$1 \cdot (1 + 10t) + 5 \cdot (5 + 7t) + 7 \cdot (7 - 15t) = 0$, also $75 - 60t = 0$ und weiter $t = \dfrac{5}{4}$.

Durch Einsetzen in eine der beiden Parameterdarstellungen (oder als Probe in beide) erhält man dann für den Schattenpunkt S die Koordinaten $(13,5 \,|\, 13,75 \,|\, -11,75)$, denn:

$$\overrightarrow{OS} = \begin{pmatrix} 1 \\ 5 \\ 7 \end{pmatrix} + \frac{5}{4} \cdot \begin{pmatrix} 10 \\ 7 \\ -15 \end{pmatrix} = \begin{pmatrix} 13,50 \\ 13,75 \\ -11,75 \end{pmatrix}.$$

Die Länge des Schattens beträgt somit $|\overrightarrow{OS}| \approx 22,57$ LE.

Nur LK: Der gesuchte Winkel ist ein Winkel zwischen einer Gerade g und der Erdboden-Ebene. Es gilt:

$$\sin(\varphi) = \frac{|\vec{u} * \vec{n}_{Erdboden}|}{|\vec{u}| \cdot |\vec{n}_{Erdboden}|} = \frac{\left| \begin{pmatrix} 10 \\ 7 \\ -15 \end{pmatrix} * \begin{pmatrix} 1 \\ 5 \\ 7 \end{pmatrix} \right|}{\left| \begin{pmatrix} 10 \\ 7 \\ -15 \end{pmatrix} \right| \cdot \left| \begin{pmatrix} 1 \\ 5 \\ 7 \end{pmatrix} \right|} = \frac{|-60|}{\sqrt{374} \cdot \sqrt{75}}$$

$\Rightarrow \varphi \approx 20,99°.$

Das Licht trifft in einem Winkel von ungefähr 21° auf den Erdboden.

i) Die quadratische Außenfläche wird durch die Punkte A, B, C und D festgelegt. Da sich die Diagonalen im Mittelpunkt eines Quadrats schneiden und die Diagonalen dabei jeweils halbiert werden, sind der Mittelpunkt der Außenfläche und der Mittelpunkt zweier gegenüberliegender Eckpunkte identisch:

$$\overrightarrow{OM}_{\text{Außenfläche}} = \overrightarrow{OM}_{AC} = \frac{1}{2} \cdot \begin{pmatrix} 4 \\ 0 \\ 3 \end{pmatrix} + \begin{pmatrix} 0 \\ 5 \\ 0 \end{pmatrix} = \begin{pmatrix} 2 \\ 2,5 \\ 1,5 \end{pmatrix}$$

Der Laserstrahl soll in $\overrightarrow{OM}_{AC}$ in einem 90°-Winkel auftreffen, d. h., der Laserstrahl steht senkrecht auf der Ebene ABCD. Die Richtung des Laserstrahls ist also durch einen Normalenvektor der Ebene ABCD bestimmt:

$$\vec{n}_{ACE} = \overrightarrow{BA} \cdot \overrightarrow{BC} = \begin{pmatrix} 4 \\ 0 \\ 3 \end{pmatrix} * \begin{pmatrix} 0 \\ 5 \\ 0 \end{pmatrix} = \begin{pmatrix} -15 \\ 0 \\ 20 \end{pmatrix} = 5 \cdot \begin{pmatrix} -3 \\ 0 \\ 4 \end{pmatrix}$$

Hieraus ergibt sich die Parameterdarstellung der Gerade, durch die der Laserstrahl beschrieben wird:

$$g : \vec{x} = \begin{pmatrix} 2 \\ 2,5 \\ 1,5 \end{pmatrix} + p \cdot \begin{pmatrix} -3 \\ 0 \\ 4 \end{pmatrix} = \begin{pmatrix} 2 - 3p \\ 2,5 \\ 1,5 + 4p \end{pmatrix}$$

Der Standort des Projektors ist der Schnittpunkt P von g mit der Erdbodenebene $(x + 5y + 7z = 0)$. Einsetzen der Komponenten in die Koordinatengleichung ergibt:

$$1 \cdot (2 - 3p) + 5 \cdot (2,5) + 7 \cdot (1,5 + 4p) = 0 \quad \Leftrightarrow \quad (2 + 12,5 + 10,5) + 25p = 0 \Leftrightarrow p = -1.$$

Und damit: $\overrightarrow{OP} = \begin{pmatrix} 2 \\ 2,5 \\ 1,5 \end{pmatrix} - 1 \cdot \begin{pmatrix} -3 \\ 0 \\ 4 \end{pmatrix} = \begin{pmatrix} 5 \\ 2,5 \\ -2,5 \end{pmatrix}$

Der Abstand d des Projektors zum Mittelpunkt der Außenfläche ist dann:

$$d = \left| -\frac{1}{5} \cdot \left(\begin{pmatrix} -15 \\ 0 \\ 20 \end{pmatrix} \right) \right| = \sqrt{3^2 + 0^2 + (-4)^2} = 5.$$

Die Winkeleinstellung des Projektors ist durch den Winkel zwischen dem Richtungsvektor der Geraden g und des Normalenvektors der Ebene E_{Erdboden} gegeben:

$$\sin(\varphi) = \frac{\left| \begin{pmatrix} 1 \\ 5 \\ 7 \end{pmatrix} * \begin{pmatrix} -3 \\ 0 \\ 4 \end{pmatrix} \right|}{\left| \begin{pmatrix} 1 \\ 5 \\ 7 \end{pmatrix} \right| \cdot \left| \begin{pmatrix} -3 \\ 0 \\ 4 \end{pmatrix} \right|} = \frac{25}{\sqrt{75} \cdot 5} \quad \Rightarrow \quad \varphi = \sin^{-1}\left(\frac{25}{\sqrt{75} \cdot 5} \right) \approx 35,26°.$$

Der Projektor steht also im Punkt P(5 | 2,5 | −2,5) in einem Abstand von 5 LE zum Mittelpunkt der Außenfläche ABCD und wird auf den Winkel von 35,26° zum Erdboden eingestellt.

Aufgabe 10   Der Rodelhang

Eine Einheit in der Modellierung entspricht einem Meter in der Realität.

Ein Rodelhang wird durch eine Ebene R beschrieben, die die drei Punkte A(6|0|2), B(1|0|1) und C(3,5|4|1,5) enthält.

a) GK: Bestimmen Sie eine Parameterform der Ebene R. `F3`
    LK: Bestimmen Sie eine Koordinatenform der
    Ebene R. `F5` `F6`

    [Kontrollergebnis: E: x – 5z = –4]

b) LK: Berechnen Sie die Spurpunkte der Ebene R und skizzieren Sie die Ebene in einem Koordinatensystem. `F4`
    GK: Die Ebene R besitzt keinen Spurpunkt auf der y-Achse. Weisen Sie nach, dass der Spurpunkt auf der z-Achse $S_z(0|0|\frac{4}{5})$ lautet. Berechnen Sie den Spurpunkt auf der x-Achse und skizzieren Sie die Ebene in einem Koordinatensystem. `F4`

c) Die Ebene R und die drei Koordinatenebenen schließen einen geometrischen Körper ein. Berechnen Sie dessen Volumen, wenn der Körper in y-Richtung 15 Meter lang ist. `E3` `E5`

d) LK: Kinder unter 6 Jahren dürfen aus Sicherheitsgründen den Rodelhang nicht alleine befahren, wenn dieser steiler als 10° zum Horizont verläuft.
    Beurteilen Sie den Rodelhang diesbezüglich und verfassen Sie einen Text für ein Warnschild am Aufgang des Rodelhangs. `G2`

e) LK: Der Rodelhang wird seitlich durch einen nicht befahrbaren Hang, der durch die Ebene Q mit der Gleichung Q: y – z = 20 beschrieben wird, begrenzt. Damit kein Rodler auf diesen Hang gerät, wird auf der Kante zwischen den Hängen ein Fangzaun aufgestellt.
    Beschreiben Sie die Kante zwischen den Ebenen R und Q durch eine Gerade. `F10`

    GK: Ausgehend vom Punkt W(–4|20|0) soll in Richtung des Vektors $\vec{u}=\begin{pmatrix}5\\1\\1\end{pmatrix}$ auf dem

    Rodelhang R ein 1,50 m hoher und 300 m langer Fangzaun zur Absicherung der Rodler aufgebaut werden. Der Fangzaun steht orthogonal zum Rodelhang R.
    Beschreiben Sie den Fangzaun mithilfe einer Ebene und geben Sie Bedingungen für die Parameter an, sodass die gegebenen Maße eingehalten werden. `E5` `F3`

Über dem Rodelhang verläuft ein Schlepplift, der die Besucher mit ihren Schlitten den Hang hinauf zieht. Eines der beiden Seile des Lifts wird beschrieben durch

$$g: \vec{x} = \begin{pmatrix}3,5\\-2\\5\end{pmatrix} + r \cdot \begin{pmatrix}7,5\\-3\\1,5\end{pmatrix}.$$

Das andere Seil verläuft geradlinig durch die Punkte
$P_1(-19|5|0,5)$ und $P_2(29,75|-14,5|10,25)$.

f) Zeigen Sie, dass die beiden Seile des Lifts parallel verlaufen und (nur LK) berechnen Sie deren Abstand. `F2` `G6`

g) LK: Die beiden Seile des Schlepplifts sind parallel zum Rodelhang.
    Ermitteln Sie, in welchem Abstand die Seile des Schlepplifts über dem Hang verlaufen. `G5`

Über den Rodelhang verläuft zusätzlich eine Überlandleitung für Strom. Die Leitung verläuft entlang der Geraden i: $\vec{x} = \begin{pmatrix} 2 \\ 6 \\ 15 \end{pmatrix} + r \cdot \begin{pmatrix} 5 \\ 9 \\ 1,5 \end{pmatrix}$. Die Überlandleitung muss zu anderen leitenden Gegenständen einen Sicherheitsabstand von mindestens 8 Metern besitzen.

h) Untersuchen Sie die Lagebeziehung zwischen Überlandleitung und dem Seil des Schlepplifts, das durch die Gerade g beschrieben wird. **F2**

i) **LK:** Beurteilen Sie, ob die Sicherheitsvorgabe beim Bau des Schlepplifts eingehalten wurde. **G7**

Nun wird gerodelt: Schlitten S_1 startet im Punkt E(1|8|1) und durchfährt nach einer Sekunde den Punkt F(−4|5|0). Ein zweiter Schlitten S_2 startet 2 Sekunden später als S_1 im Punkt G(1|−14|1) und fährt in jeder Sekunde die Länge und Richtung des Vektors $\vec{w} = \begin{pmatrix} -2,5 \\ 6 \\ -0,5 \end{pmatrix}$ den Hang hinab.

j) Vergleichen Sie die Geschwindigkeit der beiden Schlitten in Kilometern pro Stunde. **E5**

k) Erläutern Sie, weshalb es nicht zu einer Kollision der Schlitten kommen muss, obwohl die Fahrbahnen sich kreuzen (kein Nachweis erforderlich).

l) **LK:** Berechnen Sie, wie nah sich die Schlitten auf ihrer Fahrt höchstens kommen. **E5** **B6**

   GK: Bestimmen Sie den Punkt P, in dem die Fahrbahnen sich kreuzen, und den zeitlichen Abstand, in welchem die Schlitten diesen Punkt durchfahren. **F2**

Lösung

a) Ebene in Parameterform:
   R: $\vec{x} = \overrightarrow{OA} + \overrightarrow{AB} + \overrightarrow{AC}$ mit $\overrightarrow{AB} = \begin{pmatrix} 1 \\ 0 \\ 1 \end{pmatrix} - \begin{pmatrix} 6 \\ 0 \\ 2 \end{pmatrix} = \begin{pmatrix} -5 \\ 0 \\ -1 \end{pmatrix}$, $\overrightarrow{AC} = \begin{pmatrix} 3,5 \\ 4 \\ 1,5 \end{pmatrix} - \begin{pmatrix} 6 \\ 0 \\ 2 \end{pmatrix} = \begin{pmatrix} -2,5 \\ 4 \\ -0,5 \end{pmatrix}$,

   R: $\vec{x} = \begin{pmatrix} 6 \\ 0 \\ 2 \end{pmatrix} + r \cdot \begin{pmatrix} -5 \\ 0 \\ -1 \end{pmatrix} + s \cdot \begin{pmatrix} -2,5 \\ 4 \\ -0,5 \end{pmatrix}$

   Ebene in Normalform:

   $\vec{n} = \begin{pmatrix} -5 \\ 0 \\ -1 \end{pmatrix} \times \begin{pmatrix} -2,5 \\ 4 \\ -0,5 \end{pmatrix} = \begin{pmatrix} 4 \\ 0 \\ -20 \end{pmatrix} = 4 \cdot \begin{pmatrix} 1 \\ 0 \\ -5 \end{pmatrix}$; $\begin{pmatrix} 1 \\ 0 \\ -5 \end{pmatrix} * \vec{x} = \begin{pmatrix} 1 \\ 0 \\ -5 \end{pmatrix} * \begin{pmatrix} 6 \\ 0 \\ 2 \end{pmatrix} = 6 - 10 = -4$

   Ebene in Koordinatenform: R: $x - 5z = -4$.

b) Für die Spurpunkte gilt allgemein: $S_x(x|0|0)$; $S_y(0|y|0)$, $S_z(0|0|z)$.
   Eingesetzt in die Ebenengleichung von R erhält man:
   S_x: $x - 5 \cdot 0 = -4 \Rightarrow S_x(-4|0|0)$
   S_y: $0 - 5 \cdot 0 = -4 \Rightarrow$ Widerspruch: Es gibt keinen Spurpunkt mit der y-Achse.
   S_z: $0 - 5z = -4 \Leftrightarrow z = \frac{4}{5} \Rightarrow S_z(0|0|\frac{4}{5})$.

   Skizze: siehe rechts.

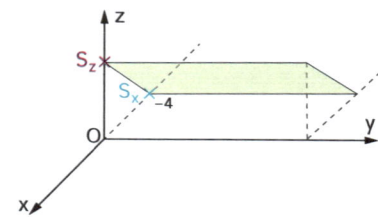

GK: *Nachweis* von $S_z(0\,|\,0\,|\,\tfrac{4}{5})$ durch Einsetzen in R:

$$\begin{pmatrix} 0 \\ 0 \\ \tfrac{4}{5} \end{pmatrix} = \begin{pmatrix} 6 \\ 0 \\ 2 \end{pmatrix} + r \cdot \begin{pmatrix} -5 \\ 0 \\ -1 \end{pmatrix} + s \cdot \begin{pmatrix} -2,5 \\ 4 \\ -0,5 \end{pmatrix}$$

Aus Zeile 2 wird s = 0 deutlich. Damit Zeile 1 dann erfüllt wird, muss 0 = 6 − 5 r gelöst werden. Man erhält $r = \tfrac{6}{5}$.

Eingesetzt in Zeile 3 erhält man die wahre Aussage $\tfrac{4}{5} = 2 + \tfrac{6}{5} \cdot (-1)$. S_z ist also der Spurpunkt von R mit der z-Achse.

Berechnung von $S_x(x\,|\,0\,|\,0)$:
$$\begin{pmatrix} x \\ 0 \\ 0 \end{pmatrix} = \begin{pmatrix} 6 \\ 0 \\ 2 \end{pmatrix} + r \cdot \begin{pmatrix} -5 \\ 0 \\ -1 \end{pmatrix} + s \cdot \begin{pmatrix} -2,5 \\ 4 \\ -0,5 \end{pmatrix}.$$

Aus Zeile 2 folgt wieder s = 0. Zeile 3 liefert somit: $0 = 2 + r \cdot (-1) \Leftrightarrow r = 2$.
Eingesetzt in Zeile 1 ergibt sich $x = 6 + 2 \cdot (-5) = -4$ und damit $S_x(-4\,|\,0\,|\,0)$.

c) Es handelt sich um ein Dreiecksprisma. Es gilt: $V = A_\Delta \cdot h$.
    Zur Berechnung des Flächeninhalts des Dreiecks nutzt man die Kenntnis über die Spurpunkte und das entstehende rechtwinklige Dreieck mit den Eckpunkten O, S_x und S_z:

$$A_\Delta = \tfrac{1}{2} |\overrightarrow{OS_x}| \cdot |\overrightarrow{OS_z}| = \tfrac{1}{2} \cdot \left| \begin{pmatrix} -4 \\ 0 \\ 0 \end{pmatrix} \right| \cdot \left| \begin{pmatrix} 0 \\ 0 \\ \tfrac{4}{5} \end{pmatrix} \right| = \tfrac{1}{2} \cdot 4 \cdot \tfrac{4}{5} = \tfrac{16}{10} = 1,6 \; [m^2]$$

und damit $V_{Prisma} = 1,6 \; m^2 \cdot 15 \; m = 24 \; m^3$

d) Der Horizont wird durch eine Ebene parallel zur x_1-x_2-Ebene modelliert. Ein Normalenvektor einer solchen Ebene lautet z. B. $\vec{n}_H = \begin{pmatrix} 0 \\ 0 \\ 1 \end{pmatrix}$. Den Winkel zwischen zwei Ebenen berechnet man über:

$$\cos(\alpha) = \frac{|\vec{n}_R * \vec{n}_H|}{|\vec{n}_R| \cdot |\vec{n}_H|} = \frac{\left| \begin{pmatrix} 1 \\ 0 \\ -5 \end{pmatrix} * \begin{pmatrix} 0 \\ 0 \\ 1 \end{pmatrix} \right|}{\sqrt{26} \cdot 1} = \frac{5}{\sqrt{26}} \qquad \Leftrightarrow \alpha = \cos^{-1}\left(\frac{5}{\sqrt{26}}\right) \approx 11,3°.$$

Ein Text für das Warnschild könnte lauten: „Kinder unter 6 Jahren nur in Begleitung eines Erwachsenen!"

e) LK: Der Zaun steht auf der Schnittgeraden der Ebenen R und Q. Bestimmung der Schnittgeraden durch Lösen des unterbestimmten Gleichungssystems

$$\left| \begin{aligned} x - 5z &= -4 \\ y - z &= 20 \end{aligned} \right| \; \Leftrightarrow \; \left| \begin{aligned} x &= -4 + 5z \\ y &= 20 + z \end{aligned} \right|, \quad \text{mit } z = t \text{ erhält man als 3. Zeile } z = 0 + 1t.$$

Man liest nun die Gleichung der Schnittgeraden ab: $g: \begin{pmatrix} x \\ y \\ z \end{pmatrix} = \begin{pmatrix} -4 \\ 20 \\ 0 \end{pmatrix} + t \begin{pmatrix} 5 \\ 1 \\ 1 \end{pmatrix}.$

GK: Der gesuchte Vektor $\vec{v}$ steht jeweils auf den Richtungsvektoren von R orthogonal.
Daher muss gelten:

$$\vec{v} * \begin{pmatrix} -5 \\ 0 \\ -1 \end{pmatrix} = 0 \text{ und } \vec{v} * \begin{pmatrix} -2,5 \\ 4 \\ -0,5 \end{pmatrix} = 0.$$

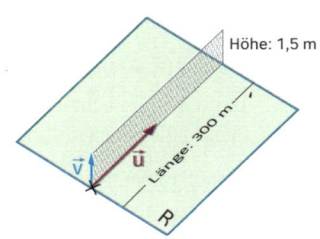

Höhe: 1,5 m

Länge: 300 m

Das LGS $\left| \begin{array}{l} -5\,v_1 + 0 \cdot v_2 - 1\,v_3 = 0 \\ -2{,}5\,v_1 + 4\,v_2 - 0{,}5\,v_3 = 0 \end{array} \right|$ besitzt die Lösungen $v_1 = -0{,}2 \cdot k;\ v_2 = 0;\ v_3 = k$,

also $\vec{v} = k \cdot \begin{pmatrix} -0{,}2 \\ 0 \\ 1 \end{pmatrix}$. Man wählt z. B. $k = 10$ und erhält $\vec{v}_{10} = \begin{pmatrix} -2 \\ 0 \\ 10 \end{pmatrix}$ als zweiten Spannvektor

der gesuchten Ebene. Eine mögliche Gleichung der Ebene, die den Fangzaun

beschreibt, lautet: $\vec{x} = \overrightarrow{OW} + r \cdot \vec{u} + s \cdot \vec{v} = \begin{pmatrix} -4 \\ 20 \\ 0 \end{pmatrix} + r \cdot \begin{pmatrix} 5 \\ 1 \\ 1 \end{pmatrix} + s \cdot \begin{pmatrix} -2 \\ 0 \\ 10 \end{pmatrix}$.

Da die Höhe des Zauns 1,50 m betragen soll, muss gelten:
$s \cdot |\vec{v}| = 1{,}5 \Leftrightarrow s \cdot \sqrt{104} = 1{,}5 \Leftrightarrow s \approx 0{,}15$.

Für die Länge der Zauns gilt: $r \cdot |\vec{u}| = 300 \Leftrightarrow r \cdot \sqrt{27} = 300 \Leftrightarrow r \approx 57{,}74$.
Somit wird der Fangzaun beschrieben durch:

$$\vec{x} = \begin{pmatrix} -4 \\ 20 \\ 0 \end{pmatrix} + r \cdot \begin{pmatrix} 5 \\ 1 \\ 1 \end{pmatrix} + s \cdot \begin{pmatrix} -2 \\ 0 \\ 10 \end{pmatrix};\ \ 0 \le r \le 57{,}74,\ \ 0 \le s \le 0{,}15.$$

f) $g_1: \vec{x} = \begin{pmatrix} 3{,}5 \\ -2 \\ 5 \end{pmatrix} + r \begin{pmatrix} 7{,}5 \\ -3 \\ 1{,}5 \end{pmatrix};\ g_2: \vec{x} = \begin{pmatrix} -19 \\ 5 \\ 0{,}5 \end{pmatrix} + s \begin{pmatrix} 48{,}75 \\ -19{,}5 \\ 9{,}75 \end{pmatrix}$ mit $\overrightarrow{P_1 P_2}$ als Richtungsvektor.

Nachweis der Parallelität:
1) Prüfen der Richtungsvektoren auf Kollinearität:

Das Gleichungssystem $\begin{pmatrix} 7{,}5 \\ -3 \\ 1{,}5 \end{pmatrix} \cdot k = \begin{pmatrix} 48{,}75 \\ -19{,}5 \\ 9{,}75 \end{pmatrix}$ liefert in jeder Zeile $k = 6{,}5$. Die Richtungsvek-

toren sind damit Vielfache voneinander (kollinear).
2) Ausschluss von Identität durch Punktprobe: Einsetzen des Stützvektors von g_2 in die Gleichung von g_1:

$\begin{pmatrix} -19 \\ 5 \\ 0{,}5 \end{pmatrix} = \begin{pmatrix} 3{,}5 \\ -2 \\ 5 \end{pmatrix} + r \begin{pmatrix} 7{,}5 \\ -3 \\ 1{,}5 \end{pmatrix}$ liefert in der 1. und 2. Zeile schon verschiedene Werte für den

Parameter r. Damit haben die Geraden keine gemeinsamen Punkte und die Seile sind parallel zueinander.

Berechnung des Abstands zweier paralleler Geraden:
Die Berechnung lässt sich auf den Fall „Abstand eines Punkts von einer Geraden"
übertragen, indem man den Abstand des Aufpunkts von g_2 zur Geraden g_1 bestimmt.

$g_1: \vec{x} = \begin{pmatrix} 3{,}5 \\ -2 \\ 5 \end{pmatrix} + r \begin{pmatrix} 7{,}5 \\ -3 \\ 1{,}5 \end{pmatrix};\qquad \overrightarrow{OP} = \begin{pmatrix} -19 \\ 5 \\ 0{,}5 \end{pmatrix}$

Zur Bestimmung des Lotfußpunkts benötigt man den Wert des Parameters r:

$$(\overrightarrow{OP} - \overrightarrow{OA}) * \vec{v} = \left[\begin{pmatrix} -19 \\ 5 \\ 0{,}5 \end{pmatrix} - \begin{pmatrix} 3{,}5 \\ -2 \\ 5 \end{pmatrix} \right] * \begin{pmatrix} 7{,}5 \\ -3 \\ 1{,}5 \end{pmatrix} = \begin{pmatrix} -22{,}5 \\ 7 \\ -4{,}5 \end{pmatrix} * \begin{pmatrix} 7{,}5 \\ -3 \\ 1{,}5 \end{pmatrix} = -196{,}5$$

$|\vec{v}|^2 = 7{,}5^2 + (-3)^2 + 1{,}5^2 = 67{,}5;\quad r = \dfrac{-196{,}5}{67{,}5} \approx -2{,}91;$

also $\overrightarrow{PF} \approx \begin{pmatrix} 22{,}5 \\ -7 \\ 4{,}5 \end{pmatrix} + (-2{,}91) \cdot \begin{pmatrix} 7{,}5 \\ -3 \\ 1{,}5 \end{pmatrix} = \begin{pmatrix} 0{,}675 \\ 1{,}73 \\ 0{,}135 \end{pmatrix}$ und damit $|\overrightarrow{PF}| \approx 1{,}86$.

Der Abstand der Seile beträgt also etwa 1,86 Meter.

g) Man berechnet die Höhe über dem Hang über den Fall „Abstand zwischen Punkt und Ebene" and nutzt einen der Aufpunkte von g_1 und g_2.

$P(3,5|-2|5)$, $R: x - 5z = -4$.

Es gilt: $\text{Abstand}(P\,;R) = \dfrac{|\vec{n} * \overrightarrow{OP} - d|}{|\vec{n}|}$; mit $\vec{n} * \overrightarrow{OP} = \begin{pmatrix} 1 \\ 0 \\ -5 \end{pmatrix} * \begin{pmatrix} 3,5 \\ -2 \\ 5 \end{pmatrix} = -21,5$ und $|\vec{n}| = \sqrt{26}$ ergibt sich:

$\text{Abstand}(P\,;R) = \dfrac{|-21,5 - (-4)|}{\sqrt{26}} = \dfrac{17,5}{\sqrt{26}} \approx 3,43.$

Die Seile verlaufen in einer Höhe von 3,43 Metern über dem Hang.

h) Untersuchung der Lagebeziehung zweier Geraden:

$i: \vec{x} = \begin{pmatrix} 2 \\ 6 \\ 15 \end{pmatrix} + r \cdot \begin{pmatrix} 5 \\ 9 \\ 1,5 \end{pmatrix}$; $\quad g: \vec{x} = \begin{pmatrix} 3,5 \\ -2 \\ 5 \end{pmatrix} + s \cdot \begin{pmatrix} 7,5 \\ -3 \\ 1,5 \end{pmatrix}$.

Prüfung der Richtungsvektoren auf Kollinearität:
Da die beiden Richtungsvektoren den gleichen Eintrag in der z-Koordinate aufweisen, müssten die anderen Einträge auch übereinstimmen, damit die Vektoren kollinear sein können. Das ist nicht so. Also liegt keine Kollinearität vor.

Prüfung auf Windschiefe durch Gleichsetzen:

Durch Umformung zeigt man, dass das LGS $\begin{vmatrix} 2 + 5r = 3,5 + 7,5s \\ 6 + 9r = -2 - 3s \\ 15 + 1,5r = 5 + 1,5s \end{vmatrix}$ keine Lösung,

also sind die Geraden bzw. Liftseil und Überlandleitung windschief zueinander.

i) $i: \vec{x} = \begin{pmatrix} 2 \\ 6 \\ 15 \end{pmatrix} + r \cdot \begin{pmatrix} 5 \\ 9 \\ 1,5 \end{pmatrix}$; $\quad g: \vec{x} = \begin{pmatrix} 3,5 \\ -2 \\ 5 \end{pmatrix} + s \cdot \begin{pmatrix} 7,5 \\ -3 \\ 1,5 \end{pmatrix}$. Für den Verbindungsvektor $\overrightarrow{PQ}$

zwischen i und g gilt: $\overrightarrow{PQ} = \begin{pmatrix} 3,5 - 2 \\ -2 - 6 \\ 5 - 15 \end{pmatrix} + s \cdot \begin{pmatrix} 7,5 \\ -3 \\ 1,5 \end{pmatrix} - r \cdot \begin{pmatrix} 5 \\ 9 \\ 1,5 \end{pmatrix}$

Da $\overrightarrow{PQ}$ orthogonal zu beiden Geraden sein muss, gilt weiterhin:

$\left[\begin{pmatrix} 1,5 \\ -8 \\ -10 \end{pmatrix} + s \cdot \begin{pmatrix} 7,5 \\ -3 \\ 1,5 \end{pmatrix} - r \cdot \begin{pmatrix} 5 \\ 9 \\ 1,5 \end{pmatrix} \right] * \begin{pmatrix} 7,5 \\ -3 \\ 1,5 \end{pmatrix} = 20,25 + 67,5s - 12,75r = 0$ und

$\left[\begin{pmatrix} 1,5 \\ -8 \\ -10 \end{pmatrix} + s \cdot \begin{pmatrix} 7,5 \\ -3 \\ 1,5 \end{pmatrix} - r \cdot \begin{pmatrix} 5 \\ 9 \\ 1,5 \end{pmatrix} \right] * \begin{pmatrix} 5 \\ 9 \\ 1,5 \end{pmatrix} = -79,5 + 12,75s - 108,25r = 0.$

Das LGS $\begin{vmatrix} 20,25 + 67,5s - 12,75r = 0 \\ -79,5 + 12,75s - 108,25r = 0 \end{vmatrix}$ besitzt die Lösung $r \approx -0,45$, $s \approx -0,79$. Damit ist

$\overrightarrow{PQ} \approx \begin{pmatrix} 1,5 \\ -8 \\ -10 \end{pmatrix} - 0,79 \cdot \begin{pmatrix} 7,5 \\ -3 \\ 1,5 \end{pmatrix} + 0,45 \cdot \begin{pmatrix} 5 \\ 9 \\ 1,5 \end{pmatrix} \approx \begin{pmatrix} -2,175 \\ -1,58 \\ -10,51 \end{pmatrix}$, $\quad |\overrightarrow{PQ}| \approx 10,8 \, [m] > 8 \, [m].$

Der Sicherheitsabstand wurde eingehalten.

j) $S_1: \overrightarrow{EF} = \begin{pmatrix} -4 \\ 5 \\ 0 \end{pmatrix} - \begin{pmatrix} 1 \\ 8 \\ 1 \end{pmatrix} = \begin{pmatrix} -5 \\ -3 \\ -1 \end{pmatrix}$; $|\vec{v}| = \left| \begin{pmatrix} -5 \\ -3 \\ -1 \end{pmatrix} \right| = \sqrt{35} \approx 5,92$; $5,92\,\frac{m}{s} \cdot 3,6 = 21,31\,\frac{km}{h}$.

$S_2: |\vec{w}| = \sqrt{2,5^2 + 6^2 + 0,5^2} \approx 6,52$; $6,52\,\frac{m}{s} \cdot 3,6 = 23,47\,\frac{km}{h}$.

Schlitten 2 fährt ca. 2 $\frac{km}{h}$ schneller als Schlitten 1.

k) Die Schlitten kollidieren nur, wenn sie sich zum gleichen Zeitpunkt an dem Punkt aufhalten, an dem die Fahrbahnen sich kreuzen.

l) **LK**: Abstand der Schlitten: $S_1: \vec{x} = \begin{pmatrix} 1 \\ 8 \\ 1 \end{pmatrix} + r \cdot \begin{pmatrix} -5 \\ -3 \\ -1 \end{pmatrix}$; $S_2: \vec{x} = \begin{pmatrix} 1 \\ -14 \\ 1 \end{pmatrix} + s \cdot \begin{pmatrix} -2,5 \\ 6 \\ -0,5 \end{pmatrix}$

Der Abstand der Schlitten ergibt sich zu jedem Zeitpunkt aus $|\overrightarrow{S_1 S_2}|$.
Es gilt weiterhin: $s = r - 2$.
Man erhält also:

$$\overrightarrow{S_1 S_2} = \overrightarrow{OS_2} - \overrightarrow{OS_1} = \begin{pmatrix} 1 - 2,5 \cdot (r-2) - 1 + 5r \\ -14 + 6 \cdot (r-2) - 8 + 3r \\ 1 - 0,5 \cdot (r-2) - 1 + 1r \end{pmatrix} = \begin{pmatrix} 1 - 2,5r + 5 - 1 + 5r \\ -14 + 6r - 12 - 8 + 3r \\ 1 - 0,5r + 1 - 1 + 1r \end{pmatrix}$$

$$= \begin{pmatrix} 5 + 2,5r \\ -34 + 9r \\ 1 + 0,5r \end{pmatrix}$$

$|\overrightarrow{S_1 S_2}| = \sqrt{(5 + 2,5r)^2 + (-34 + 9r)^2 + (1 + 0,5r)^2} = f(r)$

Der Term auf der rechten Seite enthält nur eine Variable und soll möglichst gering sein, also ein Minimum annehmen.
Man bestimmt nun mit dem Taschenrechner das Minimum der Funktion $f(r)$.
Die Schlitten haben auf ihrer Fahrt einen komfortablen Abstand von ca. 14 Metern.

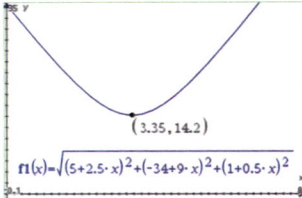

GK: Das LGS $\begin{vmatrix} 1 - 5r = 1 - 2,5s \\ 8 - 3r = -14 + 6s \\ 1 - 1r = 1 - 0,5s \end{vmatrix}$ liefert $r \approx 1,47$ und $s \approx 2,93$. Der Schnittpunkt der

Fahrbahn liegt damit etwa im Punkt $P(6,35 | 3,59 | -0,47)$.

Da der Schlitten S_2 erst 2 Sekunden später als S_1 startet, vergehen nach dem Durchfahren von S_1 durch den Punkt S noch $2 - 1,47 = 0,53$ Sekunden, bis S_2 überhaupt startet. Daher durchfährt S_2 den Punkt erst $2,93 + 0,53 = 3,46$ Sekunden nach S_1.

Aufgabe 11   Gesundheitstests

Für die Teilnahme am Schulunterricht muss ein Gesundheits-Schnelltest absolviert werden. Eine wichtige Rolle hinsichtlich der Qualität eines Schnelltests ist die Spezifizität des Tests, d. h. die Wahrscheinlichkeit, dass eine Testperson, die gesund ist, auch tatsächlich ein negatives Testergebnis erhält.

Die hier benutzten Gesundheits-Schnelltests haben eine Spezifität von 96 %, d. h., in den übrigen 4 % der Fälle erhalten Getestete ein falsch-positives Testergebnis.
Da die Kinder nur dann zur Schule gehen sollen, wenn sie sich gesund fühlen, soll in den Teilaufgaben a) und b) davon ausgegangen werden, dass alle diese Kinder gesund sind.

a) Eine Schulklasse mit 28 Kindern muss vor dem Unterricht einen solchen
   Gesundheitstest vornehmen.   `J3`
   (1) Begründen Sie, warum die Zufallsgröße X: *Anzahl der negativ getesteten Kinder* als
       binomialverteilt angesehen werden kann.
   (2) Berechnen Sie die Wahrscheinlichkeit, dass alle 28 Kinder ein negatives Testergebnis erhalten und daher am Unterricht teilnehmen dürfen.
   (3) Ermitteln Sie die Wahrscheinlichkeit, dass mehr als drei Kinder ein positives Testergebnis erhalten.

b) Insgesamt besuchen 850 Schülerinnen und Schüler die Schule, die alle einen solchen Gesundheits-Schnelltest absolvieren müssen.

   Bestimmen Sie die Wahrscheinlichkeit dafür, dass …   `J3`
   (1) … weniger als 800 Testergebnisse negativ sind.
   (2) … mindestens 820 und höchstens 830 Testergebnisse negativ sind.
   (3) Berechnen Sie die Wahrscheinlichkeit, dass die Anzahl negativer Testergebnisse sich vom Erwartungswert um höchstens zwei Standardabweichungen unterscheidet.   `J5`
   (4) Ermitteln Sie die Anzahl der Gesundheitstests, die durchgeführt werden müssen, bis mit einer Wahrscheinlichkeit von mindestens 99,9 % mindestens ein falsch-positives Testergebnis vorliegt.   `J4`

c) Die sog. *Prävalenz* des Tests beträgt 0,5 %, d. h., 0,5 % der Bevölkerung sind von der Krankheit betroffen, die durch den Schnelltest nachgewiesen werden soll.
   Die *Sensitivität* eines Schnelltests gibt die Wahrscheinlichkeit dafür an, dass eine erkrankte Testperson auch ein tatsächlich positives Testergebnis erhält.

   Bei den hier verwendeten Gesundheits-Schnelltests beträgt diese Sensitivität 99 %,
   d. h., in 1 % der Fälle erhalten Getestete ein falsch-negatives Testergebnis.   `I2` `I3`

   (1) Stellen Sie den Zusammenhang zwischen der Qualität des Schnelltests und den möglichen Testergebnissen in einem zweistufigen Baumdiagramm sowie in einer Vierfeldertafel dar.
   (2) Ermitteln Sie auf Grundlage der gegebenen Daten die Wahrscheinlichkeit, dass eine Testperson mit negativem Ergebnis tatsächlich erkrankt ist.
   (3) Bestimmen Sie die Wahrscheinlichkeit, dass bei der Durchführung der Schnelltests falsche Testergebnisse auftreten.
   (4) Vergleichen Sie die Wahrscheinlichkeiten für das Auftreten von falsch-positiven und von falsch-negativen Ergebnissen und beziehen Sie Stellung zu diesem Verhältnis.

d) Ein anderer Anbieter behauptet, dass die Spezifität seiner Tests größer als 96 % ist. Dies soll durch eine Stichprobe an 850 Personen werden, die nachweislich nicht infiziert sind.

(1) Bestimmen Sie eine Entscheidungsregel auf einem Signifikanzniveau von 5 % für die Nullhypothese H_0: *Die Spezifität des aktuellen Schnelltests beträgt höchstens 96 %.* `K2`

(2) Geben Sie Überlegungen an, die zur Wahl dieser Nullhypothese geführt haben könnten, und begründen Sie diese. `K5`

(3) Interpretieren Sie den Fehler 2. Art im Sachzusammenhang und bestimmen Sie die Wahrscheinlichkeit hierfür für die in (1) bestimmte Entscheidungsregel, wenn die neuen Tests tatsächlich eine Spezifität von 98 % hätten. `K3`

e) Für die Auswertung des Gesundheitstests wird die auf den Teststreifen aufgetragene Menge an Testflüssigkeit (in Millilitern) benötigt. In einer Stichprobe von 20 untersuchten Teststreifen ergeben sich folgende auf 0,1 ml gerundete Mengen: `H1`

Flüssigkeitsmenge (in ml)	0,3	0,4	0,5	0,6	0,7	0,8	0,9
Häufigkeit in der Stichprobe	1	2	4	6	3	2	2

(1) Stellen Sie den Sachverhalt in einem Histogramm dar.
(2) Berechnen Sie den Mittelwert und die Standardabweichung der aufgetragenen Menge an Testflüssigkeit.

f) Für die Brauchbarkeit des Gesundheitstests ist es wichtig, dass auf dem Teststreifen mindestens 0,5 ml Testflüssigkeit aufgetragen wurden. Es soll angenommen werden, dass die Zufallsgröße X: *Menge der aufgetragenen Testflüssigkeit (in ml)* normalverteilt ist mit den Parametern $\mu = 0,62$ und $\sigma = 0,07$. `J6`

(1) Ermitteln Sie den Anteil unbrauchbarer Teststreifen. Bestimmen Sie die zu erwartende Anzahl unbrauchbarer Teststreifen, wenn 850 Kinder der Schule getestet werden.

(2) Bestimmen Sie das untere und das obere Quartil der Testflüssigkeitsmenge auf den Teststreifen.

(3) Begründen Sie, ob es für die Brauchbarkeit der Tests wichtiger ist, bei einem verbesserten Test den Mindestwert der Testflüssigkeitsmenge auf 0,45 ml abzusenken oder die Standardabweichung auf 0,04 ml zu verkleinern.

Lösung

a) (1) Da der Gesundheitstest nur die beiden Ergebnisse „positiv" und „negativ" hat und die Spezifität des Tests unabhängig von der getesteten Person 96 % beträgt, handelt es sich hierbei um ein Bernoulli-Experiment. Das Testen mehrerer Personen kann demzufolge durch eine Bernoulli-Kette modelliert werden und somit ist die Zufallsgröße X: *Anzahl der negativ getesteten Kinder* binomialverteilt mit dem Parameter $p = 0,96$.

(2) Für $n = 28$ gilt: $P(X = 28) = \binom{28}{28} \cdot 0,96^{28} \cdot 0,04^0 = 0,96^{28} \approx 0,319$.

Mit einer Wahrscheinlichkeit von knapp 32 % erhalten alle 28 Kinder ein negatives Testergebnis und dürfen demzufolge am Unterricht teilnehmen.

(3) Mehr als drei Kinder mit positivem Testergebnis bedeutet weniger als 25 mit einem negativen Testergebnis: $P(X < 25) \approx 0{,}024 = 2{,}4\,\%$.

Alternativ kann man (2) und (3) auch mit der binomialverteilten Zufallsgröße Y: *Anzahl der positiv getesteten Kinder* mit den Parameterwerten n = 28 und p = 0,04 berechnen: $P(Y = 0) \approx 0{,}319$ und $P(Y > 3) = 1 - P(Y \leq 3) \approx 0{,}024$

b) Die Anzahl der getesteten Personen beträgt nun n = 850.

(1) $P(X < 800) \approx 0{,}003$, d. h., die Wahrscheinlichkeit beträgt nur etwa 0,3 %.

(2) $P(820 \leq X \leq 830) \approx 0{,}272 = 27{,}2\,\%$.

(3) Für den Erwartungswert gilt $\mu = n \cdot p = 816$, für die Standardabweichung $\sigma = \sqrt{n \cdot p \cdot (1 - p)} \approx 5{,}71$.

binomCdf(850,0.96,799)	0.003211
binomCdf(850,0.96,820,830)	0.272454
850 · 0.96	816.
$\sigma := \sqrt{850 \cdot 0.96 \cdot 0.04}$	5.71314
binomCdf(850,0.96,816−2·σ,816+2·σ)	0.956627
binomCdf(850,0.96,805,827)	0.956627

Somit ist das gesuchte Intervall der negativ Getesteten [805 ; 827] und die gesuchte Wahrscheinlichkeit

$P(\mu - 2\sigma \leq X \leq \mu + 2\sigma) = P(804{,}58 \leq X \leq 827{,}42) = P(805 \leq X \leq 827) \approx 0{,}957 = 95{,}7\,\%$.

(4) Gesucht ist $P(Y \geq 1) \geq 0{,}999$ oder nach der Komplementärregel:
$P(Y = 0) = 0{,}96^n \leq 0{,}001 \Leftrightarrow n \geq \frac{\ln(0{,}001)}{\ln(0{,}96)} \approx 169{,}2$ (vgl. TR).

$\dfrac{\ln(0.001)}{\ln(0.96)}$	169.217
nSolve$((0.96)^n = 0.001, n)$	169.217
$t(n) := \text{binomCdf}(n, 0.04, 1, n)$	Fertig
$t(169)$	0.998991
$t(170)$	0.999031

Mit dem TR erhält man also das Ergebnis, dass $P(Y \geq 1) \leq 0{,}999$ für n = 169 und $P(Y \geq 1) \geq 0{,}999$ für n = 170 gilt. Also müssten mindestens 170 Tests durchgeführt werden, um mit einer Wahrscheinlichkeit von mindestens 99,9 % mindestens ein falsch-positives Ergebnis zu erhalten.

c) (1) Vierfeldertafel und Baumdiagramm

	Krankheit liegt vor	Krankheit liegt nicht vor	gesamt
Test positiv	0,495 %	3,98 %	4,475%
Test negativ	0,005 %	95,52 %	95,525 %
gesamt	0,5 %	99,5 %	100 %

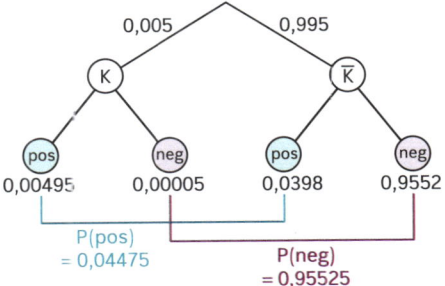

(2) $P_{neg}(K) = \dfrac{P(K \cap neg)}{P(neg)} = \dfrac{0{,}00005}{0{,}95525} \approx 0{,}000052$

Die Wahrscheinlichkeit, dass eine Person mit negativem Testergebnis tatsächlich erkrankt ist, beträgt nur 0,0052 %.

(3) Die Wahrscheinlichkeit für ein falsch-positives Testergebnis beträgt 3,98 %, die Wahrscheinlichkeit für ein falsch-negatives Testergebnis dagegen nur 0,005 %.

(4) $\frac{0,0398}{0,00005} = 796$, d. h., es ist ungefähr 800-mal so wahrscheinlich, ein falsch-positives Ergebnis zu erhalten wie ein falsch-negatives. Der – individuell ärgerliche – Fall „falsch-positiv" wird normalerweise mit einem weiteren Test mit höherer Spezifität überprüft, bevor es zu weiteren Konsequenzen wie z. B. Quarantäne-Maßnahmen kommt. Der für die Allgemeinheit viel gefährlichere Fall, dass jemand die Erkrankung unbemerkt weiterverbreiten kann, tritt dagegen beim betrachteten Gesundheitstest viel seltener ein.

d) (1) Die einseitige Hypothese H_0: *Die Spezifität des aktuellen Schnelltests beträgt höchstens 96 %* (p ≤ 0,96) soll bei einem Stichprobenumfang von n = 850 auf einem Signifikanzniveau von 5 % getestet werden. Diese Hypothese kann nur verworfen werden, wenn extrem viele Personen der Testpopulation ein positives Testergebnis haben, obwohl sie nicht infiziert sind.

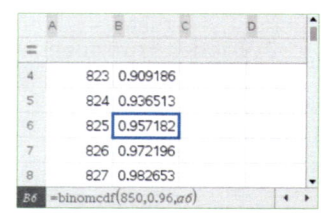

Wenn p = 0,96 ist, dann wird es mit einer Wahrscheinlichkeit von ca. 93,65 % zufällig höchstens 824 negative Testergebnisse geben und mit einer Wahrscheinlichkeit von ca. 95,72 % höchstens 825 negative Testergebnisse.

k	$P(X \leq k)$	
824	0,936513	< 95 %
825	0,957182	> 95 %

Wenn p < 0,96 ist, hat das Ereignis X ≤ 825 eine noch größere Wahrscheinlichkeit.

Daher gilt: Annahmebereich A = [0 ; 825], Verwerfungsbereich V = [826 ; 830].

Die zugehörige Entscheidungsregel lautet also:
Verwirf die Hypothese H_0: p ≤ 0,96, wenn mehr als 825 der 850 getesteten gesunden Personen ein negatives Testergebnis erhalten.

Erhalten dagegen weniger als 826 der getesteten Personen ein negatives Ergebnis, dann sieht man keinen Anlass, an der Gültigkeit der Hypothese zu zweifeln. Sie wird beibehalten.

(2) Man will den Fehler vermeiden, dass man aufgrund des Stichprobenergebnisses die Spezifität des Gesundheitstests des anderen Anbieters für höher hält (p > 0,96), als es tatsächlich der Fall ist (p ≤ 0,96). Daher wird die Wahrscheinlichkeit für ein Auftreten dieses Fehlers mit dem Signifikanzniveau auf höchstens 5 % begrenzt.

(3) Der Fehler 2. Art, dass also eine falsche Hypothese irrtümlich beibehalten wird, besteht in diesem Sachzusammenhang darin, dass in der Stichprobe zufällig vergleichsweise wenige negative Ergebnisse auftreten, obwohl der Test eigentlich eine bessere Spezifität besitzt. Bei diesem Fehler würde möglicherweise ein besserer Test aufgrund des Stichprobenergebnisses nicht eingesetzt. Bei einer tatsächlichen Spezifität von 98 % der Tests kann dieser Fehler mit einer Wahrscheinlichkeit von ungefähr 3,9 % auftreten.

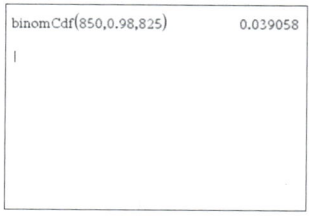

e) (2) Der Mittelwert der Testflüssigkeitsmenge ist 0,61 ml bei einer empirischen Standardabweichung von etwa 0,158 [ml].

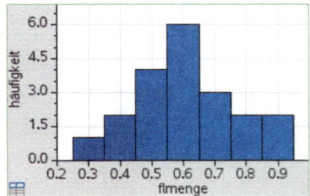

OneVar *fl,h: stat.results*	
$\{0.3, 0.4, 0.5, 0.6, 0.7, 0.8, 0.9\}$	
$h := \{1,2,4,6,3,2,2\}$ $\{1,2,4,6,2,2,2\}$	
"Titel"	"Statistik mit einer Varia
"$\bar{x}$"	0.61
"Σx"	12.2
"Σx^2"	7.94
"$s_x := s_{n-1}x$"	0.16189
"$\sigma_x := \sigma_n x$"	0.15779

f) (1) Die Zufallsgröße X: *Menge der aufgetragenen Testflüssigkeit (in ml)* ist normalverteilt mit den Parameterwerten μ = 0,62 und σ = 0,07. Ein Streifen ist unbrauchbar, wenn er weniger als 0,5 ml Testflüssigkeit enthält. Die Wahrscheinlichkeit dafür liegt hierfür bei 4,3 %. Bei 850 durchgeführten Tests sind etwa 37 unbrauchbaren Teststreifen zu erwarten.

(2) Das untere Quartil liegt bei etwa 0,573 ml und das obere Quartil bei etwa 0,667 ml, d.h., die Teststreifen enthalten in einem Viertel der Fälle weniger als 0,573 ml Flüssigkeit, in einem Viertel der Fälle aber auch mehr als 0,667 ml.

(3) Beide Verbesserungen führten zu einer deutlichen Abnahme unbrauchbarer Teststreifen. Ließe sich die Mindestmenge der Testflüssigkeit auf 0,45 ml senken,

normCdf(0,0.5,0.62,0.07)	0.043238
normCdf(-∞,0.5,0.62,0.07)	0.043238
0.043238· 850	36.7523
invNorm(0.25,0.62,0.07)	0.572786
invNorm(0.75,0.62,0.07)	0.667214
normCdf(-∞,0.45,0.62,0.07)	0.007579
normCdf(-∞,0.5,0.62,0.04)	0.00135

so wären nur noch knapp 0,8 % unbrauchbar. Noch geringer ist der Anteil bei einer Verringerung der Standardabweichung auf 0,04 ml. In diesem Fall wären – trotz Mindestmenge von 0,5 ml – sogar nur etwa 0,1 % der Teststreifen unbrauchbar.

Aufgabe 12   Supermarkt

Bei der Neueröffnung eines Supermarkts wird den Gästen ein Spiel angeboten: Sie können zweimal an einem Glücksrad drehen. Anschließend werden die Ergebnisse der beiden Drehungen miteinander multipliziert und die Person erhält einen Einkaufsgutschein in Höhe des gedrehten Produkts.

a) (1) Stellen Sie das beschriebene Spiel in einem zweistufigen Baumdiagramm dar. `I1`
   (2) Bestimmen Sie die Wahrscheinlichkeitsverteilung für das gedrehte Produkt. `J1`
   (3) Berechnen Sie die zu erwartenden Einkaufswerte pro Einkaufsgutschein. `J2`

b) Für die Ausrichtung auf Kundenwünsche ließ die Supermarktkette 2020 eine repräsentative Umfrage durchführen. Demnach wünschten sich vier von fünf der Befragten über 55 Jahre mehr regionale Lebensmittel, während es bei den Befragten bis 55 Jahre zwei von drei waren. Insgesamt wünschen sich drei von vier Befragten mehr regionale Lebensmittel.
   (1) Zeigen Sie, dass der Anteil der Befragten mit einem Alter
       über 55 Jahren bei $\frac{5}{8}$ liegt. `I2`

   (2) Zeigen Sie, dass unter denjenigen, die sich nicht mehr regionale Lebensmittel
       wünschen, gleich viele Befragte über wie unter 55 Jahre alt sind. `I3` `I4`

c) Für diese Teilaufgabe darf von einer Wahrscheinlichkeit von p = 0,75 ausgegangen werden, dass sich ein Befragter mehr regionale Lebensmittel im Supermarkt wünscht.

   (1) Bestimmen Sie die Wahrscheinlichkeit, dass unter 40 Befragten weniger als 25
       mehr regionale Lebensmittel wünschen. `J3`

   (2) Bestimmen Sie die Anzahl der Kunden, die befragt werden müssen, damit sich mit
       einer Wahrscheinlichkeit von mindestens 99 % mindestens 20 Befragte
       mehr regionale Lebensmittel wünschen. `J4`
   (3) Ermitteln Sie, wie hoch die Wahrscheinlichkeit p mindestens sein muss, damit sich
       schon unter drei Befragten mit einer Wahrscheinlichkeit von mindestens 99 %
       mindestens ein Befragter mehr regionale Lebensmittel wünscht. `J4`

d) Im neu eröffneten Supermarkt glaubt die Marktleiterin, dass der Wunsch nach mehr regionalen Lebensmitteln noch ausgeprägter ist als bei nur 75 % der Kunden. Dazu lässt sie nochmals 100 zufällig ausgewählte Kunden befragen. Wenn sich davon mindestens 83 Kunden mehr regionale Lebensmittel wünschen, so geht die Marktleiterin zukünftig davon aus, dass dieser Anteil der Kundschaft größer als 75 % ist.

   (1) Bestimmen Sie die Wahrscheinlichkeit, dass die Marktleiterin fälschlicherweise
       davon ausgeht, dass in ihrem Supermarkt der Anteil der Kunden, die sich mehr
       regionale Lebensmittel wünschen, höher als 75 % ist, obwohl der Anteil
       tatsächlich höchstens 75 % beträgt. `K3`
   (2) Tatsächlich liegt der Anteil der Kunden im Einzugsgebiet des Supermarkts bei 85 %.
       Ermitteln Sie die Wahrscheinlichkeit, dass die Marktleiterin fälschlicherweise nicht
       von einem höheren Anteil an Kunden ausgeht, die sich mehr
       regionale Lebensmittel wünschen. `K3`

e) (1) LK: Erläutern Sie, was im rechts abgebildeten Diagramm dargestellt ist.

(2) LK: Ermitteln Sie aus dem Diagramm, wie hoch der tatsächliche Anteil der Kundschaft, die sich mehr regionale Lebensmittel wünschen, mindestens sein muss, damit die Wahrscheinlichkeit eines Fehlers 2. Art für die Marktleiterin höchstens noch 10 % beträgt. K6

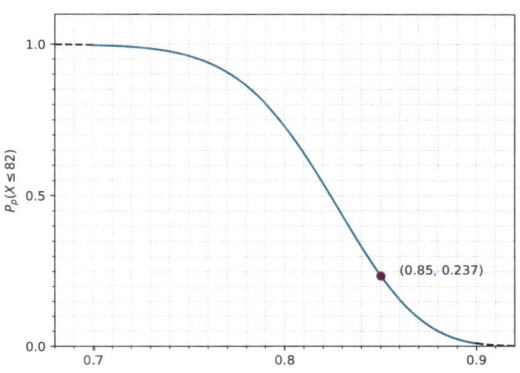

f) Im Münsterland werden Pflaumen angebaut, die zu den geschützten regionalen Lebensmitteln in Nordrhein-Westfalen zählen. In einer Studie hat das *Bundesamt für Verbraucherschutz und Lebensmittel* (BVL) aus einer Stichprobe das Gewicht von blauen Pflaumen ermittelt und die Daten der Studie im Diagramm rechts veröffentlicht.

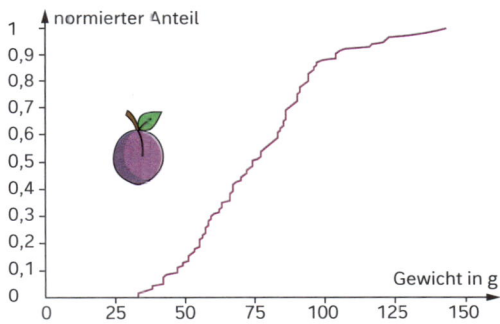

(1) Bestimmen Sie aus dem Diagramm das ungefähre minimale, mittlere und maximale Gewicht der in der Studie untersuchten Pflaumen. H1

(2) LK: Es wird angenommen, dass das Gewicht von Pflaumen normalverteilt ist mit einem Mittelwert von 75 g und einer Standardabweichung von 23 g. Bestimmen Sie die Wahrscheinlichkeit, dass eine zufällig ausgewählte Pflaume ein Gewicht von über 100 g hat. J6

Lösung

a) (1) Baumdiagramm:

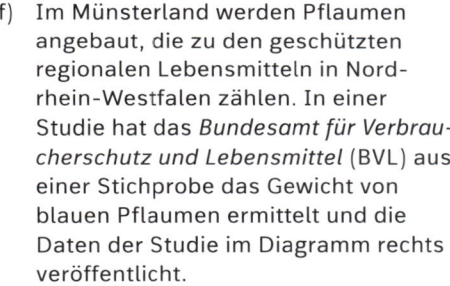

(2) Wahrscheinlichkeiten:

Ergebnis	0	4	10	25
Wahrscheinlichkeit	$\frac{1}{4} + \frac{1}{16} + \frac{1}{8} = \frac{7}{16}$	$\frac{1}{4} \cdot \frac{1}{4} = \frac{1}{16}$	$2 \cdot \frac{1}{2} \cdot \frac{1}{4} = \frac{1}{4} = \frac{4}{16}$	$\frac{1}{2} \cdot \frac{1}{2} = \frac{1}{4} = \frac{4}{16}$

(3) $E(X) = 0 \cdot \frac{7}{16} + 4 \cdot \frac{1}{16} + 10 \cdot \frac{1}{4} + 25 \cdot \frac{1}{4} = \frac{1}{4} + \frac{10}{4} + \frac{25}{4} = \frac{36}{4} = 9$

Pro Einkaufsgutschein müssen also Kosten von 9 € einkalkuliert werden.

b) (1) Die aus der Umfrage bekannten Größen (blau) lassen sich im Baumdiagramm (rechts) darstellen.

Der unbekannte, gesuchte Anteil Befragter über 55 Jahre wird mit x bezeichnet. Auf der zweiten Stufe des Baumdiagramms können die fehlenden Werte (grün) ergänzt werden. Aus der bekannten Gesamtwahrscheinlichkeit, dass sich 3 von 4 Befragten mehr regionale Lebensmittel wünschen, lässt sich mithilfe der Pfadregeln folgende Rechnung aufstellen:

$$(1 - x) \cdot \frac{2}{3} + x \cdot \frac{4}{5} = \frac{3}{4} \quad \overset{\cdot 60}{\Leftrightarrow} \quad 40(1 - x) + 48x = 45$$

$$\Leftrightarrow 8x = 5 \Leftrightarrow x = \frac{5}{8}$$

(2) In der Vierfeldertafel (alternativ im umgekehrten Baumdiagramm) ergibt sich:

	R (mehr regional)	$\overline{R}$	gesamt
J (Befragte bis 55 Jahre)	$\frac{3}{8} \cdot \frac{2}{3} = \frac{1}{4}$	$\frac{3}{8} \cdot \frac{1}{3} = \frac{1}{8}$	$\frac{3}{8}$
A (Befragte über 55 Jahre)	$\frac{5}{8} \cdot \frac{4}{5} = \frac{1}{2}$	$\frac{5}{8} \cdot \frac{1}{5} = \frac{1}{8}$	$\frac{5}{8}$
gesamt	$\frac{3}{4}$	$\frac{1}{4}$	1

Für die gesuchten bedingten Wahrscheinlichkeiten gilt dann:

$$P_{\overline{R}}(J) = \frac{\frac{1}{8}}{\frac{1}{4}} = \frac{1}{2} \quad \text{und} \quad P_{\overline{R}}(A) = \frac{\frac{1}{8}}{\frac{1}{4}} = \frac{1}{2}$$

c) In diesem Teil ist X: *Anzahl der Befragten, die sich mehr regionale Lebensmittel wünschen* binomialverteilt mit der Erfolgswahrscheinlichkeit p = 0,75.

binomCdf(40,0.75,0,24)	0.026244884002
binomCdf(34,0.75,20,34)	0.988336917375
binomCdf(35,0.75,20,35)	0.993818371473
$1 - \sqrt[3]{0.01}$	0.784556530997
binomCdf(3,0.78,1,3)	0.989352
binomCdf(3,0.79,1,3)	0.990739

(1) $P(X < 25) \approx 0,026 = 2,6\,\%$

(2) Durch Betrachtung einer Wertetabelle im Rechner oder systematisches Probieren findet man heraus, dass der gesuchte Übergang bei n = 34 / n = 35 liegt: Es gilt für n = 34: $P(X > 20) \approx 0,9883 < 99\,\%$, und für n = 35: $P(X > 20) \approx 0,9938 > 99\,\%$.

Somit müssen mindestens 35 Personen befragt werden, damit mit einer Wahrscheinlichkeit von mindestens 99 % mindestens 20 Befragte sich mehr regionale Lebensmittel wünschen.

(3) Für n = 3 Befragte soll gelten: $P(X > 1) \geq 0,99$. Am besten betrachtet man hier die Bedingung für das Gegenereignis $P(X = 0) < 0,01$. Aus dem Ansatz der Binomialverteilung folgt dann:

$$\binom{3}{0} \cdot p^0 \cdot (1 - p)^3 < 0,01 \Leftrightarrow 1 \cdot 1 \cdot (1 - p)^3 < 0,01 \Leftrightarrow (1 - p) < \sqrt[3]{0,01}$$

$$\Leftrightarrow 1 - \sqrt[3]{0,01} < p \Leftrightarrow p > 0,785$$

Die Erfolgswahrscheinlichkeit p müsste mindestens 79 % betragen. Alternativ lässt sich p – wie im Rechnerfenster oben dargestellt – auch durch gezieltes Probieren ermitteln.

d) (1) Falls der tatsächliche Anteil 75 % beträgt (Erfolgswahrscheinlichkeit p = 0,75), dann beträgt die Wahrscheinlichkeit, dass 83 (oder mehr) Befragte mehr
regionale Lebensmittel wünschen, etwa 3,8 %. Wenn
ein solches Ereignis eintritt, dann geht die Marktleiterin fälschlicherweise von einem höheren Anteil von
Kunden aus, die sich mehr regionale Lebensmittel
wünschen. Also sind die 3,8 % die gesuchte Wahrscheinlichkeit.

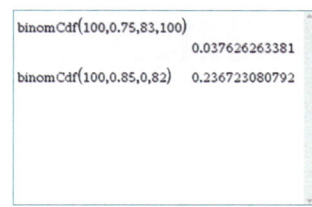

(2) Bei einem tatsächlichen Anteil von 85% beträgt die Wahrscheinlichkeit, dass sich höchstens 82 Befragte mehr regionale Lebensmittel wünschen, etwa 23,7%. Dies entspricht der Wahrscheinlichkeit, mit der der Marktleiter fälschlicherweise davon ausgeht, dass der Anteil nicht höher liegt als bei 75 % der Kundschaft.

e) (1) Das Diagramm stellt eine Operationscharakteristik
der Testregel der Marktleiterin in Teil d) dar. Auf der
x-Achse sind Kundenanteile p (hier im Bereich von
p = 0,7 bis p = 0,9) dargestellt, denen als Funktionswerte Wahrscheinlichkeiten zugeordnet werden,
dass sich höchstens 82 Befragte mehr regionale
Lebensmittel wünschen, was zu einer Ablehnung
der Hypothese der Marktleiterin führt. Passiert dies

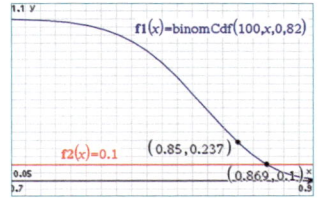

fälschlich, liegt ein Fehler 2. Art vor. Im Sachkontext bedeutet dieser Fehler, dass die Marktleiterin aufgrund des Befragungsergebnisses nicht davon ausgeht, dass der Kundenanteil für mehr regionale Lebensmittel höher als bei 75 % liegt, obwohl dies tatsächlich der Fall ist.

(2) Ab einem Kundenanteil von ca. 87 %, der sich mehr regionale Lebensmittel wünscht, liegt die Wahrscheinlichkeit für einen Fehler 2. Art der Marktleiterin unter 10 %.

f) (1) Das minimale Gewicht einer Pflaume kann am unteren Rand des Diagramms mit etwa 33 g abgelesen
werden, das maximale Gewicht am oberen Rand des
Diagramms liegt bei gut 140 g. Das mittlere Gewicht
ist ablesbar auf Höhe von 0,5 mit etwa 75 g.

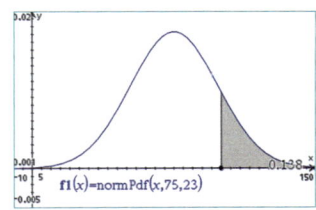

(2) Nach den Annahmen ist X: *Gewicht einer zufällig
ausgewählten Pflaume (in g)* normalverteilt mit der
Dichtefunktion $\varphi_{75;23}$ (x). Für die gesuchte Wahrscheinlichkeit gilt:

$$P(X > 100) = \int_{100}^{+\infty} \varphi_{75;23}(x)\,dx \approx 0{,}138$$

Somit beträgt die Wahrscheinlichkeit, dass das Gewicht einer zufällig ausgewählten Pflaume über 100 g liegt, etwa 13,8 %.

Aufgabe 13   Umsatz im Restaurant

Viele Gastronomiebetriebe bemängeln mittlerweile, dass über Buchungsportale zwar viele Reservierungen, meist online, gemacht werden, Gäste aber häufig trotzdem nicht erscheinen, und zwar ohne eine vorherige Absage; neudeutsch wird dies auch als „No show" bezeichnet. Um gegenzusteuern, gibt es für Restaurants verschiedene Strategien, z. B. eine sog. „No show"-Gebühr zu erheben oder für mehr Tische als eigentlich vorhanden Reservierungen anzunehmen (sog. „Überbuchung").

Ein Sterne-Restaurant hat 36 Plätze anzubieten. Aus langjähriger Erfahrung wird die Wahrscheinlichkeit, dass eine Reservierung nicht wahrgenommen und auch nicht abgesagt wird, d. h. die sog. „No show"-Rate, mit 10 % angenommen. Im Folgenden wird die Anzahl der wahrgenommenen Reservierungen als binomialverteilt mit p = 0,9 vorausgesetzt. Für einen betrachteten Abend sind alle 36 Plätze reserviert.

a) Bestimmen Sie die Wahrscheinlichkeit für folgende Ereignisse.
 i. E_1: Es sind tatsächlich alle 36 Plätze im Restaurant belegt.
 ii. E_2: Es sind mindestens 32 Plätze im Restaurant belegt.   **J3**

b) Um der „No show"-Rate entgegenzuwirken, lässt das Restaurant fortan 40 Reservierungen für die vorhandenen 36 Plätze zu. Ermitteln Sie die Wahrscheinlichkeit dafür, dass mehr als ein Gast trotz Reservierung keinen Platz im Restaurant erhalten kann.   **J3**

c) Bestimmen Sie die Anzahl der Reservierungen, die das Restaurant höchstens annehmen dürfte, um das Risiko, dass mindestens ein Gast aufgrund von Überbuchung keinen Platz trotz Reservierung erhielte, auf 10 % zu begrenzen.   **J4**

Das Restaurant rechnet mit einem bestimmten Umsatz pro Gast. Als Maßnahme führt das Restaurant eine Reservierungsgebühr ein, die im Voraus bei der Reservierung berechnet (und nachher mit dem Umsatz im Restaurant verrechnet) wird. Im Falle des Nichterscheinens wird sie als sog. „No show"-Gebühr einbehalten. Erhält umgekehrt ein Gast trotz Reservierung keinen Platz, so wird er stattdessen entschädigt und erhält natürlich auch die Reservierungsgebühr zurückerstattet. Das Restaurant nimmt weiterhin immer 40 Platzreservierungen für die 36 Plätze an.

Die Zufallsgröße U gibt den Umsatz in Abhängigkeit von der realisierten Gästezahl k an:

$$U(k) := \begin{cases} k \cdot 180 + (40 - k) \cdot 50, & k \leq 36 \\ 36 \cdot 180 + (40 - k) \cdot 50 - (k - 36) \cdot 300, & k > 36 \end{cases}$$

d) Erläutern Sie alle Bestandteile des Terms im Sachzusammenhang. Ermitteln Sie anschließend den Erwartungswert E(U) für das Restaurant.   **J2**

e) Geben Sie eine verallgemeinerte Umsatzfunktion $U_n(k)$ in Abhängigkeit von der Anzahl angenommener Reservierungen n und der realisierten Gästezahl k an. Berechnen Sie anschließend eine optimale Anzahl an Reservierungen n, so dass der erwartete Umsatz E(U) maximal wird.   **J2**

Nur LK: Der Umsatz im Sterne-Restaurant kann durch eine normalverteilte Zufallsgröße Y mit $\mu_Y = 180$ und $\sigma_Y = 10$ modelliert werden.

f) Nur LK: Ermitteln Sie die Wahrscheinlichkeit für folgende Ereignisse.   **J6**
 i. E_1: Der Umsatz des Gastes beträgt höchstens 155 €.
 ii. E_2: Der Umsatz des Gastes beträgt mehr als 200 €.
 iii. E_3: Der Umsatz des Gastes beträgt zwischen 175 € und 190 €.

g) **Nur LK:** Ein anderer Gastronomiebetrieb hat eine Verteilung des Umsatzes seiner Gäste wie in der Abbildung dargestellt. `J6`

   i. Ermitteln Sie Schätzwerte für den Mittelwert des Umsatzes sowie die Standardabweichung.

   ii. Untersuchen Sie, ob mehr als 90 % der Gäste einen Umsatz von mehr als 90 € generieren.

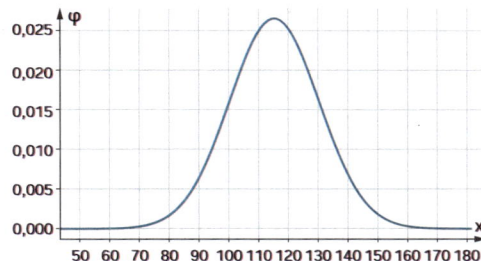

Lösung

a) Gegeben: n = 36 Plätze, p = 0,9 und die Zufallsvariable X: *Anzahl wahrgenommener Reservierungen*

$$P(E_1) = P(X = 36) = \binom{36}{36} \cdot 0,9^{36} \cdot 0,1^0 = 0,9^{36} \approx 2,3\,\%$$

$$P(E_2) = P(X \geq 32) \approx 71,1\,\% \qquad\qquad \text{[GTR: binomcdf(36,0.9,32,36)]}$$

b) Gegeben: n = 40 Reservierungen, p = 0,9 und X: *Anzahl wahrgenommener Reservierungen*

$$P(X > 36 + 1) = P(X \geq 38) \approx 22,3\,\% \qquad\qquad \text{[GTR: binomcdf(40,0.9,38,40)]}$$

c) Gesucht ist hier die Anzahl der angenommenen Reservierungen n.

$$n = 38:\ P(X > 36) \approx 9,5\,\% < 10\,\% \qquad\qquad \text{[GTR: binomcdf(38,0.9,37,38)]}$$

$$n = 39:\ P(X > 36) \approx 23,8\,\% > 10\,\% \qquad\qquad \text{[GTR: binomcdf(39,0.9,37,39)]}$$

Wenn das Restaurant das Überbuchungsrisiko auf höchstens 10 % begrenzen will, so darf es maximal 38 Reservierungen pro Abend annehmen.

d) Für den Umsatz U(k) gibt es grundsätzlich zwei Fälle, die zu unterscheiden sind, weil nur im Falle von Überbuchungen, also mehr als 36 Gästen, Entschädigungen anfallen:

  1. Für eine Gästezahl k bis zu 36 rechnet das Restaurant mit 180 € Umsatz pro Gast sowie von allen übrigen (40 – k) Gästen mit einer einbehaltenen „No show"-Gebühr von 50 €.

  2. Für eine Gästezahl oberhalb von 36 bleibt der Umsatz gedeckelt bei 36 · 180 € = 6480 €, von (40 – k) Gästen wird eine „No show"-Gebühr von 50 € einbehalten, aber für jeden Gast mehr als die 36 vorhandenen Plätze muss eine Entschädigung von 300 € gezahlt werden.

Für den mittleren erwarteten Umsatz für das Restaurant gilt dann nach allgemeiner Definition des Erwartungswertes:

$$E(U(k)) = \sum_{k=0}^{40} U(k) \cdot P(X = k) \approx 6324,23\,\text{€}.$$

e) In der verallgemeinerten Umsatzfunktion (für n Reservierungen) wird 40 durch n ersetzt:

$$U_n(k) := \begin{cases} k \cdot 180 + (n-k) \cdot 50, & k \le 36 \\ 6480\,€ + (n-k) \cdot 50 - (k-36) \cdot 300, & k > 36 \end{cases}$$

Für den für die Anzahl der Reservierungen n zu optimierenden Erwartungswert E(U) gilt nun:

$$E(U_n(k)) = \sum_{k=0}^{n} U_n(k) \cdot P(X=k)$$

Für k = 40 ist aus d) bekannt, dass der erwartete Umsatz 6324,23 € beträgt. Die Betrachtung der Wertetabelle ergibt für k = 38: 6291,50 € und für k = 39: 6348,91 €. Somit wäre eine Entgegennahme von n = 39 Reservierungen wirtschaftlich optimal.

f) Die gesuchten Wahrscheinlichkeiten für die Umsätze lassen sich mithilfe geeigneter Integration der zu Y gehörigen Dichtefunktion $\varphi_{180,10}$ ermitteln:

i. $\displaystyle\int_{-\infty}^{155} \varphi_{180,10}(x)\,dx \approx \int_{0}^{155} \varphi_{180,10}(x)\,dx \approx 0{,}6\,\%$

ii. $\displaystyle\int_{200}^{\infty} \varphi_{180,10}(x)\,dx \approx 2{,}3\,\%$

iii. $\displaystyle\int_{175}^{190} \varphi_{180,10}(x)\,dx \approx 53{,}3\,\%$

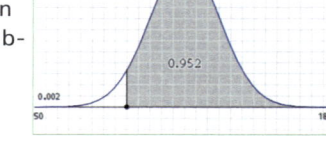

```
normCdf(-9.ε999,155,180,10)
                        0.006209679853
normCdf(0,155,180,10)   0.006209679853
normCdf(200,∞,180,10)   0.022750062014
normCdf(175,190,180,10)
                        0.532807208224
```

g) i. Der Mittelwert des Umsatzes lässt sich am Hochpunkt der Glockenkurve bei μ = 115 [€] ablesen. Dadurch, dass sich φ(115) ≈ 0,0265 ebenfalls ablesen lässt, erhält man einen Schätzwert für die Standardabweichung aus dem Funktionsterm der Dichte φ:

$$\frac{1}{\sigma \cdot \sqrt{2\pi}} \cdot e^0 \approx 0{,}0265 \quad \Rightarrow \quad \sigma \approx 15$$

Alternativ lässt sich ein Schätzwert auch graphisch ermitteln, z.B. mithilfe der Sigma-Regeln.

ii. Mit den in i. geschätzten Parameterwerten ergibt sich

$$\int_{90}^{\infty} \varphi_{115,15}(x)\,dx \approx 95{,}2\,\% > 90\,\%.$$

Alternativ kann auch elementargeometrisch gearbeitet werden, z.B. durch Kästchenzählung.

Aufgabe 14   Spargelklassen

Frühjahrszeit ist Spargelzeit. Deutschland ist derzeit mit über 100 000 Tonnen, die jährlich hier geerntet werden, Europas größter und weltweit der viertgrößte Spargelproduzent. Je nach Länge, Durchmesser, Krümmung und Färbung der Stangen wird Spargel in die drei unterschiedlichen Handels- bzw. Güteklassen „Extraklasse", „Klasse I" und „Klasse II" eingeteilt.

Auf einem großen Spargelbauernhof wurde viel Spargel gestochen und muss sortiert werden; dabei können Fehler auftreten. Erfahrungsgemäß sind unter den Spargelstangen, die als „Extraklasse" einsortiert werden, 10 % Stangen, die eigentlich nicht zur „Extraklasse" gehören.

a) Erläutern Sie, warum es angemessen ist, die Sortierung bzw. Auswahl von Spargel der „Extraklasse" mithilfe einer binomialverteilten Zufallsgröße zu modellieren. `J3`

b) Ein Spargelbauer verpackt 400 Stangen Spargel mit der Bezeichnung „Extraklasse" für den Verkauf auf einem kleinen Wochenmarkt. Es ist davon auszugehen, dass 10 % der ausgewählten Spargelstangen der „Klasse I" angehören.
   (1) Bestimmen Sie die Wahrscheinlichkeit dafür, dass von den 400 Spargelstangen genau 42 Spargelstangen zur „Klasse I" gehören. `J3`
   (2) Bestimmen Sie die Wahrscheinlichkeit dafür, dass von den 400 Spargelstangen mindestens 37 Spargelstangen zur „Klasse I" gehören. `J3`
   (3) Berechnen Sie die Wahrscheinlichkeit dafür, dass die Anzahl der „Klasse I"-Stangen vom Erwartungswert um mindestens $1{,}5\,\sigma$ nach unten abweicht. `J5`

c) Ermitteln Sie, wie viele mit „Extraklasse" deklarierte Spargelstangen man mindestens zufällig auswählen muss, um mit mindestens $M = 99\,\%$-iger Wahrscheinlichkeit mindestens eine Stange der „Klasse I" zu finden. `J4`

d) Um zur „Extraklasse" zu gehören, muss der Stangendurchmesser mindestens 12 mm betragen, für „Klasse I" mindestens 10 mm und für „Klasse II" mindestens 8 mm. Der Stangendurchmesser soll nun mithilfe einer normalverteilten Zufallsgröße Y mit dem Erwartungswert 10 mm und der Standardabweichung 2 mm modelliert werden.
   (1) Bestimmen Sie die aus dieser Modellierung resultierende Verteilung des geernteten Spargels auf die verschiedenen Güteklassen „Extraklasse", „Klasse I" und „Klasse II". `J6`
   (2) Beurteilen Sie, ob die Modellierung mithilfe der Normalverteilung sinnvoll ist. `J6`

Spargel der „Extraklasse" kann für 12 €/kg verkauft werden, „Klasse I" für 10 €/kg und „Klasse II" für 8 €/kg. Die Entsorgung der für den Verkauf ungeeigneten Restmenge kostet 3 €/kg.

e) Geben Sie einen Term für den erwarteten Umsatz (in €/kg) des Spargelbauern an und berechnen Sie diesen. `J2`

Ein Markthändler kauft eine große Menge vom Bauernhof. Der Bauer verspricht überdurchschnittlich viel guten Spargel der „Extraklasse". Der Markthändler ist jedoch skeptisch und will vermeiden, dass ihm der Spargelbauer mehr als 10 % minderwertigeren Spargel der „Klasse I" verkauft. Dies will er durch eine stichprobenartige Überprüfung einer Kiste mit 200 Spargelstangen mit einer Sicherheitswahrscheinlichkeit von 95 % ausschließen.

f) Beschreiben Sie aus Sicht des Markthändlers einen Binomialtest für $\alpha = 5\,\%$ mit möglichen Fehlern, bestimmen Sie Annahme- und Ablehnungsbereich der Hypothese und geben Sie eine Entscheidungsregel an. `K3` `K5`

Lösung

a) Eine Spargelstange kann entweder zur „Extraklasse" gehören oder nicht, d. h., es handelt sich hierbei um ein Bernoulli-Experiment. Die Spargelstangen werden unabhängig voneinander ausgewählt, d. h., die Wahrscheinlichkeit dafür bleibt konstant. Somit ist die Modellierung mithilfe einer binomialverteilten Zufallsgröße angemessen und sinnvoll.

b) Die betrachtete Zufallsgröße X: *Anzahl der Spargelstangen aus „Klasse I"* ist binomialverteilt mit Stichprobenumfang n = 400 und Erfolgswahrscheinlichkeit p = 0,1.

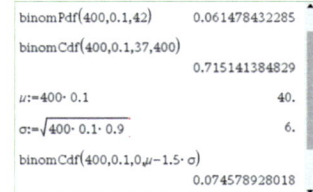

(1) $P(X = 42) = \binom{400}{42} \cdot 0{,}05^{42} \cdot 0{,}95^{358} \approx 0{,}061 = 6{,}1\,\%$

(2) $P(X \geq 37) \approx 0{,}715 = 71{,}5\,\%$

(3) Zunächst berechnet man die Kenngrößen $\mu = n \cdot p = 40$ und $\sigma = \sqrt{n \cdot p \cdot (1 - p)} = 6$ und somit $1{,}5\sigma = 9$. Gesucht ist dann die Wahrscheinlichkeit
$P(X \leq \mu - 1{,}5\sigma) = P(X \leq 31) \approx 7{,}5\,\%$.

c) Gesucht ist der Parameterwert für n bei $P(X \geq 1) \geq 0{,}99$ und p = 0,1. Durch Anwendung der Komplementärregel gilt $P(X = 0) = (1 - p)^n \leq 0{,}01 = 1 - M$ und somit $n \geq \frac{\ln(0{,}01)}{\ln(0{,}9}$ $\approx 43{,}7$. Daher müssten mindestens 44 Spargelstangen untersucht werden.

d) (1) Betrachtet wird hier eine normalverteilte Zufallsgröße mit der Dichtefunktion $\varphi_{10,2}$. Für die Verteilung auf die Güteklassen gilt dann:

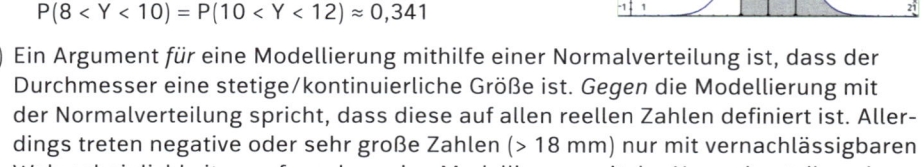

- „Extraklasse" knapp 16 %:

$$P(Y > 12) = \int_{12}^{\infty} \varphi_{10,2}(x)\, dx \approx 0{,}159$$

- „Klasse I" und „Klasse II" jeweils etwas mehr als 34 %:

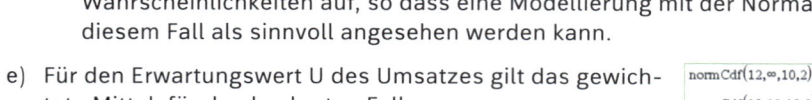

$P(8 < Y < 10) = P(10 < Y < 12) \approx 0{,}341$

(2) Ein Argument *für* eine Modellierung mithilfe einer Normalverteilung ist, dass der Durchmesser eine stetige/kontinuierliche Größe ist. *Gegen* die Modellierung mit der Normalverteilung spricht, dass diese auf allen reellen Zahlen definiert ist. Allerdings treten negative oder sehr große Zahlen (> 18 mm) nur mit vernachlässigbaren Wahrscheinlichkeiten auf, so dass eine Modellierung mit der Normalverteilung in diesem Fall als sinnvoll angesehen werden kann.

e) Für den Erwartungswert U des Umsatzes gilt das gewichtete Mittel, für den konkreten Fall:
$E(U) = 12 \cdot 15{,}9\,\% + 10 \cdot 34{,}1\,\% + 8 \cdot 34{,}1\,\% - 3 \cdot 15{,}9\,\% \approx 7{,}57$

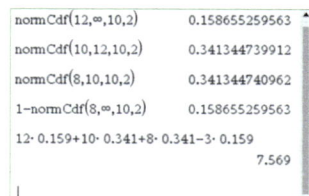

Der Spargelbauer kann also bei dieser Verteilung mit einem Umsatz von etwa 7,57 €/kg Spargel rechnen.

f) Da beim Hypothesentest immer ein skeptischer Standpunkt eingenommen wird, muss der Markthändler die Hypothese $H_0: p \geq 0{,}1$ testen (gegen die Alternative $H_1: p < 0{,}1$), d. h., der Hypothesentest ist linksseitig mit n = 200 und der binomialverteilten Zufallsgröße X: *Anzahl der Spargelstangen aus „Klasse I"*.

Beim Fehler 1. Art wird die Nullhypothese fälschlicherweise abgelehnt, d. h., die Stichprobe enthält zufällig „extrem wenig" Spargel der „Klasse I", obwohl der Anteil in der Gesamtmenge mindestens 10 % beträgt. Beim Fehler 2. Art wird die Nullhypothese fälschlicherweise nicht abgelehnt, d. h., in der untersuchten Stichprobe ist „zufällig viel" Spargel der „Klasse I", obwohl in der Gesamtmenge weniger als 10 % zur „Klasse I" gehören.

Der Fehler 1. Art ist aus Sicht des Markthändlers schwerwiegender als der Fehler 2. Art, denn als Konsequenz im Sachzusammenhang lässt sich der Markthändler beim Fehler 1. Art unbemerkt schlechteren Spargel „andrehen", beim Fehler 2. Art lehnt der Markthändler eigentlich besseren Spargel ab, weil in der von ihm untersuchten Stichprobe „zufällig viel" Spargel der „Klasse I" vorhanden war. Daher will der Markthändler das Risiko für einen Fehler 1. Art durch das vorgegebene Signifikanzniveau $\alpha = 0{,}05$ kontrollieren.

Um die Entscheidungsregel zu bestimmen, muss also die Verteilung der Zufallsgröße X: *Anzahl der Spargelstangen der „Klasse I" mit Erfolgswahrscheinlichkeit p = 0,1* untersucht werden. Aus der Wertetabelle ergibt sich, dass $P(X \le 12) < 0{,}05$. (Falls dem Zufallsversuch eine größere Erfolgswahrscheinlichkeit zugrunde liegt, also $p > 0{,}1$, ist die Wahrscheinlichkeit $P(X \le 12)$ sogar noch kleiner.)

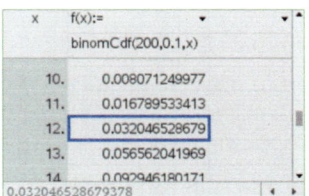

Entscheidungsregel: Verwirf die Hypothese $p \ge 0{,}1$, wenn die Anzahl der Spargelstangen der „Klasse I" kleiner ist als 13, d. h.,
– wenn in der Stichprobe mindestens 13 Stangen der „Klasse I" sind, nimmt der Händler die Warenlieferung nicht an, und
– wenn in der Stichprobe höchstens 12 Stangen der „Klasse I" sind, kann der Markthändler mit einer Fehlerwahrscheinlichkeit von 5 % ausschließen, dass zu viel minderwertiger Spargel in der gekauften Ware vorhanden ist und daher die Ware annehmen.

185

4 Original-Prüfungsaufgaben[1]

Prüfungsteil A – Aufgaben ohne Hilfsmittel

Aufgabe A1/A2/A3   Grundkurs

a) Gegeben sind die Funktionen f und g mit

$f(x) = x^3 - 6 \cdot x^2 + 3 \cdot x + 10$, $x \in \mathbb{R}$, und $g(x) = -6 \cdot x + 10$, $x \in \mathbb{R}$.

(1) Berechnen Sie die Stellen, an denen die Graphen von f und g gemeinsame
Punkte besitzen.   `B5`

(2) Der Punkt $P(3|f(3))$ ist einer der gemeinsamen Punkte der Graphen von f und g.
Zeigen Sie: Der Graph von g ist die Tangente an den Graphen von f im Punkt P.   `A4`

b) Die Funktion f ist gegeben durch die Gleichung

$f(x) = 3 \cdot x^2 - 12$, $x \in \mathbb{R}$.

(i) Berechnen Sie die Nullstellen von f.   `B4`
(ii) Berechnen Sie den Inhalt der Fläche, die vom Graphen von f und der x-Achse
eingeschlossen wird.   `D2`

c) Die Funktion f ist gegeben durch die Gleichung

$f(x) = x^2 \cdot e^x$, $x \in \mathbb{R}$.

(1) Zeigen Sie: $f'(x) = x \cdot (x + 2) \cdot e^x$.   `A2`

(2) Bestimmen Sie (z. B. unter Verwendung des Vorzeichenwechselkriteriums)
die Extremstellen und die Art der Extremstellen der Funktion f.   `B6`

Variante 1: Geometrie (A1, A3 [nur d])

d) Gegeben sind die Gerade g: $\vec{x} = \begin{pmatrix} 2 \\ 3 \\ -7 \end{pmatrix} + s \cdot \begin{pmatrix} 1 \\ 0 \\ 5 \end{pmatrix}$ mit $s \in \mathbb{R}$ sowie die Gerade h

durch die Punkte $A(4|0|0)$ und $B(5|1|b)$ mit einer reellen Zahl b.

(1) Begründen Sie, dass A nicht auf g liegt.   `F1`

(2) Die Geraden g und h haben einen gemeinsamen Punkt.
Ermitteln Sie den Wert von b.   `F2`

e) Gegeben sind die Punkte $A(-1|3|2)$, $B(1|2|4)$ und $C(2|4|-1)$.

(1) Untersuchen Sie, ob das Dreieck ABC einen rechten Winkel bei A besitzt.   `E4`

(2) g ist die Gerade durch die Punkte A und B.
Die Punkte P und Q liegen auf g und haben den Abstand 9 LE vom Punkt A.
Ermitteln Sie die Koordinaten von P und Q.   `E3` `E5`

---

1   Im Folgenden wurden z.T. GK- und LK-Aufgaben zusammengefasst, die Nummerierung von Teilaufgaben
kann deshalb von den Original-Prüfungsaufgaben abweichen.

Variante 2: Stochastik (A2, A3 [nur d])

d) (1) Die Histogramme I bis III in den Abbildungen 1-1 bis 1-3 zeigen Wahrscheinlichkeitsverteilungen von drei binomialverteilten Zufallsgrößen A, B und C. Es gilt
jeweils n = 10. Zu jeder Zufallsgröße gehört eine der Wahrscheinlichkeiten $p_1 = 0,2$,
$p_2 = 0,4$ und $p_3 = 0,8$.

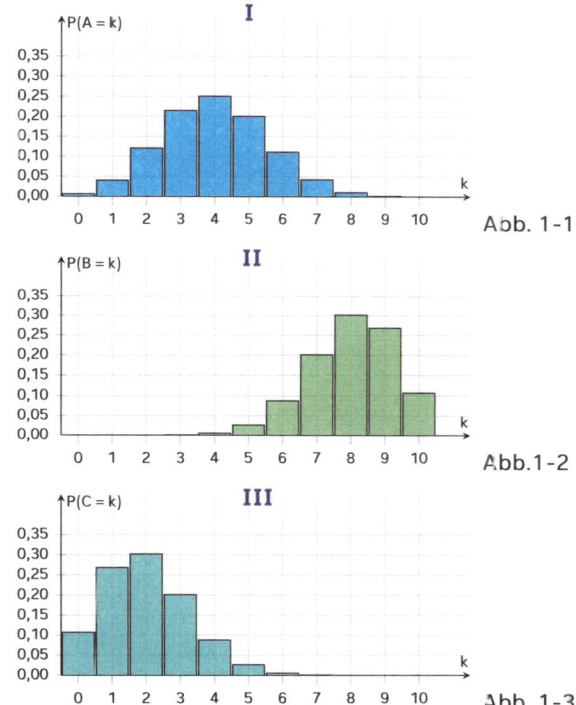

Abb. 1-1

Abb.1-2

Abb. 1-3

Ordnen Sie den Histogrammen I bis III die jeweils passende Wahrscheinlichkeit zu. **J3**

(2) Eine weitere Zufallsgröße X ist binomialverteilt mit n = 10.

Das unvollständige Histogramm der Verteilung ist in Abbildung 2 dargestellt.

Es gilt: $P(X \geq 4) \approx 0,35$.

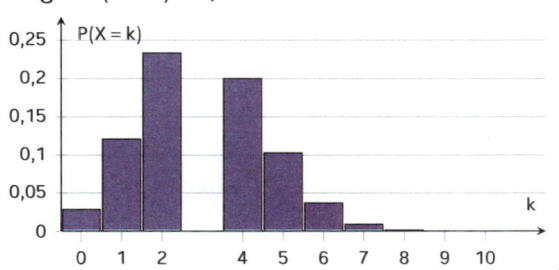

Abb. 2

(i) Ermitteln Sie näherungsweise die Wahrscheinlichkeit $P(X \leq 2)$.

(ii) Ermitteln Sie näherungsweise die Wahrscheinlichkeit $P(X = 3)$. **J3**

e) (1) Die Zufallsgröße X ist binomialverteilt mit den Parametern n und p = 0,2. Für die Standardabweichung σ von X gilt: σ = 1,2.
Berechnen Sie n. `J2`

(2) In einer Urne befinden sich 2 schwarze und 8 weiße Kugeln. Aus der Urne wird mit Zurücklegen neunmal eine Kugel gezogen. `J3`

(i) Geben Sie einen Term für die Wahrscheinlichkeit an, dass dabei genau zweimal eine schwarze Kugel gezogen wird.

(ii) Beschreiben Sie ein Ereignis im Sachkontext der Aufgabe mit einer Wahrscheinlichkeit von $0{,}2^2 \cdot \binom{7}{3} \cdot 0{,}2^3 \cdot 0{,}8^4$.

Lösung

a) (1) Durch Gleichsetzen der Funktionsterme erhält man insgesamt eine Gleichung 3. Grades, in der das absolute Glied fehlt. Daher lässt sich die Variable x ausklammern, d. h., eine der Schnittstellen liegt an der Stelle x = 0. Die zum quadratischen Faktor gehörende quadratische Gleichung hat nur eine Lösung, was bedeutet, dass die beiden Graphen eine doppelte Schnittstelle an der Stelle x = 3 besitzen, d. h., dass sich die beiden Graphen an der Stelle x = 3 berühren.

Rechnung:
$$
\begin{aligned}
f(x) = g(x) &\Leftrightarrow x^3 - 6 \cdot x^2 + 3 \cdot x + 10 = -6 \cdot x + 10 \\
&\Leftrightarrow x^3 - 6 \cdot x^2 + 9 \cdot x = 0 \\
&\Leftrightarrow x \cdot (x^2 - 6 \cdot x + 9) = 0 \\
&\Leftrightarrow x = 0 \vee x^2 - 6 \cdot x + 9 = 0 \\
&\Leftrightarrow x = 0 \vee x = 3 - \sqrt{3^2 - 9} \vee x = 3 + \sqrt{3^2 - 9} \\
&\Leftrightarrow x = 0 \vee x = 3.
\end{aligned}
$$

(2) Da der Graph von g eine Gerade ist, bedeutet das Sich-Berühren der beiden Graphen, dass g die Tangente an den Graphen von f an der Stelle x = 3 ist.

Bestätigung durch Aufstellen der Tangentengleichung von f(x) an der Stelle x = 3:
$f'(x) = 3x^2 - 12x + 3$; $f'(3) = 27 - 36 + 3 = -6$; $f(3) = 27 - 54 + 9 + 10 = -8$
$t(x) = -6 \cdot (x - 3) + (-8) = -6x + 10 = g(x)$

b) (1) (i) Bestimmung der Nullstellen:
$f(x) = 0 \Leftrightarrow 3 \cdot x^2 - 12 = 0 \Leftrightarrow x^2 - 4 = 0 \Leftrightarrow x^2 = 4 \Leftrightarrow x = -2 \vee x = 2.$

(ii) Berechnung des Integrals zwischen den beiden Nullstellen:

$$
\int_{-2}^{2} f(x)\, dx = \left[3 \cdot \frac{1}{3} \cdot x^3 - 12 \cdot x\right]_{-2}^{2} = 2^3 - 12 \cdot 2 - \left((-2)^3 - 12 \cdot (-2)\right)
$$

$$
= 8 - 24 - (-8 + 24) = -32.
$$

Der Graph von f(x) verläuft zwischen den Nullstellen unterhalb der x-Achse; daher ist das Integral negativ. Der Flächeninhalt des eingeschlossenen Flächenstücks beträgt 32 FE.

c) (1) Anwenden der Produktregel ergibt:

$f'(x) = 2x \cdot e^x + x^2 \cdot e^x = (2x + x^2) \cdot e^x = x \cdot (x + 2) \cdot e^x .$

(2) Notwendige Bedingung f'(x) = 0:

$f'(x) = 0 \Leftrightarrow x \cdot (x + 2) \cdot e^x = 0 \Leftrightarrow x = -2 \vee x = 0.$

Zu untersuchen ist das Vorzeichen von f' auf den Monotonieintervallen:

Intervall	Beispiel	Monotonie
$x < -2$	$f'(-3) = (-3) \cdot (-1) \cdot e^{-3} > 0$	str. mon. steigend
$-2 < x < 0$	$f'(-1) = (-1) \cdot (+1) \cdot e^{-1} < 0$	str. mon. fallend
$x > 0$	$f'(1) = (+1) \cdot (+3) \cdot e^{1} > 0$	str. mon. steigend

An der Stelle $x = -2$ liegt ein VZW von f' von + nach – vor, d. h., an dieser Stelle hat der Graph von f ein lokales Maximum.

An der Stelle $x = 0$ liegt ein VZW von f' von – nach + vor, d. h., an dieser Stelle hat der Graph von f ein lokales Minimum.

Variante 1: Geometrie

d) (1) Ohne weitere Rechnung (Punktprobe) kann an der Parameterform der Gerade abgelesen werden, dass alle Punkte der Geraden die x_2-Koordinate 3 haben; daher kann A nicht auf der Geraden liegt.

(2) Die Gerade h kann durch die folgende Parametergleichung dargestellt werden:

$$h: \vec{x} = \begin{pmatrix} 4 \\ 0 \\ 0 \end{pmatrix} + r \cdot \begin{pmatrix} 5 - 4 \\ 1 - 0 \\ b - 0 \end{pmatrix} = \begin{pmatrix} 4 + r \\ r \\ r \cdot b \end{pmatrix}$$

Gleichsetzen der beiden Parameterformen ergibt das folgende Gleichungssystem:

$$\begin{pmatrix} 2 + s \\ 3 \\ -7 + 5s \end{pmatrix} = \begin{pmatrix} 4 + r \\ r \\ r \cdot b \end{pmatrix} \Leftrightarrow \begin{vmatrix} s = 2 + r \\ r = 3 \\ -7 + 5s = r \cdot b \end{vmatrix} \Leftrightarrow \begin{vmatrix} s = 5 \\ r = 3 \\ -7 + 25 = 3 \cdot b \end{vmatrix} \Leftrightarrow \begin{vmatrix} s = 5 \\ r = 3 \\ b = 6 \end{vmatrix}$$

Der gesuchte Wert von b ist 6.

e) (1) Wenn ein rechter Winkel bei A liegt, dann muss für das Skalarprodukt gelten:

$\overrightarrow{BA} * \overrightarrow{CA} = 0$. Da jedoch $\overrightarrow{BA} * \overrightarrow{CA} = \begin{pmatrix} -2 \\ 1 \\ -2 \end{pmatrix} * \begin{pmatrix} -3 \\ -1 \\ 3 \end{pmatrix} = 6 - 1 - 6 = -1$, ist dies nicht der Fall.

Bei A liegt also kein rechter Winkel vor.

(2) Parameterdarstellung der Geraden durch A und B: $g: \vec{x} = \begin{pmatrix} -1 \\ 3 \\ 2 \end{pmatrix} + r \cdot \begin{pmatrix} 2 \\ -1 \\ 2 \end{pmatrix}$

Der Richtungsvektor der Geraden hat die Länge 3 (d. h. der Punkt B ist $\sqrt{2^2 + (-1)^2 + 2^2} = 3$ LE von A entfernt). Um Punkte auf der Geraden g zu erhalten, die 9 LE von A entfernt sind, muss das 3-Fache des Richtungsvektors von A aus in beiden Richtungen abgetragen werden. Damit ergeben sich die Punkte P(5|0|8) und Q(−7|6|−4), da

$$\overrightarrow{OP} = \begin{pmatrix} -1 \\ 3 \\ 2 \end{pmatrix} + 3 \cdot \begin{pmatrix} 2 \\ -1 \\ 2 \end{pmatrix} = \begin{pmatrix} 5 \\ 0 \\ 8 \end{pmatrix} \text{ und } \overrightarrow{OQ} = \begin{pmatrix} -1 \\ 3 \\ 2 \end{pmatrix} + (-3) \cdot \begin{pmatrix} 2 \\ -1 \\ 2 \end{pmatrix} = \begin{pmatrix} -7 \\ 6 \\ -4 \end{pmatrix}.$$

Variante 2:

d) (1) Histogramme haben jeweils ihr Maximum in der Nähe des Erwartungswerts. Hier liegen die Maxima an den Stellen X = 4 bzw. X = 8 bzw. X = 2.

Wegen n = 10 und m = n · p folgt:

Histogramm I: p_2; Histogramm II: p_3; Histogramm III: p_1.

(2) (i) Am Histogramm kann man ablesen: P(X = 0) ≈ 0,03, P(X = 1) ≈ 0,12 und P(X = 2) ≈ 0,23, also P(X ≤ 2) ≈ 0,38.

(ii) Wegen P(X ≥ 4) ≈ 0,35 ergibt sich für die restliche Wahrscheinlichkeit P(X = 3) = 1 − (0,38 + 0,35) = 0,27.

e) (1) Aus $\sigma = 1{,}2 = \sqrt{n \cdot p \cdot (1 - p)} = \sqrt{n \cdot 0{,}2 \cdot 0{,}8}$ folgt 1,44 = n · 0,16, also n = 9.

(2) (i) Gemäß Bernoulli-Formel gilt: $P(X = 2) = \binom{9}{2} \cdot 0{,}2^2 \cdot 0{,}8^7$

(ii) Beispiel: Von den neun gezogenen Kugeln sind die ersten beiden schwarz. Von den weiteren sieben gezogenen Kugeln sind genau drei schwarz.

Aufgabe A1/A2/A3   Leistungskurs

a) Gegeben sind die Funktionen f und g mit

$f(x) = \frac{1}{2} \cdot x^3 - 3 \cdot x^2 + \frac{3}{2} \cdot x + 5, \; x \in \mathbb{R}, \quad \text{und} \quad g(x) = -3 \cdot x + 5, \; x \in \mathbb{R}.$

(1) Berechnen Sie die Stellen, an denen die Graphen von f und g gemeinsame Punkte besitzen. **B5**

(2) Der Punkt P(3 | f(3)) ist einer dieser gemeinsamen Punkte.
Zeigen Sie: Der Graph von g ist die Tangente an den Graphen von f im Punkt P. **A4**

b) Betrachtet wird die in $\mathbb{R}$ definierte Funktion f mit $f(x) = e^{(x^2)}$.

(1) Geben Sie die Wertemenge von f an.
[Die Wertemenge von f umfasst alle Zahlen, die als Funktionswerte von f auftreten.]

(2) Für die erste Ableitungsfunktion f' von f gilt $f'(x) = 2x \cdot f(x)$.

Die Graphen von f und f' schneiden sich in einem Punkt.
Bestimmen Sie die Steigung des Graphen von f in diesem Punkt. **A2**

c) Eine in $\mathbb{R}$ definierte ganzrationale, nicht lineare Funktion f mit erster Ableitungsfunktion f' und zweiter Ableitungsfunktion f'' hat folgende Eigenschaften:

- f hat bei x_1 eine Nullstelle.
- Es gilt $f'(x_2) = 0$ und $f''(x_2) \neq 0$.
- f' hat ein Minimum an der Stelle x_3. Abbildung 1 zeigt die Positionen von x_1, x_2 und x_3.

(1) Begründen Sie, dass der Grad von f mindestens 3 ist. **B6** **B7**

(2) Skizzieren Sie in Abbildung 1 einen möglichen Graphen von f.

Abbildung 1

d) Gegeben ist die in $\mathbb{R}$ definierte Funktion f: $x \mapsto -x^2 + 2\,a\,x$ mit $a \in \mathbb{R}$, $a > 1$. Die Nullstellen von f sind 0 und 2 a.

(1) Zeigen Sie, dass das Flächenstück, das der Graph von f mit der x-Achse einschließt, den Inhalt $\frac{4}{3}\,a^3$ hat.   D1 D2

(2) Der Hochpunkt des Graphen von f liegt auf einer Seite eines Quadrats; zwei Seiten dieses Quadrats liegen auf den Koordinatenachsen (vgl. Abbildung 2).

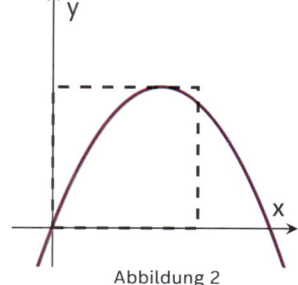

Der Flächeninhalt des Quadrats stimmt mit dem Inhalt des Flächenstücks, das der Graph von f mit der x-Achse einschließt, überein.

Bestimmen Sie den Wert von a.   B6

Abbildung 2

Variante 1: Geometrie (A1, A3 [nur e])

e) Gegeben ist die Gerade g: $\vec{x} = \begin{pmatrix} 0 \\ 1 \\ 1 \end{pmatrix} + \lambda \cdot \begin{pmatrix} 1 \\ 0 \\ -1 \end{pmatrix}$ mit $\lambda \in \mathbb{R}$.

(1) Zeigen Sie, dass g in der Ebene mit der Gleichung $x - y + z = 2$ liegt.   F3

(2) Gegeben ist außerdem die Schar der Geraden h_a: $\vec{x} = \begin{pmatrix} 0 \\ 0 \\ 1 \end{pmatrix} + \mu \cdot \begin{pmatrix} 1 \\ a \\ 0 \end{pmatrix}$ mit $\mu \in \mathbb{R}$ und $a \in \mathbb{R}$.

Weisen Sie nach, dass g und h_a für jeden Wert von a windschief sind.   F2

f) (1) Gegeben ist das Gleichungssystem

$$\left| \begin{array}{rcl} 2x & + z & = 0 \\ -2y & + 4z & = 0 \\ 2y & - 5z & = 1 \end{array} \right| \quad \text{mit } x, y, z \in \mathbb{R}.$$

Berechnen Sie die Lösung des Gleichungssystems.   F11

(2) Es gibt einen Wert von r mit $r \in \mathbb{R}$, für den das Gleichungssystem

$$\left| \begin{array}{rcl} 2x & + z & = 0 \\ -2y & + 4z & = 0 \\ 2y & - r \cdot z & = 1 \end{array} \right| \quad \text{mit } x, y, z \in \mathbb{R}$$

keine Lösung besitzt.
Ermitteln Sie diesen Wert.   F11

Variante 2: Stochastik (A2, A3 [nur e])

e) (1) Die Zufallsgröße X ist binomialverteilt mit den Parametern n und p. Für den Erwartungswert µ und die Standardabweichung σ von X gilt: $\mu = 60$, $\sigma = 6$.

Berechnen Sie p und n.

(2) In einer Urne befinden sich 4 schwarze und 6 weiße Kugeln. Aus der Urne wird mit Zurücklegen 150-mal eine Kugel gezogen.   J3

(i) Geben Sie einen Term für die Wahrscheinlichkeit an, dass dabei genau 60-mal eine schwarze Kugel gezogen wird.

(ii) Beschreiben Sie ein Ereignis mit einer Wahrscheinlichkeit von

$$0,4^5 \cdot \binom{145}{55} \cdot 0,4^{55} \cdot 0,6^{90}.$$

f) (1) Eine Zufallsgröße X ist binomialverteilt mit n = 10.

Das unvollständige Histogramm der Verteilung ist in Abbildung 3 dargestellt.

Es gilt: $P(X \geq 4) \approx 0,35$.

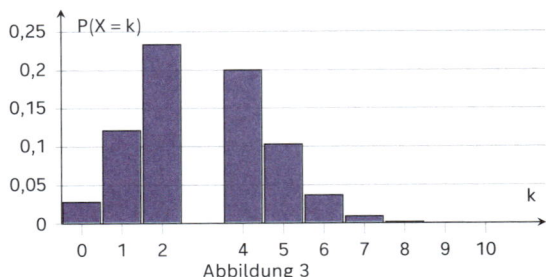

Abbildung 3

(i) Ermitteln Sie näherungsweise die Wahrscheinlichkeit $P(X \leq 2)$.

(ii) Ermitteln Sie näherungsweise die Wahrscheinlichkeit $P(X = 3)$. **J3**

(2) Die Histogramme I bis III in den Abbildungen 4-1 bis 4-3 zeigen Ausschnitte aus Wahrscheinlichkeitsverteilungen von drei binomialverteilten Zufallsgrößen A, B und C. Zu den Zufallsgrößen gehören die folgenden Werte für die Parameter n und p:

n = 10 und p = 0,2
n = 10 und p = 0,4
n = 40 und p = 0,1

Ordnen Sie den Histogrammen I bis III die passenden Werte von n und p zu und begründen Sie Ihre Zuordnung.

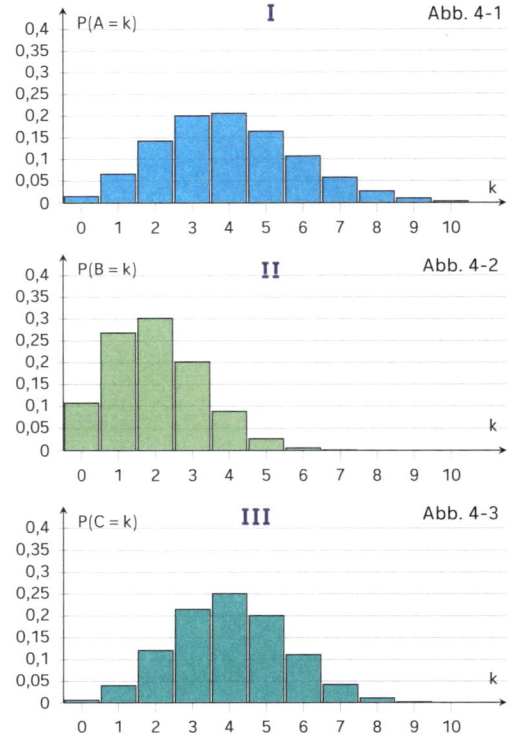

Lösung

a) (1) Durch Gleichsetzen der Funktionsterme erhält man insgesamt eine Gleichung 3. Grades, in der das absolute Glied fehlt. Daher lässt sich die Variable x ausklammern (d. h., eine der Schnittstellen liegt an der Stelle x = 0). Die zum quadratischen Faktor gehörende quadratische Gleichung hat nur eine Lösung, was bedeutet, dass die beiden Graphen eine doppelte Schnittstelle an der Stelle x = 3 besitzen, d. h., dass sich die beiden Graphen an der Stelle x = 3 berühren.

$$f(x) = g(x) \iff \tfrac{1}{2} \cdot x^3 - 3 \cdot x^2 + \tfrac{3}{2} \cdot x + 5 = -3 \cdot x + 5 \iff \tfrac{1}{2} \cdot x^3 - 3 \cdot x^2 + \tfrac{9}{2} \cdot x = 0$$
$$\iff x^3 - 6 \cdot x^2 + 9 \cdot x = 0 \iff x \cdot (x^2 - 6 \cdot x + 9) = 0$$
$$\iff x = 0 \vee x^2 - 6 \cdot x + 9 = 0 \iff x = 0 \vee x = 3 - \sqrt{3^2 - 9} \vee x = 3 + \sqrt{3^2 - 9}$$
$$\iff x = 0 \vee x = 3.$$

(2) Da der Graph von g eine Gerade ist, bedeutet das Sich-Berühren der beiden Graphen, dass die g Tangente an den Graphen von f an der Stelle x = 3 ist.

Bestätigung durch Aufstellen der Tangentengleichung von f(x) an der Stelle x = 3:

$$f'(x) = \tfrac{3}{2} x^2 - 6x + \tfrac{3}{2}; \quad f'(3) = \tfrac{27}{2} - 18 + \tfrac{3}{2} = -3; \quad f(3) = \tfrac{27}{2} - 27 + \tfrac{9}{2} + 5 = -4$$
$$t(x) = -3 \cdot (x - 3) + (-4) = -3x + 5 = g(x)$$

b) (1) Der Exponent nimmt nur den Wert 0 oder positive Werte an. Da $e^0 = 1$ und $e^x > 1$ für x > 0, ergibt sich als Wertemenge $W_f = [1 ; +\infty[$.

(2) Gemäß Kettenregel gilt $f'(x) = e^{(x^2)} \cdot (x^2)' = e^{(x^2)} \cdot 2x = 2x \cdot f(x)$.
Durch Gleichsetzen der Funktionsterme erhält man:

$$e^{(x^2)} = 2x \cdot e^{(x^2)} \iff e^{(x^2)} \cdot (1 - 2x) = 0 \iff 1 - 2x = 0 \iff x = \tfrac{1}{2} \text{ (da gemäß (1) f(x) > 0).}$$

Steigung des Graphen: $f'\left(\tfrac{1}{2}\right) = 2 \cdot \tfrac{1}{2} \cdot e^{\frac{1}{4}} = e^{\frac{1}{4}}$.

c) (1) Wenn f' ein Minimum an der Stelle x_3 hat, dann muss die notwendige Bedingung $f''(x_3) = 0$ erfüllt sein, d. h. die 2. Ableitung ist eine ganzrationale Funktion mindestens 1. Grades, die Ausgangsfunktion also mindestens 3. Grades.

(2) f' ist links von x_3 streng monoton fallend und rechts von x_3 streng monoton steigend; an der Stelle x_3 liegt also ein Übergang von einer Rechts- in eine Linkskrümmung vor.
Sofern f eine ganzrationale Funktion 3. Grades ist, besitzt der Graph höchstens einen Hoch- und einen Tiefpunkt; wegen des Übergangs von einer Rechts- in eine Linkskrümmung muss daher bei x_2 ein Hochpunkt vorliegen.

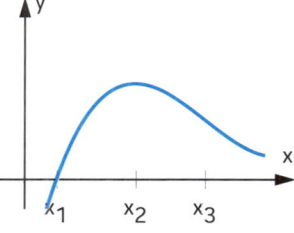

d) (1) $\displaystyle \int_0^{2a} (-x^2 + 2\,ax)\, dt = \left[-\tfrac{1}{3} x^3 + a x^2 \right]_0^{2a} = -\tfrac{8}{3} a^3 + 4\,a^3 = \tfrac{4}{3} a^3$

(2) Bestimmung des Hochpunkts:

Notwendige Bedingung $f'(x) = -2x + 2a = 0 \iff x = a$ mit $f(a) = a^2$.

Das Quadrat hat also die Höhe(= Seitenlänge) a^2. Demnach wäre der Flächeninhalt des Quadrats gleich a^4.
Die Bedingung $\tfrac{4}{3} a^3 = a^4$ ist erfüllt, wenn $a^3 \cdot \left(a - \tfrac{4}{3}\right) = 0$, also wenn $a = \tfrac{4}{3}$.

Variante 1: Geometrie

e) (1) Es genügt eine Punktprobe für zwei Punkte der Geraden:
P(0 | 1 | 1) erfüllt die Gleichung 0 + 1 + 1 = 2 und Q(1 | 1 | 0) ebenfalls.

(2) Die Gerade g und die Geradenschar h_a sind zueinander windschief,
- wenn die Richtungsvektoren nicht zueinander parallel sind (das ist der Fall, weil die beiden Vektoren für keine Einsetzung von a übereinstimmen) und
- wenn außerdem das lineare Gleichungssystem $\begin{vmatrix} t = s \\ 1 = s \cdot a \\ 1 - t = 1 \end{vmatrix}$ keine Lösung besitzt.

Aus der 3. Gleichung ergibt sich t = 0, aus der 1. Gleichung dann s = 0 und daher den Widerspruch zu 1 = 0 · a.

f) (1) $\begin{vmatrix} 2x & & + & z = 0 \\ & -2y & + & 4z = 0 \\ & 2y & - & 5z = 1 \end{vmatrix} \Leftrightarrow \begin{vmatrix} 2x & & + & z = 0 \\ & -2y & + & 4z = 0 \\ & & - & z = 1 \end{vmatrix} \Leftrightarrow \begin{vmatrix} z = -1 \\ x = -\frac{z}{2} = \frac{1}{2} \\ y = 2z = -2 \end{vmatrix}$.

(2) Die Addition von II und III liefert die Gleichung $(4 - r) \cdot z = 1$.

Da diese Gleichung für r = 4 nicht erfüllbar ist, hat das Gleichungssystem für r = 4 keine Lösung.

Variante 2: Stochastik

e) (1) Aus $\mu = n \cdot p = 60$ und $\sigma^2 = n \cdot p \cdot (1 - p) = 6^2$ ergibt sich $\sigma^2 = 60 \cdot (1 - p) = 36$, also $1 - p = \frac{36}{60} = 0{,}6$, d. h. p = 0,4. Hieraus folgt $n = \frac{\mu}{p} = \frac{60}{0{,}4} = 150$.

(2) (i) Gemäß Bernoulli-Formel gilt: $P(X = 60) = \binom{150}{60} \cdot 0{,}4^{60} \cdot 0{,}6^{90}$

(ii) Beispiel: Von den 150 gezogenen Kugeln sind die ersten fünf schwarz. Von den weiteren 145 gezogenen Kugeln sind genau 55 schwarz.

f) (1) (i) $P(X \le 2) = P(X = 0) + P(X = 1) + P(X = 2)$
$\approx 0{,}03 + 0{,}12 + 0{,}23$
$= 0{,}38$.

(ii) $P(X = 3) = 1 - P(X \le 2) - P(X \ge 4)$
$\approx 1 - 0{,}38 - 0{,}35$
$= 0{,}27$.

(2) Der Erwartungswert einer binomialverteilten Zufallsgröße mit n = 10 und p = 0,2 beträgt $\mu = 2$, das passt nur zu Histogramm II.

Die Standardabweichung einer binomialverteilten Zufallsgröße mit n = 10 und p = 0,4 ist kleiner als die Standardabweichung einer binomialverteilten Zufallsgröße mit n = 40 und p = 0,1 [n = 10 und p = 0,4: $\sigma = \sqrt{10 \cdot 0{,}4 \cdot 0{,}6} = \sqrt{2{,}4}$, n = 40 und p = 0,1: $\sigma = \sqrt{40 \cdot 0{,}1 \cdot 0{,}9} = \sqrt{3{,}6}$]. Da bei Histogramm III eine kleinere Streuung vorliegt als bei Histogramm I, gehört Histogramm III zu n = 10 und p = 0,4 und Histogramm I zu n = 40 und p = 0,1.

Prüfungsteil B – Aufgaben mit Hilfsmitteln – Analysis

Aufgabe B1   Analysis Grundkurs

a) Gegeben sind die in $\mathbb{R}$ definierten Funktionen $p: x \rightarrow -x^2 - x + 1$ und $q: x \mapsto e^{-x}$.
Die Graphen von p und q haben genau einen gemeinsamen Punkt; dieser Punkt liegt auf der y-Achse. Für die erste Ableitungsfunktion von q gilt $q'(x) = -q(x)$.

(1) Beschreiben Sie, wie der Graph von q' aus dem Graphen von q erzeugt werden kann. **B1**

(2) Zeigen Sie, dass die Graphen von p und q in ihrem gemeinsamen Punkt eine gemeinsame Tangente haben, und geben Sie eine Gleichung dieser Tangente an. **A4**

(3) Geben Sie den Wert des Integrals $\int_0^2 (q(x) - p(x))\, dx$ an und interpretieren Sie diesen Wert geometrisch. **D2**

b) Gegeben ist die in $\mathbb{R}$ definierte Funktion $h: x \mapsto (x^2 - x - 1) \cdot e^{-x}$.

(1) Bestimmen Sie die Größe der Fläche, die der Graph von h und die x-Achse einschließen. **D2**

(2) (i) Zeigen Sie: $h'(x) = (-x^2 + 3x) \cdot e^{-x}$. **A5**

   (ii) Berechnen Sie die Koordinaten der beiden Extrempunkte des Graphen von h sowie den Abstand der Extrempunkte. **B6**

(3) Die beiden Extrempunkte T und H des Graphen von h bilden zusammen mit den Punkten P und Q ein Rechteck TPHQ, dessen Seiten parallel zu den Koordinatenachsen verlaufen. Dieses Rechteck wird durch den Graphen der Funktion h in zwei Teilstücke zerlegt (siehe Abbildung 1).
Ermitteln Sie, welchen Anteil an der Fläche des Rechtecks die Fläche des schraffierten Teilstücks einnimmt. **D2**

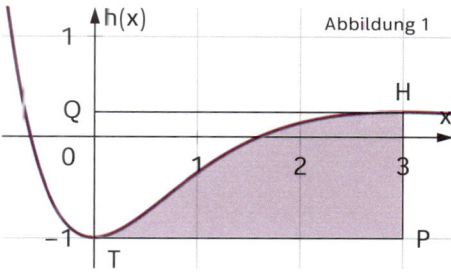

Abbildung 1

c) Ein Bewässerungskanal wird durch Öffnen einer Schleuse in Betrieb genommen. Die in $\mathbb{R}$ definierte Funktion $w: x \mapsto 4 \cdot (x^2 - x - 1) \cdot e^{-x} + 4$ beschreibt für $x \geq 0$ die zeitliche Entwicklung der momentanen Durchflussrate des Wassers an einer Messstelle. Dabei ist x die seit Beobachtungsbeginn vergangene Zeit in Sekunden und w(x) die momentane Durchflussrate in Kubikmetern pro Sekunde. Abbildung 2 zeigt den Graphen von w.

Abbildung 2

(1) Für $x \to \infty$ gilt $w(x) \to c$.
Geben Sie den Wert c sowie die Bedeutung dieses Wertes im
Sachzusammenhang an.　**B8**

Ohne Nachweis können Sie im Weiteren $w'(x) = (12x - 4x^2) \cdot e^{-x}$ verwenden.

(2) Es gibt zwei Stellen, an denen die momentane Änderungsrate der Funktion w mit
der mittleren Änderungsrate der Funktion w über dem Intervall $[0\,;10]$ überein-
stimmt. Ermitteln Sie **eine** dieser Stellen.　**A5**

(3) Bestimmen Sie denjenigen Zeitpunkt in den ersten zehn Sekunden nach Beobachtungsbeginn, zu dem die momentane Durchflussrate am stärksten abnimmt.　**B7**

(4) (i) Bestimmen Sie die Wassermenge, die in den ersten zwei Sekunden seit Beobachtungsbeginn an der Messstelle vorbeifließt.　**D3**

(ii) Die Gleichung $\int_{t}^{t+3} w(x)\,dx = 13$ hat für $t \geq 0$ die Lösungen t_1 und t_2 mit $t_1 \approx 0{,}8$ und
$t_2 \approx 4{,}4$.
Interpretieren Sie die Bedeutung dieser beiden Lösungen im Sachzusammenhang.　**D1**

Lösung

a) (1) Der Graph der Funktion q′ entsteht aus dem Graph
der Funktion q mithilfe einer Achsenspiegelung an der
x-Achse, da man die Funktionswerte q′(x) erhält,
indem man die Funktionswerte q(x) mit dem Faktor −1
multipliziert.

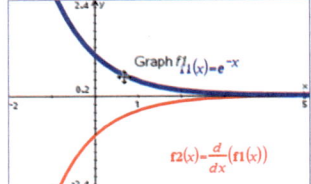

(2) Der gemeinsame Punkt der Graphen der Funktionen p
und q ist $P(0\,|\,1)$, da mit $p(0) = q(0) = 1$ die Funktions-
werte gleich sind.

Berechnung der Ableitungen:
$q'(0) = -q(0) = -1, \quad p'(x) = -2x - 1, \ p'(0) = -1$.

Die Funktionsgraphen von p und q haben folglich eine
gemeinsame Tangente im Punkt $(0\,|\,1)$. Sie hat die
Gleichung $t(x) = -x + 1$.

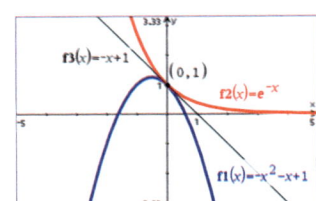

(3) Das Integral hat den Wert $\int_{0}^{2}(q(x) - p(x))\,dx = 3{,}53$.
Geometrisch kann der Wert als Flächeninhalt der Flä-
che interpretiert werden, die zwischen den Funktionsgraphen von p und q liegt und auch durch die Gerade
$x = 2$ begrenzt wird.

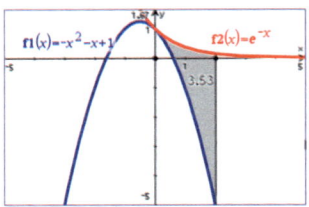

Der Flächeninhalt kann auch mithilfe einer Stammfunktion R(x) der Differenzfunktion $r(x) = q(x) - p(x)$
bestimmt werden:

$$\int_{0}^{2}(q(x) - p(x))\,dx = \left[-e^{-x} + \frac{1}{3}x^3 + \frac{1}{2}x^2 - x\right]_{0}^{2} = \left(-e^{-2} + \frac{8}{3} + 2 - 2\right) - (-1) \approx 3{,}53$$

b) (1) Die eingeschlossene Fläche liegt zwischen den Nullstellen der Funktion h, diese sind $x_1 = -0{,}618$ und $x_2 = 1{,}62$. Der Flächeninhalt ist

$$A = \left| \int_{x_1}^{x_2} h(x)\, dx \right| = 1{,}28\ [\text{FE}] .$$

(2) (i) Berechnung der Ableitungsfunktion mithilfe der Produktregel:

$$h'(x) = (2x - 1) \cdot e^{-x} + (x^2 - x - 1) \cdot e^{-x} \cdot (-1) = (-x^2 + 3x) \cdot e^{-x}$$

(ii) *Notwendige Bedingung*:

$$h'(x) = 0 \quad \Leftrightarrow \quad x \cdot (-x + 3) = 0 \quad \Leftrightarrow \quad x = 0 \lor x = 3$$

Hinreichende Bedingung:
An den kritischen Stellen $x = 0$ bzw. $x = 3$ findet ein Vorzeichenwechsel bei der Ableitungsfunktion h′ statt:

Intervall	Beispiel	Monotonie
$x < 0$	$h'(-1) = -4 \cdot e < 0$	str. mon. fallend
$0 < x < 3$	$h'(1) = 2 \cdot e^{-2} > 0$	str. mon. steigend
$x > 3$	$h'(4) = -4 \cdot e^{-4} < 0$	str. mon. fallend

Also liegt an der Stelle $x = 0$ ein lokales Minimum vor, weil der Funktionsgraph erst fällt und dann steigt. An der Stelle $x = 3$ liegt ein lokales Maximum vor, da der Funktionsgraph erst steigt und nach der Extremstelle fällt.

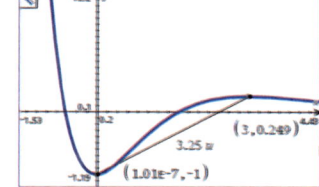

Abstand der Extrempunkte $(0\,|\,h(0))$ und $(3\,|\,h(3))$:

$$d = \sqrt{(3 - 0)^2 + (h(3) - h(0))^2} = 3{,}25$$

(3) Den Flächeninhalt des Rechtecks der Breite 3 und der Höhe $h(3) - h(0)$ ist $A = 3 \cdot (h(3) - h(0)) = 3{,}75$. Das schraffierte Flächenstück können wir als Flächeninhalt der von den Graphen von h und der konstanten Funktion $g(x) = h(0) = -1$ begrenzten Fläche berechnen: $\int_0^3 (h(x) - g(x))\, dx = 2{,}4$.

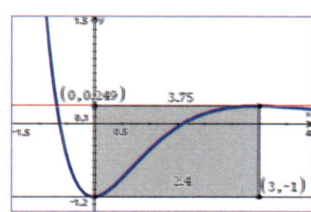

Das Verhältnis ist damit $2{,}4 : 3{,}75 = 0{,}64 = 64\,\%$.

c) (1) Da $(x^2 - x - 1) \cdot e^{-x} \leq x^2 \cdot e^{-x} = \dfrac{x^2}{e^x} \to 0$ für $x \to \infty$ (in der Ungleichung gehen wir von positiven Werten x aus), gilt $w(x) \to 4$ für $x \to \infty$. Der gesuchte Wert ist $c = 4$, er beschreibt im Sachzusammenhang die langfristige Durchflussrate von $4\ \frac{m^3}{s}$.

(2) Die momentane Änderungsrate $w'(x) = (12x - 4x^2) \cdot e^{-x}$ soll an einer Stelle a genauso groß sein wie die durchschnittliche Änderungsrate $\dfrac{w(10) - w(0)}{10 - 0} = 0{,}4016$.

Gelöst werden muss daher die Gleichung $(12x - 4x^2) \cdot e^{-x} = \dfrac{w(10)}{10}$.

Als Lösungen findet der GTR die Stellen $x_1 = 0{,}035$ und $x_2 = 2{,}51$.

Die nebenstehende Grafik zeigt die Tangenten an den beiden Stellen des Graphen, die parallel zur Sekante mit y = 0,4016 · x verlaufen, sowie in rot den Graphen von w′(x) und seine Schnittpunkte mit der Geraden mit y ≈ 0,4016.

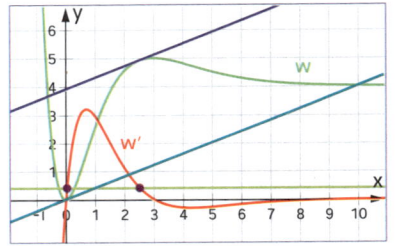

Die stärkste Abnahme der momentanen Durchflussrate liegt an einer Wendestelle vor.

(3) Rechnerische Lösung:
$$w''(x) = (12 - 8x) \cdot e^{-x} + (12x - 4x^2) \cdot e^{-x} \cdot (-1) = (4x^2 - 20x + 12) \cdot e^{-x}$$

Notwendige Bedingung:
$$w''(x) = 0 \Leftrightarrow 4x^2 - 20x + 12 = 0 \Leftrightarrow x^2 - 5x + 3 = 0 \Leftrightarrow x = 0,697 \lor x = 4,3.$$

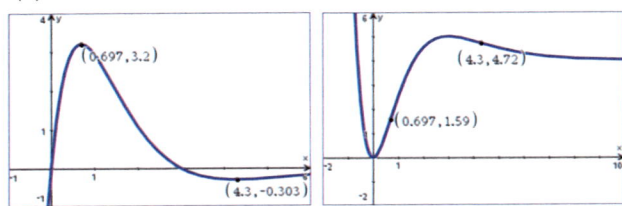

An diesen Stellen findet jeweils ein Vorzeichenwechsel der zweiten Ableitungsfunktion w″ statt:
w″(0) > 0; w″(1) < 0; w″(5) > 0, damit sind die Wendestellen gesichert.

Alternative: Graphische Analyse: An der Stelle x = 0,697 ist der stärkste Anstieg der momentanen Durchflussrate, an der Stelle x = 4,3 die stärkste Abnahme der momentanen Durchflussrate.

Zweite Alternative: Auch eine graphische Analyse der Ableitungsfunktion w′ ist möglich und liefert die Maximalstelle x = 0,697 und die Minimalstelle x = 4,3.

(4) (i) Mithilfe des Rechners bestimmen wir das Integral $\int_0^2 w(x)\,dx = 4,75$.

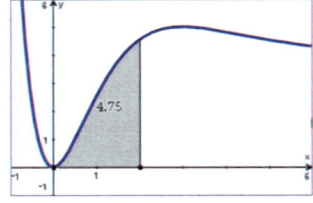

(ii) Die Gleichung $\int_t^{t+3} w(x)\,dx = 13$ bedeutet, dass in einem Zeitintervall von drei Sekunden von einem Zeitpunkt t aus insgesamt 13 m³ Wasser durchfließt. Hierfür gibt es für t ≥ 0 genau zwei Möglichkeiten, die man an der Grafik gut erkennen kann.

Hier gilt: $\int_{0,8}^{3,8} w(x)\,dx = 13$ und $\int_{4,4}^{7,4} w(x)\,dx = 13$.

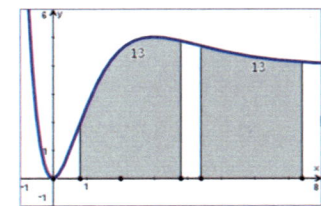

Aufgabe B1   Analysis Leistungskurs

Die Funktion f ist gegeben durch die Gleichung

$f(x) = (x^3 - 5) \cdot e^x, x \in \mathbb{R}$.

Der Graph von f ist in Abbildung 1 dargestellt.

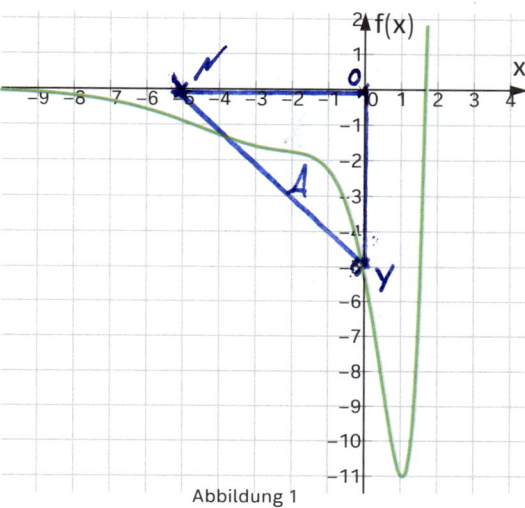

Abbildung 1

Im Folgenden darf ohne Nachweis verwendet werden: $f'(x) = (x^3 + 3x^2 - 5) \cdot e^x$.

a) (1) Zeigen Sie: $f''(x) = (x^3 + 6x^2 + 6x - 5) \cdot e^x$.   A3

Der Graph von f besitzt genau eine Extremstelle und drei Wendestellen.

(2) Berechnen Sie die Wendestellen der Funktion f auf drei Nachkommastellen gerundet.   B7

Für $z > 0$ ist $P_z(z \,|\, f(z))$ ein Punkt auf dem Graphen von f. Er bildet zusammen mit dem Koordinatenursprung $O(0\,|\,0)$ und dem Punkt $Q_z(z\,|\,0)$ ein Dreieck OP_zQ_z.

(3) Bestimmen Sie den Flächeninhalt des Dreiecks OP_zQ_z, wenn für P_z der Tiefpunkt des Graphen von f gewählt wird.   B6

b) (1) Der folgende Ansatz eignet sich zur Bestimmung einer Stammfunktion F von f :

$F(x) = (a \cdot x^3 + b \cdot x^2 + c \cdot x + d) \cdot e^x; a, b, c, d \in \mathbb{R}, a \neq 0$.

Berechnen Sie $F'(x)$ und ermitteln Sie durch einen Vergleich mit f(x) ein lineares Gleichungssystem für die Koeffizienten a, b, c, d.   C1
[Die Berechnung der Koeffizienten ist nicht erforderlich.]

Die Gleichung einer Stammfunktion F der Funktion f lautet:

$F(x) = (x^3 - 3x^2 + 6x - 11) \cdot e^x$.

(2) Bestimmen Sie rechnerisch den Inhalt der Fläche, die vom Graphen der Funktion f und den Koordinatenachsen im 4. Quadranten eingeschlossen wird.   D2

(3) Für $z \neq 0$ hat die Gleichung $\int_0^2 f(x)\,dx = 0$ nur die Lösung $z \approx 2{,}271$. Interpretieren Sie die Lösung geometrisch. `D3`

(4) Für $x \leq 0$ begrenzen die beiden Koordinatenachsen und der Graph von f im 3. Quadranten eine Fläche mit endlichem Flächeninhalt, die nach links unendlich weit ausgedehnt ist.
Ermitteln Sie den Flächeninhalt dieser Fläche. `D5`

(5) Die Punkte O(0|0), N(−5|0), Y(0|−5) bilden ein Dreieck ONY. Der Graph der Funktion f verläuft teilweise innerhalb des Dreiecks und schließt mit der Seite $\overline{NY}$ eine Fläche A ein.

   (i) Zeichnen Sie die Fläche A in Abbildung 1 ein.

   (ii) Bestimmen Sie den Flächeninhalt der Fläche A. `D2`

c) Gegeben ist die Schar der in $\mathbb{R}$ definierten Funktionen f_k durch die Funktionsgleichung

$f_k(x) = (x^3 + k) \cdot e^x$ mit $k \in \mathbb{R}$.

Die Funktion f_{-5} stimmt mit der Funktion f überein.

Abbildung 2

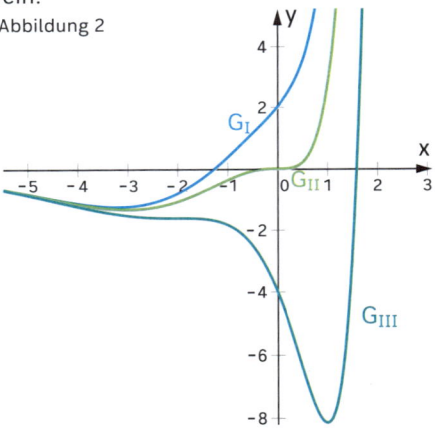

Die folgende Abbildung 2 zeigt drei Graphen G_I, G_{II}, G_{III} der Schar für drei verschiedene Parameter k_I, k_{II}, k_{III}.

(1) Geben Sie die zugehörigen Parameter an. `B9`

(2) Begründen Sie, dass jede Funktion f_k der Schar genau eine Nullstelle hat. `B4`

Für die Ableitungsfunktion f_k' gilt:

$f_k'(x) = (x^3 + 3x^2 + k) \cdot e^x,\ x \in \mathbb{R};\ k \in \mathbb{R}$.

(3) Um die Abhängigkeit der Anzahl der Extremstellen der Funktion f_k vom Parameter k näher zu betrachten, wird die Funktion h_k mit $h_k(x) = x^3 + 3x^2 + k$ auf Nullstellen untersucht.
Abbildung 3 zeigt den Graphen der Funktion h_0 (also $k = 0$).

   (i) Geben Sie anhand von Abbildung 3 die Anzahl der Nullstellen der Funktion h_k in Abhängigkeit vom Parameter k an. `B4`

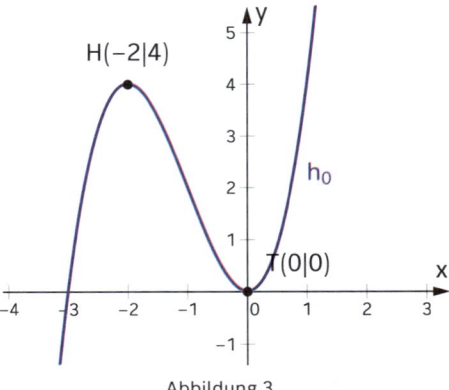

Abbildung 3

   (ii) Begründen Sie die Richtigkeit der folgenden drei Aussagen:

      S1: Für jedes $k > 0$ hat die Funktion f_k genau eine Extremstelle.

      S2: Es gibt keine Funktion f_k, die mehr als drei Extremstellen hat.

      S3: Es gibt keine Funktion f_k, die genau zwei Extremstellen hat. `B6`

Lösung

a) (1) Mithilfe der Produktregel berechnen wir die zweite Ableitungsfunktion:

$f''(x) = (x^3 + 3x^2 - 5) \cdot e^x + (3x^2 + 6x) \cdot e^x = (x^3 + 6x^2 + 6x - 5) \cdot e^x$

(2) Wir bestimmen die Wendestellen der Funktion f:

Notwendige Bedingung: $f''(x) = 0$.

Mithilfe des Rechners ermitteln wir drei Nullstellen der 2. Ableitung:
$x_1 = -4{,}361$, $x_2 = -2{,}167$ und $x_3 = 0{,}529$.

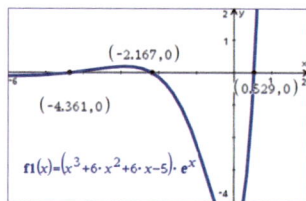

Da diese drei Zahlen die Nullstellen des Polynoms $x^3 + 6x^2 + 6x - 5$ sind (also vom Grad 3), handelt es sich jeweils um einfache Nullstellen, so dass beim jeweiligen Linearfaktor ein Vorzeichenwechsel eintritt und damit das hinreichende Kriterium für die Existenz der Wendestellen erfüllt ist.

Anmerkung: Aufgrund der Voraussetzung in der Aufgabenstellung kann auf den obigen Nachweis des hinreichenden Kriteriums verzichtet werden.

(3) Um den Flächeninhalt des Dreiecks zu ermitteln, muss zuerst die Extremstelle x_E ermittelt werden. Daraus ergibt sich dann mithilfe der Flächeninhaltformel eines Dreiecks $A = \left| \frac{1}{2} \cdot x_E \cdot f(x_E) \right|$.

Ermittlung der Extremstelle, notwendige Bedingung: $f'(x) = 0$,
$(x^3 + 3x^2 - 5) \cdot e^x = 0 \Leftrightarrow x^3 + 3x^2 - 5 = 0 \Leftrightarrow x = 1{,}1038$.

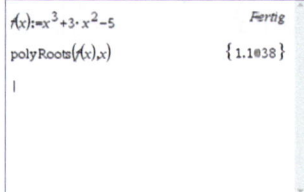

Daraus folgt $A = \frac{1}{2} \cdot 1{,}1038 \cdot 11 = 6{,}08$ [FE].

b) (1) Die Ableitung der Stammfunktion F mit $F(x) = (ax^3 + bx^2 + cx + d) \cdot e^x$ ist.

$F'(x) = (ax^3 + bx^2 + cx + d) \cdot e^x + (3ax^2 + 2bx + c) \cdot e^x$

$F'(x) = (ax^3 + (3a + b)x^2 + (2b + c)x + (c + d)) \cdot e^x$

Durch Vergleich der Koeffizienten von $F'(x)$ mit denen von $f(x) = 1x^3 + 0x^2 + 0x - 5) \cdot e^x$ erhalten wir das Gleichungssystem

$$\begin{vmatrix} a & & & = 1 \\ 3a + & b & & = 0 \\ & 2b + & c & = 0 \\ & & c + d & = -5 \end{vmatrix}$$

Anmerkung: Nicht verlangt: Durch Einsetzen von oben nach unten ergibt sich die Lösung $(a, b, c, d) = (1, -3, 6, -11)$.

(2) Berechnung der Nullstelle der Funktion f: $f(x) = 0$
$\Leftrightarrow (x^3 - 5) \cdot e^x = 0 \Leftrightarrow x^3 - 5 = 0 \Leftrightarrow x = \sqrt[3]{5} \approx 1{,}71$. Den Flächeninhalt berechnen wir mithilfe des Hauptsatzes der Differential- und Integralrechnung:

$$A = \left| \int_0^{1{,}71} f(x)\, dx \right| = |F(1{,}71) - F(0)| \approx 13{,}9 \ [\text{FE}]$$

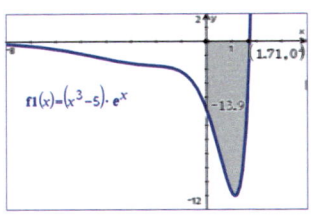

(3) Wenn das Integral den Wert 0 hat, sind die Flächenstücke der durch den Graphen berandeten Fläche oberhalb und unterhalb der x-Achse jeweils gleich groß, d. h., das Flächenstück, das der Graph im 4. Quadraten mit den Achsen einschließt, ist genau so groß wie das Flächenstück oberhalb der x-Achse und dem Graphen im Bereich von $\sqrt[3]{5} \approx 1{,}71$ bis $z \approx 2{,}271$.

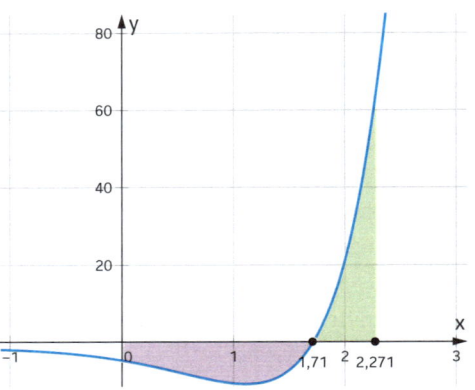

(4) Wir bestimmen den Wert des uneigentlichen Integrals

$$\int_z^0 f(x)\, dx = \left[\, F(x)\, \right]_z^0 = F(0) - F(z) = -11 - F(z).$$

Da die Exponentialfunktion stärker steigt als jede Polynomfunktion p und $\lim\limits_{x \to \infty} \frac{p(x)}{e^x} \to 0$ gilt, erhalten wir $\lim\limits_{z \to \infty} F(z) = 0$.

Damit ist der Flächeninhalt der nach links unendlich weit ausgedehnten Fläche

$$A = \left| \int_{-\infty}^0 f(x)\, dx \right| = |-11 - 0| = 11 \ [\text{FE}].$$

(5) Grafik:

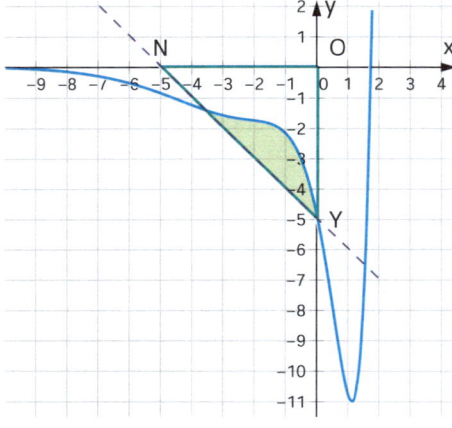

Die gesuchte Fläche wird durch den Graphen von f und die Gerade g mit $g(x) = -x - 5$ begrenzt. Die Grenzen/Schnittstellen sind $x_1 \approx -3{,}58$ und $x_2 = 0$. Daher ist

$$A = \int_{-3{,}58}^0 (f(x) - g(x))\, dx = 3{,}75 \ [\text{FE}].$$

c) (1) An der Stelle $x = 0$ lässt sich gut überprüfen, um welchen Parameter es sich handelt, denn $f_k(0) = (0^3 + k) \cdot e^0 = k$.

Zum Graph G_I gehört der Parameter $k = 2$, zum Graph G_{II} gehört der Parameter $k = 0$ und zum Graph G_{III} gehört der Parameter $k = -4$.

(2) Die Funktion f_k hat nur eine Nullstelle, weil der exponentielle Anteil nicht den Wert 0 annimmt und der polynomielle Anteil genau eine Nullstelle hat: $x^3 + k = 0 \Leftrightarrow x^3 = -k$. Für $k \geq 0$ erfüllt genau $x = -\sqrt[3]{k}$ die Gleichung, für $k < 0$ erfüllt genau $x = \sqrt[3]{-k}$ die Gleichung.

(3) (i) Am Graphen von h_0 kann man gut erkennen, dass an der Stelle $x = -3$ eine einfache und an der Stelle $x = 0$ eine doppelte Nullstelle vorliegt. Der Graph der Funktion h_k entsteht durch Verschiebung des Graphen von h_0 parallel zur y-Achse. Für $k = -4$ gibt es ebenfalls genau zwei Nullstellen. Folglich haben die Funktionen f_k für $k > 0$ und für $k < -4$ genau eine Nullstelle. Die Funktionen f_k haben für $-4 < k < 0$ genau drei Nullstellen.

(ii) Die Aussage S1 ist richtig, da für $k > 0$ die Funktion h_k und damit auch die Funktion f_k' genau eine Nullstelle hat, wobei das Vorzeichen wechselt. Also hat die Funktion f_k für $k > 0$ genau eine Extremstelle.

Die Aussage S2 ist richtig, da notwendig für eine Extremstelle eine Nullstelle von f_k' ist und damit auch von h_k. Die Funktion h_k ist eine Polynomfunktion vom Grad 3 und kann maximal drei Nullstellen besitzen.

Die Aussage S3 ist richtig, denn bei zwei Extremstellen würde es einen Vorzeichenwechsel $+ - +$ oder $- + -$ geben, was übertragen auf die Funktion h_k dem Globalverhalten einer ganzrationalen Funktion dritten Grades widerspricht.

Aufgabe B2   Analysis Grundkurs

Gegeben ist die in $\mathbb{R}$ definierte Funktion f mit $f(x) = \frac{1}{27} x^3 - \frac{4}{3} x$. Ihr Graph G_f hat den Wendepunkt $(0 \mid 0)$.

a) (1) Begründen Sie, dass G_f symmetrisch bezüglich seines Wendepunktes ist. Bestimmen Sie die Koordinaten der Schnittpunkte von G_f mit den Koordinatenachsen. **B1**

(2) Für jedes $b \in \mathbb{R}$, $b > 0$, gilt $\int_{-b}^{b} f(x)\, dx = 0$.

Erklären Sie dieses Ergebnis. **D2**

(3) G_f hat zwei Extrempunkte. Zeigen Sie, dass einer der beiden ein Tiefpunkt mit der x-Koordinate $\sqrt{12}$ ist. **B6**

(4) Bestimmen Sie eine Gleichung der Tangente t an G_f im Punkt $P(6 \mid f(6))$. **A4**
[Zur Kontrolle: t: $y = \frac{8}{3} x - 16$.]

(5) (i) Die Tangente t hat mit G_f neben P nur den Punkt $Q(-12 \mid f(-12))$ gemeinsam. Geben Sie die Gleichung einer Stammfunktion der Funktion d mit

$d(x) = f(x) - \left(\frac{8}{3}x - 16\right)$ an und berechnen Sie den Inhalt der Fläche, die G_f und t

einschließen. D1

(ii) Die von G_f und t eingeschlossene Fläche wird durch die y-Achse in zwei Teilflächen unterteilt.
Ermitteln Sie den Anteil der linken Teilfläche an der von G_f und t eingeschlossenen Gesamtfläche. D2

Aus G_f werden in drei Schritten neue Graphen erzeugt. Die drei Schritte sind:
- Spiegeln an der x-Achse.
- Verschieben um 6 in positive x-Richtung.
- Verschieben um 14 in positive y-Richtung.

Jeder Schritt wird genau einmal ausgeführt, nur die Reihenfolge kann verändert werden. Es wird jeweils nur der neue Graph nach Ausführung aller drei Schritte betrachtet.

b) Geben Sie an, wie viele verschiedene neue Graphen aus G_f auf diese Art erzeugt werden können.
Begründen Sie Ihre Angabe. B2 B9

Wird G_f den drei Schritten in der angegebenen Reihenfolge unterzogen, so entsteht der Graph der in der Aufgabe c) betrachteten Funktion g.

c) Abbildung 1 zeigt den Graphen der in $\mathbb{R}$ definierten Funktion g mit

$g(x) = -\frac{1}{27} x \cdot (x - 6) \cdot (x - 12) + 14$.

In einem Modell, das aus langjährigen Messungen gewonnen wurde, beschreibt g für $0 \leq x < 12$ den Verlauf der Tagesdurchschnittstemperatur an einem bestimmten Ort.

Dabei ist x die seit einem bestimmten Tag des Kalenderjahres vergangene Zeit in Monaten und g(x) die Temperatur in °C.

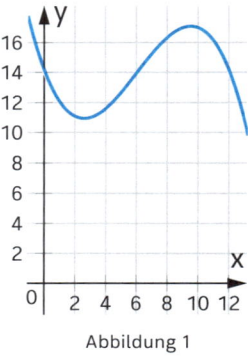

Abbildung 1

(1) Ermitteln Sie, wie lange die Tagesdurchschnittstemperatur an dem Ort innerhalb eines Jahres über 15°C liegt. B4 B5

(2) Geben Sie die Wendestelle von g an.
Beschreiben Sie die Bedeutung dieser Wendestelle hinsichtlich des Verlaufs der Tagesdurchschnittstemperatur. B7

(3) Die folgenden Rechnungen stellen in Verbindung mit Abbildung 1 die Lösung einer Aufgabe im Sachzusammenhang dar:

$g'(x) = 0 \Leftrightarrow x = 6 - \sqrt{12} \vee x = 6 + \sqrt{12}$.

$g(6 + \sqrt{12}) - g(6 - \sqrt{12}) \approx 6{,}2$.

Geben Sie eine passende Aufgabenstellung an und erläutern Sie den dargestellten Lösungsweg. **B6**

(4) Für einen anderen Ort ist der Verlauf der Tagesdurchschnittstemperatur ab einem bestimmten Tag des Kalenderjahres in Abbildung 2 modellhaft dargestellt.

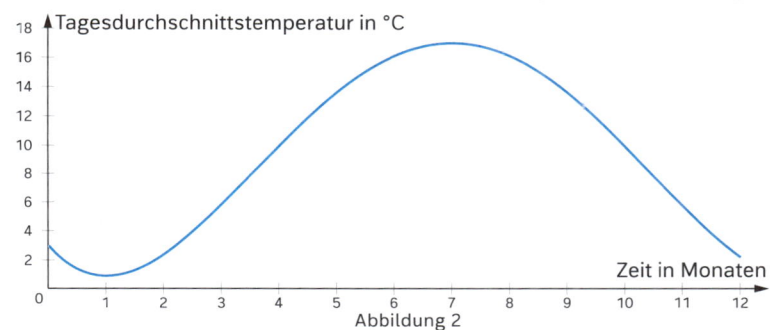

Abbildung 2

(i) Begründen Sie, dass eine ganzrationale Funktion zur Modellierung des in Abbildung 2 dargestellten Verlaufs mindestens den Grad 4 haben sollte. **C1**

Der Verlauf soll mithilfe einer ganzrationalen Funktion h mit

$h(x) = a \cdot x^4 + b \cdot x^3 + c \cdot x^2 + d \cdot x + e, x \in \mathbb{R}, a, b, c, d, e \in \mathbb{R}$,

modelliert werden. Dabei soll x die seit dem bestimmten Tag des Kalenderjahres vergangene Zeit in Monaten und h(x) die Tagesdurchschnittstemperatur in °C sein.

(ii) Bei der Modellierung mit der Funktion h sollen folgende Bedingungen erfüllt sein:

Die geringste Tagesdurchschnittstemperatur liegt bei x = 1 vor, die höchste Tagesdurchschnittstemperatur von 17°C liegt bei x = 7 vor. Bei x = 10,5 nimmt die Tagesdurchschnittstemperatur mit einer Rate von − 4,2°C pro Monat am schnellsten ab.

Stellen Sie aus diesen Bedingungen ein Gleichungssystem zur Berechnung von a, b, c, d und e auf. **C1**
[Eine Berechnung der Werte muss nicht durchgeführt werden.]

Lösung

a) (1) Der Term von f ist eine ganzrationale Funktion 3. Grades und enthält nur Potenzen mit ungeraden Exponenten (x^3, x). Daher ist der Graph G_f punktsymmetrisch zum Ursprung. Somit ist dort der Wendepunkt $W(0\,|\,0)$ sowie eine Nullstelle und der Schnittpunkt mit der y-Achse. Durch Ausklammern und Faktorisieren mithilfe der 3. Binomischen Formel lassen sich die weiteren Nullstellen ablesen:

$$f(x) = \frac{1}{27} x^3 - \frac{4}{3} x = \frac{1}{27} x \cdot (x^2 - 36) = \frac{1}{27} x \cdot (x - 6) \cdot (x + 6)$$

Die gesuchten Schnittpunkte mit den Koordinatenachsen sind also $(-6\,|\,0)$, $(0\,|\,0)$ und $(6\,|\,0)$. Da f den Grad 3 hat, kann es keine weiteren Achsenschnittpunkte geben.

(2) Aufgrund der Punktsymmetrie zum Ursprung gibt es zu jedem Flächenstück links der y-Achse (Intervall $[-b\,;0]$) ein gleich großes Flächenstück rechts der y-Achse (Intervall $[0\,;b]$), aber jeweils auf der anderen Seite der x-Achse. Über das Integral werden die orientierten Flächeninhalte berechnet, die sich jeweils gegenseitig aufheben.

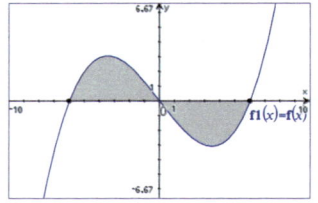

(3) Ein hinreichendes Kriterium für die Existenz eines Tiefpunktes ist $f'(x_T) = 0$ und $f''(x_T) > 0$. Für die Ableitungsfunktionen f′ und f″ von f gilt:

$$f'(x) = \tfrac{1}{9}\,x^2 - \tfrac{4}{3} = \tfrac{1}{9}\,(x^2 - 12) = \tfrac{1}{9}\,(x - \sqrt{12})\cdot(x + \sqrt{12}), \quad f''(x) = \tfrac{2}{9}\,x$$

Aus der Faktorisierung von f′ ist erkennbar, dass $f'(\sqrt{12}) = 0$. Dazu folgt aus

$f''(x)(\sqrt{12}) = \tfrac{2}{9}\,\sqrt{12} > 0$, dass an der Stelle $x = \sqrt{12}$ tatsächlich ein Tiefpunkt vorliegt.

(4) Für die Tangentengleichung im Punkt $P(6\,|\,f(6))$ gilt:

$$t(x) = f'(6)\cdot(x - 6) + f(6) = \tfrac{8}{3}\cdot(x - 6) + 0 = \tfrac{8}{3}\,x - \tfrac{48}{3} = \tfrac{8}{3}\,x - 16$$

(5) (i) $\quad d(x) = f(x) - t(x) = \tfrac{1}{27}\,x^3 - \tfrac{4}{3}\,x - \left(\tfrac{8}{3}\,x - 16\right) = \tfrac{1}{27}\,x^3 - 4\,x + 16$

Somit gilt für die Gleichung der gesuchten Stammfunktion

$$D(x) = \tfrac{1}{108}\,x^4 - 2\,x^2 + 16\,x.$$

Da sich die Schnittpunkte von G_f und t, die den Nullstellen des Graphen von d entsprechen, bei $x = -12$ und $x = 6$ liegen, gilt für den gesuchten eingeschlossenen Flächeninhalt:

$$\int_{-12}^{6} d(x)\,dx = [D(x)]_{-12}^{6} = D(6) - D(-12) = 324$$

Der Inhalt der Fläche, die die Graphen von f und t einschließen, beträgt 324 FE.

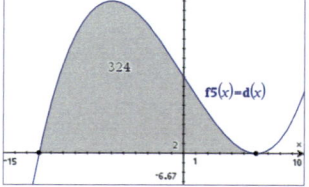

(ii) Der gesuchte Anteil der linken Teilfläche lässt sich – wie dargestellt – mit dem Rechner graphisch oder rechnerisch ermitteln:

$$\frac{\displaystyle\int_{-12}^{0} d(x)\,dx}{\displaystyle\int_{-12}^{6} d(x)\,dx} = \frac{288}{324} = \frac{8}{9} \quad [\approx 0{,}889 = 88{,}9\,\%]$$

Der gesuchte Anteil der linken Teilfläche an der Gesamtfläche beträgt $\tfrac{8}{9}$.

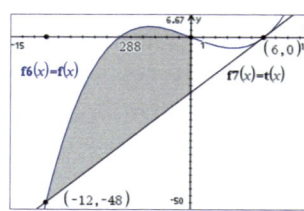

b) Die drei Transformationsschritte sind in Teilen unabhängig voneinander: Das „Verschieben um 6 in positive x-Richtung" hat keinen Einfluss auf die anderen beiden Transformationen. Beim „Spiegeln an der x-Achse" und „Verschieben um 14 in positive y-Richtung" kommt es dagegen sehr wohl auf die Reihenfolge an.

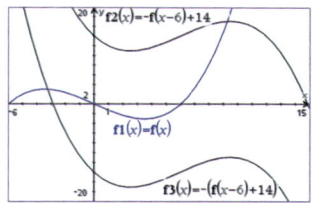

Betrachtet man z. B. den Wendepunkt W(0|0) des ursprünglichen Graphen, so liegt dieser nach der Transformation entweder bei (6|14) (erst Spiegelung, dann Verschiebung in y-Richtung) oder bei (6|−14) (erst Verschiebung, dann Spiegelung). Somit entstehen insgesamt zwei verschiedene neue Graphen.

c) (1) Die Antwort lässt sich am besten graphisch ermitteln: Die Gleichung g(x) = 15 hat drei Lösungen, wobei $x_1 \approx -0{,}345$ außerhalb des Definitionsbereichs ($0 \le x \le 12$) liegt. Der Graph liegt zwischen den beiden anderen Lösungen $x_2 \approx 6{,}76$ und $x_3 \approx 11{,}6$ oberhalb von 15°C. Damit liegt die Tagesdurchschnittstemperatur knapp fünf Monate lang über 15°C.

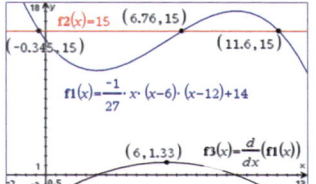

   (2) Die Wendestelle liegt bei x = 6.

   Da an der Wendestelle in der ersten Ableitungsfunktion ein Hochpunkt im positiven Bereich vorliegt, nimmt hier die Steigung des Graphen von g am stärksten zu. Im Sachkontext bedeutet dies, dass genau sechs Monate nach dem bestimmten Tag des Kalenderjahres die Tagesdurchschnittstemperatur im Modell am stärksten ansteigt.

   (3) Eine mögliche passende Aufgabenstellung zur dargestellten Rechnung könnte lauten: *Bestimmen Sie die Differenz zwischen der höchsten und der niedrigsten Tagesdurchschnittstemperatur.* In der ersten Zeile werden über den dargestellten Ansatz mögliche Extremstellen von g bestimmt. In der zweiten Zeile wird dann die Differenz zwischen den jeweiligen Funktionswerten ermittelt.

   (4) (i) Im in Abbildung 2 dargestellten Graphen sind zwei Wendepunkte erkennbar (ungefähr an den Stellen x = 4 und x = 10). Eine ganzrationale Funktion 3. Grades besitzt nur einen Wendepunkt. Da bei möglichen Wendestellen die zweite Ableitungsfunktion eine Nullstelle haben muss (notwendige Bedingung), bedeutet dies, dass sie bei zwei Wendepunkten zwei Nullstellen haben muss, also (mindestens) vom Grad 2 sein muss. Demzufolge muss die erste Ableitungsfunktion (mindestens) vom Grad 3 sein und die Modellierungsfunktion somit (mindestens) vom Grad 4.

   (ii) Die Bedingungen für das Gleichungssystem lauten:
   1) geringste Tagestemperatur bei x = 1: h′(1) = 0 (notwendige Bedingung)
   2) Tagestemperatur von 17° bei x = 7: h(7) = 17
   3) höchste Tagestemperatur bei x = 7: h′(7) = 0 (notwendige Bedingung)
   4) Temperaturveränderung von −4,2 bei x = 10,5: h′(10,5) = −4,2
   5) höchste Veränderung bei x = 10,5: h″(10,5) = 0 (notwendige Bedingung)

Aufgabe B2   **Analysis Leistungskurs**

a) Auf einer Autobahn entsteht morgens an einer Baustelle häufig ein Stau.
An einem bestimmten Tag entsteht der Stau um 06:00 Uhr und löst sich bis 10:00 Uhr vollständig auf. Für diesen Tag kann die momentane Änderungsrate der Staulänge von der Entstehung bis zur Auflösung des Staus mithilfe der in ℝ definierten Funktion f mit

$$f(x) = x \cdot (8 - 5x) \cdot \left(1 - \frac{x}{4}\right)^2 = -\frac{5}{16}x^4 + 3x^3 - 9x^2 + 8x$$

beschrieben werden. Dabei gibt x die nach 06:00 Uhr vergangene Zeit in Stunden und f(x) die momentane Änderungsrate der Staulänge in Kilometer pro Stunde an.

(1) Nennen Sie die Zeitpunkte, zu denen die momentane Änderungsrate der Staulänge im Modell den Wert null hat, und begründen Sie anhand der Struktur des Funktionsterms von f, dass es keine weiteren solcher Zeitpunkte gibt.   **B4**

(2) Es gilt f(2) < 0.
Geben Sie die Bedeutung dieser Tatsache im Sachzusammenhang an.   **A5**

(3) Bestimmen Sie den Zeitpunkt, zu dem die Staulänge am stärksten zunimmt.
Zeigen Sie, dass der zugehörige Wert der momentanen Änderungsrate
zwischen $2\,\frac{km}{h}$ und $3\,\frac{km}{h}$ liegt.   **B6**

(4) Geben Sie den Zeitpunkt an, zu dem der Stau am längsten ist. Begründen Sie Ihre Angabe.

Im Sachzusammenhang ist neben der Funktion f die in ℝ definierte Funktion s mit

$$s(x) = \left(\frac{x}{4}\right)^2 \cdot (4 - x)^3 = -\frac{1}{16}x^5 + \frac{3}{4}x^4 - 3x^3 + 4x^2 \quad \text{von Bedeutung.}$$

(5) Begründen Sie, dass die folgende Aussage richtig ist: **D1**
Die Staulänge in Kilometern kann für jeden Zeitpunkt von 06:00 Uhr bis 10:00 Uhr durch die Funktion s angegeben werden.
Bestätigen Sie rechnerisch, dass sich der Stau um 10:00 Uhr vollständig aufgelöst hat.   **D3**

(6) Berechnen Sie die Zunahme der Staulänge von 06:30 Uhr bis 08:00 Uhr und bestimmen Sie für diesen Zeitraum die durchschnittliche Änderungsrate der Staulänge.   **A5**

(7) Bestimmen Sie denjenigen Zeitpunkt zwischen 06:00 Uhr und 10:00 Uhr, zu dem die Staulänge 0,5 km geringer ist als eine Stunde vorher.

(8) Für einen anderen Tag wird die momentane Änderungsrate der Staulänge für den Zeitraum von 06:00 Uhr bis 10:00 Uhr durch den in der Abbildung 1 gezeigten Graphen dargestellt. Dabei ist x die nach 06:00 Uhr vergangene Zeit in Stunden und y die momentane Änderungsrate in Kilometer pro Stunde.

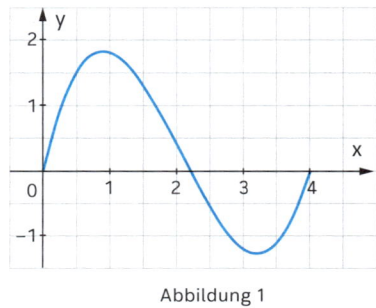

Abbildung 1

Um 07:30 Uhr hat der Stau eine bestimmte Länge. Es gibt einen anderen Zeitpunkt, zu dem der Stau die gleiche Länge hat.

Markieren Sie diesen Zeitpunkt näherungsweise in Abbildung 1 und begründen Sie Ihr Vorgehen.   **D2**

b) Betrachtet wird die Schar der in $\mathbb{R}$ definierten Funktionen $l_{a;b}$ mit

$$l_{a;b}(x) = 16 \cdot \frac{a}{b} \cdot x^2 \cdot \left(1 - \frac{x}{b}\right)^3 \quad \text{und} \quad a, b \in \mathbb{R}, a > 0, b > 0.$$

(1) Es gilt: $l'_{a;b}(x) = 16 \cdot \frac{a}{b} \cdot x \cdot \left(2 - \frac{5 \cdot x}{b}\right) \cdot \left(1 - \frac{x}{b}\right)^2.$

Bestimmen Sie die lokalen Extremstellen von $l_{a;b}$ und die Art dieser Extremstellen in Abhängigkeit von b. **B6**

[Zur Kontrolle: Der einzige lokale Hochpunkt des Graphen von $l_{a;b}$ befindet sich an der Stelle $x = 0{,}4 \cdot b$.

Die Funktion $l_{1;4}$ ist identisch mit der Funktion s (aus Aufgabenteil a)).

Eine Verkehrszentrale überwacht den Autobahnverkehr in der Umgebung. Die Computersysteme der Verkehrszentrale erhalten ständig Daten von Sensoren und Kameras, die von einer Software verarbeitet werden.

Die Software modelliert Staulängen mit den Funktionen $l_{a;b}$. Dabei gibt x mit $0 \le x \le b$ die vergangene Zeit in Stunden ab der Entstehung des Staus und $l_{a;b}(x)$ die Staulänge in Kilometer an.

(2) Auf einem Display wird ein Stau angezeigt, der um 06:00 Uhr entstanden ist. Für die Modellierung dieses Staus verwendet die Software die Parameter $a = 2{,}4$ und $b = 12$.

Berechnen Sie den Zeitpunkt, zu dem die vorhergesagte Staulänge erstmals nach der Entstehung 10 Kilometer beträgt. **B5**

Um 06:40 Uhr schaltet eine Mitarbeiterin der Verkehrszentrale eine Reihe von computergesteuerten Verkehrszeichen – ein sogenanntes Leitsystem – ein, die bei der Reduzierung des Staus helfen sollen. Dadurch ändern sich die Parameter der Modellierung für die Zeit nach 06:40 Uhr auf $a = 1{,}75$ und $b = 8$.

(3) Berechnen Sie, um wie viel Prozent die vorausgesagte maximale Staulänge durch das Einschalten des Leitsystems reduziert wird. **B6**

(4) Zusätzlich zum Leitsystem soll ein Polizeieinsatz bei der Reduzierung des Staus helfen. Die Polizei will dafür sorgen, dass die Staulänge ab 11:00 Uhr konstant mit der Änderungsrate abnimmt, die die Software für 11:00 Uhr vorhersagt.

(i) Ermitteln Sie unter diesen Voraussetzungen grafisch anhand von Abbildung 2, wann sich der Stau aufgelöst haben wird. **A4**

(ii) Überprüfen Sie Ihr Ergebnis aus (i) durch eine geeignete Rechnung.

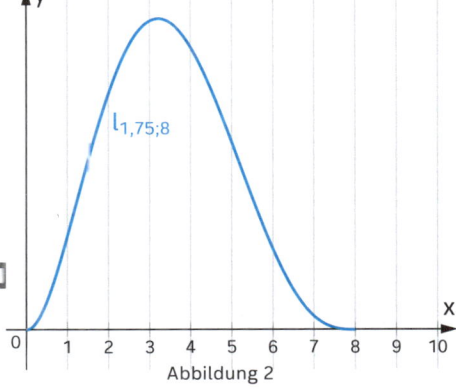

Abbildung 2

Lösung

a) (1) Der Term von f ist in der ersten Darstellung vollständig faktorisiert; da der letzte Linearfaktor doppelt auftritt, gibt es nur drei Nullstellen bei x = 0, x = 1,6 und x = 4. Im Sachzusammenhang bedeutet dies die Zeitpunkte 6:00 Uhr, 7:36 Uhr und 10:00 Uhr.

(2) Zum Zeitpunkt x = 2, also um 8:00 Uhr, nimmt die Staulänge ab.

(3) Der Graph von f besitzt an der Stelle x = 0,62 ein Maximum mit dem Wert von etwa 2,17.

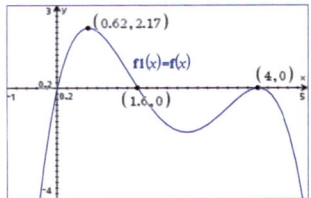

Im Sachkontext bedeutet dies, dass um ca. 6:37 Uhr der Stau am stärksten zunimmt mit einem Wert der Änderungsrate von ca. 2,17 $\frac{km}{h}$, d. h. der Wert liegt zwischen 2 $\frac{km}{h}$ und 3 $\frac{km}{h}$.

(4) Der Stau erreicht seine maximale Länge bei der zweiten Nullstelle um 7:36 Uhr, da die Änderungsrate bis dahin positiv ist und die Staulänge somit zunimmt. Danach verläuft der Graph von f nur noch im negativen Bereich, so dass die Staulänge danach abnimmt.

(5) Es gilt s'(x) = f(x), also ist die Funktion s eine Stammfunktion von f. Damit kann s als eine Bestandsfunktion zur Änderungsrate f interpretiert werden, die die Staulänge angibt. Da s(0) = 0 kann diese Stammfunktion geeignet zur Modellierung verwendet werden, da der Stau im Sachkontext ab 6:00 Uhr entsteht. Gleichzeitig gilt s(4) = 0, was im Sachkontext bedeutet, dass sich der Stau um 10:00 Uhr vollständig aufgelöst hat.

(6) Es gilt s(2) − s(0,5) ≈ 1,33; die Staulänge hat zwischen 6:30 Uhr und 10:00 Uhr um etwa 1,33 km zugenommen.

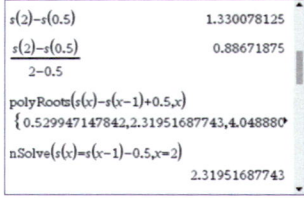

Für die durchschnittliche Änderungsrate gilt:
$\frac{s(2) - s(0,5)}{2 - 0,5} \approx 0{,}89$.

Die mittlere Änderungsrate beträgt im betrachteten Zeitraum also etwa 0,89 $\frac{km}{h}$.

(7) Der Ansatz für den gesuchten Zeitpunkt lautet: s(x) = s(x − 1) − 0,5. Der GTR ermittelt vier mögliche Lösungen der Gleichung, von denen jedoch nur bei einer beide Zeitpunkte s(x) und s(x − 1) im betrachteten Intervall (d.h. 0 ≤ x ≤ 4) liegen, nämlich x ≈ 2,32. Es gibt also im Zeitintervall zwischen 6.00 Uhr und 10.00 Uhr nur den einen Zeitpunkt um etwa 8.19 Uhr, an dem die Staulänge um 0,5 km geringer ist als eine Stunde zuvor.

(8) Der Graph in Abbildung 1 stellt ebenfalls eine Änderungsrate dar. Um 7:30 Uhr (x = 1,5) wächst der Stau noch weiter an, da f(1,5) > 0. Der Graph hat bei x ≈ 2,2 eine Nullstelle und anschließend nimmt der Stau ab, da f(x) < 0. Die Staulänge kann als orientierter Flächeninhalt zwischen Graph und x-Achse interpretiert werden. Gesucht ist ein Flächenstück unterhalb der x-Achse, das genauso groß ist wie das zwischen x = 1,5 und x ≈ 2,2. Dies gilt etwa für das im Intervall [2,2 ; 3]. Der gesuchte Zeitpunkt liegt somit bei etwa 9:00 Uhr.

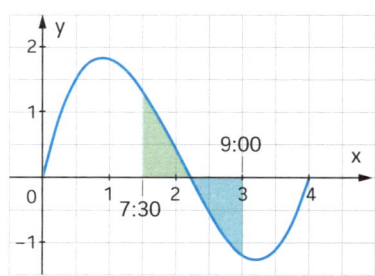

b) (1) Aus der faktorisierten Form von $l'_{a;b}$ lassen sich alle möglichen Extremstellen ablesen, für die $l'_{a;b}(x) = 0$ gelten muss:

$$l'_{a;b}(x) = 0 \Leftrightarrow x = 0 \vee 2 - \frac{5 \cdot x}{b} = 0 \vee 1 - \frac{x}{b} = 0 \Leftrightarrow x = 0 \vee x = \frac{2}{5}b \vee x = b$$

Wegen der Voraussetzungen a > 0, b > 0 sind die Faktoren $16 \cdot \frac{a}{b}$ sowie $\left(1 - \frac{x}{b}\right)^2$ für

$x \neq b$ überall positiv. Für x < 0 ist $2 - \frac{5 \cdot x}{b} > 0$ und damit gilt für das Produkt $l'_{a;b}(x) < 0$.

Für $0 < x < \frac{2}{5}b$ gilt ebenfalls $2 - \frac{5 \cdot x}{b} > 0$, also $l_{a;b}(x) > 0$. Schließlich gilt für $x > \frac{2}{5}b$

(und $x \neq b$), dass $2 - \frac{5 \cdot x}{b} < 0$. Daraus folgt $l'_{a;b}(x) < 0$.

Damit liegt bei der ersten Nullstelle x = 0 ein Vorzeichenwechsel von $l'_{a;b}$ von negativ zu positiv vor und

somit bei x = 0 ein Tiefpunkt, bei $\frac{2}{5}b$ ein Hochpunkt

(Vorzeichenwechsel von positiv zu negativ) und bei

x = b ein Sattelpunkt, da hier kein Vorzeichenwechsel
von $l'_{a;b}$ vorliegt.

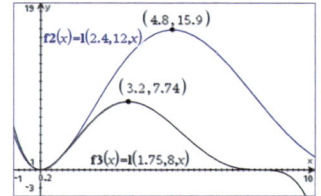

(2) Für den Ansatz $l_{2,4;12}(x) = 10$ ermittelt der GTR die drei Lösungen $x \approx -1,5$; $x \approx 2,5$
und $x \approx 7,4$. Da die Modellierung erst mit der Entstehung des Staus beginnt (d. h.
$x \geq 0$), wird eine Staulänge von 10 km erstmals gegen 8;30 Uhr erreicht.

(3) Das GTR-Fenster zeigt, dass in der Modellierung mit
den ursprünglichen Parameterwerten a = 2,4 und
b = 12 die maximale Staulänge ungefähr 15,9 km
betragen wird. Mit den veränderten Parameterwerten
a = 1,75 und b = 8 ergibt sich nur noch eine maximale
Staulänge von etwa 7,7 km.

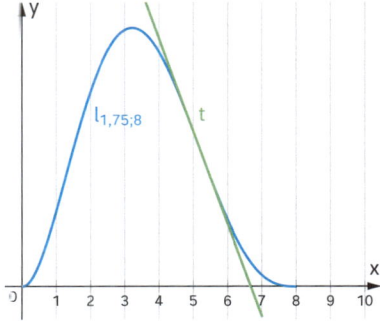

Da $\frac{7,74}{15,9} \approx 0,487$, reduziert sich die maximale Staulän-

ge durch das Einschalten des Leitsystems um etwa 51,3 %, also um mehr als die
Hälfte.

(4) (i) Der momentanen Änderungsrate um 11:00
Uhr (x = 5) entspricht grafisch die Tangen-
tensteigung. Zeichnet man an der Stelle
x = 5 eine Tangente an den Graphen, so erhält man die Nullstelle, an der im Sachkontext der Stau aufgelöst ist, bei etwa x = 6,6,
also gegen etwa 12:40 Uhr.

(ii) Mithilfe der Werte von l und l' an der Stelle x = 5 lässt sich die Tangentengleichung ermitteln, die dann tatsächlich die x-Achse – wie grafisch ermittelt –
schneidet, wie im GTR-Fenster dargestellt:

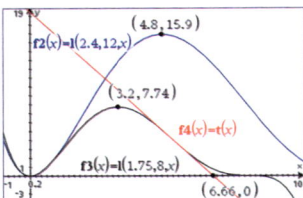

Für die Tangentengleichung gilt:

$$t(x) := l'_{1,75;8}(5) \cdot (x - 5) + l_{1,75;8}(5).$$

Die zugehörige Tangente schneidet die x-Achse bei x ≈ 6,66. Damit bestätigt die
Rechnung, dass sich der Stau gegen 12:40 Uhr aufgelöst haben wird.

Aufgabe B3   Geometrie Grundkurs

Der in Abbildung 1 dargestellte Körper K mit den Eckpunkten A_1, A_2, A_3, A_4, B_1, B_2, B_3 und B_4
hat folgende Eigenschaften:
$A_1A_2A_3A_4$ ist ein Rechteck in der x_1x_2-Ebene,
$B_1B_2B_3B_4$ ist ein Rechteck in einer zur x_1x_2-Ebene parallelen Ebene. Die Vierecke $A_2A_3B_3B_2$ und $A_1A_4B_4B_1$ liegen
in Ebenen, die parallel zur x_1x_3-Ebene verlaufen.
Sechs der Eckpunkte sind gegeben durch

$A_1(50 \mid -5 \mid 0)$,

$A_2(50 \mid 5 \mid 0)$,

$A_3\left(\dfrac{\sqrt{75}}{3} \mid 5 \mid 0\right)$,

$A_4\left(\dfrac{\sqrt{75}}{3} \mid -5 \mid 0\right)$,

$B_2(10 \mid 5 \mid 30)$,

$B_3\left(\dfrac{\sqrt{75}}{3} \mid 5 \mid 30\right)$.

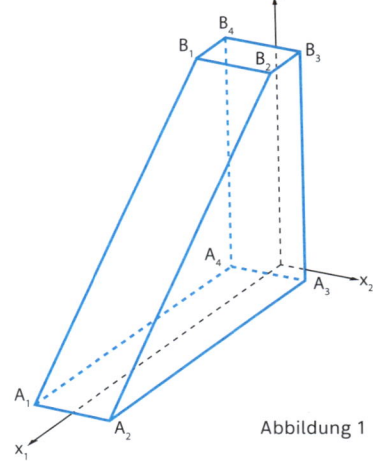

Abbildung 1

a) (1) Geben Sie die Koordinaten des Punktes B_1 an. `E1`

(2) Begründen Sie, dass die Seitenfläche $A_2A_3B_3B_2$ ein Trapez ist,
und berechnen Sie das Volumen des Körpers K. `E2` `G4`

(3) Berechnen Sie den Winkel zwischen $\overline{A_2\,A_3}$ und $\overline{A_2B_2}$. `G1`

Der Körper K ist Teil eines mathematischen Modells eines Architekturbüros zur Planung eines neuen Hotels, das aus drei Gebäuden bestehen soll, die jeweils die gleiche Form besitzen (siehe Abbildung 2). Durch den Körper K wird Gebäude I modelliert, die Gebäude II und III sind gegenüber Gebäude I jeweils um 120° gedreht. Alle drei Gebäude stehen so aneinander, dass sie einen dreieckigen Innenhof bilden. In der Modellierung liegt dieser Innenhof in der x_1x_2-Ebene. Abbildung 3 zeigt das Modell des Hotels von oben.

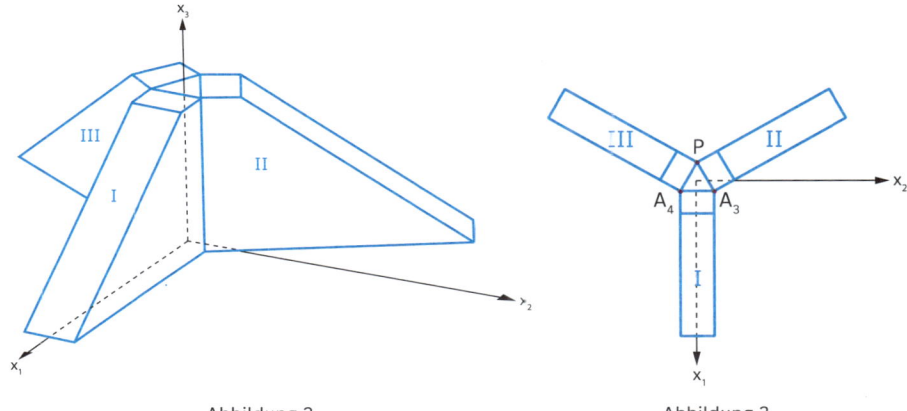

Abbildung 2 Abbildung 3

b) Der Innenhof A_4A_3P hat die Form eines gleichseitigen Dreiecks.

(1) Ermitteln Sie rechnerisch die Koordinaten des Punktes P. **F4**

[Zur Kontrolle: $P\left(-\dfrac{2\cdot\sqrt{75}}{3}\,|\,0\,|\,0\right) \approx P(-5{,}77\,|\,0\,|\,0)$.]

(2) Berechnen Sie den Abstand von A_4 zum Koordinatenursprung $O(0\,|\,0\,|\,0)$. **E5**

c) (1) Begründen Sie, dass es sich bei $E: \vec{x} = \begin{pmatrix} 50 \\ -5 \\ 0 \end{pmatrix} + r\cdot\begin{pmatrix} 0 \\ 10 \\ 0 \end{pmatrix} + s\cdot\begin{pmatrix} -40 \\ 10 \\ 30 \end{pmatrix}$, $r, s \in \mathbb{R}$,

um die Ebene handelt, in der die Fläche $A_1A_2B_2B_1$ liegt. **F3**

(2) In der Mitte des Innenhofs steht ein Mast, dessen Spitze im Punkt $S(0\,|\,0\,|\,35)$ liegt. Zu einem bestimmten Zeitpunkt steht die Sonne so, dass die Sonnenstrahlen die

Richtung $\vec{r} = \begin{pmatrix} 6 \\ 0 \\ -2 \end{pmatrix}$ besitzen.

Untersuchen Sie, ob der Schatten der Spitze des Masts zu diesem Zeitpunkt innerhalb der Fläche $A_1A_2B_2B_1$ liegt. **F8**

Lösung

a) (1) Der Punkt B_1 hat die Koordinaten $(10\,|\,-5\,|\,30)$.

Begründung: Die Gerade B_1B_2 liegt in einer zur x_1x_2-Ebene parallelen Ebene und ist orthogonal zur Gerade B_2B_3 (rechter Winkel im Rechteck $B_1B_2B_3B_4$), folglich ist sie parallel zur x_2-Achse. Damit stimmen die x_1- und x_3-Koordinaten der Punkte B_1 und B_2 überein. Das Viereck $A_4A_3B_3B_4$ ist ein Rechteck (vier rechte Winkel), daher gilt

$\overrightarrow{A_3A_4} = \overrightarrow{B_3B_4} = \overrightarrow{B_2B_1} = \begin{pmatrix} 0 \\ -10 \\ 0 \end{pmatrix}$. Damit folgt $\overrightarrow{B_1} = \overrightarrow{B_2} + \overrightarrow{B_2B_1} = \begin{pmatrix} 10 \\ -5 \\ 30 \end{pmatrix}$.

(2) Um nachzuweisen, dass das Viereck $A_2A_3B_3B_2$ ein Trapez ist, müssen wir zeigen, dass zwei gegenüberliegende Seiten parallel sind, d. h. hier, dass $\overrightarrow{B_2B_3}$ parallel ist zu $\overrightarrow{A_2A_3}$, d. h., dass die zugehörigen Vektoren Vielfache voneinander sind:

$$\overrightarrow{A_2A_3} = \begin{pmatrix} \frac{\sqrt{75}}{3} - 50 \\ 0 \\ 0 \end{pmatrix} \text{ ist ein Vielfaches von } \overrightarrow{B_2B_3} = \begin{pmatrix} \frac{\sqrt{75}}{3} - 10 \\ 0 \\ 0 \end{pmatrix},$$

was aufgrund des einzigen Eintrags in der x_1-Komponente erfüllt ist.

Berechnung des Volumens:
Mithilfe der Formel $A = \frac{a+c}{2} \cdot h$ erhalten wir den Flächeninhalt der Seitenfläche

$$A = \frac{\left(50 - \frac{\sqrt{75}}{3}\right) + \left(10 - \frac{\sqrt{75}}{3}\right)}{2} \cdot 30 = \left(30 - \frac{\sqrt{75}}{3}\right) \cdot 30 = 900 - 10\sqrt{75} \approx 813,4 \text{ [FE]}.$$

Zur Berechnung des Volumens multiplizieren wir mit der Höhe $|A_1A_2| = 10$:

$$V = A \cdot |A_1A_2| = 813,4 \cdot 10 = 8134 \text{ [VE]}.$$

(3) Mithilfe der Formel $\cos(\alpha) = \dfrac{\overrightarrow{A_2A_3} * \overrightarrow{A_2B_2}}{\left|\overrightarrow{A_2A_3}\right| \cdot \left|\overrightarrow{A_2B_2}\right|} = \dfrac{\begin{pmatrix} \frac{\sqrt{75}}{3} - 50 \\ 0 \\ 0 \end{pmatrix} * \begin{pmatrix} -40 \\ 0 \\ 30 \end{pmatrix}}{\left|\begin{pmatrix} \frac{\sqrt{75}}{3} - 50 \\ 0 \\ 0 \end{pmatrix}\right| \cdot \left|\begin{pmatrix} -40 \\ 0 \\ 30 \end{pmatrix}\right|} = \dfrac{\left(\frac{\sqrt{75}}{3} - 50\right) \cdot (-40)}{\left|\frac{\sqrt{75}}{3} - 50\right| \cdot 50} = \dfrac{4}{5}$

können wir den gesuchten Winkel bestimmen: $\alpha = \cos^{-1}(0,8) \approx 36,87°$.

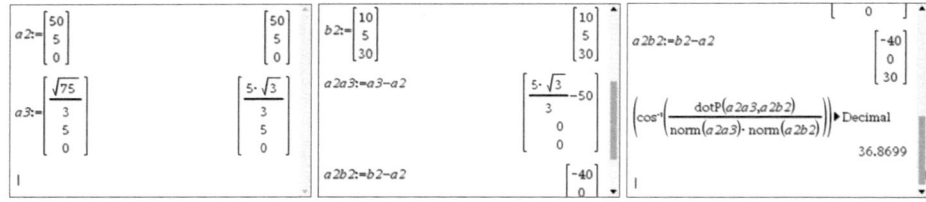

b) (1) Aus der Beschreibung und der Zeichnung ist ersichtlich, dass die Figur um die x_3-Achse um Winkel 120° im bzw. gegen den Uhrzeigersinn gedreht wird und ein geschlossener Innenhof in Form eines gleichseitigen Dreiecks entsteht.

Der Punkt P liegt daher aus Symmetriegründen auf der x_1-Achse (und zwar im negativen Bereich). Die x_1-Koordinate entspricht betragsmäßig dem Abstand vom Koordinatenursprung zum Punkt A_3, d. h. $|x_1| = \sqrt{\frac{75}{9} + 5^2} = 5 \cdot \sqrt{\frac{4}{3}} \approx 5,77$. Der Punkt P hat die Koordinaten $(-5,77\,|\,0\,|\,0)$.

Alternativ kann man wie folgt überlegen: Das gleichseitige Dreieck A_4A_3P hat die Seitenlänge $A_4A_3 = 10$ [LE]. Die Höhe im gleichseitigen Dreieck ist $h = \frac{1}{2}\sqrt{3} \cdot a = 5\sqrt{3}$. Damit ist die x_1-Koordinate des Punktes P: $x_1 = \frac{\sqrt{75}}{3} - 5 \cdot \sqrt{3} = -\frac{2 \cdot \sqrt{75}}{3}$.

(2) Berechnung des Abstands zweier Punkte mithilfe der bekannten Formel:

$$|OA_4| = \sqrt{\left(\frac{\sqrt{75}}{3} - 0\right)^2 + (-5-0)^2 + (0-0)^2}$$

$$= \sqrt{\frac{75}{9} + 5^2} = 5 \cdot \sqrt{\frac{4}{3}} \approx 5,77 \text{ [LE]}$$

c) (1) Der Stützvektor der Ebene E entspricht dem Vektor $\overrightarrow{CA_1}$, die Spannvektoren sind die Vektoren $\overrightarrow{A_1A_2}$ und $\overrightarrow{A_1B_2}$. Damit sind die Punkte A_1, A_2 und B_2 bereits in der Ebene. Der Punkt B_1 liegt damit auch in der durch diese drei Punkte eindeutig bestimmten Ebene.

Alternative: Auch der Punkt B_1 liegt in der Ebene, da mit r = 1 und s = −1 gilt:

$$\overrightarrow{OB_1} = \overrightarrow{OA_1} - \overrightarrow{A_1A_2} + \overrightarrow{A_1B_2} = \overrightarrow{OA_1} + \overrightarrow{A_1B_2} + \overrightarrow{B_2B_1}.$$

(2) Bestimmung einer Geradengleichung für den Schattenwurf der Mastspitze

$S(0\,|\,0\,|\,35)$ mit dem Richtungsvektor $\vec{r}$: $g: \vec{x} = \begin{pmatrix} 0 \\ 0 \\ 35 \end{pmatrix} + t \cdot \begin{pmatrix} 6 \\ 0 \\ -2 \end{pmatrix}$.

Schnittpunktbestimmung $g \cap E = \{P\}$:

$$\begin{pmatrix} 50 \\ -5 \\ 0 \end{pmatrix} + r \cdot \begin{pmatrix} 0 \\ 10 \\ 0 \end{pmatrix} + s \cdot \begin{pmatrix} -40 \\ 10 \\ 30 \end{pmatrix} = \begin{pmatrix} 0 \\ 0 \\ 35 \end{pmatrix} + t \cdot \begin{pmatrix} 6 \\ 0 \\ -2 \end{pmatrix}$$

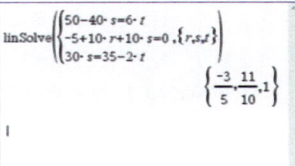

Lösung des LGS mit dem Rechner: siehe Screenshot.

Alternative: Lösung des LGS mit dem Gauß-Verfahren:

$$\left| \begin{array}{rcr} 10\,r + 10\,s & = & 5 \\ -40\,s - 6\,t & = & -50 \\ 30\,s + 2\,t & = & 35 \end{array} \right| \Leftrightarrow \left| \begin{array}{rcr} 10\,r + 10\,s & = & 5 \\ -40\,s - 6\,t & = & -50 \\ -10\,t & = & -10 \end{array} \right|$$

Wir erhalten die eindeutige Lösung t = 1, s = 1,1 und r = −0,6.

Durch Einsetzen von t = 1 in die Geradengleichung erhalten wir den Schattenpunkt $P(6\,|\,0\,|\,33)$.
Der Punkt P liegt außerhalb der Fläche $A_1A_2B_2B_1$, da die x_3-Koordinate größer als 30 ist.

Aufgabe B3   Geometrie Leistungskurs

Der in Abbildung 1 auf Seite 212 dargestellte Körper K mit den Eckpunkten A_1, A_2, A_3, A_4, B_1, B_2, B_3 und B_4 hat folgende Eigenschaften:

$A_1A_2A_3A_4$ ist ein Rechteck in der x_1x_2-Ebene,
$B_1B_2B_3B_4$ ist ein Rechteck in einer zur x_1x_2-Ebene parallelen Ebene. Die Vierecke $A_2A_3B_3B_2$ und $A_1A_4B_4B_1$ liegen in Ebenen, die parallel zur x_1x_3-Ebene verlaufen.

Sechs der Eckpunkte sind gegeben durch

$A_1(50\,|-5\,|\,0)$, $A_2(50\,|\,5\,|\,0)$, $A_3\left(\frac{\sqrt{75}}{3}\,|\,5\,|\,0\right)$, $A_4\left(\frac{\sqrt{75}}{3}\,|-5\,|\,0\right)$, $B_2(10\,|\,5\,|\,30)$, $B_3\left(\frac{\sqrt{75}}{3}\,|\,5\,|\,30\right)$.

a) (1) Geben Sie die Koordinaten des Punktes B_1 an. `E1`

(2) Begründen Sie, dass die Seitenfläche $A_2A_3B_3B_2$ ein Trapez ist, und berechnen Sie das Volumen des Körpers K. `E2` `G4`

Der Körper K ist Teil eines mathematischen Modells eines Architekturbüros zur Planung eines neuen Hotels. Das Hotel soll zehn Stockwerke gleicher Höhe besitzen. Für die an die Schrägen angrenzenden Hotelzimmer sind von der 1. bis zur 9. Etage Balkone geplant. Als Beispiel ist in Abbildung 2 der Boden des Balkons für die 3. Etage dargestellt.
Eine Längeneinheit im Modell entspricht einem Meter in der Realität.

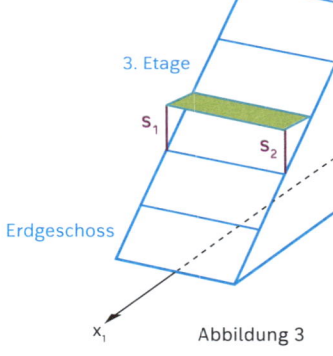

Abbildung 2

b) Durch $E_a: \vec{x} = \begin{pmatrix} 50 - a \\ 5 \\ 0{,}75 \cdot a \end{pmatrix} + r \cdot \begin{pmatrix} 0 \\ -10 \\ 0 \end{pmatrix} + s \cdot \begin{pmatrix} 1 \\ 0 \\ 0 \end{pmatrix}$,

$a \in \mathbb{R}$, $r, s \in \mathbb{R}$, ist eine Schar paralleler Ebenen gegeben. Der Boden jedes Balkons wird im Folgenden als Fläche innerhalb einer geeigneten Ebene der Schar modelliert. Der Boden des Balkons für die 3. Etage liegt z. B. in der Ebene E_{12}.

(1) Zeigen Sie: Für jeden Wert von a mit $0 \le a \le 40$ liegt der Punkt $(50 - a \mid 5 \mid 0{,}75 \cdot a)$ auf der Strecke $\overline{A_2 B_2}$. **F3**

(2) Die Menge aller Punkte der Bodenfläche des Balkons für die 3. Etage wird durch die Parametergleichung
$$\vec{x} = \begin{pmatrix} 38 \\ 5 \\ 9 \end{pmatrix} + r \cdot \begin{pmatrix} 0 \\ -10 \\ 0 \end{pmatrix} + s \cdot \begin{pmatrix} 1 \\ 0 \\ 0 \end{pmatrix}, \ 0 \le r \le 1, \ 0 \le s \le 3,$$ beschrieben.

Der Balkon ist wie in Abbildung 3 dargestellt auf zwei vertikalen Stützen s_1 und s_2 gelagert. Berechnen Sie die Länge der Stütze s_1. **F8**

Abbildung 3

Das Hotel soll aus drei Gebäuden bestehen, die jeweils die gleiche Form besitzen. Durch den Körper K wird Gebäude I modelliert, die Gebäude II und III sind gegenüber Gebäude I jeweils um 120° gedreht (siehe Abbildung 2 auf Seite 213). Alle drei Gebäude stehen so aneinander, dass sie einen dreieckigen Innenhof bilden. In der Modellierung liegt dieser Innenhof in der x_1x_2-Ebene. Abbildung 3 auf Seite 213 zeigt das Modell des Hotels von oben.

c) Der Innenhof $A_4 A_3 P$ hat die Form eines gleichseitigen Dreiecks.

(1) Ermitteln Sie rechnerisch die Koordinaten des Punktes P. **F4**

[Zur Kontrolle: $P\left(-\dfrac{2 \cdot \sqrt{75}}{3} \mid 0 \mid 0\right) \approx P(-5{,}77 \mid 0 \mid 0)$.]

(2) Berechnen Sie den Abstand von A_4 zum Koordinatenursprung $O(0 \mid 0 \mid 0)$. **E5**

d) (1) Stellen Sie eine Koordinatengleichung der Ebene F auf, in der die
Fläche $A_1A_2B_2B_1$ liegt. [Zur Kontrolle: F: $3 \cdot x_1 + 4 \cdot x_3 = 150$.] **F3**

(2) In der Mitte des Innenhofs steht ein Mast, dessen Spitze im Punkt $S(0\,|\,0\,|\,35)$ liegt.
Zu einem bestimmten Zeitpunkt steht die Sonne so, dass die Sonnenstrahlen die

Richtung $\vec{r} = \begin{pmatrix} 6 \\ 0 \\ -2 \end{pmatrix}$ besitzen.

Untersuchen Sie, ob der Schatten der Spitze des Masts zu diesem Zeitpunkt
innerhalb der Fläche $A_1A_2B_2B_1$ liegt. **F8**

Lösung

a) (1) siehe Aufgabe B3 GK a) (1);   (2) siehe Aufgabe B3 GK a) (2)

b) (1) Um zu zeigen, dass der Punkt $(50 - a\,|\,5\,|\,0,75 \cdot a)$ auf der Strecke $\overline{A_2B_2}$ liegt, zerlegen
wir den zugehörigen Ortsvektor:

$$\begin{pmatrix} 50 - a \\ 5 \\ 0,75 \cdot a \end{pmatrix} = \begin{pmatrix} 50 \\ 5 \\ 0 \end{pmatrix} + \frac{a}{40} \cdot \begin{pmatrix} -40 \\ 0 \\ 30 \end{pmatrix} = \overrightarrow{OA_2} + \frac{a}{40} \cdot \overrightarrow{A_2B_2}$$

Für $0 \le a \le 40$ liegt der Punkt $(50 - a\,|\,5\,|\,0,75 \cdot a)$ folglich auf der Strecke $\overline{A_2B_2}$.

(2) Das obere Ende der Säule erhält man mit den Parametern $r = 0$ und $s = 3$. Die Stütze
kann als Strecke modelliert werden mit der Geradengleichung

$g: \vec{x} = \begin{pmatrix} 41 \\ 5 \\ 9 \end{pmatrix} + u \cdot \begin{pmatrix} 0 \\ 0 \\ -1 \end{pmatrix}$. Das untere Ende der Säule ist ein Punkt $P(50 - a\,|\,5\,|\,0,75 \cdot a)$
der Strecke $\overline{A_2B_2}$. Dies führt zu den Gleichungen
$50 - a = 41 \Leftrightarrow a = 9$ und $9 - u = 0,75 \cdot a \Leftrightarrow u = 9 - 0,75 \cdot 9 = 2,25$.

Der untere Punkt der Säule ist folglich $(41\,|\,5\,|\,6,75)$. Die Säule ist 2,25 m lang.

Alternative Lösung mit ähnlichen Dreiecken: Die seitliche Ansicht des Hotels
offenbart zwei ähnliche Dreiecke: einerseits das Dreieck aus Balkonboden(leiste)
und Stütze mit den Seitenlängen 3 m und s_1, und andererseits das Dreieck aus den
Punkten A_2, B_2 und seiner Projektion auf den Boden mit den Seitenlängen 40 m und
30 m (Höhe des Hotels). Wir erhalten die Verhältnisse $\frac{s_1}{3} = \frac{30}{40} \Leftrightarrow s_1 = 2,25$ [m].

c) siehe Aufgabe B3 GK b)

d) (1) Eine möglichst einfache Parameterform der durch das Rechteck $A_1A_2B_2B_1$

definierten Ebene ist E: $\vec{x} = \begin{pmatrix} 50 \\ 0 \\ 0 \end{pmatrix} + k \cdot \begin{pmatrix} 0 \\ 1 \\ 0 \end{pmatrix} + l \cdot \begin{pmatrix} -40 \\ 0 \\ 30 \end{pmatrix}$. Ein Normalenvektor

$\vec{n} = \begin{pmatrix} n_1 \\ n_2 \\ n_3 \end{pmatrix}$ erfüllt die Orthogonalitätsbedingungen $\begin{pmatrix} n_1 \\ n_2 \\ n_3 \end{pmatrix} * \begin{pmatrix} 0 \\ 1 \\ 0 \end{pmatrix} = n_2 \cdot 1 = 0$

$\Leftrightarrow n_2 = 0$ und $\begin{pmatrix} n_1 \\ n_2 \\ n_3 \end{pmatrix} * \begin{pmatrix} -40 \\ 0 \\ 30 \end{pmatrix} = -40 n_1 + 30 n_3 = 0$, also z. B. $n_1 = 3$ und $n_3 = 4$.

Eine Normalform der Ebene E ist $\left[\vec{x} - \begin{pmatrix} 50 \\ 0 \\ 0 \end{pmatrix} \right] * \begin{pmatrix} 3 \\ 0 \\ 4 \end{pmatrix} = 0 \Leftrightarrow \vec{x} * \begin{pmatrix} 3 \\ 0 \\ 4 \end{pmatrix} = \begin{pmatrix} 50 \\ 0 \\ 0 \end{pmatrix} * \begin{pmatrix} 3 \\ 0 \\ 4 \end{pmatrix}$,

die Koordinatenform ist demnach E: $3 \cdot x_1 + 4 \cdot x_3 = 150$.

(2) siehe Aufgabe B3 GK c) (2)

Aufgabe B4   Stochastik Grundkurs

Ein Team eines Instituts für Tourismus führte bei 10 000 Personen aus einer Region, die im Jahr 2019 Urlaub gemacht hatten, eine repräsentative Befragung durch.

Im Folgenden beziehen sich alle Aussagen und Fragestellungen auf diese Region.

Von den Befragten wurde für jede Urlaubsreise ein Fragebogen ausgefüllt, mit dem u. a. ermittelt wurde, mit welchen Verkehrsmitteln sie zu welchen Reisezielen angereist waren.

Dabei ergab sich folgendes Bild: 26 % der Urlaubsreisen gingen ins Inland (kurz: Inlandsreisen), davon wurde in 16 % der Fälle die Bahn zur Anreise genutzt. Unter den Urlaubsreisen ins Ausland (kurz: Auslandsreisen) erfolgte die Anreise in 10 % der Fälle mit der Bahn.

Diese Prozentsätze werden im Folgenden als Wahrscheinlichkeiten für die entsprechenden Ereignisse verwendet.

a) (1) Stellen Sie die Situation in einem beschrifteten Baumdiagramm dar. **I1**

   (2) Bei einer Urlaubsreise im Jahr 2019 wurde die Bahn zur Anreise genutzt. Berechnen Sie die Wahrscheinlichkeit, dass es sich um eine Inlandsreise handelte. **I3** **I4**

b) Die Befragung soll ergänzt werden. Dazu werden 20 der Fragebögen zu den Urlaubsreisen zufällig ausgewählt, um mit den Befragten Interviews zu führen.

  Die Zufallsgröße X gibt die Anzahl der Inlandsreisen unter den 20 Urlaubsreisen an.

   (1) Erläutern Sie, warum für $0 \le k \le 20$ zur Berechnung von $P(X = k)$ in guter Näherung eine Binomialverteilung verwendet werden kann. **J3**

   (2) Bestimmen Sie die Wahrscheinlichkeit, dass von den 20 Urlaubsreisen mindestens sechs Inlandsreisen sind. **J3**

   (3) Bestimmen Sie für die 20 Urlaubsreisen die Wahrscheinlichkeit, dass die Anzahl der Inlandsreisen in der 2σ-Umgebung um den Erwartungswert von X liegt. **J5**

c) Bestimmen Sie, wie viele Fragebögen mindestens ausgewählt werden müssen, damit mit einer Wahrscheinlichkeit von mindestens 99 % auf mindestens fünf der Fragebögen angegeben wird, dass eine Auslandsreise erfolgte. **J4**

d) Das Team des Instituts für Tourismus hat den Eindruck, dass sich in der Region der Anteil der Inlandsreisen im Jahr 2022 im Vergleich zum Jahr 2019 erhöht hat.

  Um dies zu untersuchen, erfasst das Team für 100 Reisen aus dem Jahr 2022, ob es sich um eine Inlands- oder Auslandsreise gehandelt hat.

  Bei 34 oder mehr Inlandsreisen geht das Team davon aus, dass sich der Anteil der Inlandsreisen erhöht hat.

   (1) Bestimmen Sie die Wahrscheinlichkeit, dass das Team fälschlicherweise davon ausgeht, dass sich der Anteil der Inlandsreisen erhöht hat, obwohl der Anteil unverändert geblieben ist. **K2**

   (2) Bestimmen Sie die Wahrscheinlichkeit, dass das Team von einem unveränderten Anteil von Inlandsreisen ausgeht, wenn dieser Anteil tatsächlich aber auf 30 % gestiegen ist. **K2**

Lösung

a) (1) Baumdiagramm: siehe rechts.

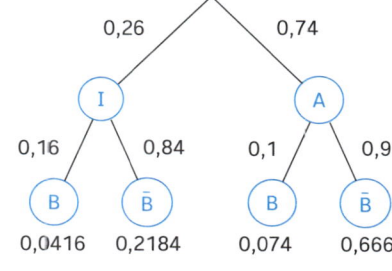

    I: Inlandsreisen
    A: Auslandsreisen
    B: Bahn zur Anreise genutzt
    $\overline{B}$: Bahn nicht zur Anreise genutzt

(2) Gesucht ist die bedingte Wahrscheinlichkeit $P_B(I)$, die über ein umgekehrtes Baumdiagramm, eine Vierfeldertafel oder den Satz von Bayes ermittelt werden kann:

$$P_B(I) = \frac{P(B \cap I)}{P(B)} = \frac{0{,}26 \cdot 0{,}16}{0{,}26 \cdot 0{,}16 + 0{,}74 \cdot 0{,}1}$$

$$= \frac{0{,}0416}{0{,}1156} \approx 0{,}3599 \approx 36\ \% \quad \text{Abbildung 4}$$

	B	$\overline{B}$	gesamt
I	0,0416	0,2184	0,26
A	0,074	0,666	0,74
gesamt	0,1156	0,8844	1

b) Die Zufallsgröße X gibt die Anzahl der Inlandsreisen unter 20 Urlaubsreisen an.

(1) Es liegen – wie bei einem Bernoulli-Experiment – nur die beiden Möglichkeiten „Inlandsreise" oder „Auslandsreise" vor. Die Auswahl erfolgt zufällig, also jeweils unabhängig von anderen ausgewählten Urlaubsreisen. Die Binomialverteilung ist als gute Näherung geeignet, da die Auswahl von 20 Reisen aus einer Grundgesamtheit von 10 000 Reisen eine sehr kleine Stichprobe ist, so dass die Wahrscheinlichkeit, dabei eine Inlandsreise ausgewählt zu haben, praktisch konstant ist.

(2) $P(X \geq 6) \approx 0{,}423 = 42{,}3\ \%$

(3) Für die Kenngrößen der Binomialverteilung gilt hier:
Erwartungswert $\mu = n \cdot p = 20 \cdot 0{,}26 = 5{,}2$

Standardabweichung $\sigma = \sqrt{n \cdot p \cdot (1-p)} \approx 1{,}96$

$P(\mu - 2\sigma \leq X \leq \mu + 2\sigma) \approx 0{,}962 = 96{,}2\ \%$

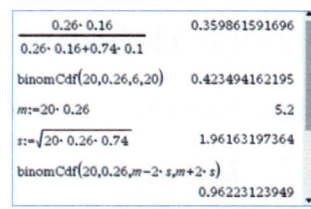

c) Die Zufallsgröße Y: *Anzahl der Fragebögen mit Auslandsreisen* kann ebenfalls als binomialverteilt angesehen werden mit p = 0,74. Gesucht zur gegebenen Mindestwahrscheinlichkeit von 99 %, dass mindestens fünf Fragebögen die Angabe Auslandsreise enthalten, also $P(Y \geq 5) \geq 0{,}99$, ist der Stichprobenumfang n:

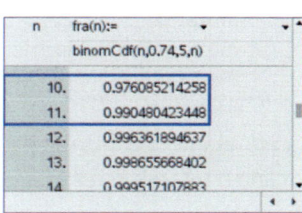

Der Wertetabelle kann entnommen werden, dass für n = 10 noch $P(Y \geq 5) < 0{,}99$ gilt und für n = 11 dann $P(Y \geq 5) \geq 0{,}99$. Also müssen mindestens elf Fragebögen ausgewählt werden.

d) (1) Hier ist die Wahrscheinlichkeit für die binomialverteilte Zufallsgröße X: *Anzahl der Inlandsreisen* mit n = 100 und p = 0,26 für k ≥ 34 gesucht:

$P_{100;0,26}$ (X ≥ 34) ≈ 0,046 = 4,6 %

(2) Hier muss der Anteil auf p = 0,3 geändert werden und nach der aufgestellten Entscheidungsregel der Fall betrachtet werden, dass k < 34 ist:

$P_{100;0,26}$ (X ≤ 33) ≈ 0,779 = 77,9 %

```
binomCdf(100,0.26,34,100)
                          0.046450911482
binomCdf(100,0.3,0,33)    0.779257749772
```

Aufgabe B4   Stochastik Leistungskurs

Ein Unternehmen stellt Olivenöl her und füllt es in Flaschen ab. Laut Aufdruck beträgt die Füllmenge jeder Flasche 600 ml.

a) Die Flaschen werden in Kartons verpackt; jeder Karton enthält zwölf Flaschen. Ein Karton gilt als fehlerhaft, wenn mehr als eine Flasche weniger als 600 ml Öl enthält. Für jede Flasche beträgt die Wahrscheinlichkeit dafür, dass sie weniger als 600 ml Öl enthält, 1,5 %.

(1) Die Rechnung $0,985^{12}$ ≈ 83,4 % stellt im Sachzusammenhang die Lösung einer Aufgabe dar.
Formulieren Sie eine passende Aufgabenstellung und erläutern Sie den Ansatz der Rechnung. `I2` `J3`

(2) Bestimmen Sie die Wahrscheinlichkeit, dass sich unter 100 Flaschen genau drei Flaschen mit weniger als 600 ml Öl befinden. `J3`

(3) Es wird eine Flasche nach der anderen geöffnet und die Füllmenge überprüft. Ermitteln Sie die Wahrscheinlichkeit, dass die vierte geöffnete Flasche die erste überprüfte Flasche ist, die weniger als 600 ml Öl enthält. `I2`

(4) An einen Supermarkt wird regelmäßig die gleiche Anzahl von Flaschen geliefert. Dabei enthalten im Mittel mehr als 780 Flaschen mindestens 600 ml Öl. Ermitteln Sie die Anzahl der Flaschen, die eine regelmäßige Lieferung mindestens umfasst. `J5`

(5) Ein Supermarkt erhält eine Lieferung von 150 Kartons. Bestimmen Sie die Wahrscheinlichkeit dafür, dass mehr als 3 % der Kartons fehlerhaft sind. `J5`

b) Die Füllmenge der Flaschen soll als normalverteilt mit einem Erwartungswert von 600,5 ml und einer Standardabweichung von 0,23 ml angenommen werden. `J6` `J7`

(1) Eine Flasche wird zufällig ausgewählt.
Ermitteln Sie für die folgenden Ereignisse jeweils die Wahrscheinlichkeit:
A: „Die Flasche enthält mehr als 601 ml Öl."
B: „Die Füllmenge der Flasche weicht höchstens um 0,5 ml vom Erwartungswert ab."

(2) Die Füllmenge einer Flasche ist nie negativ. Die Normalverteilung, die zur Beschreibung der Füllmenge der Flaschen verwendet wird, ist jedoch auch für negative reelle Zahlen definiert und nimmt dabei ausschließlich positive Werte an.
Begründen Sie, dass die Verwendung der Normalverteilung dennoch sinnvoll ist.

(3) Das Unternehmen möchte die Wahrscheinlichkeit dafür, dass eine Flasche weniger als 600 ml Öl enthält, verringern. Für die nötige Änderung der Maschine, die die Flaschen befüllt, gibt es zwei Vorschläge:

Vorschlag 1: Die eingestellte Füllmenge von 600,5 m. wird erhöht.

Vorschlag 2: Die Genauigkeit, mit der die eingestellte Füllmenge von 600,5 ml erreicht wird, wird erhöht.

Die eingestellte Füllmenge entspricht stets dem Erwartungswert der Zufallsgröße.

Die Abbildungen 1 und 2 zeigen jeweils den Graphen der Dichtefunktion, die vor der Änderung der Maschine die Füllmenge der Flaschen beschreibt.

Abbildung 1　　　　　　　　　　　　　Abbildung 2

Skizzieren Sie in Abbildung 1 den Graphen einer Dichtefunktion, die sich aus dem Vorschlag 1 ergeben könnte, und in Abbildung 2 den Graphen einer Dichtefunktion, die zum Vorschlag 2 passt.

Begründen Sie für jeden Vorschlag mithilfe des skizzierten Graphen, dass damit das Ziel des Unternehmens erreicht wird.

Lösung

a) (1) Es sind leicht abweichende Formulierungen einer Aufgabenstellung möglich, etwa: „Berechnen Sie die Wahrscheinlichkeit, dass ein Karton keine Flasche mit weniger als 600 ml Öl enthält." oder „Berechnen Sie die Wahrscheinlichkeit, dass in einem Karton alle Flaschen mindestens 600 ml Olivenöl enthalten."

Da die Wahrscheinlichkeit, dass eine Flasche weniger als 600 ml Öl enthält, 1,5 % = 0,015 beträgt, ist 0,985 = 1 − 0,015 die Gegenwahrscheinlichkeit, also die Wahrscheinlichkeit, dass eine Flasche mindestens 600 ml Öl enthält. Ein Karton enthält zwölf Flaschen, die – mutmaßlich unabhängig voneinander – ausgewählt werden. Daher ergibt sich der Ansatz $0,985^{12}$.

(2) Die Zufallsgröße X: *Anzahl Flaschen mit weniger als 600 ml Öl* ist binomialverteilt mit p = 0,015. Es werden n = 100 Flaschen ausgewählt. Die gesuchte Wahrscheinlichkeit ist:

$$P(X = 3) = \binom{100}{3} \cdot 0,015^3 \cdot 0,985^{97} \approx 0,126 = 12,6\,\%$$

(3) Wenn die vierte geöffnete Flasche als erste weniger als 600 ml Öl enthält, so sind die ersten drei korrekt befüllt und die gesuchte Wahrscheinlichkeit beträgt:

$$0,985 \cdot 0,985 \cdot 0,985 \cdot 0,015 = 0,985^3 \cdot 0,015 \approx 0,014 = 1,4\,\%$$

(4) Bezeichnet n die Anzahl der regelmäßig gelieferten Flaschen, von denen im Mittel, d. h. im Erwartungswert, 780 korrekt befüllt sind, so ergibt sich:
n · 0,985 = 780 ⟺ n ≈ 791,9
Da die Mindestanzahl gesucht ist, müssen in jedem Fall mindestens 792 Flaschen geliefert werden.

(5) 3 % von n = 150 Kartons sind 0,03 · 150 = 4,5. Da nach mehr als 3 % gefragt ist, ist die Wahrscheinlichkeit für mindestens fünf fehlerhafte Kartons gesucht. Die Zufallsgröße Y: *Anzahl fehlerhafter Kartons* ist binomialverteilt. Ein Karton ist fehlerhaft, wenn er mehr als eine Flasche mit weniger als 600 ml Öl enthält. Die Wahrscheinlichkeit für einen fehlerhaften Karton (mit 12 Flaschen) beträgt
$p = P(X \geq 2) \approx 0,0134 = 1,34 \%$.

Damit ergibt sich für die gesuchte Wahrscheinlichkeit
$P(Y \geq 5) = 1 - P(Y \leq 4) \approx 0,052 \approx 5 \%$

Je nach Rundung der Wahrscheinlichkeit für fehlerhafte Kartons beträgt die gesuchte Wahrscheinlichkeit, dass mehr als 3 % der Kartons fehlerhaft sind, etwa 5 %.

b) Die Zufallsgröße Z: *Füllmenge der Flaschen (in ml)* ist normalverteilt mit den Parametern $\mu = 600,5$ und $\sigma = 0,23$. Für die gesuchten Wahrscheinlichkeiten ergibt sich:

(1) $P(A) = P(Z > 601) \approx 0,015 = 1,5 \%$
$P(B) = P(600 \leq Z \leq 601) \approx 0,970 = 97,0 \%$

(2) Die gegebene Standardabweichung $\sigma = 0,23$ ist sehr gering (vgl. Ergebnisse in b) (1)). Der Screenshot rechts belegt, dass bereits in einer Umgebung zwischen 599 ml und 602 ml (gut 6 σ-Umgebungen) numerisch praktisch die gesamte Verteilung konzentriert ist. Damit ist insbesondere der negative Zahlenbereich für diesen Sachkontext völlig vernachlässigbar.

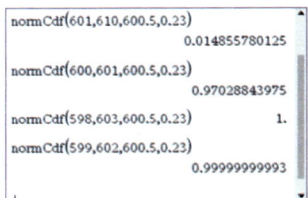

(3) Die Wahrscheinlichkeit dafür, dass eine Flasche weniger als 600 ml Öl enthält, entspricht dem Flächeninhalt zwischen dem Graphen der Dichtefunktion („Glockenkurve") und der x-Achse im Intervall Z ≤ 600.

Bei Vorschlag 1 ändert sich nur der Erwartungswert μ; somit behält die Glockenkurve ihre Form, wird aber nach rechts verschoben. Somit liegt ein geringerer Teil der Fläche im gekennzeichneten Bereich:

Bei Vorschlag 2 wird die Standardabweichung σ weiter verkleinert; somit wird die Glockenkurve schmaler (und höher). Somit liegt ebenfalls ein geringerer Teil der Fläche im gekennzeichneten Bereich:

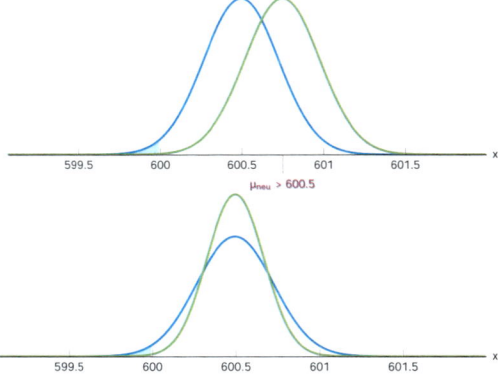

Stichwortverzeichnis

Bildquellenverzeichnis

|Alamy Stock Photo (RMB), Abingdon/Oxfordshire: Otto, Werner 153.1. |Getty Images, München: NurPhoto/Raa, Jonathan 160.1. |iStockphoto.com, Calgary: DeanDrobot 2.1; Goddard, Mark 156.1. |Kilian, Ulrich - science & more redaktionsbüro, Frickingen: 14.1, 14.2, 14.3, 14.4, 14.5, 14.6, 14.7, 23.1, 25.1, 30.1, 57.2, 61.1, 80.1, 81.1, 82.1, 90.2, 119.2, 120.2, 125.1, 128.1, 130.1, 135.1, 140.2, 159.1, 166.1, 167.1, 176.1, 177.1, 177.2, 177.3, 178.1, 181.1, 187.1, 187.2, 187.3, 187.4, 191.1, 192.1, 192.2, 192.3, 192.4, 193.1, 195.1, 195.2, 198.1, 199.1, 200.1, 200.2, 202.2, 202.3, 204.1, 205.1, 208.1, 209.1, 210.3, 211.3, 212.3, 213.1, 213.2, 216.1, 216.2, 219.1, 221.1, 221.2, 222.2, 222.3. |Langner & Partner Werbeagentur GmbH, Hemmingen: 17.1, 18.1, 19.1, 34.1, 35.1, 35.2, 54.2. |stock.adobe.com, Dublin: ARochau 165.1; Surachetsh Titel, 1.1. |Texas Instruments Education Technology GmbH, Freising: 19.2, 19.3, 26.1, 27.1, 28.1, 29.1, 32.1, 32.2, 33.2, 34.2, 34.3, 38.1, 40.1, 40.2, 41.2, 43.1, 43.2, 43.3, 43.4, 44.1, 44.2, 44.3, 48.2, 48.3, 48.4, 49.1, 49.2, 53.2, 53.3, 54.3, 60.2, 63.1, 63.2, 63.3, 63.4, 65.1, 65.2, 66.2, 68.1, 68.2, 73.1, 73.2, 76.1, 84.2, 86.1, 94.2, 94.3, 101.1, 101.2, 103.1, 103.2, 103.3, 103.4, 103.5, 103.6, 104.1, 104.2, 105.1, 105.2, 106.1, 106.2, 106.3, 107.1, 108.2, 110.1, 110.2, 110.3, 110.4, 110.5, 111.1, 111.2, 112.1, 113.1, 113.2, 114.2, 114.3, 115.1, 116.1, 116.2, 116.3, 117.1, 117.2, 136.1, 136.2, 136.3, 136.4, 137.1, 137.2, 137.3, 137.4, 138.1, 138.2, 139.1, 140.1, 141.1, 141.2, 141.3, 142.1, 142.2, 144.1, 144.2, 144.3, 145.1, 145.2, 145.3, 147.1, 147.2, 147.3, 147.4, 148.1, 148.2, 148.3, 151.1, 151.2, 151.3, 151.4, 152.1, 152.2, 152.3, 152.4, 163.1, 163.2, 170.1, 173.1, 173.2, 174.1, 174.2, 175.1, 175.2, 175.3, 178.2, 179.1, 179.2, 179.3, 182.1, 182.2, 184.1, 184.2, 184.3, 185.1, 196.1, 196.2, 196.3, 197.1, 197.2, 198.2, 198.3, 198.4, 198.5, 201.1, 201.2, 201.3, 202.1, 206.1, 206.2, 206.3, 207.1, 207.2, 210.1, 210.2, 211.1, 211.2, 212.1, 212.2, 214.1, 214.2, 214.3, 214.4, 215.1, 219.2, 219.3, 220.1, 222.1. |Wojczak, Michael, Braunschweig: 17.2, 20.1, 20.2, 20.3, 20.4, 21.1, 21.2, 22.1, 23.2, 24.1, 25.2, 31.1, 33.1, 36.1, 37.1, 39.1, 41.1, 45.1, 45.2, 47.1, 47.2, 47.3, 47.4, 48.1, 49.3, 50.1, 51.1, 52.1, 52.2, 53.1, 53.4, 54.1, 54.4, 55.1, 55.2, 55.3, 56.1, 56.2, 56.3, 57.1, 58.1, 58.2, 60.1, 61.2, 64.1, 64.2, 64.3, 64.4, 65.3, 66.1, 67.1, 67.2, 70.1, 74.1, 75.1, 75.2, 75.3, 77.1, 83.1, 83.2, 84.1, 85.1, 86.2, 87.1, 88.1, 88.2, 88.3, 89.1, 90.1, 91.1, 92.1, 94.1, 95.1, 96.1, 96.2, 98.1, 108.1, 109.1, 109.2, 109.3, 114.1, 119.1, 119.3, 120.1, 120.3, 120.4, 122.1, 122.2, 123.1, 124.1, 126.1, 126.2, 132.1, 146.1, 149.1, 149.2, 153.2, 154.1, 154.2, 155.1, 173.3.